中国基础研究前沿

总主编 杨 卫

Analysis of Multiphase Rectifier Generator and Its System

多相整流发电机及其系统的分析

马伟明 王 东 著

ZHEJIANG UNIVERSITY PRESS

浙江大学出版社

总　序

　　合抱之木生于毫末,九层之台起于垒土。基础研究是实现创新驱动发展的根本途径,其发展水平是衡量一个国家科学技术总体水平和综合国力的重要标志。步入新世纪以来,我国基础研究整体实力持续增强。在投入产出方面,全社会基础研究投入从 2001 年的 52.2 亿元增长到 2016 年的 822.9 亿元,增长了 14.8 倍,年均增幅 20.2%;同期,SCI 收录的中国科技论文从不足 4 万篇增加到 32.4 万篇,论文发表数量全球排名从第六位跃升至第二位。在产出质量方面,我国在 2016 年有 9 个学科的论文被引用次数跻身世界前两位,其中材料科学领域论文被引用次数排在世界首位;近两年,处于世界前 1% 的高被引国际论文数量和进入本学科前 1‰ 的国际热点论文数量双双位居世界排名第三位,其中国际热点论文占全球总量的 25.1%。在人才培养方面,2016 年我国共 175 人(内地 136 人)入选汤森路透集团全球"高被引科学家"名单,入选人数位列全球第四,成为亚洲国家中入选人数最多的国家。

　　与此同时,也必须清醒认识到,我国基础研究还面临着诸多挑战。一是基础研究投入与发达国家相比还有较大差距——在我国的科学研究与试验发展(R&D)经费中,用于基础研究的仅占 5% 左右,与发达国家 15%～20% 的投入占比相去甚远。二是源头创新动力不足,具有世界影响力的重大原创成果较少——大多数的科研项目都属于跟踪式、模仿式的研究,缺少真正开创性、引领性的研究工作。三是学科发展不均衡,部分学科同国际水平差距明显——我国各学科领域加权的影响力指数(FWCI 值)在 2016 年刚达到 0.94,仍低于 1.0 的世界平均值。

中国政府对基础研究高度重视,在"十三五"规划中,确立了科技创新在全面创新中的引领地位,提出了加强基础研究的战略部署。习近平总书记在 2016 年全国科技创新大会上提出建设世界科技强国的宏伟蓝图,并在 2017 年 10 月 18 日中国共产党第十九次全国代表大会上强调"要瞄准世界科技前沿,强化基础研究,实现前瞻性基础研究、引领性原创成果重大突破"。国家自然科学基金委员会作为我国支持基础研究的主渠道之一,经过 30 多年的探索,逐步建立了包括研究、人才、工具、融合四个系列的资助格局,着力推进基础前沿研究,促进科研人才成长,加强创新研究团队建设,加深区域合作交流,推动学科交叉融合。2016 年,中国发表的科学论文近七成受到国家自然科学基金资助,全球发表的科学论文中每 9 篇就有 1 篇得到国家自然科学基金资助。进入新时代,面向建设世界科技强国的战略目标,国家自然科学基金委员会将着力加强前瞻部署,提升资助效率,力争到 2050 年,循序实现与主要创新型国家总量并行、贡献并行以至源头并行的战略目标。

"中国基础研究前沿"和"中国基础研究报告"两套丛书正是在这样的背景下应运而生的。这两套丛书以"科学、基础、前沿"为定位,以"共享基础研究创新成果,传播科学基金资助绩效,引领关键领域前沿突破"为宗旨,紧密围绕我国基础研究动态,把握科技前沿脉搏,以科学基金各类资助项目的研究成果为基础,选取优秀创新成果汇总整理后出版。其中"中国基础研究前沿"丛书主要展示基金资助项目产生的重要原创成果,体现科学前沿突破和前瞻引领;"中国基础研究报告"丛书主要展示重大资助项目结题报告的核心内容,体现对科学基金优先资助领域资助成果的系统梳理和战略展望。通过该系列丛书的出版,我们不仅期望能全面系统地展示基金资助项目的立项背景、科学意义、学科布局、前沿突破以及对后续研究工作的战略展望,更期望能够提炼创新思路,促进学科融合,引领相关学科研究领域的持续发展,推动原创发现。

积土成山,风雨兴焉;积水成渊,蛟龙生焉。希望"中国基础研究前沿"和

"中国基础研究报告"两套丛书能够成为我国基础研究的"史书"记载,为今后的研究者提供丰富的科研素材和创新源泉,对推动我国基础研究发展和世界科技强国建设起到积极的促进作用。

第七届国家自然科学基金委员会党组书记、主任

中国科学院院士

2017 年 12 月于北京

前　言

　　本书以多相电励磁同步发电机、多相感应发电机及整流系统为对象,全面、系统地介绍了多相整流发电机系统的基本理论及分析方法,并利用样机的试验数据与仿真计算结果对本书各部分所提出的分析方法进行了充分验证。全书内容充分反映了作者近年来取得的研究成果。本书各章的主要内容如下。

　　第 1 章为绪论。首先概述了民用大电网和独立电力系统中交、直流电制的发展历程,目前直流电制已成为电力系统的重要发展方向;接着着重分析了独立电力系统采用直流电制对发电模块调压方式、供电品质以及功率密度的需求,指出高速多相整流发电系统是独立电力系统发电模块的典型代表;最后,对我国多相整流发电机的发展历程进行了介绍。

　　第 2 章为多相整流发电机的基本结构及电磁关系。简要介绍了多相整流型发电机的分类方法,以及多相整流同步发电机和多相整流感应发电机的原理和结构。本章重点以多套多相绕组为对象,介绍了利用槽号相位图分析多相绕组的连接方式,然后从单个导体产生的磁势出发,解析、推导了单相绕组及多套多相绕组的合成磁势的时空分布特征,并以整流发电机中常用的绕组形式为例进行了说明和验证。

　　第 3 章为多相整流发电机的磁路分析。首先介绍了磁路计算的基本概念与主要方法,然后给出了经典的传统磁路法的计算流程,针对传统磁路分析方法的局限性,提出并重点介绍了分布式磁路计算方法、计算思路及流程,最后针对多相同步发电机和多相感应发电机两类电机,分别介绍了其磁路计算的具体过程,并给出了具体磁路计算算例。

第 4 章为多相整流同步发电机系统数学模型及参数。首先推导了电励磁同步发电机在 a,b,c 坐标系、$d,q,0$ 坐标系及 $\alpha,\beta,0$ 坐标系的基本方程,其次建立了多相整流同步发电机系统仿真模型,最后简要介绍了电励磁同步发电机电枢反应电抗、定子漏抗及转子漏抗的计算方法。

第 5 章为多相整流同步发电机励磁控制及机组建模。首先结合船舶直流电力系统应用需求,分析了与多相整流发电机励磁控制相关的主要技术性能,然后以多相整流同步发电机为例,介绍了励磁系统原理,建立了原动机模型,在此基础上建立了多相整流同步发电机组单机系统模型,最后介绍了多相整流同步发电机组并联运行控制方法,并建立了机组并联系统模型。

第 6 章为多相整流同步发电机系统运行性能分析。首先介绍了不同原动机多相整流同步发电机组的起励性能,分析了多相整流同步发电机负载稳态运行性能,揭示了整流桥输出端不同串、并联方式下的直流电压供电品质,给出了多相整流同步发电机交、直流侧短路电流和电磁转矩的解析计算方法,提出了一种基于电机参数的短路电流抑制方法,建立了多相整流同步发电机系统简化数学模型,提出了一种励磁控制参数优化设计方法;然后分析了多相整流同步发电机组在不同负载下的运行稳定性,揭示了多相整流发电机带反电势负载和恒功率负载的稳定运行机理;最后分析了多相整流发电机组并联系统的动态功率均分性能,提出了一种基于多相整流同步发电机动态励磁控制的新原理,实现了机组转子动能释放与动态输出功率之间的合理匹配。

第 7 章为多相整流感应发电机系统数学模型及参数。首先介绍了多相整流感应发电机在 a,b,c 坐标系及 $d,q,0$ 坐标系中的数学模型,然后对感应发电机的电阻、定转子漏抗等参数计算过程进行了简要介绍。

第 8 章为多相整流感应发电机系统运行性能分析。首先介绍了感应发电机的空载自励建压过程以及自励电容计算方法,针对多相整流/三相励磁感应发电机特有的空载电压 5 或 7 次谐波谐振问题,从磁势分析入手,揭示了多套多相绕组间谐波耦合特性引发空载电压谐振的具体机理;然后对感应发电机负载特性进行了分析,指出了交流侧带有自励电容时整流桥负载的特殊性,介绍了相关负载特性的解析分析方法,在此基础上建立了考虑整流桥负载的感应发电机系统等效电路模型,并计算了感应发电机系统负载稳态性能;针对感应发电机系统的静态稳定性问题,重点分析了发电机小扰动下的固有静态稳定性和励磁控制对系统静态稳定性的影响;最后对感应发电机短路与突加、突卸负载情况下的动态特性进行了分析,阐述了动态过程中发电机内部的电磁耦合关系,介绍了最大短路电流等动态性能的计算方法。

　　本书是国家自然科学基金项目“交直流混合发电供电系统”(No. 59777007)、“多相整流感应发电机的研究”(No. 50477051)、“电力系统电磁兼容”(No. 50421703,No. 50721063)、“舰船多相电机及其系统的研究”(No. 51222705)等的成果总结。本书结构合理、叙述详细、算例丰富,适合从事多相发电机研究的读者阅读。

　　全书由王东完成统稿,马伟明审定。在著作编写过程中,陈俊全、魏锟、易新强、刘治鑫、田呈环五位老师和孟繁庆、苏武两位博士生参与了部分章节的整理,苏振中、郭云珺等也为本书撰写提供了帮助,在此一并表示感谢。

马伟明　王东

2020 年 8 月

目　录

第1章　绪　论 ··· **1**

1.1　民用电网电制的发展历程 ······································ 1

1.1.1　早期的交直流之争 ··· 1

1.1.2　直流电制的优势 ·· 4

1.2　独立电力系统的发展历程 ······································ 6

1.2.1　舰船动力平台的发展 ······································ 6

1.2.2　综合电力系统 ·· 8

1.2.3　综合电力系统发展趋势 ·································· 12

1.3　直流电力系统对发电模块的需求 ···························· 14

1.3.1　调压方式 ·· 14

1.3.2　供电品质 ·· 15

1.3.3　功率密度 ·· 16

1.4　多相整流发电机的发展历程 ································· 17

第2章　多相整流发电机的基本结构及电磁关系 ··············· **20**

2.1　多相整流型发电机的分类 ····································· 20

2.2　多相整流同步发电机的原理与结构 ·························· 21

2.2.1　多相整流同步发电机的原理 ···························· 21

2.2.2　多相整流同步发电机的结构 ···························· 23

2.3 多相整流感应发电机的原理与结构 ·············· 26

2.3.1 多相整流感应发电机的原理 ·············· 26

2.3.2 多相整流感应发电机的结构 ·············· 31

2.4 多相整流型发电机的绕组形式 ·············· 33

2.4.1 多相绕组的特点 ·············· 33

2.4.2 多相绕组的分相 ·············· 34

2.4.3 绕组的磁势分析 ·············· 63

第3章 多相整流发电机的磁路分析 ·············· **86**

3.1 磁路计算的基本概念 ·············· 86

3.1.1 磁路计算的理论基础 ·············· 86

3.1.2 磁性材料对磁路计算的影响 ·············· 87

3.1.3 多相电机的磁路结构 ·············· 90

3.1.4 磁路计算的主要方法 ·············· 91

3.2 传统磁路计算方法 ·············· 92

3.2.1 气隙磁压降计算 ·············· 92

3.2.2 定子齿部磁压降计算 ·············· 96

3.2.3 定子轭部磁压降计算 ·············· 98

3.2.4 转子齿部磁压降计算 ·············· 101

3.2.5 转子轭部磁压降计算 ·············· 102

3.2.6 励磁电流和空载特性计算 ·············· 103

3.2.7 传统磁路法的计算流程 ·············· 103

3.3 分布式磁路计算方法 ·············· 104

3.3.1 传统磁路计算方法的局限性 ·············· 104

3.3.2 分布磁路划分方法 ·············· 105

3.3.3 各节点磁密初值确定 ·············· 108

3.3.4 各节点所在回路的磁压降 ·············· 109

3.3.5 基于节点气隙磁密的磁路迭代计算 ·············· 110

3.3.6　空载特性计算 ……………………………………… 111

3.4　多相整流同步发电机磁路计算样例 ……………………… 111

3.4.1　样例同步发电机参数 ………………………………… 111

3.4.2　传统磁路法计算过程 ………………………………… 112

3.4.3　分布磁路法计算过程 ………………………………… 114

3.4.4　两类磁路计算方法结果对比 …………………………… 116

3.5　多相整流感应发电机磁路计算样例 ……………………… 116

3.5.1　样例感应发电机参数 ………………………………… 116

3.5.2　传统磁路法计算过程 ………………………………… 117

3.5.3　分布磁路法计算过程 ………………………………… 119

3.5.4　两类磁路计算方法结果对比 …………………………… 121

第4章　多相整流同步发电机系统数学模型及参数 ……………… **123**

4.1　多相整流同步发电机的数学模型 ………………………… 123

4.1.1　假设条件及正方向的选择 ……………………………… 123

4.1.2　a,b,c 坐标系的基本方程 …………………………… 125

4.1.3　$d,q,0$ 坐标系的基本方程 …………………………… 128

4.1.4　$d,q,0$ 坐标系基本方程的标幺值形式 ……………… 132

4.1.5　$\alpha,\beta,0$ 坐标系的基本方程 ………………… 140

4.1.6　输出功率 ………………………………………………… 143

4.1.7　电磁转矩 ………………………………………………… 144

4.1.8　转子运动方程 ………………………………………… 144

4.2　多相整流同步发电机系统仿真模型 ……………………… 144

4.2.1　12 相整流同步发电机模块 …………………………… 145

4.2.2　12 相整流同步发电机系统仿真模型 ………………… 148

4.3　多相整流同步发电机电抗参数计算 ……………………… 149

4.3.1　主电抗 ………………………………………………… 150

4.3.2　定子漏抗 ……………………………………………… 150

    4.3.3 转子励磁绕组漏抗 ·············· 159

    4.3.4 多相整流同步发电机电抗参数计算样例 ········ 161

第 5 章 多相整流同步发电机励磁控制及机组建模 ········· **163**

  5.1 多相整流同步发电机励磁控制的原理 ·········· 163

    5.1.1 励磁系统的功能 ·············· 163

    5.1.2 励磁系统的原理 ·············· 165

  5.2 多相整流同步发电机励磁系统建模 ·········· 167

    5.2.1 副励磁机建模 ··············· 167

    5.2.2 励磁主电路建模 ·············· 168

    5.2.3 主励磁机及旋转整流器建模 ········· 168

    5.2.4 励磁调节器建模 ·············· 170

  5.3 多相整流同步发电机励磁控制参数设计 ········ 171

    5.3.1 励磁控制系统简化模型分析 ········· 171

    5.3.2 励磁控制参数优化设计算例 ········· 172

  5.4 发电用原动机及其调速系统建模 ·········· 178

    5.4.1 汽轮机及其调速系统建模 ·········· 179

    5.4.2 柴油机及其调速系统建模 ·········· 181

    5.4.3 燃气轮机及其调速系统建模 ········· 185

  5.5 多相整流同步发电机组系统建模 ·········· 189

    5.5.1 多相整流同步发电机组单机系统建模 ······ 189

    5.5.2 多相整流同步发电机组并联系统建模 ········ 190

第 6 章 多相整流同步发电机系统运行性能分析 ·········· **192**

  6.1 空载起励性能分析 ·············· 192

  6.2 负载特性分析 ··············· 194

    6.2.1 多相整流同步发电机系统的等效电路模型 ····· 195

    6.2.2 整流桥输出端采用不同连接方式时的负载特性分析 ······· 200

6.3　动态特性分析 ·· 202

　　6.3.1　发电机系统直流侧突然短路分析 ············· 202

　　6.3.2　突然非对称短路分析 ·························· 211

　　6.3.3　突加、突卸负载分析 ·························· 226

6.4　单机系统运行稳定性分析 ······························ 230

　　6.4.1　反电势负载下发电机运行稳定性分析 ·········· 230

　　6.4.2　负阻尼负载下发电机运行稳定性分析 ·········· 242

6.5　并联系统运行性能分析 ································ 249

　　6.5.1　并联机组动态性能解析分析 ·················· 249

　　6.5.2　并联机组动态性能仿真分析 ·················· 251

第 7 章　多相整流感应发电机系统数学模型及参数 ·············· **254**

7.1　多相整流感应发电机的数学模型 ···················· 254

　　7.1.1　基本假设 ·································· 254

　　7.1.2　正方向选择 ································ 255

　　7.1.3　a,b,c 定子静止坐标系下的基本方程 ·········· 255

　　7.1.4　d,q 旋转坐标系下的基本方程 ·············· 258

　　7.1.5　基于转子旋转坐标系的定子磁链运算方程 ······ 263

　　7.1.6　输出功率与电磁转矩方程 ···················· 265

　　7.1.7　转子运动方程 ······························ 265

7.2　多相整流感应发电机励磁控制原理及建模 ············· 265

　　7.2.1　励磁方式 ·································· 266

　　7.2.2　励磁主电路 ································ 266

　　7.2.3　励磁控制算法 ······························ 267

7.3　多相整流感应发电机的参数计算 ···················· 270

　　7.3.1　定子电阻 ·································· 270

　　7.3.2　转子电阻 ·································· 271

　　7.3.3　定子漏感 ·································· 272

7.3.4　转子漏感 ··· 277

7.3.5　多相感应电机参数计算样例 ····················· 282

第8章　多相整流感应发电机系统运行性能分析 ············· **287**

8.1　空载特性分析 ··· 287

8.1.1　空载自励电容的计算 ····························· 288

8.1.2　多套多相绕组的谐波耦合特性对电压品质的影响 ····· 290

8.2　负载特性分析 ··· 300

8.2.1　带有整流桥负载的等效电路模型 ················· 301

8.2.2　交流侧并接自励电容的3相整流桥负载特性解析分析 ····· 303

8.2.3　多相整流感应发电系统稳态性能计算 ············· 315

8.3　静态稳定性分析 ··· 320

8.3.1　双绕组感应发电机的静态稳定性分析模型 ········· 321

8.3.2　双绕组感应发电机的固有静态稳定性分析 ········· 325

8.3.3　励磁控制对双绕组感应发电机静态稳定性的影响 ····· 331

8.4　动态特性分析 ··· 344

8.4.1　短路工况的分析 ································· 344

8.4.2　突加、突卸负载工况的分析 ····················· 355

参考文献 ··· **357**

符号索引 ··· **361**

附赠程序 ··· **379**

第1章 绪 论

本章首先从民用电网和以舰船为典型代表的独立电力系统两个方面简要回顾了交、直流电制的发展演变历程,指出直流电制是民用电网和独立电力系统的重要发展方向,然后对比分析了采用直流电制的民用电力系统和独立电力系统对发电的要求,其中重点阐述了舰船独立电力系统的特殊需求以及由其催生出的交流整流发电系统的发展历程。

1.1 民用电网电制的发展历程

1.1.1 早期的交直流之争

19世纪20—30年代,英国科学家迈克尔·法拉第(1791—1867)发现了"磁能生电"这一物理现象。基于此原理,法拉第于1831年发明了第一台发电机——法拉第圆盘(图1-1),证明了旋转的机械能可以被转化为电能,由此拉开了实用化发电机的序幕。

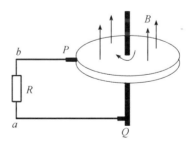

图1-1 法拉第圆盘

19 世纪 60—70 年代,很多发明家想尽办法利用法拉第电磁感应原理发电,于是出现了两种形式的发电机:一种发出直流电,另一种发出交流电。实际上,直流发电机首先是产生交流电,然后通过换向器将交流电转化为直流电(图 1-2)。换向器改变了直流发电机内部载流子的流向,所以输出端呈现出脉动的直流电。交流发电机则不需要换向器,可直接输出交流电。但是当时并没有强烈的用电需求,直到电灯的出现。

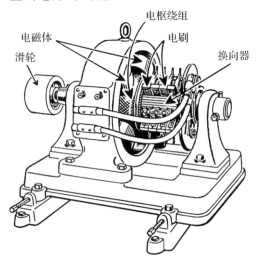

图 1-2　机械换向式直流发电机

1880 年之前弧光灯就已普及,但很难维护保养。托马斯·爱迪生(1847—1931)找到了一个简单的解决方案。1879 年,他改进了白炽灯泡并使之实用化,更重要的是,他后来把整个配电系统所需的单元都发展齐全且市场化了,如地下电缆、电表、布线、保险丝、开关以及插座。

爱迪生发明发电机的最初设想是既能给照明供电,也能给电动机供电。直流电源是当时唯一的选择,因为那时并没有实用化的交流电机。爱迪生靠直流电制于 1882 年成功地将 3 座 125 马力(约 93kW)的"巨型"直流发电机(图 1-3)安装在纽约市珍珠大道的电站上,为 225 幢房屋的 5000 盏灯提供照明用电,这便是最早期的商业化电站。

19 世纪 80 年代,随着弧光灯以及集中分布式电源开始取得商业上的成功,产生了将电站布置在更大的范围内的需求。直流电制系统无法适应这种需求,因为其选择采用电灯泡以及电动机的电制是直流 120V,因电压等级低,电能传

图 1-3 早期的直流电机

输过程中很多能量耗散在线路上。例如珍珠大道电站只能给方圆 1 英里（约1.6 千米）范围内的用户供电，因此必须提高传输线路的电压等级。而交流电则提供了一个选择：发电机产生的交流电压通过一台变压器抬升为高压，再通过线路传输，最后在用户附近将高压降为用户需要的低压电能。该方案唯一的问题是没有实用化的交流发电机设计方案。尼古拉·特斯拉是一个从塞尔维亚移民到美国的发明家，他设计了一台改进型交流发电机。特斯拉的这套机电转换系统采用了多相交流电机，发电机内部各线圈产生不同相位的交流电，叠加后由各相绕组端口输出。1887 年，特拉斯又发明了达到实用等级的交流电动机——感应电机。有了实用化的交流发电机、电动机和可升高或降低电压的变压器，特斯拉的机电能量转换系统就能帮助电力公司在大型发电厂（例如尼亚加拉大瀑布水电厂）的基础上建设前所未有的大型电力系统。大型电力系统降低了用电成本，刺激了电能的使用需求——特别是家庭用电需求。1895 年，电能在大城市的商业区广泛应用。

由此可知，早期的交直流之争主要体现为直流、交流电机之争[1]。当时的直流发电机多采用机械换向式，碳刷维护复杂、可靠性不高，只适合小功率用电场合，而以交流发电机为核心的交流电网能够实现远距离、高电压、大容量输电。因此，交流电机逐渐占据了主导地位。

1.1.2　直流电制的优势

随着电力电子和控制技术的不断发展,直流电能转换和保护技术日益成熟,直流系统在效率和稳定性方面的优势逐步凸显。自 20 世纪末以来,直流系统在长距离高压输电、柔性电网等系统中得到越来越多的应用,目前已形成高压交、直流电网并存的局面。

高压直流输电(High Voltage Direct Current,HVDC)技术是一种基于电力电子开关器件的先进输电技术。相比于传统交流输电技术,HVDC 具备的优势主要有:①远距离、大容量的电能输送;②隔离交流故障;③非同步联网;④新能源电源或储能设备的并网;⑤能量损耗小;⑥控制快速简便;⑦直流输电线路无电感,系统更稳定;⑧直流线路造价低。但 HVDC 也存在着换流站造价高、谐波治理成本高等缺点。高压直流输电换流站如图 1-4 所示。

图 1-4　高压直流输电换流站

在工程应用上,第一代 HVDC 换流站拓扑采用基于晶闸管的电力电子开关元件,即电网换相换流器(Line Commutated Converter,LCC),如图 1-5 所示,拓扑结构如图 1-6(a)所示[2]。由于晶闸管耐压和耐流等级较高,因此 LCC 可较轻易地实现高电压、大容量的交直流电能转换。但是,因为晶闸管不可控关断,导致 LCC 在交换有功功率时需要大量消耗交流母线的无功功率。当交流母线无功支撑不足且电压下降时,LCC 会发生换相失败的问题。因此,LCC 不适合向弱交流系统或无源交流系统供电。另外,LCC-HVDC 系统实现潮流反转的过程也较为复杂。

图 1-5 换流器

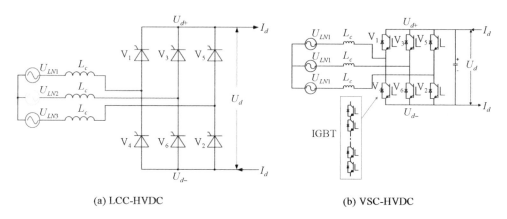

(a) LCC-HVDC

(b) VSC-HVDC

图 1-6 3 相 LCC-HVDC、VSC-HVDC 拓扑结构

为弥补 LCC 的不足,电压源型换流站(Voltage Source Converter,VSC)拓扑结构被提出,如图 1-6(b)所示。VSC 利用可控关断元件实现了有功、无功功率的独立四象限灵活控制,从而解决了 LCC 存在的上述问题。但两电平或三电平的 VSC 拓扑结构却存在以下主要问题:①电压低、容量小;②较高的开关频

率和损耗;③较高的开关动作一致性要求;④较差的输出波形质量。

为解决上述不足,一种新型 VSC 拓扑结构于 2001 年被提出,即模块化多电平换流器(Modular Multilevel Converter,MMC)拓扑结构(图 1-7[3])。MMC 利用子模块级联化结构轻易地实现了:①换流站的高电压、高功率等级和高质量输出波形;②开关元件的低开关频率和低损耗以及低开关动作一致性要求。因此,MMC 被认为是一种较适合于构造未来直流电网的 VSC 拓扑结构。

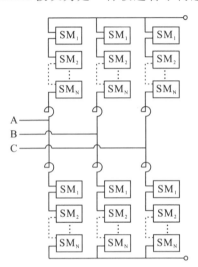

图 1-7 3 相 MMC 拓扑结构

1.2 独立电力系统的发展历程

交直流之争不仅发生在民用大电网领域,在舰船供电、石油钻探、电力机车牵引、邮电通信、飞机和战车等独立电力系统中也同样存在。由于舰船电力系统的演变更具有代表性,在此根据舰船推进方式的演变,从舰船最早期的电力推进到机械推进,再到电力推进的转变,引出舰船交流系统和直流系统的对比。

1.2.1 舰船动力平台的发展

传统舰船动力平台采用机械推进系统,由蒸汽动力装置直接带动或通过减速齿轮箱带动螺旋桨驱动舰船前进。19 世纪中后期,这一传统的机械推进方式因舰用蒸汽机和蒸汽轮机的发明而广泛应用于各国海军舰船。

20世纪初,海军舰船日益大型化,但受技术水平制约,舰用大型主轴和大功率减速齿轮箱在制造上存在相当大的难度,机械推进系统无法应用于大型战舰,难以满足战争的需求。为了避开这一技术难题,各国海军逐渐采用舰船电力推进系统,用蒸汽轮机、柴油机等原动机连接交流发电机,将机械能转变为电能后,由电动机带动螺旋桨推动舰船前进。20世纪初期,电力推进曾一度成为舰船动力的新潮方案,从当时至20世纪40年代,各国建造了大量电力推进舰船,从民用的客轮、货轮、油轮到军用舰艇,都有采用电力推进系统。二战期间,战功卓著的美国海军"列克星敦"级大型航空母舰(图1-8)采用的就是蒸汽轮机-发电机-电力推进系统。但受技术条件的限制,这些舰船的电力推进系统体积都异常庞大,效率也并不令人满意。

图1-8 美国"列克星敦"级航空母舰

二战结束后,随着机械加工技术的进步,尤其是大型主轴和大功率齿轮传动装置加工能力的提高,各国海军已经可以生产出满足大型战舰要求的超长主轴和大型减速齿轮箱。加之在当时的技术条件下,电力推进装置存在体积重量大、能量变换环节多、效率低、造价昂贵、维护保养工作量大等一系列缺点,因此在二战结束后,舰船动力平台又重新回到机械推进方式,舰船动力也由蒸汽动力逐渐发展为内燃机动力、燃气轮机动力和核动力。尽管电力推进暂时退出了海军战斗舰艇领域,但电力推进由于具有调节灵活的优点,在一些豪华游轮、工程船以及破冰船等要求良好操纵性、转矩特性和响应特性的特殊舰艇上仍然被广泛采用。

自20世纪80年代以来,新型燃气轮机、推进电机、电力电子变流设备、计算机控制等技术的迅猛发展,彻底改变了传统电力推进系统的面貌,大幅提高了电力推进系统的功率密度、可靠性和效率等性能,并很好地满足了舰船对隐蔽性、机动性和生命力等战技性能指标的要求。与机械推进相比,电力推进的优势不断显现,并再次成为各国海军争相发展的热点。英国23型"公爵"级护卫舰是这一时期电力推进复兴的先行者(图1-9)。

图 1-9　英国 23 型"公爵"级护卫舰

1.2.2　综合电力系统

随着舰载高能武器的发展以及舰船对作战能力、操控性、隐蔽性等要求的进一步提高,西方海军强国于20世纪90年代在舰船电力推进的基础上采用"综合的电站"同时为推进负载、日用负载和未来上舰的高能武器供电,更加有效地管理和使用电能。这使得电力推进的优势进一步凸显,舰船电力推进系统也质变为"舰船综合电力系统"[4-6]。舰船综合电力系统所带来的实质性变化完全可与舰船动力由帆船发展为蒸汽机船、由蒸汽机船发展为核动力船相提并论,是舰船动力平台的第三次革命。

舰船综合电力系统是指通过电力网络将发电、日常用电、推进供电、高能武器发射供电、大功率探测供电综合为一体的电力系统。它由发电模块与技术、供配电网络及保护模块与技术、变配电模块与技术、推进模块与技术、储能模块与技术、能量管理模块与技术、全系统集成技术六大模块七大技术组成(图1-10)。发电模块由原动机和发电机组成,用于产生电能;供配电网络及保护模块由电缆、汇流排、断路器和保护装置等组成,用于传输电能和自动识别、切除电网故障;变配电模块用于将电能分配至舰船的各个用电设备,并根据用电设备的不同电能需求实现不同电制、电压和频率的变换;推进模块由推进电机和变频调速器组成,推进电机将输入电能转化为机械能,从而推动舰船航行,变频调速器为推进电机输入电能并控制其转速,从而调节舰船航速;储能模块用于在故障状态下为重要负载提供短时电能支撑,同时为高能武器发射提供瞬时大功率脉冲电能,缓冲其充电和发射期间对舰船电网的冲击;能量管理模块用于各功能模块的监测、控制和综合管理,协调各模块的工作状态,满足舰船在不同工况下各类负载的用电需求。

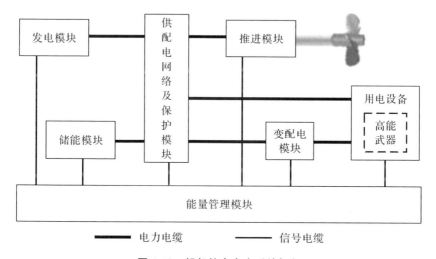

图 1-10 舰船综合电力系统框架

舰船综合电力系统是舰船动力平台的又一次重大变革,对海军装备发展、未来海上作战等产生了深远影响,具体表现为以下几点。

(1)综合电力系统是提高舰船声隐身性能的有效途径

声场一直是舰艇声呐探测潜艇、水面舰船以及鱼雷等武器并进行末端跟踪制导的主要途径。水面舰船的噪声源包括船壳产生的流体噪声、螺旋桨产生的噪声和机械振动产生的噪声。舰船巡航时,机械噪声是主要的噪声源,由原动机、推进装置和轴系、各类旋转与往复机械装置等产生。综合电力系统与机械推进系统相比,推进装置不存在齿轮箱、复杂长轴系等环节,从源头上降低了振动噪声,同时综合电力系统各子系统或设备均为模块化设计,便于隔振,从而进一步降低了水下辐射噪声,大大提高了舰船的声隐身性能。

(2)综合电力系统有利于舰船总体优化设计

舰船综合电力系统缩短了轴系,减少了热机的数量及特种发电设备,节约了空间,简化了舰船动力平台的结构,系统化、模块化和集成化的设计思想有利于舰船总体优化设计。舰船螺旋桨由带变频调速功能的推进电机驱动,能在全速范围内快速实现无级调速,提高了舰船的机动性、操控性和续航力。

服役期间的舰船绝大部分时间处于巡航状态,传统机械推进按照最大航速配置的推进主机长时间处于低负荷率运行状态,耗油量大,而舰船综合电力系统可根据用电负荷容量调节原动机数量,提高原动机负荷率,降低油耗,从而减少燃油装载量,提高续航力。据美国海军海洋系统先进水面舰船机械研究小组估计,采用综合电力系统的舰船与同等吨位的机械推进舰船相比,年节省燃油量达 10%～25%[7]。

(3)综合电力系统是舰船使用舰载高能武器的必由之路

电磁炮和激光武器(图 1-11)以及微波等新概念高能武器发展十分迅速,有的已逐步进入工程应用阶段。此类高能武器应用于舰船是必然趋势,但都需要大功率电能支持。在可预见的将来,支持舰载高能武器系统的电力需求将呈几何级数增长。根据舰船吨位、航速和舰载高能武器的使用需求,一艘中型航母(如英国正在建造的 CVF 航母)的电能总需求高达 100MW 以上,其中辅助设备用电不到 10%,绝大部分电能用作电力推进和高能武器发射,调节和保障电力推进、高能武器所需的电能已成为制约高能武器舰载化的瓶颈。而在采用机械推进的舰船动力平台中,动力系统和电力系统相互独立,无法从根本上解决这些问题。舰船综合电力系统既能提供高品质、大容量的电能,又能合理分配和使用能量;既能保证电力推进时的充足动力,又能满足战斗状态下的高能电力需求。因此,采用综合电力系统作为舰船动力平台是实现高能武器上舰最行之有效的技术途径,而这正是各海军强国争先发展综合电力系统的又一主要原因。

(a) 电磁炮   (b) 激光武器

图 1-11　新概念高能武器

美国为进一步增强海上优势,于 1986 年率先提出"海上革命"计划,积极发展舰船综合电力系统,此后又推出了"SC-21"计划,拟将综合电力系统用于 21 世纪新一代水面舰船及未来一系列战舰。美国在研发综合电力系统的过程中,先后经历了小比例预研、全尺寸预研和全尺寸工程研制三个阶段。1998 年,美国海军在宾夕法尼亚州建立了舰船综合电力系统陆基试验站,并于 2001 年完成了单轴 40MW 级全尺寸综合电力系统陆上演示验证试验。同年 11 月,美国国防部推出"DD-X 隐形驱逐舰"计划,该舰采用综合电力系统,以寻求作战系统、船体、机械和电气系统的完美结合,并最大限度地实现自动化。2005 年 9 月,DD-X 进入系统研发阶段。2006 年 4 月,该计划正式更名为 DDG-1000,首舰已于 2013 年交付使用。至此,综合电力系统在美国进入实船应用阶段。

英国海军于 1994 年正式开始舰船综合电力系统的应用研究,在发展过程中结合本国经济实力和海军规模,采取了循序渐进的模式:首先在 23 型护卫舰上采用柴电燃联合推进方式,验证电力推进技术实船应用的可行性,即在全速航行时采用机械推进以保证高速 28 节的要求,在巡航和反潜时采用电力推进以满足低噪声和经济性的要求;随后在民船和军辅船上采用综合电力系统,充分释放技术风险,2002 年服役的两艘辅助油轮和 2003 年服役的两艘船坞登陆舰均采用了综合电力系统;接着,英国和法国联合建立电力战舰陆上技术演示验证系统,并与 45 型驱逐舰的研制紧密结合,大幅度降低 45 型驱逐舰(图 1-12)的工程研制风险。2008 年 12 月,45 型驱逐舰首舰"果敢"号正式交付英国皇家海军,标志着英国主战舰船综合电力系统已全面转入工程应用阶段。

图 1-12 英国 45 型驱逐舰

法国从 2000 年开始与英国合作研发水面舰船电力推进技术。2006 年 12 月,法国海军第一艘采用综合电力推进的"西北风"号两栖攻击舰服役。在此基础上,法国海军充分吸收美国 DDG-1000 驱逐舰的研制经验,于 2008 年提出建造面向未来的新一代护卫舰——"剑舰"计划,该舰计划采用综合电力推进装置,预计 2030 年左右发展成熟。

1.2.3 综合电力系统发展趋势

舰船综合电力系统将机械推进系统和电力系统以电能的形式合二为一,实现了全舰能源综合利用,具有传统机械推进动力无法比拟的优势,其技术路线分为中压交流电网和中压直流电网。目前国外已开始工程应用的综合电力系统均采用中压交流方案,具有技术继承性好、工程实现难度低和风险小等优点,但对原动机调速性能要求高,且存在系统功率密度的提升受供电频率限制、系统体积及重量偏大、发电机组并联条件苛刻且耗时长、系统易失稳等缺点。与中压交流电网相比,中压直流电网具有下列优势。

①消除了原动机转速和母线频率之间的相互制约影响,且对原动机的调速性能要求低。发电机可以和高速原动机直连,无需减速齿轮箱,提高了系统的功率密度,降低了设备的振动噪声水平;调速性能、容量、频率差异大的不同类型发电机组可以并联稳定运行。

②减小了输配电电缆及变压器的体积和重量。直流电网输电电缆中没有电流的集肤效应,也不用传输无功功率,电缆重量相对减小;直流电网取消了大容量的推进变压器和配电变压器,其功率变换设备能在更高的频率下运行,减少了变换设备的变压器体积和重量。

我国舰船原动机性能差,尤其是大容量燃气轮机可选机型少,调速性能落后于国外[8]。如果跟踪模仿发达国家中压交流综合电力技术路线,不同类型原动机带动的发电机组将因功率等级和调速性能差异大而难以并联稳定运行,这严重制约了我国综合电力系统的发展。为此,我国于 1998 年开始中压直流技术路线探讨,并于 2003 年全面开展中压直流综合电力系统的技术基础研究与关键技术攻关。与中压交流系统相比,中压直流综合电力系统具有集成度高、非线性强、时间尺度跨度大等特点。结合我国现有舰船和电气行业基础,中压直流综合电力系统的主要技术难点如下。

①大容量中压直流源。系统通常配置大小两档发电机组,以实现其在舰船各航速下的高效运行。若两档发电机组调速性能差异大,将导致发电机设计及控制困难。我国原动机性能落后,需要突破与原动机性能相匹配的中压直流集成发电技术,以优势的"电"补劣势的"机",解决原动机调速性能差制约我国综合电力技术发展的难题。

②先进电力推进。电力推进功率大(占总装机容量的 80% 以上),特殊环境适应性和控制性能要求高,需要研究新型推进系统设计、电机密封工艺、变频器冗余控制等技术,实现中压大容量推进系统的高转矩密度、高效率和高可靠性。

③中压直流系统稳定性。推进的恒功率"负阻"特性、变配电的电力电子装置级联特性是导致系统失稳的新诱因,需要研究失稳机理和稳定性分析方法。

④中压直流系统保护。系统短路电流无过零点,幅值大、上升快,故障保护困难,需要从器件、装置和电网三个层面,解决从微秒至秒级的系统快速协调保护难题。

⑤强弱电耦合非线性电力系统的电磁兼容设计。系统采用电力电子设备,为各类负载提供多种电制的电能。电力电子设备开关暂态过程导致系统非线

性强、参数和拓扑结构时变,需要从设备、分系统、全系统层面,解决多干扰源、高集成度系统复杂电磁干扰的定量预测、分析与抑制等难题。

与中压交流电网结构相比,中压直流电网结构的技术风险较大,但具有更高的功率密度和运行灵活性,代表着舰船综合电力系统的发展方向。在舰船综合电力系统各分系统中,发电系统的重量、体积所占比例最大,在满足高效率、高可靠性和低振动噪声的前提下,提高发电系统的功率密度是综合电力系统的迫切需求。

1.3 直流电力系统对发电模块的需求

自 20 世纪 80 年代以来,随着电力电子技术的发展,在民用大电网和独立电力系统中,直流电制扮演着越来越重要的角色。

在民用大电网的直流系统中,发电机、变压器和交流-直流(AC-DC)变换器都可以参与调压,系统采用协调控制,各部分之间为弱耦合。而在舰船电力推进、石油钻探、电力机车牵引、邮电通信和飞机等独立电力系统中,不仅需要高品质的直流电源,还对供电系统的体积重量有严格的要求。早期多采用传统机械换向式的直流发电机,但因碳刷维护复杂、可靠性不高,只适合小功率用电场合。随着电力电子技术的不断发展,无刷直流发电机(也称为交流整流型发电机)逐渐取代机械换向式直流发电机,并在上述场合得到了广泛的应用。显然,与民用大电网相比,独立电力系统中的直流电源模块对集成度要求更高,且发电机与整流装置采用集成设计,系统属于强耦合。

本书将对独立电力系统中的交流整流型发电机进行重点介绍。

1.3.1 调压方式

独立电力系统中交流整流型发电机的调压方式主要包括全控器件的高频整流调压方式,半控器件的相控整流调压方式,以及电机本体励磁绕组调压并外接不控整流的调压方式。其中,高频整流和相控整流调压方式的工作原理与民用电网中的 VSC-HVDC,LCC-HVDC 类似,可以参考图 1-6。

3 相高频整流的重量大、体积大、输出的直流中谐波含量多,谐波治理需要增加滤波器,从而增加了系统的体积,因此高频整流不适用于对功率密度要求高的、中大功率独立电力系统平台。相控整流虽可以做到大功率应用,但是其调压能力有限,也需要滤波环节以确保满足直流供电品质的要求,一般不用于独立电力系统中。电机采用本体励磁绕组调压并外接不控整流的调压方式,能够适用于大功率等级,且通过电枢多相化后可确保满足直流供电品质。

1.3.2 供电品质

3相交流发电机整流系统产生的电磁干扰和直流电压脉动太大,无法满足独立电力系统对高供电品质的要求。而通过多绕组变压器实现的多重化整流电源,其脉动受负载变化影响,难以实现理想整流状态,且变压器的体积重量与独立电力系统对空间的严格要求背道而驰,从而限制了其应用。

当内电势为理想正弦时,多相整流发电机空载直流电压波形及脉动系数如图1-13所示,图中脉动系数计算式中的 n 为直流电压波形脉波数。20世纪70年代末,德国西门子公司开发了供电力推进用的6相(双Y移30°)同步发电机整流系统,这种整流系统由3相6脉波整流增加到12脉波整流。当发电机内电势为正弦时,空载直流电压脉动系数由5.7%降至1.4%。80年代末,德国皮勒公司成功研制出12相(四Y移15°)同步发电机整流系统(脉波数为24),其空载直流电压脉动系数只有0.35%,供电品质得到进一步改善。

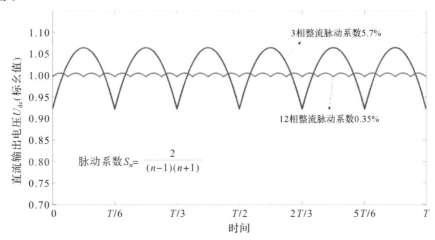

图 1-13 内电势为理想正弦时多相整流发电机空载直流电压波形及脉动系数

1.3.3 功率密度

未来大型水面舰船综合电力系统为舰船上的各种高能武器、仪器设备和生活设施供电,其容量将达百 MW 以上,是传统舰船的数倍至数十倍,我国现有舰船发电机无法满足这种需求,尤其是适装性相差甚远。因此,提高船舰用发电机的功率密度是舰船综合电力系统的必然要求[9]。

众所周知,提高发电机转速是提升发电机功率密度最直接的方法。传统的舰船发电机组,特别是采用交流电制的场合,多采用减速齿轮箱将高速原动机(汽轮机或燃气轮机)与发电机相连,其重量、体积增加且振动噪声大,与舰船对重量、空间、隐蔽性的严格要求相违背。采用直流电制可以不再受交流频率的限制,并为取消减速齿轮箱和大幅提高发电机转速提供了理论支撑。一旦取消减速齿轮箱,将高速原动机与发电机直接耦合,就既降低了发电系统的振动噪声,又减小了其重量和体积。因此,在以直流电制为主的未来舰船综合电力系统中,高速交流整流型发电机已成为发电模块的主要发展方向。

目前适应于舰船综合电力系统等独立电力系统中的中大功率等级高速发电机类型主要有感应电机、电励磁同步电机和混合励磁永磁电机。自 20 世纪末以来,英美等发达国家竞相对高速发电机开展研究,典型代表包括:美国麻省理工学院(MIT)的电磁和电子系统试验室研究的 5MW 高速感应发电机;德州大学机械电子中心用于先进机车推进系统的 3MW 高速同步发电机和高速感应飞轮电机;英国 Turbo Genset 公司推出的以 1.2MW 高速永磁发电机为核心的新型移动电站;美国 Calnetix 公司开发的舰用 2MW 高速永磁发电机,转速范围为 19000~22500r/min[10]。

国内在高速发电机的研究上相对滞后,但一些科研机构、高等院校以及企业开展了高速发电关键技术的探索,取得了一些标志性的成果。2002 年由哈尔滨东安公司和中国科学院工程热物理研究所、西安交通大学等单位共同承担了国家 863 计划重大专项课题微型燃气轮机发电机设计与研发,研制出 100kW 级微型燃气轮发电机组并通过验收。2005 年由沈阳工业大学、南京航空航天大学和浙江大学共同承担的国家自然科学基金重点项目"微型燃气轮机—高速发电机分布式发电与能量转换系统研究"对小功率高速永磁发电技术进行了研究,并研制出 100kW、60000r/min 的高速永磁电机。2015 年沈阳工业大学研制出1.1MW、18000r/min、转子表面线速度达 180m/s 的高速永磁电机。海军工程大学在 MW 级高速发电机研制上积累了较多经验:在感应电机方面,率先成功研制出国内最大功率等级的 3MW 级、7500r/min、转子表面线速度达 170m/s 的高速感应发电机;在电励磁同步电机方面,成功研制出 1MW 级、7500r/min、转子表面线速度达 165m/s 的高速电励磁同步发电机;在永磁电机方面,成功试制 2MW 级、10000r/min、转子表面线速度达 240m/s 的高速永磁发电机。目前,多相整流发电系统向着进一步提高系统功率密度的方向发展。

1.4 多相整流发电机的发展历程

多相整流发电机包括电励磁同步发电机、感应发电机以及混合励磁永磁发电机三大类。电励磁同步发电机调压灵活,其功率范围可以覆盖小、中、大功率等级,但其转子上需要增加旋转整流桥、励磁机等部件,转子机械强度和散热的要求使得转子设计复杂,难以适用于大容量高速运行场合。感应发电机转子结构简单,可以实现高速运行,但其需要借助电力电子装置调压,大功率时调压装置的体积重量大,降低了发电系统功率密度,其功率范围覆盖中小功率等级。混合励磁永磁发电是未来综合电力系统发展的重要方向,功率覆盖范围与电励磁同步发电机相当,但其运行转速更为宽广。根据发电机系统的技术特征以及功率密度,可以将集成式多相整流发电机系统分为四代,如表 1-1 和图 1-14 所示。

表 1-1 四代集成式多相整流发电机系统

特征	发电机类型	覆盖功率范围		
		小功率等级 (100kW～1MW)	中等功率等级 (1MW～10MW)	大功率等级 (10MW 以上)
第一代	同步发电机	√(可高速)	√(可高速)	√(受转子结构限制,难以做到高速)
第二代	交直流集成供电 多相同步发电机	√	不适用于中大功率直流电力系统	
第三代	高速感应发电机	√	√	大功率时调压装置的体积重量 大,降低了发电系统功率密度
第四代	高速永磁发电机	√	√	√(转子可高速运行,与第一代相 比,功率密度可以进一步提高)

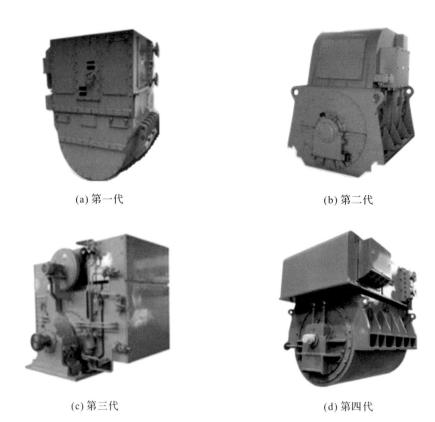

(a) 第一代 　　　　　　　　　　　　 (b) 第二代

(c) 第三代 　　　　　　　　　　　　 (d) 第四代

图 1-14　四代集成式多相整流发电机系统

　　多相同步电励磁发电机整流系统的理论分析和设计与 3 相电机差异大,且随着绕组相数的增多,电机制造的难度相应加大。海军工程大学通过十几年刻苦攻关,于 1999 年解决了系统低频功率振荡、多相整流桥故障诊断等一系列国内外尚未解决的关键技术难题,成功研制出具有独立知识产权、高性能、高功率密度的 12 相整流电励磁同步发电机系统,这是我国第一代集成化发电机系统,已批量应用于舰船独立供电系统。目前对多相整流电励磁同步发电机系统的研究已经趋于成熟,形成体系,在稳态运行性能、数值仿真、短路电流计算、运行稳定性、整流桥故障诊断等技术方面均已取得较为完善的成果,这些研究成果已构成多相整流发电机系统的基本理论和分析方法[11-13]。

　　为了解决舰船等独立电力系统中同时需要交流电和直流电的特殊需求,海军工程大学在已成功研制出 12 相整流电励磁同步发电机的基础上,进一步提出了交直流混合供电的同步发电机系统[14-16]。该发电机中 3 相交流绕组与多相(6、9、12、15 等)整流绕组共用发电机磁路,其中 3 相绕组给交流电网供电,多相绕组经内部整流后给直流负载供电,整流输出与 3 相交流输出隔离开来,仅有磁路耦合,没有电路连接,可以大大减小整流电流换相对交流电网电压波形畸变的影响。该型电机解决了潜艇在有限空间内同时为全艇交流供电和直流推进供电的重大技术难题,显著提高了发供电系统功率密度和可靠性,是我国第二代集成式发供电的典型代表。

为了进一步提高发电系统的功率密度,并满足越来越严格的振动噪声指标要求,在多相整流电励磁同步发电机系统和交直流混合供电同步发电机系统的基础上,海军工程大学成功研制出多相整流感应发电机系统[17-21]。该电机在定子上布置有两套绕组,即一套 $M(M=3,6,9,12,\cdots)$ 相整流绕组(或称功率绕组)和一套 3 相辅助励磁绕组(或称补偿绕组)。整流绕组接有 M 相自励电容,且经 M 相整流后向直流负载供电,M 的选择取决于直流供电品质的要求;辅助励磁绕组接有自动励磁调节器,励磁调节根据设定的整流桥输出电压,提供相应的无功功率,以补偿因负载和转速改变而引起的电压变化。具有双绕组结构的感应发电机是一种全新的发电系统,其虽与双绕组同步发电机有相似的定子结构,但工作原理完全不同,在稳态运行性能分析、电机与励磁调节器设计、系统数学模型建立与参数计算、转子损耗计算、短路电流计算、系统运行稳定性与电磁兼容等方面都有其独特性。该成果开辟了我国潜艇主发电设备低频、机械噪声源控制的新方向,是我国第三代集成式发供电的典型代表,对国民经济发展和国防建设都具有重大意义。

在第三代集成式发电机系统的基础上,为了再提高发电模块功率等级和功率密度,海军工程大学重点开展了高速永磁发电机电磁、冷却、结构的集成优化设计工作,成功试制 2MW 级、10000r/min 的高速混合励磁永磁发电机,突破了高速永磁电机转子永磁体预紧工艺、转子轴带风扇与电机风路匹配设计技术,并对电机定子和整流装置水冷系统进行了优化,实现了电机本体、整流模块、励磁模块和冷却系统的高度集成。

第2章 多相整流发电机的基本结构及电磁关系

本章首先介绍了多相同步和感应整流发电机的结构和原理,其多相绕组是其区别于传统 3 相整流发电机的主要特征,具有电磁利用系数高、气隙磁密谐波含量低、转矩脉动小等优点;其次以多套多相绕组为对象,采用槽号相位图详述了其分相原理以及绕组成立的充要条件;最后从单个导体产生的磁势出发,解析、推导了线圈、单相绕组、多套多相绕组合成磁势的时空分布以及频谱特征,对整数与分数槽绕组、单双层绕组、小相带(相带宽度为 $180°/M$)与大相带绕组(相带宽度为 $360°/M$)等典型绕组形式进行了具体分析。随书二维码(见书末)提供了多套多相交流绕组分析的 MATLAB 软件界面,只需在界面中填写极槽数、相带类型等独立参数,即可得到绕组分相所需的各种参数、槽矢量图、绕组矢量图、槽号相位图、磁势波形分布与频谱。软件界面中的变量定义、数学逻辑与本章正文内容完全一致,以便读者加强对本章内容的理解。

2.1 多相整流型发电机的分类

多相整流发电机的分类如图 2-1 所示。从发电原理上来讲,可将整流发电机视为交流发电机与整流环节的集成。多相整流发电机内部的交流发电机在结构上与常规电机类似,主要由定子铁心、定子绕组、转子构成,而整流环节的主要作用为将交流电能转化为直流电能。在多相整流发电机的实际应用中,可按转子转速与定子磁场旋转速度关系、励磁方式、整流环节等进行分类。

按照转子转速与定子磁场旋转速度是否相同,交流发电机可分为同步发电机和感应发电机。同步发电机根据励磁来源的不同,又可分为电励磁型、永磁型以及混合励磁型电机。

发电机按励磁方式可分为定子励磁型和转子励磁型两种。定子励磁型发电机主要包括感应发电机、转子永磁定子励磁型发电机、定子永磁混合励磁发电机;转子励磁型发电机包括同步发电机、转子永磁混合励磁型发电机。

整流环节目前主要有电力电子整流和机械整流两种。电力电子整流是指采用电力电子器件对交流发电机的输出进行可控或者不可控整流,将交流电转化为直流电。机械整流通常是指采用电刷和滑环来实现电制的转变,因此传统的有刷直流发电机也可以被视作广义的多相整流发电机。

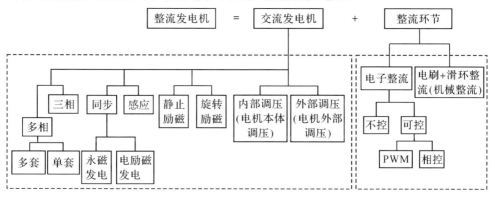

图 2-1　多相整流发电机的分类

2.2　多相整流同步发电机的原理与结构

2.2.1　多相整流同步发电机的原理

同步发电机是一种最常用的交流发电机,其有旋转电枢和旋转磁极两种结构型式。旋转电枢式结构只用于小容量电机,一般同步发电机都采用旋转磁极式结构。旋转磁极式结构根据磁极形状又可分为隐极和凸极两种型式。隐极同步发电机的气隙均匀,转子机械强度高,适用于较高速旋转场合,多与汽轮机构成发电机组,是汽轮发电机的基本结构型式。凸极同步发电机的气隙不均匀,旋转时的空气阻力较大,比较适用于中速或低速旋转场合,常与水轮机构成发电机组,是水轮发电机的基本结构型式。

隐极同步发电机的定子结构与一般交流电机基本相同。隐极同步发电机与感应电机的根本区别是转子侧有磁极并通入直流电流励磁,因而具有确定的极性。隐极同步发电机的转子结构复杂,除了励磁绕组,往往还会设置阻尼绕组,因此,机械强度受限,转速进一步提升困难。定、转子主磁场相对静止是所有旋转电机稳定实现机电能量转换的前提条件,而隐极同步发电机的运行特点是转子旋转速度与定子磁场旋转速度相同。隐极同步发电机的运行特性主要包括空载特性、短路特性、负载特性、外特性和调节特性等。

同步发电机可接交流负载独立运行,也可以接入交流电网并网运行,其励磁系统为转子上的励磁绕组提供直流励磁电流。独立运行时,调节该励磁电流可调节同步发电机的端口电压;并网运行时,调节该励磁电流可调节同步发电机输出的无功功率。传统 3 相同步发电机原理如图 2-2 所示。

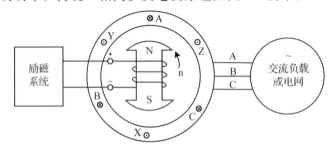

图 2-2 传统 3 相同步发电机原理

M 相整流同步发电机包括 M 相同步发电机和 M 相整流装置两个部分。独立运行时,通过励磁系统自动调节发电机的励磁电流,能方便地调节 M 相整流同步发电机输出的直流电压,其原理如图 2-3 所示。

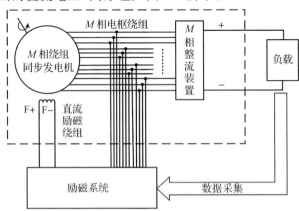

图 2-3 多相整流同步发电机系统原理

带有自动励磁调节装置的多相整流同步发电机,消除了传统交流同步发电机对频率的限制,一般通过调节励磁电流来稳定其输出直流电压,降低了对原动机的调速性能要求,并具有脉动系数小、调压范围宽、动态性能好和技术成熟度高的优势,是特殊场合下高性能直流发电系统的常见选择。

2.2.2　多相整流同步发电机的结构

多相整流同步发电机主要由发电机本体、整流装置、励磁装置和冷却装置四部分组成,如图 2-4 所示,各组成部分的功能见表 2-1。

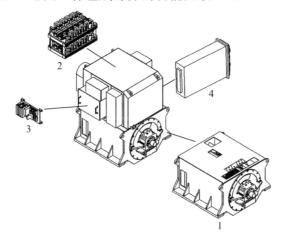

1—发电机本体;2—整流装置;3—励磁装置;4—冷却装置

图 2-4　多相整流同步发电机组成

表 2-1　多相整流同步发电机各组成部分的功能

序号	组成部分	功能
1	发电机本体	将旋转机械能转化为交流电能
2	整流装置	将交流电能转化为直流电能
3	励磁装置	为发电机本体提供直流励磁电源,控制整流发电机输出的直流电压,实现发电机直流电压自动调整
4	冷却装置	通过闭式循环通风冷却系统对发电机本体、励磁装置、整流装置等发热部件进行冷却,满足各部件的温升要求

多相整流同步发电机本体结构主要包括定子、转子、机座和轴承等部分,如图 2-5 所示。

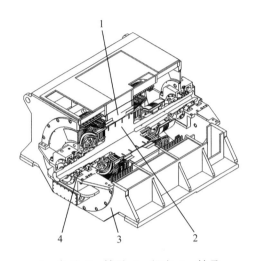

1—定子；2—转子；3—机座；4—轴承

图 2-5 多相整流同步发电机本体结构

多相整流同步发电机定子结构主要包括铁心、绕组、端部压板、扣片等部件，如图 2-6 所示。定子铁心一般采用含硅量较高的无取向冷轧硅钢片叠压而成，定子绕组一般采用双层整距或短距叠绕形式。

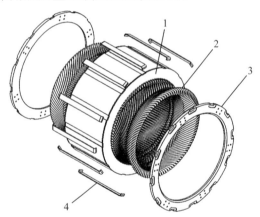

1—铁心；2—绕组；3—端部压板；4—扣片

图 2-6 定子爆炸图

多相整流同步发电机常用于高转速场合，其转子采用隐极结构，如图 2-7 所示。发电机转子主要包括铁心、转轴、中心环、护环、励磁绕组、交轴稳定绕组等部件，如图 2-8 所示。

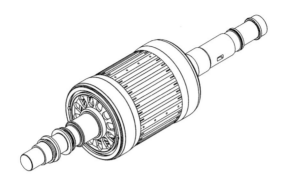

图 2-7　转子结构

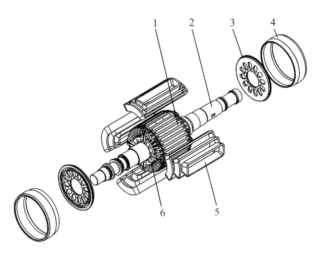

1—铁心;2—转轴;3—中心环;4—护环;5—励磁绕组;6—交轴稳定绕组

图 2-8　转子爆炸图

　　由于转子线速度较高,转子铁心和转轴采用高强度导磁合金钢整锻加工而成。发电机转子表面开槽用于放置励磁绕组与交轴稳定绕组,槽型一般为矩形开口槽,槽楔采用高强度合金材料。转子铁心开有轴向通风孔,用于通风散热。励磁绕组为单层同心式绕组,励磁电流为直流电流。交轴稳定绕组为短路绕组,用于改善发电机的稳定性,避免发电机带整流负载时发生低频功率振荡。交轴稳定绕组紧贴转子铁心,励磁绕组端部则采用合金钢护环进行保护,中心环用于支撑护环。

2.3　多相整流感应发电机的原理与结构

2.3.1　多相整流感应发电机的原理

感应发电机是一类特殊用途的感应电机,其定子结构与一般交流电机基本相同,而转子通常采用鼠笼式结构,此结构中导条穿过转子铁心并与端环构成闭合回路。显然,与同步电机相比,感应电机的转子具有结构简单、强度高与可靠性好的特点,特别适合高速运行。根据电磁感应原理,感应电机转子导体需要与磁场形成相对运动才能产生感应电势,进而通过闭合回路形成电流,产生相应的转子磁场,并与定子磁场相互作用,从而完成机电能量转换。因此转子机械转速与定子磁场转速不同是感应电机的重要特点,通常用转差率参数 s 体现转子旋转电角频率 ω_r 与定子磁场角频率 ω_s 的差异:

$$s = \frac{\omega_s - \omega_r}{\omega_s} \tag{2.3.1}$$

在输入电压、转速一定的条件下,感应电机的电磁转矩(或功率)随转差率变化而变化,该曲线一般称为感应电机的机械特性,常见的机械特性曲线如图 2-9 所示,图中横轴为转差率 s,纵轴为电机电磁转矩 T_{em}。

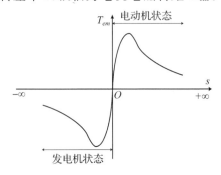

图 2-9　感应电机常见的机械特性曲线

①当 $s>0$,$T_{em}>0$ 时,感应电机向外输出机械功率,工作在电动状态。将感应电机作为电动机是目前工业生产中的主要应用形式。

②当 $s<0$,$T_{em}<0$ 时,感应电机处于发电机状态,此时原动机拖动感应电机

的旋转速度高于定子磁场的旋转速度,定子通过电磁感应向外输出电功率,感应电机实现了机械能向电能的转换,可作为发电机使用。

鼠笼转子无法外接励磁机进行转子励磁,因此,为保证电机建立所需的输出电压,感应发电机的定子绕组必须外接励磁源,以提供电机运行所需的无功励磁电流。感应发电机并网运行时,电机所需的无功励磁电流由电网提供,只需控制转子的转速大于旋转磁场的转速,感应发电机即可向电网输送有功功率,如并网运行的风力发电机和小型水力发电机。

感应发电机独立运行时,由于不能利用电网来提供无功励磁电流,则需要设置专用的励磁电源。目前,自励感应发电机是独立运行感应发电机最常用的形式,此类电机在输出端并联有自励电容,通过电机绕组与自励电容的自激振荡,建立所需的输出电压。独立运行的传统自励式 3 相感应发电机原理如图 2-10 所示。

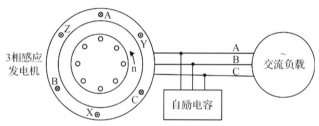

图 2-10　独立运行的传统自励式 3 相感应发电机原理

图 2-10 所示的自励感应发电机一般依靠剩磁进行自励,自励过程如图 2-11 中虚线所示。在一定转速下,剩磁在定子绕组里产生剩磁电动势 U_r。这一电势在电容器负载的作用下,产生容性无功电流。容性无功电流会产生磁势,使气隙里的磁通得到加强,从而增大电动势。发电机绕组与自励电容在上述正反馈作用下进入自激振荡过程,输出电动势与电流不断增大,最后由于磁路饱和的作用,发电机最终在定子绕组建立一个稳定的电压,对应的稳定运行点是自励电容线与空载特性曲线的交点。

图 2-11 中,电容线夹角 θ_C 定义为

$$\theta_C = \arctan\left(\frac{1}{C\omega_s}\right) \tag{2.3.2}$$

式中,C 为自励电容容值,ω_s 为电机定子角频率。感应发电机自励电容所需的容值与转速和电机励磁特性有关,自励电容具体计算过程将在第 8.1 节进行详细阐述。

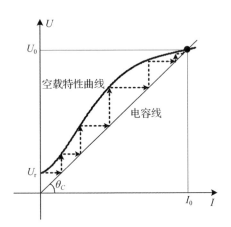

图 2-11 感应发电机的自励过程

传统自励感应发电机在外部并联自励电容,虽然可以实现自励建压,但当负载阻抗或转速发生改变时,其输出电压和频率会出现相应的变化,严重时甚至会出现失磁,传统自励感应发电机带载稳定性差和调压困难的缺点较为突出。为解决感应发电机的调压调频问题,早期的感应发电机应用中主要采用以下两种解决方法。

①调节自励电容。运行中通过投切电容来实现自励电容的改变,根据负载大小补充一定的超前无功功率,从而实现电压的调节。

②调节原动机转速。当自励电容一定时,感应发电机的带载能力与转速在一定范围内呈单调递增关系,据此可通过控制原动机的转速实现电压调节。

但以上两种措施均存在一定的局限性,前者用于调节的电容组数是有限且不连续的,将限制其调节范围,且存在系统复杂和响应缓慢等问题;后者虽然实现相对容易,但要求原动机具有较宽广的转速可调范围,且存在响应缓慢和带载能力弱等问题。

自 20 世纪 80 年代以来,随着大功率电力电子器件的发展,独立运行感应发电机的调压调频问题出现了多种解决方式,主要有以下两种。

①整流逆变调压调频方式。如图 2-12 所示,通过合理设计使电机在不可控整流工作方式下的负载特性较硬,这样通过高频整流变换到额定电压时,可保证其占空比在很小的范围内变化,实现高频脉宽调制(Pulse Width Modulation,PWM)整流桥的优化控制,再经逆变装置提供所需的恒频恒压电源。该方法需要两套与发电机同等容量的电力电子变流装置,且为减小谐波影响以保证供电

品质,需要在交流输出端串接滤波电感。传统感应发电机多需要外接自励电容自励建压,由于采用高频整流方式,易产生高频谐振。虽然通过串接合适电感可以避免此问题,但又导致系统过于复杂。因此,更多情况下选择不外接交流自励电容。为此,高频整流桥的直流侧需要外接直流电源以提供发电机起励建压过程中所需的无功电流。由于全功率电力电子变频装置存在的电磁不兼容以及成本高等问题,该方式适用于中、小功率等级或对电磁兼容要求不高的应用场合。

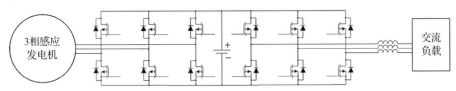

图 2-12　背靠背整流逆变型感应发电机系统原理

②定子辅助交流励磁调压调频方式。如图 2-13 所示,通过在负载侧并接交流补偿装置实现定子辅助励磁,这种方法适用于常规感应电机。该补偿装置采用 PWM 控制技术。为确保电能品质,在补偿装置输出端串接交流滤波电感。为了调节有功功率以保证频率的恒定,还需要在辅助励磁装置的直流侧并接直流电源。该方式中交流补偿装置与发电机输出端直接并联,供电品质直接受到补偿装置的影响,因此该类系统的电磁兼容性能难以保证。同时辅助励磁系统需要外部并接直流电源,这明显增加了系统的复杂性和成本。

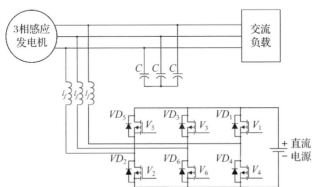

图 2-13　定子辅助交流励磁调压方式的感应发电机原理

感应发电机从原理到结构都与同步发电机有很大差异。在独立交流电制发电系统中,感应发电机实现恒频恒压的条件苛刻,且系统复杂,因此应用十分少。但对于直流电制系统而言,其所需电能为直流电能,即使采用不控整流方式输出直流,也只需要实现调压即可,因此感应发电机相对更适合应用于直流电制的独立发电系统。

为满足高性能直流发电系统的要求,近年来我们提出了一种采用静止励磁装置的 $M/3$ 相多相整流感应发电机,其原理如图 2-14 所示[17,22],此类感应发电机较好地兼顾了电磁兼容性、系统复杂程度和成本等因素。

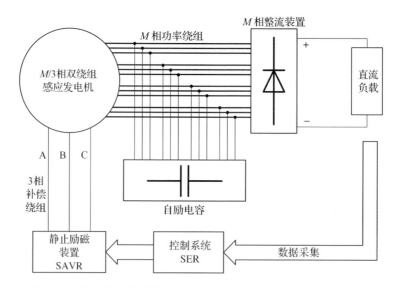

图 2-14 采用静止励磁装置的 $M/3$ 相多相整流感应发电机系统原理

$M/3$ 相整流感应发电机采用感应发电机、整流装置与励磁调节器集成化方案,其中感应发电机本体采用鼠笼式转子,其定子采用特殊的两套绕组,分别为一套 $M(M=3,6,9,12,\cdots)$ 相功率绕组和一套 3 相补偿绕组(或称辅助励磁绕组)。功率绕组接有 M 相自励电容,且经 M 相整流后向直流负载供电,M 主要根据直流供电品质来选择;补偿绕组接有自动励磁调节器(SAVR),主要提供无功电流。当电机空载运行时,由自励电容自励建立空载一定的电压,再投入SAVR,通过调节 SAVR 的无功电流实现输出直流电压的控制,以满足负载、转速等变化时的电压稳定要求。同时,两套定子绕组在电路上完全隔离,仅有磁耦合,从而大大削弱了无功励磁装置高次谐波对功率绕组的影响,以确保发电机系统的电磁兼容和供电品质。

　　带有静止励磁装置的多相整流感应发电机,不仅克服了传统感应发电机带载稳定性差、调压困难和电磁兼容性差等缺点,而且充分利用其鼠笼转子机械强度高的优势,大幅度提高运行转速,从而减小了电机体积,提高了功率密度,并具有结构简单、可靠性高和经济性好的优势,是特殊场合下高性能直流发电系统的重要选择之一。

2.3.2　多相整流感应发电机的结构

　　多相整流感应发电机主要由发电机本体、整流装置、静止励磁装置和冷却装置四部分组成,如图 2-15 所示,各组成部分的功能见表 2-2。

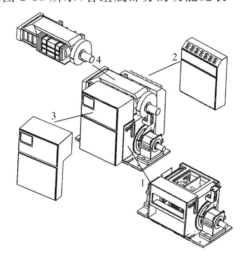

1—发电机本体;2—整流装置;3—静止励磁装置;4—冷却装置

图 2-15　多相整流感应发电机组成

表 2-2　多相整流感应发电机各组成部分的功能

序号	组成部分	功能
1	发电机本体	将旋转机械能转化为交流电能
2	整流装置	将交流电能转化为直流电能
3	静止励磁装置	为发电机本体定子补偿绕组提供交流励磁电源,自动控制整流发电机输出的直流电压,实现直流电压的自动调整
4	冷却装置	对发电机本体及其他部件进行冷却,满足发电机的温升要求

　　多相整流感应发电机本体结构主要包括定子、转子、机座和轴承等部分,如图 2-16 所示。

多相整流感应发电机定子采用双绕组结构,主要包括定子铁心、功率绕组、自励电容、补偿绕组等部件,如图 2-17 所示。其中定子槽内同时放置功率绕组与补偿绕组,功率绕组输出端并联有自励电容以实现空载自励。

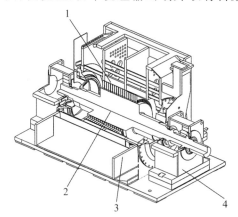

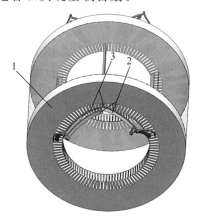

1—定子;2—转子;3—机座;4—轴承

图 2-16　多相整流感应发电机本体结构

1—定子铁心;2—功率绕组;3—补偿绕组

图 2-17　定子结构(单槽嵌线)

多相整流感应发电机常用于高转速场合,其转子总体结构如图 2-18 所示。由于转子线速度较高,转轴和转子铁心通常采用高强度导磁合金钢整锻加工而成,转子绕组采用强度较高的鼠笼式结构。转子鼠笼绕组的结构如图 2-19 所示,转子表面开槽放置鼠笼绕组导条,导条两端通过转子两端的整圆端环固定,导条与端环均采用导电性好、强度高的铜合金材料制成,因此转子导条与端环也在电路上构成闭合回路。

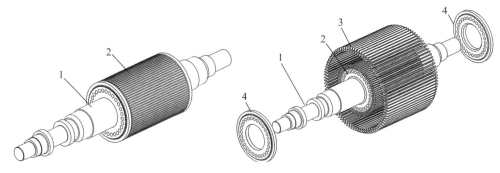

1—转轴;2—转子铁心与鼠笼绕组

图 2-18　转子结构

1—转轴;2—铁心;3—导条;4—端环

图 2-19　转子鼠笼绕组爆炸图

2.4　多相整流型发电机的绕组形式

目前常用的多相电机绕组多以 3 相、5 相对称绕组作为基本单元,通过对基本单元进行移相组合来构成多套多相绕组。多相电机电枢绕组相数及结构的选择对其运行性能有着直接影响。因此,对多相电机电枢绕组中谐波电流和谐波合成磁势之间的关系进行分析是十分必要的。

多套多相绕组能够有效削弱谐波合成磁势,进而降低合成磁势谐波含量。一般而言,发电机气隙磁密被设计为沿圆周呈正弦波分布,而分数槽绕组的磁动势谐波含量比整数槽绕组的磁动势谐波含量丰富,会产生额外损耗以及振动噪声。

2.4.1　多相绕组的特点

多相整流型发电机系统包括采用多套多相绕组设计的发电机和多相整流桥,根据第 1.3.2 节所述,多相整流桥在直流供电品质方面具有突出优势,除此之外还具有如下特点。

①降低每相绕组容量。发电机采用多相设计,在同等功率等级下,可以直接降低每相绕组容量,不仅便于功率器件的选型,同时避免了功率器件串并联所带来的均压、均流等问题,有效降低了发电机系统的设计难度与成本。

②提高材料利用率,进而提高功率密度。在削弱低次谐波磁势与电势方面,传统 3 相电机需采用短距分布绕组,降低了基波绕组系数。而多相整流型发电机可采用集中整距绕组等优化绕组分布形式,其基波绕组系数高,进而提高了电机电磁材料的利用率和电机功率密度。

③提高电机容错运行能力。与 3 相发电机相比,多相整流型发电机中各套绕组可以作为独立的供电单元运行,这使多相电机在故障时缺相降额运行成为可能,有效提高了电机的容错运行能力和供电系统的运行可靠性。

④抑制空间谐波,有利于降低转子损耗和振动噪声源。与 3 相绕组相比,多相绕组能够有效抵消低次空间磁势谐波,从而提高最低次空间磁势谐波阶次。显然,在电枢绕组基波磁势幅值相同的情况下,采用多相绕组能够有效降低空间磁势谐波引起的转子表面涡流损耗,有利于转子散热,提高电机效率。同时,低次空间磁势谐波的消除将使电机切向电磁转矩脉动分量频率增加、幅

值减小,同样也会使电机径向电磁力谐波分量的空间阶次增加、幅值减小。因此,电机采用多相绕组可以有效抑制其径向和切向电磁振源,充分降低电磁振动噪声源。

2.4.2　多相绕组的分相

通常,确定好电机极槽数和相数之后,需要对绕组进行分相,即确定各相绕组的导体在每个铁芯槽中的分布情况。绕组分相是后续进行各次时间、空间谐波磁势分析的基础。本章介绍的绕组分相以及磁势分析涉及的交流电机绕组类型如图 2-20 所示。

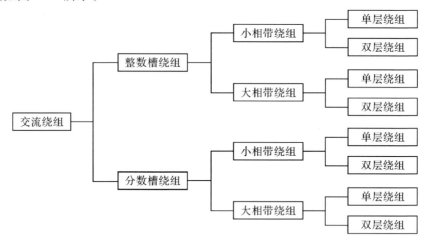

图 2-20　交流绕组分类

2.4.2.1　绕组分析的工具——槽号相位图

为了阐释槽号相位图的由来,首先举例说明交流电机绕组的槽矢量星形图。

4 极 24 槽 3 相 60°相带整距双层绕组的槽矢量星形图如图 2-21(a)所示。图中 1,2,13,14 槽作为 A 相正相带,7,8,19,20 槽作为 A 相负相带(X 相带);5,6,17,18 槽作为 B 相正相带,11,12,23,24 槽作为 B 相负相带(Y 相带);9,10,21,22 槽作为 C 相正相带,3,4,15,16 槽作为 C 相负相带(Z 相带)。槽矢量星形图的优点是各槽号沿圆周分布,绕组表示比较直观,能够反映矢量关系的实际情况,尤其是观察各相绕组是否对称时,一目了然。其缺点是画图较为繁琐,尤其是槽数较多的情况下,不太直观,矢量号码也不便于排版[23]。

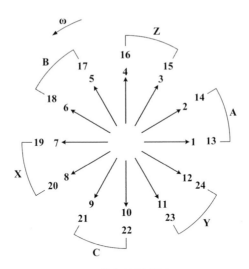

（a）槽矢量星形图

0°	30°	60°	90°	120°	150°	180°	210°	240°	270°	300°	330°
1	2	3	4	5	6	7	8	9	10	11	12
13	14	15	16	17	18	19	20	21	22	23	24
−19	−20	−21	−22	−23	−24	−1	−2	−3	−4	−5	−6
−7	−8	−9	−10	−11	−12	−13	−14	−15	−16	−17	−18
A				B				C			

（b）槽号相位图

图 2-21　3 相 60°相带

　　槽号相位图则很好地克服了槽矢量星形图的不足,其基本思想是采用表格的形式排布空间分布的各相绕组,可视为将 0°～360°电角度从圆周映射为表格的横行,每对极占用不同的横行。如图 2-21(b)所示,相邻槽之间的电角度相位差为 30°,槽号相位图第 1 行为电角度的标尺,一共有 12 列,分别填充有 0°,30°,60°,90°,120°,…,330°,第 2～5 行为槽号,以第 1 个槽作为 0°电角度,将槽号 1 填在第 2 行第 1 列,相邻槽之间相差 30°电角度,第 2 个槽电角度为 30°,因此将槽号 2 填入第 2 列,第 3 个为 60°,以此类推,填完第 24 个槽,即完成了正槽号的填入。

　　与槽矢量星形图不同的是,槽号相位图取消了负相带的概念,而是引入了负槽号,其意义可看作是该槽通入反向电流时的情形,对应的槽矢量与正槽号相位相差180°。例如,在槽矢量星形图即图2-21(a)中,7,8,19,20槽属于A相负相带(X相带),槽号相位图中对应表述为-7,-8,-19,-20槽,属于A相。

然后完成负槽号的填入。第1个槽对应的负槽号-1与正槽号相差180°电角度,因此,应将-1填入180°电角度那一列,以此类推,填完所有24个负槽号。为了使槽号相位图更美观,将-19~-24移至-1的左边。

对比槽矢量星形图和槽号相位图,我们可以轻松地找出绕组分布存在的规律:3个加粗的边框形状相同、空间互差120°,分相构成3相对称绕组。每个方框内部包含24/3=8个槽号,其中4个正槽号,4个负槽号,只覆盖2列,即60°相带。

假如槽矢量星形图如图2-22(a)所示,图中1,2,3,4,13,14,15,16槽作为A相正相带,5,6,7,8,17,18,19,20槽作为B相正相带,9,10,11,12,21,22,23,24槽作为C相正相带,那么3相已占满24个槽,没有槽分配负相带;对比槽矢量星形图和槽号相位图,我们可以轻松地找出绕组分布存在的规律:3个加粗的边框形状相同、空间互差120°,分相构成3相对称绕组。每个方框内部包含24/3=8个槽号,其中8个正槽号,0个负槽号,覆盖4列,即120°相带。对应的槽号相位图如图2-22(b)所示。

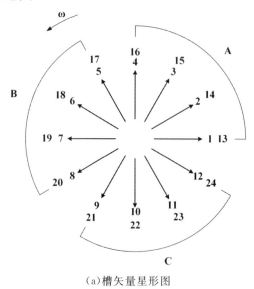

(a)槽矢量星形图

360°											
120°				120°				120°			
0°	30°	60°	90°	120°	150°	180°	210°	240°	270°	300°	330°
1	2	3	4	5	6	7	8	9	10	11	12
13	14	15	16	17	18	19	20	21	22	23	24
−19	−20	−21	−22	−23	−24	−1	−2	−3	−4	−5	−6
−7	−8	−9	−10	−11	−12	−13	−14	−15	−16	−17	−18
A				B				C			

(b)槽号相位图

图 2-22　3 相 120°相带

对于 3 相对称绕组而言,120°相带绕组称为大相带绕组,60°相带绕组称为小相带绕组。此外,还有相带分布介于以上两种情况之间的绕组,与 60°相带相比,该类绕组的槽号相位图如图 2-23 所示,称为大小相带绕组。大小相带有很多种情况,这里不一一列举。显然,大小相带的分布系数也介于 60°和 120°相带之间。相带越窄,分布系数越高,因此从提高电机功率密度的角度,通常采用小相带绕组,而很少采用大相带以及大小相带。本章后续部分提及的绕组,如不特别说明,一般指小相带对称绕组。

360°											
120°				120°				120°			
0°	30°	60°	90°	120°	150°	180°	210°	240°	270°	300°	330°
1	2	3	4	5	6	7	8	9	10	11	12
13	14	15	16	17	18	19	20	21	22	23	24
−19	−20	−21	−22	−23	−24	−1	−2	−3	−4	−5	−6
−7	−8	−9	−10	−11	−12	−13	−14	−15	−16	−17	−18
A				B				C			

(a)负相带减少 1 个槽号,正相带增加 1 个槽号

360°											
120°				120°				120°			
0°	30°	60°	90°	120°	150°	180°	210°	240°	270°	300°	330°
1	2	3	4	5	6	7	8	9	10	11	12
13	14	15	16	17	18	19	20	21	22	23	24
−19	−20	−21	−22	−23	−24	−1	−2	−3	−4	−5	−6
−7	−8	−9	−10	−11	−12	−13	−14	−15	−16	−17	−18
A				B				C			

(b)负相带减少 2 个槽号,正相带增加 2 个槽号

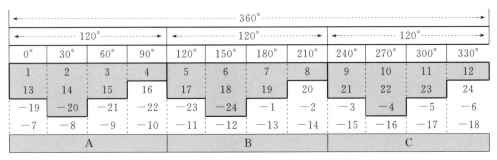

（c）负相带减少 3 个槽号，正相带增加 3 个槽号

图 2-23 3 相大小相带

综上，槽矢量星形图中的各种相位关系均可以用槽号相位图表示，采用槽号相位图可以使绘制过程更简单，更易于计算机排版。本章后续内容将采用槽号相位图进行绕组分析。

图 2-21、图 2-22 和图 2-23 都属于 3 相对称绕组，以上各种分相方法中，A，B，C 相绕组的槽号构成形式一致，互差 120°电角度，具体体现为槽矢量星形图中框住 A，B，C 相的 3 个框子形状相同，且对称分布。

2.4.2.2 绘制槽号相位图

上一小节，我们以 3 相电机为例说明了槽号相位图可以代替槽矢量星形图来表达各相槽号分配情况，本小节将槽号相位图应用于多相电机绕组分析。为了便于采用计算机编程对绕组进行分相以及磁势分析，首先需要根据极对数、槽数来绘制槽号相位图。该图的基本元素是正、负槽号，适宜用矩阵形式存储，首先需要确定矩阵的行数和列数。

假设极对数为 p，槽数为 z，绕组套数为 n，显然 p,z,n 均为正整数，每套绕组相数为 $m(m \geqslant 3$，且为奇数$)$，那么电机绕组总相数为

$$M = mn \tag{2.4.1}$$

每极每相槽数为

$$q = \frac{z}{2pM} = \frac{z_0}{2p_0 M} = \frac{N}{D} \tag{2.4.2}$$

式中，N,D 分别为每极每相槽数的分子和分母，均为正整数，N 和 D 最大公约数为 1，即

$$\gcd(N,D) = 1 \tag{2.4.3}$$

单元电机的个数 w 可表示为

$$w = \gcd(z, p) \tag{2.4.4}$$

式中，$\gcd(z, p)$ 为二元函数，返回的结果是 z 和 p 的最大公约数。z_0 和 p_0 均为正整数，分别为单元电机的槽数和极对数，两者的最大公约数为 1，即

$$\gcd(z_0, p_0) = 1 \tag{2.4.5}$$

实际电机与其单元电机的槽数以及极对数存在如下数量关系：

$$\begin{cases} z = wz_0 \\ p = wp_0 \end{cases} \tag{2.4.6}$$

考虑到实际电机的时空磁势谐波是单元电机时空磁势谐波的周期重复，因此，后文中主要以单元电机作为对象进行分析。

由上一小节可知，槽号相位图上的一个横行覆盖基波电角度 $360°$，恰好对应一对极，那么 p_0 对极下包含 z_0 个槽，每对极下则有 z_0/p_0 个槽。现假设相邻槽号在基波相位图中距离 x 小格，那么根据式(2.4.2)，每一横行应包括的列数 Q，即相位不重复的槽矢量个数为

$$Q = \frac{z_0}{p_0} x = \frac{2MN}{D} x \tag{2.4.7}$$

下面来讨论 x 和 Q 的取值。首先，槽号相位图的列数 Q 应该为正整数，假设槽号相位图第 1 列的相位为 $0°$，为了便于填写负槽号，槽号相位图中必有第 $1 + Q/2$ 列的相位为 $180°$，因此 Q 必为偶数，将满足式(2.4.7)的最小 x 代入，即得所求槽号相位图的列数。

式(2.4.7)中，N 和 D 互质，但 M 与 D 不一定互质，设 M 和 D 存在最大公约数 G：

$$G = \gcd(M, D) \tag{2.4.8}$$

式中，$\gcd(M, D)$ 为二元函数，返回的结果是 M 和 D 的最大公约数。

那么满足式(2.4.7)的 x 必满足下式：

$$Q = \frac{2MN}{D} x = \frac{2\left(\dfrac{M}{G}\right)N}{\left(\dfrac{D}{G}\right)} x = \text{偶数} \tag{2.4.9}$$

上式中，N 与 D 互质，因此 N 必与 D/G 互质，M/G 与 D/G 互质，从而，只有当 x 为 D/G 的正整数倍时，才可确保式(2.4.9)为整数，为了得到 x 的最小值，取

$$x = \frac{D}{G} \tag{2.4.10}$$

即可满足 Q 为偶数。将式(2.4.10)代入式(2.4.7),可得槽号相位图的列数:

$$Q = \frac{2MN}{G} \tag{2.4.11}$$

根据 D 的不同取值,有以下两种特别情况。

①当 $D=1$ 时,根据式(2.4.8),必然存在 $G=1$,那么 $x=1$,填写槽号相位图时,相邻的槽号只位移一个小格。这种情况下,每极每相槽数 q 为整数,且 $q=N$,此时,槽号相位图列数为 $Q=2MN$。

②当 $D \neq 1$ 时,每极每相槽数为分数。此时,槽号相位图列数为 $Q=2MN/G$,填写槽号时,相邻的槽号位移 D/G 个小格。

由于每对极对应一个横行,因此单元电机的基波槽号相位图的横行数为 $2p_0$。其中,正槽号对应 $1 \sim p_0$ 行,负槽号对应 $p_0+1 \sim 2p_0$ 行。

基于以上分析,已知极对数为 p_0,槽数为 z_0,绕组套数为 n,每套绕组相数为 m,那么其槽号相位图可以表示为图 2-24。其中,槽号 1 默认为第 1 行第 1 列,槽号 -1 默认为第 p_0+1 行第 $1+MN/G$ 列,后续槽号对应的行号和列号则需要根据 x 的取值确定,随着槽号的增加,填写时遵照从左至右、从上至下的顺序。

	第 1 列	第 2 列	...	第 MN/G 列	第 $1+MN/G$ 列	...	第 $2MN/G$ 列
第 1 行	1	...	...	...	...	...	...
第 2 行	...	...	...	...	...	...	...
...	...	...	...	...	...	...	...
第 p_0 行	...	...	...	...	...	...	...
第 p_0+1 行	...	...	...	...	-1	...	...
...	...	...	...	...	...	...	...
第 $2p_0$ 行	...	...	...	...	...	...	...

图 2-24 单元电机基波槽号相位图示意

例 2-1 已知绕组套数 $n=2$,每套绕组相数 $m=3$,极对数 $p=1$,槽数 $z=12$,试确定其槽号相位图。

单元电机槽数 $z_0=12$,极对数 $p_0=1$,单元电机个数 $t=1$,每极每相槽数为 $q=12/12=1$,$N=1$,$D=1$,由于 $D=1$,每极每相槽数为整数,$M=6$,M 和 D 有最大公约数 $G=1$,因此相邻槽号在相位图中的距离为 $x=D/G=1$ 小格,槽号相位图的列数 $Q=12/1=12$,行数为 $2p=2$,如图 2-25 所示。槽号相位图列数 Q 是相数 M 的 2 倍,后文将会介绍,基于该图,可以选择大相带或者小相带绕组。

0°	30°	60°	90°	120°	150°	180°	210°	240°	270°	300°	330°
1	2	3	4	5	6	7	8	9	10	11	12
−7	−8	−9	−10	−11	−12	−1	−2	−3	−4	−5	−6

图 2-25 2 极 12 槽 6 相绕组的槽号相位图

例 2-2 已知绕组套数 $n=1$,每套绕组相数 $m=5$,极对数 $p=7$,槽数 $z=10$,试确定其槽号相位图。

单元电机槽数 $z_0=10$,极对数 $p_0=7$,单元电机个数 $t=1$,每极每相槽数为 $q=10/70=1/7$,$N=1$,$D=7$,由于 $D=7$,每极每相槽数为分数,$M=5$,M 和 D 有最大公约数 $G=1$,因此相邻槽号在相位图中的距离为 $x=D/G=7$ 小格,槽号相位图的列数 $Q=10/1=10$,行数为 $2p=14$,如图 2-26 所示。槽号相位图列数 Q 是相数 M 的 2 倍,后文将会介绍,基于该图,可以选择大相带或者小相带绕组。

0°	36°	72°	108°	144°	180°	216°	252°	288°	324°
1							2		
				3					
	4							5	
					6				
		7							8
						9			
			10						
					−1				
		−2							−3
						−4			
				−5					
−6							−7		
					−8				
	−9							−10	

图 2-26 14 极 10 槽 5 相绕组的槽号相位图

例 2-3 已知绕组套数 $n=1$,每套绕组相数 $m=3$,极对数 $p=4$,槽数 $z=18$,试确定其槽号相位图。

单元电机槽数 $z_0=9$,极对数 $p_0=2$,单元电机个数 $t=2$,每极每相槽数为 $q=3/4$,$N=3$,$D=4$,由于 $D=4$,每极每相槽数为分数,$M=3$,M 和 D 有最大公约数 $G=1$,因此相邻槽号在相位图中的距离为 $x=D/G=4$ 小格,槽号相位图的列数 $Q=18/1=18$,行数为 $2p=8$,如图 2-27 所示。槽号相位图列数 Q 是相数 M 的 6 倍,后文将会介绍,基于该图,可以选择大相带或者小相带绕组。

0°	20°	40°	60°	80°	100°	120°	140°	160°	180°	200°	220°	240°	260°	280°	300°	320°	340°
1				2				3				4				5	
	6					7				8				9			
10				11				12				13				14	
	15					16				17				18			
	−17				−18				−1				−2				−3
			−4				−5				−6				−7		
	−8				−9				−10				−11				−12
			−13				−14				−15				−16		

图 2-27　8 极 18 槽 3 相绕组的槽号相位图

例 2-4　已知绕组套数 $n=2$,每套绕组相数 $m=3$,极对数 $p=1$,槽数 $z=18$,试确定其槽号相位图。

单元电机槽数 $z_0=18$,极对数 $p_0=1$,单元电机个数 $t=1$,每极每相槽数为 $q=3/2$,$N=3$,$D=2$,由于 $D=2$,每极每相槽数为分数,$M=6$,M 和 D 有最大公约数 $G=2$,因此相邻槽号在相位图中的距离为 $x=D/G=1$ 小格,槽号相位图的列数 $Q=36/2=18$,行数为 $2p=2$,如图 2-28 所示。槽号相位图列数 Q 是相数 M 的 3 倍,后文将会介绍,基于该图,只可以选择大相带绕组。

0°	20°	40°	60°	80°	100°	120°	140°	160°	180°	200°	220°	240°	260°	280°	300°	320°	340°
1	2	3	4	5	6	7	8	9	10	11	12	13	14	15	16	17	18
−10	−11	−12	−13	−14	−15	−16	−17	−18	−1	−2	−3	−4	−5	−6	−7	−8	−9

图 2-28　2 极 18 槽 6 相绕组的槽号相位图

例 2-5　已知绕组套数 $n=2$,每套绕组相数 $m=3$,极对数 $p=2$,槽数 $z=12$,试确定其槽号相位图。

单元电机槽数 $z_0=6$,极对数 $p_0=1$,单元电机个数 $t=2$,每极每相槽数为 $q=12/24=1/2$,$N=1$,$D=2$,由于 $D\neq1$,每极每相槽数为分数,$M=6$,M 和 D 有最大公约数 $G=2$,因此相邻槽号在相位图中的距离为 $x=D/G=1$ 小格,槽号相位图的列数 $Q=12/2=6$,行数为 $2p=4$,如图 2-29 所示。槽号相位图列数 Q 是相数 M 的 1 倍,后文将会介绍,基于该图,只能选择大相带绕组。

0°	60°	120°	180°	240°	300°
1	2	3	4	5	6
7	8	9	10	11	12
−10	−11	−12	−1	−2	−3
−4	−5	−6	−7	−8	−9

图 2-29　4 极 12 槽 6 相绕组的槽号相位图

例 2-6　已知绕组套数 $n=2$，每套绕组相数 $m=3$，极对数 $p=1$，槽数 $z=9$，试确定其槽号相位图。

单元电机槽数 $z_0=9$，极对数 $p_0=1$，单元电机个数 $t=1$，每极每相槽数为 $q=3/4$，$N=3$，$D=4$，由于 $D=4$，每极每相槽数为分数，$M=6$，M 和 D 有最大公约数 $G=2$，因此相邻槽号在相位图中的距离为 $x=D/G=2$ 小格，槽号相位图的列数 $Q=36/2=18$，行数为 $2p=2$，如图 2-30 所示。槽号相位图列数 Q 是相数 M 的 3 倍。但是，z_0/M 不为整数，不满足绕组分相的前提条件，该绕组不成立。

0°	20°	40°	60°	80°	100°	120°	140°	160°	180°	200°	220°	240°	260°	280°	300°	320°	340°
1		2		3		4		5		6		7		8		9	
	−6		−7		−8		−9		−1		−2		−3		−4		−5

图 2-30　2 极 9 槽 6 相绕组的槽号相位图

例 2-7　已知绕组套数 $n=2$，每套绕组相数 $m=3$，极对数 $p=4$，槽数 $z=12$，试确定其槽号相位图。

单元电机槽数 $z_0=3$，极对数 $p_0=1$，单元电机个数 $t=4$，每极每相槽数为 $q=12/48=1/4$，$N=1$，$D=4$，由于 $D\neq1$，每极每相槽数为分数，$M=6$，M 和 D 有最大公约数 $G=2$，因此相邻槽号在相位图中的距离为 $x=D/G=2$ 小格，槽号相位图的列数 $Q=12/2=6$，行数为 $2p=8$，如图 2-31 所示。但是，$z_0<M$，不满足绕组分相的前提条件，该绕组不成立。

0°	60°	120°	180°	240°	300°
1		2		3	
4		5		6	
7		8		9	
10		11		12	
	−12		−1		−2
	−3		−4		−5
	−6		−7		−8
	−9		−10		−11

图 2-31　8 极 12 槽 6 相绕组的槽号相位图

2.4.2.3　绕组成立的条件

上一小节介绍了如何绘制绕组的槽号相位图，由例 2-7 可知，并不是每个槽号相位图对应的绕组方案都在物理上成立。这些绕组的独立参数（包括绕组套数 n、每套绕组相数 m、极对数 p、槽数 z）以及推导出的从属参数（如 N、D、G、Q 等）必须满足一定的数量约束关系，方可保证绕组方案满足分相条件。绕组成立的必要条件如下。

(1)槽号相位图的列数 Q 必须是相数 M 的整数倍,否则分相不可能获得 M 相对称绕组。进一步,如果总列数 Q 只能被均分为 M 等份,不能被均分为 $2M$ 等份,那么该槽号相位图只可以获得大相带绕组。如果总列数能被均分为 $2M$ 等份,那么该槽号相位图可以获得大相带绕组或者小相带绕组。

参见式(2.4.11),槽号相位图的总列数为 $2MN/G$,如要得到 M 相对称绕组,则 N 和 G 须满足下式:

$$\begin{cases} \dfrac{2N}{G} = 奇数, & 大相带绕组 \\ \dfrac{2N}{G} = 偶数, & 小相带绕组 \end{cases} \tag{2.4.12}$$

下面分别针对式(2.4.12)讨论 N 和 G 的取值。

1)当 $2N/G$ 为奇数时,该槽号相位图只可获得大相带绕组。由于 $2N$ 为偶数,G 不可能为奇数,否则 $2N/G$ 必为偶数,与前提假设矛盾,因此 G 必为偶数。进一步分析可以发现,当 $G=2$ 时,必有 D 为偶数,N 为奇数,与前提假设不矛盾。当 $G=4,6,8,10,\cdots$ 时,D 必为偶数,且 $D/2>1,G/2>1$,对式(2.4.2)恒等变形,得到单元电机 z_0 的表达式:

$$z_0 = \frac{2p_0 MN}{D} = \frac{p_0 MN}{D/2} \tag{2.4.13}$$

上式中,N 和 $D/2$ 互质,为了满足每相绕组包含正整数个槽(z_0/M 为正整数),$2p_0/D$ 必须为正整数。下面通过反证法证明该种情况不成立。

设 $2p_0/D=k$(k 为正整数),代入式(2.4.13)得单元电机槽数:

$$z_0 = kMN \tag{2.4.14}$$

另一方面,单元电机极对数为

$$p_0 = \frac{kD}{2} \tag{2.4.15}$$

单元电机的槽数与极对数之比为

$$\frac{z_0}{p_0} = \frac{kMN}{\frac{kD}{2}} = \frac{\left(\frac{kMN}{G/2}\right)}{\left(\frac{kD/2}{G/2}\right)} \tag{2.4.16}$$

上式中,$G/2$ 为正整数,且 $G/2>1$,分子部分的 M 可以整除 $G/2$,分母部分的 $D/2$ 也可以整除 $G/2$,因此 z_0 和 p_0 存在不等于1的公约数,即 $G/2$。这说明

z_0 和 p_0 并不是单元电机槽数和极对数,与 z_0 和 p_0 的定义[式(2.4.5)]矛盾。

通过以上分析,可以得出:当 $2N/G$ 为奇数时,只可能存在 $G=2$ 的情况。

2)当 $2N/G$ 为偶数时,基于该槽号相位图分相可获得大相带绕组或者小相带绕组。当 G 为偶数时,N 必为偶数,N 和 D 互质,那么 D 必为奇数,G 不可能为 D 的公约数,与式(2.4.8)矛盾。当 G 为奇数时,设 $N/G=k$(k 为正整数),代入式(2.4.2),得

$$q = \frac{z_0}{2Mp_0} = \frac{N}{D} = \frac{k}{D/G} \tag{2.4.17}$$

显然,$D \geqslant D/G$,上式中最后一个等号左右两边的分子和分子相等,分母和分母相等,即 $k=N$,$G=1$,将其代入式(2.4.10),可得

$$x = D \tag{2.4.18}$$

通过以上分析,可以得出:当 $2N/G$ 为偶数时,只可能存在 $G=1$ 的情况。

综上所述,$G=1$ 或者 $G=2$ 是对称绕组成立的必要条件。

(2)z_0 个正槽号填入槽号相位图之后,每一列最多只能有 1 个正槽号,否则 z_0 个槽号包含不止一个单元电机,与 z_0 是单元电机槽数的前提矛盾。

z_0 是单元电机的槽数,p_0 是单元电机的极对数,且 z_0 和 p_0 互质,绕组套数为 n,每套绕组相数为 m($m \geqslant 3$,且为奇数),N 和 D 分别为每极每相槽数的分子和分母,且 N 和 D 互质。根据每极每相槽数的定义[式(2.4.2)],单元电机的槽数需要满足以下关系:

$$z_0 = \frac{2MNp_0}{D} \tag{2.4.19}$$

显然,上式的等号左右两边必须为正整数,基于上述关于对称绕组必要条件的分析,这里根据 G 取值的不同继续分析绕组参数的数值约束关系。

1)当 $G=1$ 时,$G=\gcd(M,D)=1$,N 与 D 互质,式(2.4.19)中的单元电机槽数 z_0 必须为正整数。因此,$2p_0/D$ 必须为正整数,设 $2p_0/D=k$,那么

$$z_0 = MNk \tag{2.4.20}$$

另一方面,z_0 个槽号填入槽号相位图,每列的正槽号个数为

$$\frac{z_0}{Q} = \frac{z_0}{2MN} = \frac{MNk}{2MN} = \frac{k}{2} \tag{2.4.21}$$

①当 $k=1$ 时,$z_0=MN$,单元电机的正槽号恰好覆盖槽号相位图一半的列数,并且每 2 列 1 个正槽号。此时,$D=2p_0$ 必为偶数,$x=D/G=x$ 也为偶数。

②当 $k=2$ 时,$z_0=2MN$,单元电机的正槽号恰好覆盖槽号相位图全部的列

数,并且每列 1 个正槽号。此时,$D = p_0$ 必为奇数,x 为奇数。

③当 $k = 3,5,7,\cdots$ 时,$z_0 = MNk$,

$$\frac{z_0}{p_0} = \frac{MNk}{\left(\dfrac{Dk}{2}\right)} = \frac{MN}{\left(\dfrac{D}{2}\right)} \tag{2.4.22}$$

k 为奇数,因此 D 必为偶数,上式中分子、分母存在公约数 k,与"z_0 与 p_0 互质"矛盾。

④当 $k = 4,6,8,\cdots$ 时,$z_0 = MNk$,每列的正槽号个数大于 1,与单元电机矛盾。

综上可知,当 $G = 1$ 时,必有

$$D = 2p_0 \quad \text{或} \quad D = p_0 \tag{2.4.23}$$

2)当 $G = 2$ 时,$G = \gcd(M, D) = 2$,$M/2$ 与 $D/2$ 互质,N 与 D 互质,那么 N 和 $D/2$ 必互质,z_0 必须为正整数。

$$z_0 = \frac{2MNp_0}{D} = \frac{2\left(\dfrac{M}{2}\right)Np_0}{\left(\dfrac{D}{2}\right)} \tag{2.4.24}$$

因此,$4p_0/D$ 必须为正整数,设 $4p_0/D = k$(k 为正整数),那么

$$z_0 = \frac{MNk}{2} \tag{2.4.25}$$

另一方面,z_0 个槽号填入槽号相位图,每列的正槽号个数为

$$\frac{z_0}{Q} = \frac{z_0}{MN} = \frac{MNk}{2MN} = \frac{k}{2} \tag{2.4.26}$$

①当 $k = 1$ 时,每相的槽数为 $z_0/M = N/2$,由于 D 含有公约数 $G = 2$,则 D 必为偶数,N 必为奇数,因此每相的槽数 $N/2$ 不为整数,这种情况不成立。

②当 $k = 2$ 时,每相的槽数为 $z_0/M = N$,$z_0/Q = 1$,单元电机的正槽号恰好覆盖槽号相位图全部的列数,并且每列 1 个正槽号。此时,$x = D/G = D/2 = p_0$ 必为奇数,否则与单元电机矛盾。

③当 $k = 3,5,7,\cdots$ 时,$z_0 = MNk/2$,

$$\frac{z_0}{p_0} = \frac{\left(\dfrac{MNk}{2}\right)}{\left(\dfrac{Dk}{4}\right)} = \frac{\left(\dfrac{M}{2}\right)Nk}{\left(\dfrac{D}{4}\right)k} = \frac{\left(\dfrac{M}{2}\right)N}{\left(\dfrac{D}{4}\right)} \tag{2.4.27}$$

k 为奇数,因此 D 必为 4 的倍数,上式中分子、分母存在公约数 k,与"z_0 与 p_0 互质"矛盾。

④当 $k=4,6,8,\cdots$ 时,$z_0=MNk/2$,每列的正槽号个数大于 1,与单元电机矛盾。

综上可知,当 $G=2$ 时,

$$D = 2p_0 \tag{2.4.28}$$

将以上参数满足的关系代入图 2-24,对于实际的多套多相对称绕组,如果物理上成立,槽号相位图的列数、行数以及相邻槽号间隔取值满足表 2-3。假设实际绕组包含 w 个单元电机,与单元电机绕组相比,实际的多套多相绕组的槽号相位图的列数不变,行数是单元电机的 w 倍。

表 2-3 电机绕组槽号相位图关键参数的取值

G,D 取值的排列组合		相邻槽号间隔 $x=D/G$	单元电机槽数 z_0	单元电机槽号相位图		实际电机槽号相位图	
				列数	行数	列数	行数
$G=1$	$D=2p_0$	$2p_0$(偶数)	MN	$2MN$	D	$2MN$	Dw
	$D=p_0$	p_0(奇数)	$2MN$	$2MN$	$2D$	$2MN$	$2Dw$
$G=2$	$D=2p_0$	p_0(奇数)	MN	MN	D	MN	Dw

2.4.2.4 小相带绕组

小相带整数槽绕组分布系数较大、连接方便,因此是最常用的绕组形式。利用空间基波槽号相位图,很容易确定这种绕组的 M 相所占槽号,只要在相位图上任意画上互差 $180°/M$ 的 $2M$ 根轴线,划出 M 的区域,每个区域占 $180°/M$,则 M 个区域内的槽号便分别代表 M 相所占槽号,其中正槽号代表顺接串联的线圈,而负槽号代表反接串联的线圈。下面举一实例。

例 2-8 已知槽数 $z=24$,绕组套数 $n=2$,每套绕组相数 $m=3$,基波极数为 $2p=4$,试确定小相带绕组的各相所占槽号以及接线图,分单层和双层两种情况讨论。

首先根据 $q=z/(2pM)=24/24=1$,即式(2.4.2)中的分子 $N=1$,分母 $D=1$ 画出槽号相位图,共有 $2MN=12$ 列,$2p=4$ 行。绕组共有 $2\times3=6$ 相,假设各相绕组对称,那么分相过程即需要在槽号相位图中画出 $2\times3=6$ 个形状相同、分布对称的框,用于分别定义 A_1-B_1-C_1、A_2-B_2-C_2 这两套 3 相绕组。由于槽数 $z=24$,每相需要包括 $24/6=4$ 槽,因此槽号相位图中的每相需要框住 4 个槽号。

对于单套绕组的槽号分配,即槽号相位图上框出 A_1、B_1、C_1 相绕组,理论上有很多种可能的选法,考虑到相带宽度 $180°/M=30°$,只能选择同一列的 4 个槽号,那么只有一种分相方法,如图 2-32 所示。

下面讨论第 2 套绕组的槽号分配方法,首先对于图 2-32,形式上,A_2 绕组可

以在 A_1、B_1 之间的 3 列中任选一列,即第 2 套绕组与第 1 套绕组之间可以互移 $30°$、$60°$、$90°$,如图 2-33 所示。其中,两套 Y 绕组互移 $60°$($\theta=60°$)时,第 1 套和第 2 套绕组槽号出现重复的情况,例如,第 1、13 号槽在 A_1 相作为正槽号,在 B_2 相又作为负槽号,这是不成立的。当两套 Y 绕组互移 $30°$($\theta=30°$)或 $90°$($\theta=90°$)时,第 1 套和第 2 套绕组槽号没有出现重复的情况,但是从物理角度,这两种情况是等效的,只是形式上相绕组的命名不同而已,在绕组相位关系上,第 1 套绕组的 A_1-A_2-B_1-B_2-C_1-C_2 与第 2 套绕组的 A_2-B_1-B_2-C_1-C_2-A_1 完全一致。因此,两套 $30°$ 相带 Y 绕组只能互移 $30°$。

0°	30°	60°	90°	120°	150°	180°	210°	240°	270°	300°	330°
1	2	3	4	5	6	7	8	9	10	11	12
13	14	15	16	17	18	19	20	21	22	23	24
−19	−20	−21	−22	−23	−24	−1	−2	−3	−4	−5	−6
−7	−8	−9	−10	−11	−12	−13	−14	−15	−16	−17	−18
A_1				B_1				C_1			

图 2-32　单套绕组 A_1-B_1-C_1 的槽号分配方法($30°$ 相带)

0°	30°	60°	90°	120°	150°	180°	210°	240°	270°	300°	330°
1	2	3	4	5	6	7	8	9	10	11	12
13	14	15	16	17	18	19	20	21	22	23	24
−19	−20	−21	−22	−23	−24	−1	−2	−3	−4	−5	−6
−7	−8	−9	−10	−11	−12	−13	−14	−15	−16	−17	−18
A_1	A_2			B_1	B_2			C_1	C_2		

(a)两套 Y 绕组互移 $30°$($\theta=30°$),槽号不重复,方案成立

0°	30°	60°	90°	120°	150°	180°	210°	240°	270°	300°	330°
1	2	3	4	5	6	7	8	9	10	11	12
13	14	15	16	17	18	19	20	21	22	23	24
−19	−20	−21	−22	−23	−24	−1	−2	−3	−4	−5	−6
−7	−8	−9	−10	−11	−12	−13	−14	−15	−16	−17	−18
A_1		A_2		B_1		B_2		C_1		C_2	

(b)两套 Y 绕组互移 $60°$($\theta=60°$),槽号重复,方案不成立

	360°											
	120°				120°				120°			
	0°	30°	60°	90°	120°	150°	180°	210°	240°	270°	300°	330°
	1	2	3	4	5	6	7	8	9	10	11	12
	13	14	15	16	17	18	19	20	21	22	23	24
	−19	−20	−21	−22	−23	−24	−1	−2	−3	−4	−5	−6
	−7	−8	−9	−10	−11	−12	−13	−14	−15	−16	−17	−18
	A_1			A_2	B_1			B_2	C_1			C_2

（c）两套 Y 绕组互移 90°（$\theta=90°$），槽号不重复，方案成立

图 2-33　两套 Y 绕组互移不同角度（30°相带）

将两套 Y 绕组互移 30°，分相结果按槽号的顺序重排，可得表 2-4。

表 2-4　两套 Y 绕组互移 30°（$\theta=30°$）的绕组的槽号分配

槽号	1	2	3	4	5	6	7	8	9	10	11	12
相带名	A_1+	A_2+	C_1-	C_2-	B_1+	B_2+	A_1-	A_2-	C_1+	C_2+	B_1-	B_2-
槽号	13	14	15	16	17	18	19	20	21	22	23	24
相带名	A_1+	A_2+	C_1-	C_2-	B_1+	B_2+	A_1-	A_2-	C_1+	C_2+	B_1-	B_2-

需要说明的是，槽号相位图并不包含线圈节距的信息，继续上面的例子，下面分单层和双层绕组两种情况讨论。

对于单层绕组，每个槽号代表一个导体或者线圈边，如表 2-5 所示。第一对极下，A_1 相绕组的线圈边从第 1 槽进，从第 7 槽出。第二对极下，A_1 相绕组的线圈边从第 13 槽进，从第 19 槽出。两对极下的 A_1 相绕组既可以并联，也可以串联，但最大并联支路数为 2。

表 2-5　两套 Y 绕组互移 30°（$\theta=30°$）的绕组导体分布（单层绕组）

槽号	1	2	3	4	5	6	7	8	9	10	11	12
导体	A_1+	A_2+	C_1-	C_2-	B_1+	B_2+	A_1-	A_2-	C_1+	C_2+	B_1-	B_2-
槽号	13	14	15	16	17	18	19	20	21	22	23	24
导体	A_1+	A_2+	C_1-	C_2-	B_1+	B_2+	A_1-	A_2-	C_1+	C_2+	B_1-	B_2-

对于双层绕组，每个槽号代表一个线圈（上层边嵌于该槽的线圈），如表 2-6 所示。假设绕组节距为 5 槽，那么 A_1 相绕组从第 1 槽进，从第 6 槽出，从第 12 槽进，从第 7 槽出。第二对极下，A_1 相绕组的线圈边从第 13 槽进，从第 18 槽出，从第 24 槽进，从第 19 槽出。两对极下的 A_1 相绕组共有 4 个线圈组，则允许

的最大并联支路数为 4。

表 2-6　两套 Y 绕组互移 $30°$ ($\theta=30°$) 的绕组导体分布 (双层绕组)

槽号	1	2	3	4	5	6	7	8	9	10	11	12
上层导体	A_1+	A_2+	C_1-	C_2-	B_1+	B_2+	A_1-	A_2-	C_1+	C_2+	B_1-	B_2-
下层导体	A_2+	C_1-	C_2-	B_1+	B_2+	A_1-	A_2-	C_1+	C_2+	B_1-	B_2-	A_1+

槽号	13	14	15	16	17	18	19	20	21	22	23	24
上层导体	A_1+	A_2+	C_1-	C_2-	B_1+	B_2+	A_1-	A_2-	C_1+	C_2+	B_1-	B_2-
下层导体	A_2+	C_1-	C_2-	B_1+	B_2+	A_1-	A_2-	C_1+	C_2+	B_1-	B_2-	A_1+

例 2-9　已知槽数 $z=12$，绕组套数 $n=2$，每套绕组相数 $m=3$，基波极数为 $2p=10$，试确定小相带绕组的各相所占槽号以及接线图，分单层和双层两种情况讨论。

首先根据 $q=z/(2pM)=12/60=1/5$，即式 (2.4.2) 中的分子 $N=1$，分母 $D=5$ 画出槽号相位图，共有 $2MN=12$ 列，$2p=10$ 行。绕组共有 $2\times3=6$ 相，假设各相绕组对称，那么分相过程即需要在槽号相位图中画出 $2\times3=6$ 个形状相同、分布对称的框，用于分别定义 $A_1\text{-}B_1\text{-}C_1$、$A_2\text{-}B_2\text{-}C_2$ 这两套 3 相绕组。由于槽数 $z=12$，每相需要包括 $12/6=2$ 槽，因此槽号相位图中的每相需要框住 2 个槽号。

与例 2-8 类似，对于第 1 套绕组的槽号分配，即槽号相位图上框出 A_1、B_1、C_1 相绕组，理论上有很多种可能的选法，考虑到相带宽度 $180°/M=30°$，只能选择同一列的 2 个槽号，那么只有一种分相方法，如图 2-34 所示。

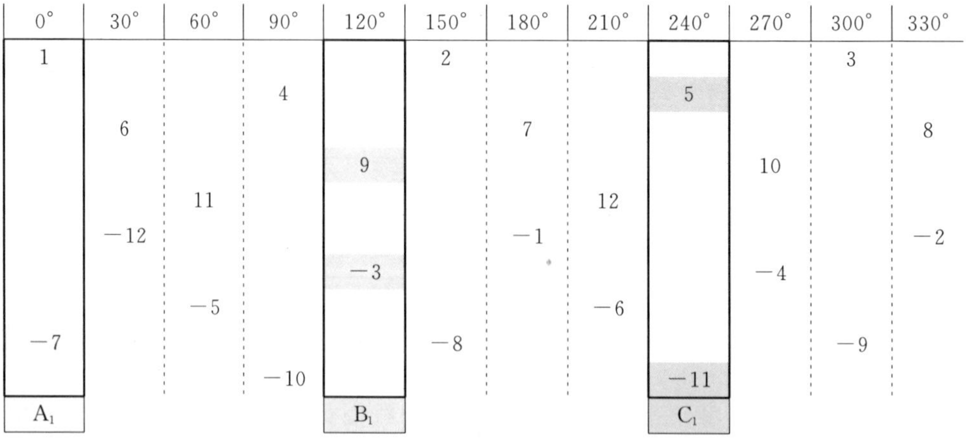

图 2-34　单套绕组 $A_1\text{-}B_1\text{-}C_1$ 的槽号分配方法 ($30°$ 相带)

参考例 2-8,下面讨论第 2 套绕组的槽号分配方法,首先对于图 2-34,形式上,A_2 绕组可以在 A_1、B_1 之间的 3 列中任选一列,即第 2 套绕组与第 1 套绕组之间可以互移 30°、60°、90°。其中,两套 Y 绕组互移 60°($\theta=60°$)时,第 1 套和第 2 套绕组槽号出现重复的情况,例如,第 1、7 号槽在 A_1 相作为正槽号,在 B_2 相又作为负槽号,这是不成立的。当两套 Y 绕组互移 30°($\theta=30°$)或 90°($\theta=90°$)时,第 1 套和第 2 套绕组槽号没有出现重复的情况,但是从物理角度,这两种情况是等效的,只是形式上相绕组的命名不同而已,在绕组相位关系上,两套绕组互移 30°的 A_1-A_2-B_1-B_2-C_1-C_2 与两套绕组互移 90°的 A_2-B_1-B_2-C_1-C_2-A_1 完全一致。因此,两套 30°相带 Y 绕组只能互移 30°,如图 2-35 所示。

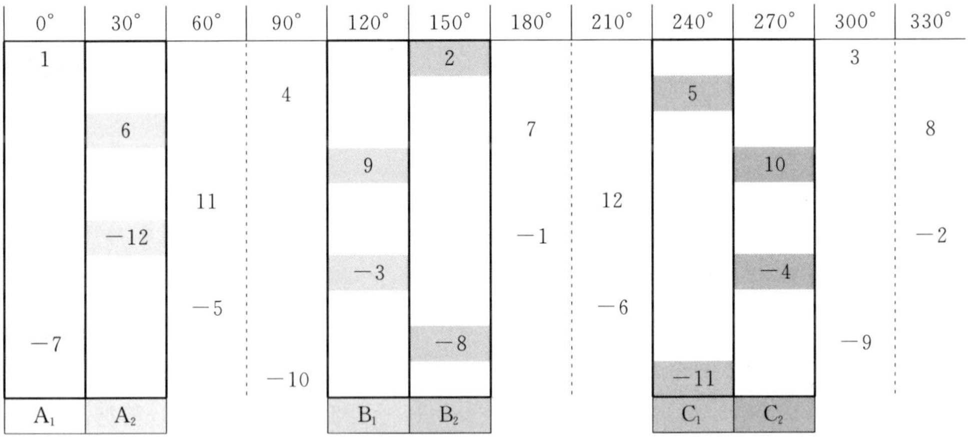

0°	30°	60°	90°	120°	150°	180°	210°	240°	270°	300°	330°
1					2					3	
	6		4			7		5			8
		11		9			12		10		
	−12				−3	−1			−4		−2
		−5					−6				−9
−7			−10		−8			−11			
A_1	A_2			B_1	B_2			C_1	C_2		

图 2-35　两套 Y 绕组互移 30°电角度(30°相带)

将两套 Y 绕组互移 30°,分相结果按槽号的顺序重排,可得表 2-7。

表 2-7　两套 Y 绕组互移 30°($\theta=30°$)的绕组的槽号分配

槽号	1	2	3	4	5	6	7	8	9	10	11	12
相带名	A_1+	B_2+	B_1-	C_2-	C_1+	A_2+	A_1-	B_2-	B_1+	C_2+	C_1-	A_2-

需要说明的是,槽号相位图并不包含线圈节距的信息,继续上面的例子,下面分单层和双层绕组两种情况讨论。

对于单层绕组,每个槽号代表一个导体或者线圈边,如表 2-8 所示。A_1 相绕组的线圈边从第 1 槽进,从第 7 槽出,只有一个线圈组绕组节距为 6 槽,因此最大并联支路数为 1。

表 2-8　两套 Y 绕组互移 30°($\theta=30°$)的绕组导体分布(单层绕组)

槽号	1	2	3	4	5	6	7	8	9	10	11	12
导体	A_1+	B_2+	B_1-	C_2-	C_1+	A_2+	A_1-	B_2-	B_1+	C_2+	C_1-	A_2-

对于双层绕组,每个槽号代表一个线圈(左层边嵌于该槽的线圈),如表 2-9 所示。考虑到极距 $\tau=12/10=1.2$ 槽,为了获得较大的绕组系数,取绕组节距为 1 槽,那么 A_1 相绕组从第 1 槽进,从第 2 槽出,从第 8 槽进,从第 7 槽出。五对极下的 A_1 相绕组共有 2 个线圈组,则允许的最大并联支路数为 2。

表 2-9　两套 Y 绕组互移 30°($\theta=30°$)的绕组导体分布(双层绕组)

槽号	1	2	3	4	5	6	7	8	9	10	11	12
左层导体	A_1+	B_2+	B_1-	C_2-	C_1+	A_2+	A_1-	B_2-	B_1+	C_2+	C_1-	A_2-
右层导体	A_2+	A_1-	B_2-	B_1+	C_2+	C_1-	A_2-	A_1+	B_2+	B_1-	C_2-	C_1+

2.4.2.5　大相带绕组

大相带整数槽绕组分布系数较小,并不常用。利用空间基波槽号相位图,很容易确定这种绕组的 M 相所占槽号,只要在相位图上任意画上互差 $360°/M$ 的 M 根轴线,划出 M 个区域,每个区域占 $360°/M$,则 M 个区域内的槽号便分别代表 M 相所占槽号,其中正槽号代表顺接串联的线圈,而负槽号代表反接串联的线圈。下面举一实例。

例 2-10　已知槽数 $z=24$,绕组套数 $n=2$,每套绕组相数 $m=3$,基波极数为 $2p=4$,试确定大相带绕组的各相所占槽号以及接线图,分单层和双层两种情况讨论。

首先根据 $q=z/(2pM)=24/24=1$,即式(2.4.2)中的分子 $N=1$,分母 $D=1$ 画出槽号相位图,共有 $2MN=12$ 列,$2p=4$ 行。绕组共有 $2\times3=6$ 相,假设各相绕组对称,那么分相过程即需要在槽号相位图中画出 $2\times3=6$ 个形状相同、分布对称的框,用于分别定义 A_1-B_1-C_1、A_2-B_2-C_2 这两套 3 相绕组。由于槽数 $z=24$,每相需要包括 $24/6=4$ 槽,因此槽号相位图中的每相需要框住 4 个槽号。

对于单套绕组的槽号分配,即槽号相位图上框出 A_1、B_1、C_1 相绕组,理论上有很多种可能的选法,考虑到相带宽度 $360°/M=60°$,这里只考虑大相带,因此只能选择 2 列共 4 个槽号,考虑到上一小节例子中槽号不重复的原则,实际上只有一种分相方法,如图 2-36 所示。

360°											
120°				120°				120°			
0°	30°	60°	90°	120°	150°	180°	210°	240°	270°	300°	330°
1	2	3	4	5	6	7	8	9	10	11	12
13	14	15	16	17	18	19	20	21	22	23	24
−19	−20	−21	−22	−23	−24	−1	−2	−3	−4	−5	−6
−7	−8	−9	−10	−11	−12	−13	−14	−15	−16	−17	−18
A				B				C			

图 2-36　单套绕组 A_1-B_1-C_1 的槽号分配方法(60°相带)

下面讨论第 2 套绕组的槽号分配方法，对于图 2-36，两套 60°相带 Y 绕组只能互移 60°，如图 2-37 所示，否则将违背槽号不重复的原则。

360°											
120°				120°				120°			
0°	30°	60°	90°	120°	150°	180°	210°	240°	270°	300°	330°
1	2	3	4	5	6	7	8	9	10	11	12
13	14	15	16	17	18	19	20	21	22	23	24
−19	−20	−21	−22	−23	−24	−1	−2	−3	−4	−5	−6
−7	−8	−9	−10	−11	−12	−13	−14	−15	−16	−17	−18
A_1		A_2		B_1		B_2		C_1		C_2	

图 2-37　两套 Y 绕组互移 60°(θ=60°)，槽号不重复，方案成立

将两套 Y 绕组互移 60°，分相结果按槽号的顺序重排，可得表 2-10。

首先讨论单层绕组(表 2-11)，A_1-B_1-C_1 和 A_2-B_2-C_2 两套绕组都没有负相带。第一对极下，A_1 相绕组的线圈边从第 1、2、13、14 槽进，没有槽放置 A_1 绕组线圈的另一条边。图 2-38 给出了 n 套 m 相大相带单层绕组两种可能的形式。图 2-38(a)为环形绕组形式，上层线圈边在气隙侧，下层边在定子外侧。图 2-38(b)为鼠笼式绕组，该绕组比较特殊，每个槽内的导体独立成一个相绕组，所有相导体的一端采用星形连接，另一端接独立电源[24]。观察 A_1 相绕组，两对极下，只有第 1、13 槽导体相位相同，第 2、14 槽导体相位相同，可以并联，则最大并联支路数为 2。

表 2-10　两套 Y 绕组互移 $60°(\theta=60°)$ 的绕组的槽号分配

槽号	1	2	3	4	5	6	7	8	9	10	11	12
相带名	A_1+	A_1+	A_2+	A_2+	B_1+	B_1+	B_2+	B_2+	C_1+	C_1+	C_2+	C_2+
槽号	13	14	15	16	17	18	19	20	21	22	23	24
相带名	A_1+	A_1+	A_2+	A_2+	B_1+	B_1+	B_2+	B_2+	C_1+	C_1+	C_2+	C_2+

表 2-11　两套 Y 绕组互移 $60°(\theta=60°)$ 的绕组导体分布(单层绕组)

槽号	1	2	3	4	5	6	7	8	9	10	11	12
导体	A_1+	A_1+	A_2+	A_2+	B_1+	B_1+	B_2+	B_2+	C_1+	C_1+	C_2+	C_2+
槽号	13	14	15	16	17	18	19	20	21	22	23	24
导体	A_1+	A_1+	A_2+	A_2+	B_1+	B_1+	B_2+	B_2+	C_1+	C_1+	C_2+	C_2+

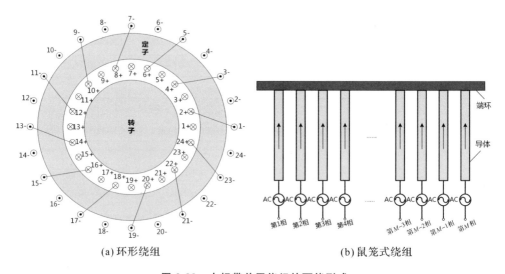

(a) 环形绕组　　　　　　　　　(b) 鼠笼式绕组

图 2-38　大相带单层绕组的可能形式

　　对于双层绕组,每个槽号代表一个线圈(上层边嵌于该槽的线圈),如表 2-12 所示。假设绕组节距为 5 槽,那么 A_1 相绕组从第 1 槽进,从第 6 槽出,从第 2 槽进,从第 7 槽出。第二对极下,A_1 相绕组的线圈边从第 13 槽进,从第 18 槽出,从第 14 槽进,从第 19 槽出。两对极下的 A_1 相绕组共有 2 个线圈组,则允许的最大并联支路数为 2。

表 2-12　两套 Y 绕组互移 60°($\theta=60°$)的绕组导体分布(双层绕组)

槽号	1	2	3	4	5	6	7	8	9	10	11	12
上层导体	A_1+	A_1+	A_2+	A_2+	B_1+	B_1+	B_2+	B_2+	C_1+	C_1+	C_2+	C_2+
下层导体	B_2-	C_1-	C_1-	C_2-	C_2-	A_1-	A_1-	A_2-	A_2-	B_1-	B_1-	B_2-
槽号	13	14	15	16	17	18	19	20	21	22	23	24
上层导体	A_1+	A_1+	A_2+	A_2+	B_1+	B_1+	B_2+	B_2+	C_1+	C_1+	C_2+	C_2+
下层导体	B_2-	C_1-	C_1-	C_2-	C_2-	A_1-	A_1-	A_2-	A_2-	B_1-	B_1-	B_2-

例 2-11　已知槽数 $z=12$,绕组套数 $n=2$,每套绕组相数 $m=3$,基波极数为 $2p=10$,试确定大相带绕组的各相所占槽号以及接线图,分单层和双层两种情况讨论。

首先根据 $q=z/(2pM)=12/60=1/5$,即式(2.4.2)中的分子 $N=1$,分母 $D=5$ 画出槽号相位图,共有 $2MN=12$ 列,$2p=10$ 行。绕组共有 $2\times3=6$ 相,假设各相绕组对称,那么分相过程即需要在槽号相位图中画出 $2\times3=6$ 个形状相同、分布对称的框,用于分别定义 A_1-B_1-C_1、A_2-B_2-C_2 这两套 3 相绕组。由于槽数 $z=12$,每相需要包括 $12/6=2$ 槽,因此槽号相位图中的每相需要框住 2 个槽号。

对于单套绕组的槽号分配,即槽号相位图上框出 A_1、B_1、C_1 相绕组,理论上有很多种可能的选法,考虑到相带宽度 $360°/M=60°$,参照例 2-9,在 A_1 相基础上加入第 6 正槽号,去掉第 -7 负槽号,即可将相带宽度从 30° 拓展到 60°,B_1、C_1 同理。这样,我们便得到 60° 相带的单套绕组,如图 2-39 所示。

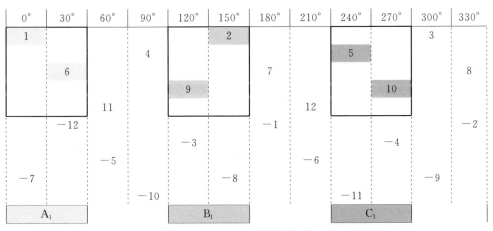

图 2-39　单套绕组 A_1-B_1-C_1 的槽号分配方法(60° 相带)

由于只考虑对称绕组，A_2 相绕组也占据 $60°$ 相带(与 A_1 相绕组同)，对应槽号相位图的列数也为 2，对于图 2-39，A_1 和 B_1 之间也只有 2 列的空档，因此，A_2 只有这一种选择，即第 2 套绕组与第 1 套绕组之间只能互移 $60°$，B_2、C_2 相绕组也是如此，如图 2-40 所示。

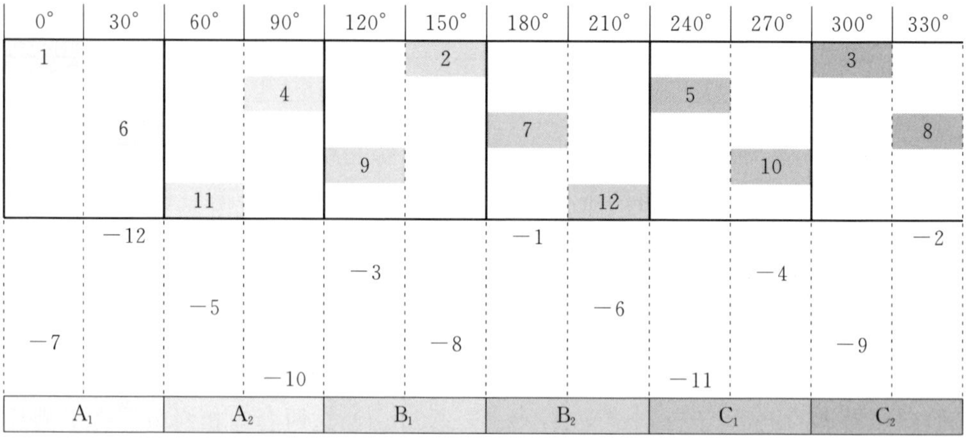

0°	30°	60°	90°	120°	150°	180°	210°	240°	270°	300°	330°
1			4		2			5		3	
6						7					8
				9					10		
		11					12				
	−12					−1					−2
				−3					−4		
		−5					−6				
−7					−8					−9	
			−10					−11			
A₁		A₂		B₁		B₂		C₁		C₂	

图 2-40　两套 Y 绕组互移 $60°$($60°$相带)的槽号相位图

下面分单层和双层绕组两种情况讨论。

对于单层绕组，每个槽号代表一个导体或者线圈边，各相的导体在每槽的分布图如表 2-13 所示。与例 2-9 不同，A_1-B_1-C_1 和 A_2-B_2-C_2 两套绕组都没有负相带。第一对极下，A_1 相绕组的线圈边从第 1、6 槽进，没有槽放置 A_1 绕组线圈的另一条边。

观察 A_1 相绕组，五对极下，只有第 1、6 槽两个导体，且相位不同，因此，允许的最大并联支路数为 1。

表 2-13　两套 Y 绕组互移 $30°$($\theta = 30°$)的绕组导体分布(单层绕组)

槽号	1	2	3	4	5	6	7	8	9	10	11	12
导体	A_1+	B_1+	C_2+	A_2+	C_1+	A_1+	B_2+	C_2+	B_1+	C_1+	A_2+	B_2+

对于双层绕组，每个槽号代表一个线圈(左层边嵌于该槽的线圈)，如表 2-14 所示。考虑到极距 $\tau = 12/10 = 1.2$ 槽，为了获得较大的绕组系数，取绕组节距为 1 槽，那么 A_1 相绕组从第 1 槽进，从第 2 槽出，从第 6 槽进，从第 7 槽出。五对极下的 A_1 相绕组共有 2 个线圈组，则允许的最大并联支路数为 2。

表 2-14　两套 Y 绕组互移 30°($\theta=30°$)的绕组导体分布(双层绕组)

槽号	1	2	3	4	5	6	7	8	9	10	11	12
左层导体	A_1+	B_1+	C_2+	A_2+	C_1+	A_1+	B_2+	C_2+	B_1+	C_1+	A_2+	B_2+
右层导体	B_2-	A_1-	B_1-	C_2-	A_2-	C_1-	A_1-	B_2-	C_2-	B_1-	C_1-	A_2-

2.4.2.6　基于槽号相位图的分相

上一小节只是介绍了槽号相位图的画法,没有涉及分相的内容。本小节在上一节的基础上,介绍基于槽号相位图划分各相绕组的相带。一般情况下,大小相带绕组在实际中很少采用,最为常用的是小相带绕组和大相带绕组,因此只介绍这两种常用的相带绕组。假设绕组套数为 n,每套绕组相数为 m,当各套绕组相带宽度 $\theta=360°/M$ 电角度时,通常称该绕组为大相带绕组;当各套绕组相带宽度 $\theta=180°/M$ 时,则称之为小相带绕组。

(1)大相带绕组

多套多相大相带绕组的槽号相位图如图 2-41 所示。同一套绕组之内相邻相绕组之间相差 $360°/m$,相邻套绕组之间相移与相带宽度相等,均为 $360°/M$。每相只包括槽号相位图的上半部分,即由正槽号组成,不含负槽号。前面介绍的图2-22即属于 3 相大相带绕组。根据图 2-24,槽号相位图上每列对应的基波电角度为 $360°G/(2MN)$。那么,第 1 套第 1 相绕组在槽号相位图上所占列号为 $1\sim 2N/G$,第 n 套第 1 相绕组在槽号相位图上所占列号为 $2N(n-1)/G+1\sim 2nN/G$,第 1 套第 m 相绕组在槽号相位图上所占列号为 $2Nn(m-1)/G+1\sim 2Nn(m-1)/G+2N/G$,第 n 套第 m 相绕组在槽号相位图上所占列号为 $2MN/G-2N/G+1\sim 2MN/G$。

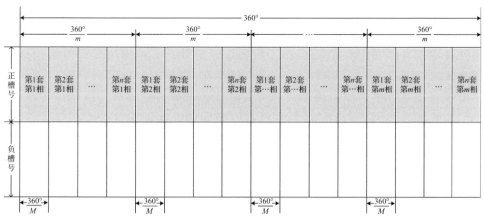

图 2-41　多套多相(n 套 m 相)大相带绕组的槽号相位图

（2）小相带绕组

1）槽号相位图特征

多套多相小相带绕组的同一套绕组之内相邻相绕组之间相差 $360°/m$，每相覆盖的正负槽号数目各占一半。相邻套绕组之间相移只可能为 $180°/M$ 和 $360°/M$。下面分别讨论这两种情况是否成立。绕组成立与否的判断依据是：同一个槽号（正或负）必须且只能属于一个相带；正（负）槽号如果被某相使用，那么相应的负（正）槽号则不能再被使用。以图 2-21 所示的 3 相小相带绕组为例，1、2、13、14、−19、−20、−7、−8 槽号属于 A 相绕组，那么 −1、−2、−13、−14、19、20、7、8 槽号则不能再被使用，且不属于任意一相绕组。

①相邻套绕组之间相移 $180°/M$，与相带宽度相等。

根据图 2-24，槽号相位图上每列对应的基波电角度 $360°G/2MN$。从图 2-42（a）可以看出，各套绕组第 1 相所占角度区间为 $0\sim180°/m$，以列为单位则所占列号为 $1\sim nN/G$，第 2 相所占列号为 $2nN/G+1\sim3nN/G$，第 $k(1\leqslant k\leqslant m)$ 相所占列号为 $2(k-1)nN/G+1\sim2(k-1)nN/G+nN/G$。各套绕组第 1 相的槽号取反后所占的列号区间，相当于在其基础上向右移动 MN/G 列，即 $MN/G+1\sim MN/G+nN/G$。

令各套绕组第 1 相的槽号取反后所占的列号区间与第 k 相所占的列号区间重合，则有 $2(k-1)nN/G+1=MN/G+1$，即第 1 列中槽号被使用 2 次时，k 的取值应该满足：

$$k=\frac{m}{2}+1 \tag{2.4.29}$$

当每套绕组相数 m 为奇数时，k 不为整数，与 k 为正整数的前提矛盾，因此第 1 列中槽号肯定不会被使用 2 次，图 2-42（a）所示的槽号相位图恒成立。对于整流发电机，m 一般为 3，因此，以 3 相为单元的多套多相绕组均可以采用该相带形式。

②相邻套绕组之间相移 $360°/M$，为相带宽度的 2 倍。

根据图 2-24，槽号相位图上每列对应的基波电角度为 $360°G/(2MN)$。从图 2-42（b）可以看出，第 1 套绕组第 1 相所占角度区间为 $0\sim180°/M$，以列为单位则所占列号为 $1\sim N/G$，第 2 套绕组第 1 相所占列号为 $2N/G+1\sim3N/G$，相邻相绕组距离 $2N/G$ 列。第 1 套绕组第 1 相的槽号取反后所占的列号区间，相当于在其基础上向右移动 MN/G 列，即 $MN/G+1\sim MN/G+N/G$。显然，该槽号相位图成立的条件是 M 为奇数，否则会出现正（负）槽号被同时使用。

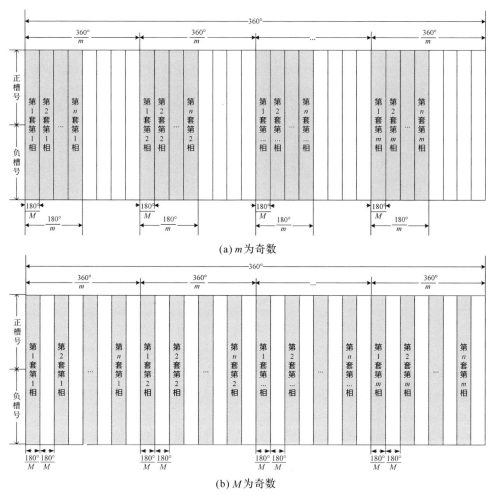

(a) m 为奇数

(b) M 为奇数

图 2-42　多套多相(n 套 m 相)小相带绕组的槽号相位图

值得一提的是,对于整流发电机,每套绕组相数 m 一般为 3,如果绕组套数 n 为 2,总相数为 6,那么其小相带绕组只存在一种形式,对应的槽号相位图如图 2-42(a)所示。如果绕组套数 n 为 3,总相数为 9,那么其小相带绕组存在两种形式,对应的槽号相位图如图 2-42(a)和(b)所示。

2)小相带绕组的分相

多套多相(n 套×m 相/套)绕组一般都以 3 相绕组($m=3$)作为基本单元,为了获得较高的分布系数,相带宽度为 $180°/M$,则相邻套绕组之间相移也为 $180°/M$,如图 2-42 所示。下面我们重点介绍这种绕组形式的分相过程,即根据

多相整流发电机及其系统的分析

槽号判断其属于第 k 套绕组第 j 相。该方法适用于多套多相整数槽和分数槽绕组。

已知槽数为 Z，极对数为 p，记任一槽号为 $S(1 \leqslant S \leqslant z)$，要计算出槽号 S 对应的套绕组序号 $j(1 \leqslant j \leqslant n)$，以及相绕组序号 $k(1 \leqslant k \leqslant m)$。要解决这一问题，首先需要量化各相绕组在槽号相位图上的分布（即所占的列号区间），其次需要计算出任意槽号在槽号相位图上的行号和列号。

为了方便说明槽号与绕组的归属关系，将图 2-42 的相位信息用列号表示，参见第 2.4.2.2 节，槽号相位图的总列数为 $2MN/G$，对应一对极的基波电角度为 $360°$，每相绕组覆盖 $180°/M$，对应的列数为 N/G，M 相绕组一共覆盖其中 MN/G 列，另外 MN/G 列的槽号与其相反，不能分配给绕组，否则将出现同一槽号被两次取用的不合理情况。从图中可以看出：

第 1 套第 1 相，覆盖的列号为 $1 \sim N/G$；

第 2 套第 1 相，覆盖的列号为 $N/G+1 \sim 2N/G$；

第 3 套第 1 相，覆盖的列号为 $2N/G++1 \sim 3N/G$；

第 j 套第 1 相，覆盖的列号为 $N(j-1)/G+1 \sim jN/G$；

……

第 n 套第 1 相，覆盖的列号为 $N(n-1)/G+1 \sim nN/G$；

第 1 套第 1 相，覆盖的列号为 $1 \sim N/G$；

第 1 套第 2 相，覆盖的列号为 $2nN/G+1 \sim 2nN/G+N/G$；

第 1 套第 3 相，覆盖的列号为 $4nN/G+1 \sim 4nN/G+N/G$；

第 1 套第 k 相，覆盖的列号为 $2nN(k-1)/G+1 \sim 2nN(k-1)/G+N/G$；

……

第 1 套第 m 相，覆盖的列号为 $2nN(m-1)/G+1 \sim 2nN(m-1)/G+N/G$。

观察其规律，可得：

第 j 套第 k 相，覆盖的列号为 $N(j-1)/G+2nN(k-1)/G+1 \sim N(j-1)/G+2nN(k-1)/G+N/G$。

另一方面，槽号 1 位于槽号相位图的第 1 行第 1 列，那么：

①如果 S 是正槽号，其在槽号相位图中的列号 C_S 为

$$C_S = \mathrm{mod}(1+D(S-1)/G, 2MN/G) \tag{2.4.30}$$

式中，$\mathrm{mod}(a, b)$ 为取余运算函数，返回的结果是 a 整除 b 之后的余数。

②如果 S 是负槽号，其在槽号相位图中的列号 C_S 为

$$C_S = \mathrm{mod}(1+D(-S-1)/G+MN/G, 2MN/G) \tag{2.4.31}$$

将上述两种情况写成统一的数学形式,则可得

$$C_S = \text{mod}\left(1 + \frac{D(|S|-1)}{G} + \frac{1-\text{sign}(S)}{2}\frac{MN}{G}, \frac{2MN}{G}\right) \quad (2.4.32)$$

式中,sign(S)为符号函数,其输入输出特性可表示如下:

$$\text{sign}(S) = \begin{cases} 1, & S > 0 \\ -1, & S < 0 \end{cases}$$

有了以上分析,根据槽号 S 便可以确定其对应的相绕组序号 $k(1 \leqslant k \leqslant m)$ 以及套绕组序号 $j(1 \leqslant j \leqslant n)$:

若 $\text{mod}(C_S, 2nN/G) > nN/G$,则槽号 S 不属于任何一个相绕组;

若 $\text{mod}(C_S, 2nN/G) \leqslant nN/G$,则槽号 S 属于相绕组,其相绕组序号 $k(1 \leqslant k \leqslant m)$ 以及套绕组序号 $j(1 \leqslant j \leqslant n)$ 可表示为

$$k = \text{floor}\left(\frac{\text{mod}\left(C_S - 1, \frac{2nN}{G}\right)}{\frac{N}{G}}\right) + 1 \quad (2.4.33)$$

$$j = \text{floor}\left(\frac{C_S - 1}{2nN/G}\right) + 1 \quad (2.4.34)$$

式中,floor(x)为向下取整函数。

例 2-12　当 $m=3, n=2, \theta=30°$ 时,2 个 3 相对称绕组互移 30°组成 6 相绕组,$\theta=180°/6=30°$,即为 6 相 30°相带绕组,如图 2-43(a)所示。当 $m=3$,$n=2, \theta=60°$ 时,2 个 3 相对称绕组互移 60°组成 6 相绕组,$\theta=360°/6=60°$,即为 6 相 60°相带绕组,如图 2-43(b)所示。可以看出,对于 6 相 60°相带绕组,A_1 与 B_2 相绕组矢量相位相反,B_1 与 C_2 相反,C_1 与 A_2 相反,从物理角度,相差 180°电角度的绕组,就是参考方向的不同而已,绕线没有本质区别,因此 6 相 60°相带绕组也称为双 3 相绕组,分别是 A_1-B_1-C_1 和 A_2-B_2-C_2 两个 3 相绕组。

例 2-13　当 $m=3, n=4, \theta=15°$ 时,4 个 3 相对称绕组互移 15°组成 12 相绕组,$\theta=180°/12=15°$,即为 12 相小相带绕组,如图 2-44(a)所示。当 $m=3, n=4$,$\theta=30°$ 时,4 个 3 相对称绕组互移 30°组成 12 相绕组,$\theta=360°/12=30°$,即为 12 相大相带绕组,如图 2-44(b)所示。可以看出,对于 12 相大相带绕组,A_1 与 B_3 相绕组矢量相位相反,A_2 与 B_4 相反,B_1 与 C_3 相反,B_2 与 C_4 相反,C_1 与 A_3 相反,C_2 与 A_4 相反,从物理角度,相差 180°电角度的绕组,就是参考方向的不同而已,绕线没有本质区别,因此 12 相大相带绕组也称为双 6 相绕组,分别是

A_1-A_2-B_1-B_2-C_1-C_2 和 A_3-A_4-B_3-B_4-C_3-C_4 两个 6 相小相带绕组。

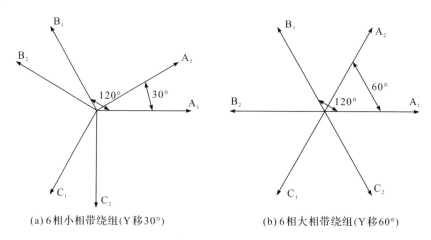

(a)6相小相带绕组(Y移30°)   (b)6相大相带绕组(Y移60°)

图 2-43　6 相绕组的不同形式

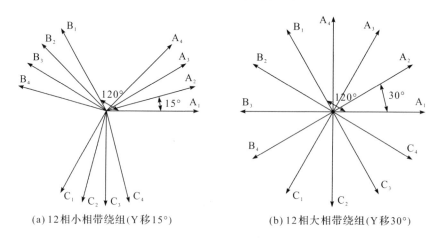

(a)12相小相带绕组(Y移15°)   (b)12相大相带绕组(Y移30°)

图 2-44　12 相绕组的不同形式

　　例 2-14　当 $m=5$,$n=3$,$\theta=12°$时,3 个 5 相对称绕组互移 12°组成 15 相绕组,$\theta=180°/15=12°$,即为 15 相小相带绕组,如图 2-45 所示,该绕组 $M=15$ 为奇数,因此绕组矢量图有(a)和(b)两种不同形式,即 3 个 5 相对称绕组互移 12°或 24°。可以看出,与例 2-13 不同,对于 15 相大相带绕组,找不到互差 180°电角度的相绕组,每个相绕组矢量都是独立的。

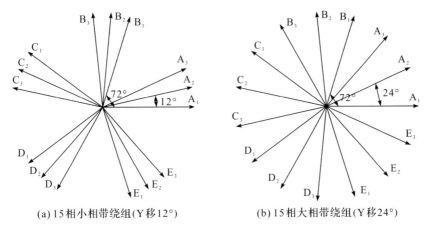

(a) 15 相小相带绕组(Y 移 12°)　　　　(b) 15 相大相带绕组(Y 移 24°)

图 2-45　15 相绕组的不同形式

2.4.3　绕组的磁势分析

多套多相绕组的最基本单元是铁心槽内的导体,不同槽内导体的反向串联构成线圈,若干线圈串并联形成单相绕组,多个空间上错开一定角度的单相绕组形成电机的多相绕组,多个空间上错开一定角度的多相绕组形成多套多相绕组。多相绕组可以有效降低合成磁动势中的谐波含量。

每极每相槽数 q 的定义如第 2.4.2.2 节所述,当 q 为整数时,绕组被称为每极每相整数槽绕组,通常简称为整数槽绕组。这时 $q = z/(2pM) = N/D$ 中的分母 $D=1$,分子 $N=q$。因此,对空间基波磁势画出来的槽号相位图的特点是槽号连续排列而没有空格,这种槽号相位图最简单,用来分析绕组的基本特征极其方便。当 q 为分数时,绕组被称为每极每相分数槽绕组,通常简称为分数槽绕组。其槽号相位图的槽号并不像整数槽绕组那样连续分布,相邻槽号之间通常有空格,磁势分析比较复杂。这时 $q = z/2pM = N/D$ 中的分母 $D \neq 1$,且 N 和 D没有公约数。由第 2.4.2.2 节的分析,相邻两个槽号之间相距的小格数为

$$x = \frac{D}{G} \tag{2.4.35}$$

$$G = \gcd(M, D) \tag{2.4.36}$$

式中,$\gcd(M, D)$ 为二元函数,返回的结果是 M 和 D 的最大公约数。

由于分数槽绕组丰富了电机极槽数的排列组合,对发电机还有削弱齿谐波电势而改进电压波形的作用,因此也是电机中常用的一种绕组。由于整数槽绕

组只不过是分数槽绕组在分母 $D=1$ 时的一种特例。后面将会看到,正规接法的分数槽绕组和整数槽绕组,在槽号分配上遵循同一规律,因此两者可采用同一计算机程序来实现槽号分配和谐波分析的自动化。为不失一般性,本节以分数槽绕组为对象,采用槽号相位图来分析多套多相正规接法(包括小相带、大相带,不包括大小混合相带)[2]绕组的磁动势。一般情况下,分数槽绕组的磁动势中除了含有整数次谐波磁动势外,还含有分数次谐波磁动势。

考虑到实际电机的时空磁势谐波是单元电机时空磁势谐波的周期重复,因此,后文中主要以单元电机作为对象进行分析。

2.4.3.1 导体产生的磁动势

如图 2-46(a)所示,铁心槽内嵌有 N_c 根导体,每根导体中的电流瞬时值为 i_c,槽口弧度所占电角度为 θ_t,在一个单元电机(p_0 对极)的范围内沿圆周展开,取槽中心线作为横坐标 θ 的原点,假设导体电流均匀分布在 θ_t 范围内,那么如图 2-46(b)所示,由 N_c 根导体形成的安导波可表示为分段函数:

$$A_s(\theta) = \begin{cases} \dfrac{N_c i_c}{\theta_t}, & -\dfrac{\theta_t}{2} < \theta < \dfrac{\theta_t}{2} \\ 0, & -p_0\pi < \theta < -\dfrac{\theta_t}{2}, \dfrac{\theta_t}{2} < \theta < p_0\pi \end{cases} \quad (2.4.37)$$

只考虑对称绕组,且中心点不引出,那么电机各相绕组电流无零序分量,所有导体形成的安导波中无直流分量,因此这里忽略掉直流分量后,如图 2-46(c)所示,N_c 根导体形成的安导波写成傅里叶级数形式为

$$A_s(\theta) = \sum_{v_{p_0}=1}^{\infty} \frac{N_c i_c}{\pi p_0} K_{sv} \cos \frac{v_{p0}\theta}{p_0} \quad (2.4.38)$$

式中,v_{p0}($v_{p0}=1,2,3,\cdots$)对极(v 次)谐波的槽口系数 K_{sv} 为

$$K_{sv} = \frac{\sin\left(\dfrac{v_{p0}}{p_0} \dfrac{\theta_t}{2}\right)}{\dfrac{v_{p0}}{p_0} \dfrac{\theta_t}{2}} \quad (2.4.39)$$

对安导波进行积分,便可以得到 N_c 根通电导体形成的磁势波:

$$F_s(\theta) = \int_0^\theta \sum_{v_{p0}=1}^{\infty} \frac{N_c i_c}{\pi p_0} K_{sv} \cos \frac{v_{p0}\theta}{p_0} \mathrm{d}\theta = \sum_{v_{p0}=1}^{\infty} \frac{N_c i_c}{\pi v_{p0}} K_{sv} \sin \frac{v_{p0}\theta}{p_0} \quad (2.4.40)$$

从式(2.4.39)可以看出,当槽口张角足够小时,即 θ_t 趋近于 0 时,根据洛必达法则,槽口系数 K_{sv} 趋近于 1,此时 N_c 根通电导体形成的安导波可表示为

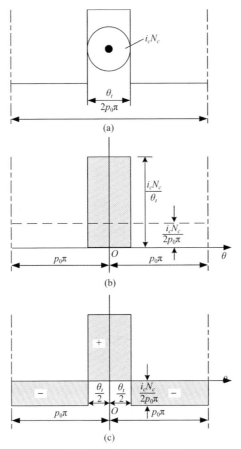

图 2-46　导体的安导波

$$A_s(\theta) = \sum_{v_{p0}=1}^{\infty} \frac{N_c i_c}{\pi p_0} \cos \frac{v_{p0}\theta}{p_0} \tag{2.4.41}$$

N_c 根导体的磁势波可表示为

$$F_s(\theta) = \int_0^\theta A_s(\theta)\mathrm{d}\theta = \sum_{v_{p0}=1}^{\infty} \frac{N_c i_c}{\pi v_{p0}} \sin \frac{v_{p0}\theta}{p_0} \tag{2.4.42}$$

2.4.3.2　单个线圈产生的磁动势

（1）双层绕组

对于双层绕组，单个线圈产生的安导波如图 2-47 所示。将定子内径圆周沿周向展开，以线圈上下层边的中心线位置（不考虑导体中电流的分布，导体电流可看成线电流）作为坐标原点，以电机旋转方向为横坐标 θ（θ 为电角度）的正方向。线圈边 1 中电流方向为垂直纸面向外,线圈边 2 中电流方向为垂直纸面向内。这里约定:当磁力线出转子进定子时,磁动势为正,反之为负。

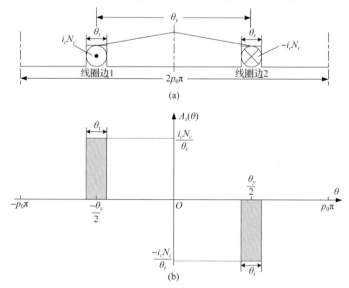

图 2-47　线圈的安导波

设线圈的节距为 θ_y(电角度,以弧度表示)。由图 2-47 可知,沿周向展开后的直线段范围内($\theta \in [-p_0\pi, p_0\pi]$),单匝线圈中流过的电流为 i_c,N_c 匝线圈边 1 和 N_c 匝线圈边 2 产生的安导波分布为

$$A_{s1}(\theta) = \sum_{v_{p0}=1}^{\infty} \frac{N_c i_c}{\pi p_0} K_{sv} \cos \frac{v_{p0}\left(\theta + \dfrac{\theta_y}{2}\right)}{p_0} \tag{2.4.43}$$

$$A_{s2}(\theta) = \sum_{v_{p0}=1}^{\infty} \left[-\frac{N_c i_c}{\pi p_0} K_{sv} \cos \frac{v_{p0}\left(\theta - \dfrac{\theta_y}{2}\right)}{p_0} \right] \tag{2.4.44}$$

整个线圈的安导波为两个线圈边安导波的叠加:

$$
\begin{aligned}
A_{\text{coil}}(\theta) &= A_{s1}(\theta) + A_{s2}(\theta) \\
&= \frac{N_c i_c}{\pi p_0} \sum_{v_{p0}=1}^{\infty} K_{sv} \left[\cos \frac{v_{p0}\left(\theta + \dfrac{\theta_y}{2}\right)}{p_0} - \cos \frac{v_{p0}\left(\theta - \dfrac{\theta_y}{2}\right)}{p_0} \right] \\
&= -\frac{2N_c i_c}{\pi p_0} \sum_{v_{p0}=1}^{\infty} K_{sv} K_{pv} \sin \frac{v_{p0}\theta}{p_0}
\end{aligned}
\tag{2.4.45}
$$

式中，K_{pv} 为单元电机 v_{p0} 对极（v 次）空间磁势的短距系数：

$$K_{pv} = \sin \frac{v_{p0}\theta_y}{2p_0} \tag{2.4.46}$$

对安导波进行积分，求得线圈的磁势波：

$$F_{\text{coil}}(\theta) = \int_0^\theta A_{\text{coil}}(\theta)\mathrm{d}\theta$$

$$= \sum_{v_{p0}=1}^\infty \frac{2N_c i_c K_{sv} K_{pv}}{\pi v_{p0}} \cos \frac{v_{p0}\theta}{p_0} - \sum_{v_{p0}=1}^\infty \frac{2N_c i_c K_{sv} K_{pv}}{\pi v_{p0}} \tag{2.4.47}$$

略去直流分量，线圈产生的磁势波可以表示为

$$F_{\text{coil}}(\theta) = \sum_{v_{p0}=1}^\infty \frac{2N_c i_c}{\pi v_{p0}} K_{sv} K_{pv} \cos \frac{v_{p0}\theta}{p_0} \tag{2.4.48}$$

由短距系数的式（2.4.46）可知，对于整距绕组（$\theta_y = \pi$），当 $v = v_{p0}/p_0$ 为偶数时，$K_{pv} = 0$。这说明整距绕组的线圈产生的磁动势不含 p_0 的偶数对极（v 的偶数次）的空间谐波，只含有 p_0 的奇数对极（v 的奇数次）的空间谐波。在短距绕组中（$\theta_y \neq \pi$），线圈的节距不是半个圆周，其产生的磁动势中必含有 p_0 的偶数对极（v 的偶数次）的空间谐波。

令 $v_{p0} = p_0$，此时绕组空间谐波次数 $v = v_{p0}/p_0 = 1$，双层绕组单个线圈产生的空间基波磁势幅值为

$$F_{\text{coil},v_{p0}=p_s} = \frac{2N_c i_c}{\pi p_0} K_{s1} K_{p1} \tag{2.4.49}$$

式中，空间基波磁动势的短距系数为

$$K_{p1} = \sin \frac{\theta_y}{2} \tag{2.4.50}$$

（2）单层绕组

对于单层绕组，线圈的上层边和下层边通入电流后形成的磁动势，其合成矢量的长度与各矢量长度之和的比值属于分布系数的范畴，可根据槽号相位图计算。因此，为了避免在计算绕组系数时重复计算，单层绕组线圈只考虑单个线圈边（导体）的贡献。

单层绕组线圈产生的安导波：

$$A_{\text{coil}}(\theta) = A_s(\theta) = \frac{N_c i_c}{\pi p_0} \sum_{v_{p0}=1}^\infty K_{sv} \cos \frac{v_{p0}\theta}{p_0} \tag{2.4.51}$$

单层绕组线圈产生的磁势波：

$$F_{\text{coil}}(\theta) = F_s(\theta) = \sum_{v_{p0}=1}^\infty \frac{N_c i_c}{\pi v_{p0}} K_{sv} \cos \frac{v_{p0}\theta}{p_0} \tag{2.4.52}$$

对照式(2.4.48),单层绕组的 v_{p0} 对极(v 次)空间磁势谐波幅值为双层绕组的一半,其短距系数为

$$K_{pv} = 1, \quad v_{p0} = 1,2,3,\cdots \tag{2.4.53}$$

2.4.3.3 单相绕组产生的磁动势

通过上一小节的分析,单个线圈产生的磁动势可表示为

$$F_{\text{coil}}(\theta) = \begin{cases} \displaystyle\sum_{v_{p0}=1}^{\infty} \frac{2N_c i_c}{\pi v_{p0}} K_{sv} K_{pv} \cos \frac{v_{p0}\theta}{p_0}, & \text{双层绕组} \\ \displaystyle\sum_{v_{p0}=1}^{\infty} \frac{N_c i_c}{\pi v_{p0}} K_{sv} K_{pv} \cos \frac{v_{p0}\theta}{p_0}, & \text{单层绕组} \end{cases} \tag{2.4.54}$$

整数槽绕组的一个单元电机范围内只有一对磁极,而分数槽绕组的一个单元电机范围内包括多对磁极。对于分数槽绕组,一个单元电机的单相绕组磁动势为多对极下的线圈磁动势的叠加。前文已经推导得知单个线圈的磁动势,因此,单相绕组磁动势计算的关键在于得到每个线圈所处的槽号以及相位。这里,我们还是借助槽号相位图这一工具进行解析推导。

已知槽号相位图总列数为 $2MN/G$,1 对极包括 $2MN/G$ 格,相邻槽号在槽号相位图上的间隔为 x 格。

当 x 为奇数时,单元电机槽号相位图第 1 行第 1 列槽号为 1,由于 x 为奇数,此时单元电机槽数与列数相等,每列都会存在 1 个正槽号和 1 个负槽号。设填入第 2 列的正槽号为 S_2,那么根据槽号相位图的填写规则,S_2 应为满足下式的最小正整数解:

$$1 + \text{mod}\left[(S_2 - 1)x, \frac{2MN}{G}\right] = 2 \tag{2.4.55}$$

进一步分析上式,可以发现,当 $G=1$ 时,S_2 必为偶数,$S_2 - 1$ 必为奇数。

当 x 为偶数时,单元电机槽号相位图第 1 行第 1 列槽号为 1,由于 x 为偶数,此时单元电机槽数只有列数的 1/2,奇数列只存在 1 个正槽号,偶数列只存在 1 个负槽号。设填入第 3 列的正槽号为 S_3,那么根据槽号相位图的填写规则,S_3 应为满足下式的最小正整数解:

$$1 + \text{mod}\left[(S_3 - 1)x, \frac{2MN}{G}\right] = 3 \tag{2.4.56}$$

式(2.4.55)与(2.4.56)中,$\text{mod}(a,b)$ 为取余函数,其中 a 为被除数,b 为除数。

考虑到相邻槽的基波电角度差为 $2\pi p_0/z_0$,因此可求得槽号相位图相邻列正槽号对应的相位差为

$$\theta_0 = \Delta S \frac{2\pi p_0}{z_0} \tag{2.4.57}$$

式中,ΔS 为相邻列正槽号的槽号差:

$$\Delta S = \begin{cases} S_2 - 1, & x \text{ 为奇数} \\ S_3 - 1, & x \text{ 为偶数} \end{cases} \tag{2.4.58}$$

通过表 2-3 可知,当 $G=1$ 时,存在 $D=2p_0$ 和 $D=p_0$ 两种情况,槽号相位图共有 $2MN$ 列,每种情况可以选择大相带和小相带绕组;而当 $G=2$ 时,必有 $D=2p_0$,槽号相位图共有 MN 列,此时只能选择大相带绕组。这样一来,单相绕组的磁动势共有 5 种情况需要讨论。

(1)当 $G=1$,$D=2p_0$ 时,大相带绕组

如图 2-48 所示,单相绕组的磁势等于 N 个正槽号线圈的磁动势相加:

$$F_{\text{phase}}(\theta) = \sum_{k=1}^{N} F_{\text{coil},k}(\theta) \tag{2.4.59}$$

式中,$F_{\text{coil},k}(\theta)$ 为第 $k(1 \leqslant k \leqslant N)$ 个线圈的磁势波分布,可表示为

$$\begin{cases} F_{\text{coil},1}(\theta) = F_{\text{coil}}(\theta) \\ F_{\text{coil},2}(\theta) = F_{\text{coil},1}(\theta - \theta_0) = F_{\text{coil}}(\theta - \theta_0) \\ F_{\text{coil},3}(\theta) = F_{\text{coil},2}(\theta - \theta_0) = F_{\text{coil}}(\theta - 2\theta_0) \\ \cdots \\ F_{\text{coil},N}(\theta) = F_{\text{coil},(N-1)}(\theta - \theta_0) = F_{\text{coil}}[\theta - (N-1)\theta_0] \end{cases} \tag{2.4.60}$$

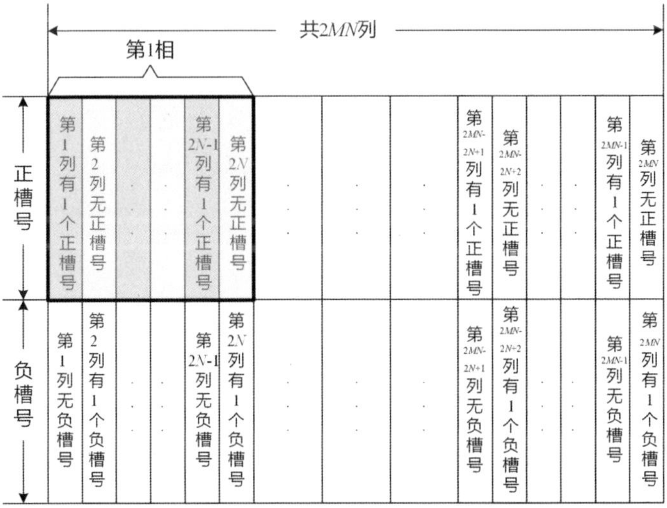

图 2-48 单相绕组磁动势的组成(当 $G=1$,$D=2p_0$ 时,大相带)

将式(2.4.54)代入式(2.4.59)与(2.4.60),并考虑到矢量和公式

$$\sum_{k=0}^{N-1} \cos \frac{v_{p0}(\theta - k\theta_0)}{p_0} = NK_{dv}\cos\left[\frac{v_{p0}\theta}{p_0} + \frac{v_{p0}\theta_0}{2p_0}(1 - N)\right] \quad (2.4.61)$$

式中,K_{dv}为v_{p0}对极(v次)空间谐波的分布系数:

$$K_{dv} = \frac{\sin \dfrac{Nv_{p0}\theta_0}{2p_0}}{N\sin \dfrac{v_{p0}\theta_0}{2p_0}} \quad (2.4.62)$$

可得单相绕组的磁势:

$$F_{\text{phase}}(\theta) = \begin{cases} \dfrac{2N_c i_c N}{\pi}\sum_{v_{p0}=1}^{\infty}\dfrac{1}{v_{p0}}K_{sv}K_{pv}K_{dv}\cos\left[\dfrac{v_{p0}\theta}{p_0} + \dfrac{v_{p0}\theta_0}{2p_0}(1-N)\right], & \text{双层绕组} \\[4mm] \dfrac{N_c i_c N}{\pi}\sum_{v_{p0}=1}^{\infty}\dfrac{1}{v_{p0}}K_{sv}K_{pv}K_{dv}\cos\left[\dfrac{v_{p0}\theta}{p_0} + \dfrac{v_{p0}\theta_0}{2p_0}(1-N)\right], & \text{单层绕组} \end{cases}$$

$$(2.4.63)$$

(2)当$G=1,D=2p_0$时,小相带绕组

如图 2-49 所示,单相绕组的磁势等于槽号相位图上的$(N+1)/2$个正槽号线圈(正相带)与$(N-1)/2$个负槽号线圈(负相带)的磁动势相加:

$$F_{\text{phase}}(\theta) = \sum_{k=1}^{\frac{N+1}{2}} F_{\text{coil},k}(\theta) + \sum_{k=-1}^{-\frac{N-1}{2}} F_{\text{coil},k}(\theta) \quad (2.4.64)$$

式中,$F_{\text{coil},k}(\theta)$为第 $k(1\leqslant k\leqslant(N+1)/2)$个正槽号线圈的磁势波分布,可表示为

$$\begin{cases} F_{\text{coil},1}(\theta) = F_{\text{coil}}(\theta) \\ F_{\text{coil},2}(\theta) = F_{\text{coil},1}(\theta - \theta_0) = F_{\text{coil}}(\theta - \theta_0) \\ F_{\text{coil},3}(\theta) = F_{\text{coil},2}(\theta - \theta_0) = F_{\text{coil}}(\theta - 2\theta_0) \\ \cdots \\ F_{\text{coil},\frac{N+1}{2}}(\theta) = F_{\text{coil},\frac{N-1}{2}}(\theta - \theta_0) = F_{\text{coil}}\left(\theta - \frac{N-1}{2}\theta_0\right) \end{cases} \quad (2.4.65)$$

由于 $x=D/G$ 为偶数,在单元电机基波槽号相位图上,从左至右,正负槽号交替分布,相邻列正槽号相隔 2 列,对应的基波相位差为 θ_0,负槽号与其取反的正槽号相隔 MN 列,该正槽号通入反相电流产生的磁动势即可与第 1 列的负槽号线圈产生的磁动势等效。因此,第 $1\sim(N-1)/2$ 个的负槽号线圈产生的磁动势可表示为

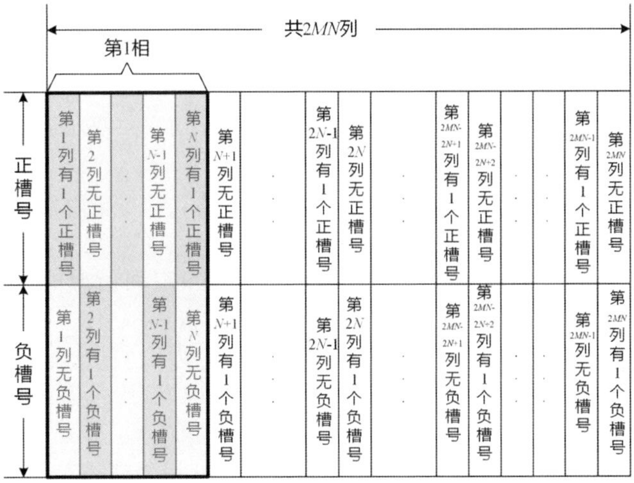

图 2-49　单相绕组磁动势的组成（当 $G=1$，$D=2p_0$ 时，小相带）

$$
\begin{cases}
F_{\text{coil},-1}(\theta) = -F_{\text{coil},1}\left(\theta - \dfrac{MN+1}{2}\theta_0\right) \\[2mm]
\qquad\quad = -F_{\text{coil}}\left(\theta - \dfrac{MN+1}{2}\theta_0\right) \\[2mm]
F_{\text{coil},-2}(\theta) = -F_{\text{coil},2}\left(\theta - \dfrac{MN+1}{2}\theta_0\right) \\[2mm]
\qquad\quad = -F_{\text{coil}}\left(\theta - \theta_0 - \dfrac{MN+1}{2}\theta_0\right) \\[2mm]
F_{\text{coil},-3}(\theta) = -F_{\text{coil},3}\left(\theta - \dfrac{MN+1}{2}\theta_0\right) \\[2mm]
\qquad\quad = -F_{\text{coil}}\left(\theta - 2\theta_0 - \dfrac{MN+1}{2}\theta_0\right) \\[2mm]
\cdots \\[2mm]
F_{\text{coil},-\frac{N-1}{2}}(\theta) = -F_{\text{coil},\frac{N-1}{2}}\left(\theta - \dfrac{MN+1}{2}\theta_0\right) \\[2mm]
\qquad\quad = -F_{\text{coil}}\left(\theta - \dfrac{N-3}{2}\theta_0 - \dfrac{MN+1}{2}\theta_0\right)
\end{cases}
\tag{2.4.66}
$$

将式（2.4.54）代入式（2.4.65），并考虑到矢量和公式

$$
\sum_{k=0}^{\frac{N-1}{2}} \cos\frac{v_{p0}(\theta - k\theta_0)}{p_0} = \frac{N+1}{2}K_{dv}^{+}\cos\left[\frac{v_{p0}\theta}{p_0} + \frac{v_{p0}\theta_0}{2p_0}\left(1 - \frac{N+1}{2}\right)\right]
\tag{2.4.67}
$$

可得单相绕组（$N+1$）/2 个正槽号线圈（正相带）的合成磁势：

多相整流发电机及其系统的分析

$$\sum_{k=1}^{\frac{N+1}{2}} F_{\text{coil},k}(\theta) =$$

$$\begin{cases} \dfrac{2N_c i_c}{\pi} \dfrac{N+1}{2} \displaystyle\sum_{v_{p0}=1}^{\infty} \dfrac{1}{v_{p0}} K_{sv} K_{pv} K_{dv}^{+} \cos\left(\dfrac{v_{p0}\theta}{p_0} - \dfrac{v_{p0}\theta_0}{2p_0} \dfrac{N-1}{2} \right), & \text{双层绕组} \\[3mm] \dfrac{N_c i_c}{\pi} \dfrac{N+1}{2} \displaystyle\sum_{v_{p0}=1}^{\infty} \dfrac{1}{v_{p0}} K_{sv} K_{pv} K_{dv}^{+} \cos\left(\dfrac{v_{p0}\theta}{p_0} - \dfrac{v_{p0}\theta_0}{2p_0} \dfrac{N-1}{2} \right), & \text{单层绕组} \end{cases} \quad (2.4.68)$$

式中，K_{dv}^{+} 为 $(N+1)/2$ 个正槽号线圈 v_{p0} 对极（v 次）空间谐波的分布系数：

$$K_{dv}^{+} = \frac{\sin\left(\dfrac{N+1}{2} \dfrac{v_{p0}\theta_0}{2p_0} \right)}{\dfrac{N+1}{2} \sin \dfrac{v_{p0}\theta_0}{2p_0}} \quad (2.4.69)$$

将式(2.4.54)代入式(2.4.66)，并考虑到矢量和公式：

$$\sum_{k=0}^{\frac{N-3}{2}} \cos \frac{v_{p0}\left(\theta - \dfrac{MN+1}{2}\theta_0 - k\theta_0 \right)}{p_0} = \frac{N-1}{2} K_{dv}^{-} e^{j\frac{v_{p}}{2p_s}(-MN)\theta_0} \cos\left(\frac{v_{p0}\theta}{p_0} - \frac{N-1}{2} \frac{v_{p0}\theta_0}{2p_0} \right) \quad (2.4.70)$$

式中，定义 K_{dv}^{-} 为 $(N-1)/2$ 个负槽号线圈 v_{p0} 对极空间谐波的分布系数：

$$K_{dv}^{-} = \frac{\sin\left(\dfrac{N-1}{2} \dfrac{v_{p0}\theta_0}{2p_0} \right)}{\dfrac{N-1}{2} \sin \dfrac{v_{p0}\theta_0}{2p_0}} \quad (2.4.71)$$

式(2.4.70)中的指数项可继续化简如下：

$$\frac{v_{p0}\theta_0}{2p_0} MN = \frac{v_{p0}}{2p_0}\Delta S \frac{2\pi p_0}{z_0} MN = v_{p0}\Delta S\pi \quad (2.4.72)$$

$$e^{j\frac{v_{p}}{2p_s}(-MN)\theta_0} = e^{-\pi j v_{p0}\Delta S} = (-1)^{v_{p0}\Delta S} \quad (2.4.73)$$

于是，可得单相绕组 $(N-1)/2$ 个负槽号线圈（负相带）的合成磁势：

$$\sum_{k=-1}^{-\frac{N-1}{2}} F_{\text{coil},k}(\theta) =$$

$$\begin{cases} -\dfrac{2N_c i_c}{\pi} \dfrac{N-1}{2} \displaystyle\sum_{v_{p0}=1}^{\infty} \dfrac{(-1)^{v_{p0}\Delta S}}{v_{p0}} K_{sv} K_{pv} K_{dv}^{-} \cos\left(\dfrac{v_{p0}\theta}{p_0} - \dfrac{v_{p0}\theta_0}{2p_0} \dfrac{N-1}{2} \right), & \text{双层绕组} \\[3mm] -\dfrac{N_c i_c}{\pi} \dfrac{N-1}{2} \displaystyle\sum_{v_{p0}=1}^{\infty} \dfrac{(-1)^{v_{p0}\Delta S}}{v_{p0}} K_{sv} K_{pv} K_{dv}^{-} \cos\left(\dfrac{v_{p0}\theta}{p_0} - \dfrac{v_{p0}\theta_0}{2p_0} \dfrac{N-1}{2} \right), & \text{单层绕组} \end{cases}$$

$$(2.4.74)$$

将$(N+1)/2$个正槽号和$(N-1)/2$个负槽号线圈磁动势合成,即可得到单相绕组的磁势表达式:

$$F_{\text{phase}}(\theta) =$$

$$\begin{cases} \dfrac{2N_c i_c N}{\pi} \displaystyle\sum_{v_{p0}=1}^{\infty} \dfrac{1}{v_{p0}} K_{sv} K_{pv} K_{dv} \cos\left(\dfrac{v_{p0}\theta}{p_0} - \dfrac{v_{p0}\theta_0}{2p_0} \dfrac{N-1}{2} \right), & \text{双层绕组} \\[4mm] \dfrac{N_c i_c N}{\pi} \displaystyle\sum_{v_{p0}=1}^{\infty} \dfrac{1}{v_{p0}} K_{sv} K_{pv} K_{dv} \cos\left(\dfrac{v_{p0}\theta}{p_0} - \dfrac{v_{p0}\theta_0}{2p_0} \dfrac{N-1}{2} \right), & \text{单层绕组} \end{cases} \quad (2.4.75)$$

分布系数 K_{dv} 可表示为

$$K_{dv} = \frac{1}{N}\left[\frac{N+1}{2} K_{dv}^{+} - (-1)^{v_{p_0}\Delta S} \frac{N-1}{2} K_{dv}^{-} \right] \quad (2.4.76)$$

(3)当 $G=1, D=p_0$ 时,大相带绕组

如图 2-50 所示,单相绕组的磁势等于 $2N$ 个正槽号线圈的磁动势相加:

$$F_{\text{phase}}(\theta) = \sum_{k=1}^{2N} F_{\text{coil},k}(\theta) \quad (2.4.77)$$

式中,$F_{\text{coil},k}(\theta)$ 为第 $k(1 \leqslant k \leqslant 2N)$ 个线圈的磁势波分布。

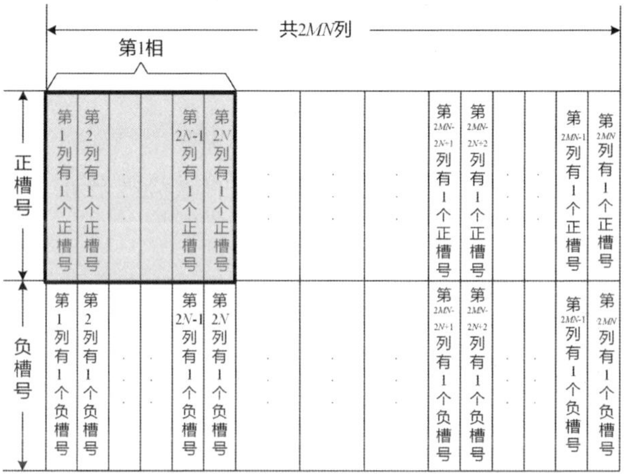

图 2-50　单相绕组磁动势的组成(当 $G=1, D=p_0$ 时,大相带)

$$\begin{cases} F_{\text{coil},1}(\theta) = F_{\text{coil}}(\theta) \\ F_{\text{coil},2}(\theta) = F_{\text{coil},1}(\theta - \theta_0) = F_{\text{coil}}(\theta - \theta_0) \\ F_{\text{coil},3}(\theta) = F_{\text{coil},2}(\theta - \theta_0) = F_{\text{coil}}(\theta - 2\theta_0) \\ \cdots \\ F_{\text{coil},2N}(\theta) = F_{\text{coil},(2N-1)}(\theta - \theta_0) = F_{\text{coil}}[\theta - (2N-1)\theta_0] \end{cases} \quad (2.4.78)$$

将式(2.4.54)代入式(2.4.77)与(2.4.78),并考虑到矢量和公式

$$\sum_{k=0}^{2N-1}\cos\frac{v_{p0}(\theta-k\theta_0)}{p_0}=2NK_{dv}\cos\left[\frac{v_{p0}\theta}{p_0}+\frac{v_{p0}\theta_0}{2p_0}(1-2N)\right] \quad (2.4.79)$$

式中,K_{dv} 为 v_{p0} 对极(v 次)空间谐波的分布系数:

$$K_{dv}=\frac{\sin\dfrac{Nv_{p0}\theta_0}{p_0}}{2N\sin\dfrac{v_{p0}\theta_0}{2p_0}} \quad (2.4.80)$$

可得单相绕组的磁势:

$$F_{\text{phase}}(\theta)=$$

$$\begin{cases} \dfrac{4N_ci_cN}{\pi}\sum_{v_{p0}=1}^{\infty}\dfrac{1}{v_{p0}}K_{sv}K_{pv}K_{dv}\cos\left[\dfrac{v_{p0}\theta}{p_0}+\dfrac{v_{p0}\theta_0}{2p_0}(1-2N)\right], & \text{双层绕组} \\[4mm] \dfrac{2N_ci_cN}{\pi}\sum_{v_{p0}=1}^{\infty}\dfrac{1}{v_{p0}}K_{sv}K_{pv}K_{dv}\cos\left[\dfrac{v_{p0}\theta}{p_0}+\dfrac{v_{p0}\theta_0}{2p_0}(1-2N)\right], & \text{单层绕组} \end{cases} \quad (2.4.81)$$

(4)当 $G=1$,$D=p_0$ 时,小相带绕组

如图 2-51 所示,单相绕组的磁势等于槽号相位图上的 N 个正槽号线圈(正相带)与 N 个负槽号线圈(负相带)的磁动势相加:

$$F_{\text{phase}}(\theta)=\sum_{k=1}^{N}F_{\text{coil},k}(\theta)+\sum_{k=-1}^{-N}F_{\text{coil},k}(\theta) \quad (2.4.82)$$

式中,$F_{\text{coil},k}(\theta)$ 为第 $k(1\leqslant k\leqslant N)$ 个正槽号线圈的磁势波分布,可表示为

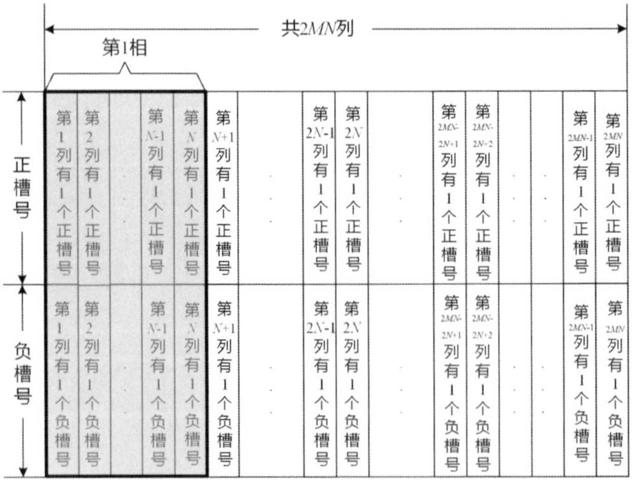

图 2-51　单相绕组磁动势的组成(当 $G=1$,$D=p_0$ 时,小相带)

$$\begin{cases} F_{\text{coil},1}(\theta) = F_{\text{coil}}(\theta) \\ F_{\text{coil},2}(\theta) = F_{\text{coil},1}(\theta - \theta_0) = F_{\text{coil}}(\theta - \theta_0) \\ F_{\text{coil},3}(\theta) = F_{\text{coil},2}(\theta - \theta_0) = F_{\text{coil}}(\theta - 2\theta_0) \\ \cdots \\ F_{\text{coil},N}(\theta) = F_{\text{coil},(N-1)}(\theta - \theta_0) = F_{\text{coil}}[\theta - (N-1)\theta_0] \end{cases} \quad (2.4.83)$$

在槽号相位图上,第 1 列的负槽号与其相应的正槽号相隔 MN 列,相邻列正槽号对应的相位差为 θ_0,该正槽号通入反相电流产生的磁动势即可与第 1 列的负槽号线圈产生的磁动势等效。因此,第 $1\sim N$ 列的负槽号线圈产生的磁动势可表示为

$$\begin{cases} F_{\text{coil},-1}(\theta) = -F_{\text{coil},1}(\theta - MN\theta_0) \\ \qquad\quad = -F_{\text{coil}}(\theta - MN\theta_0) \\ F_{\text{coil},-2}(\theta) = -F_{\text{coil},2}(\theta - MN\theta_0) \\ \qquad\quad = -F_{\text{coil}}(\theta - \theta_0 - MN\theta_0) \\ F_{\text{coil},-3}(\theta) = -F_{\text{coil},3}(\theta - MN\theta_0) \\ \qquad\quad = -F_{\text{coil}}(\theta - 2\theta_0 - MN\theta_0) \\ \cdots \\ F_{\text{coil},-N}(\theta) = -F_{\text{coil},N}(\theta - MN\theta_0) \\ \qquad\quad = -F_{\text{coil}}[\theta - (N-1)\theta_0 - MN\theta_0] \end{cases} \quad (2.4.84)$$

将式(2.4.54)代入式(2.4.82),并考虑到矢量和公式

$$\sum_{k=0}^{N-1} \cos\frac{v_{p0}(\theta - k\theta_0)}{p_0} = NK_{dv}^+ \cos\left[\frac{v_{p0}\theta}{p_0} + \frac{v_{p0}\theta_0}{2p_0}(1-N)\right] \quad (2.4.85)$$

可得单相绕组 N 个正槽号线圈(正相带)的磁势:

$$\sum_{k=1}^{N} F_{\text{coil},k}(\theta) =$$

$$\begin{cases} \dfrac{2N_c i_c N}{\pi} \displaystyle\sum_{v_{p0}=1}^{\infty} \dfrac{1}{v_{p0}} K_{sv} K_{pv} K_{dv}^+ \cos\left[\dfrac{v_{p0}\theta}{p_0} + \dfrac{v_{p0}\theta_0}{2p_0}(1-N)\right], & \text{双层绕组} \\[3mm] \dfrac{N_c i_c N}{\pi} \displaystyle\sum_{v_{p0}=1}^{\infty} \dfrac{1}{v_{p0}} K_{sv} K_{pv} K_{dv}^+ \cos\left[\dfrac{v_{p0}\theta}{p_0} + \dfrac{v_{p0}\theta_0}{2p_0}(1-N)\right], & \text{单层绕组} \end{cases} \quad (2.4.86)$$

单相绕组 N 个负槽号线圈(负相带)的磁势:

$$\sum_{k=-1}^{-N} F_{\text{coil},k}(\theta) =$$

$$\begin{cases} -\dfrac{2N_c i_c N}{\pi} \displaystyle\sum_{v_{p0}=1}^{\infty} \dfrac{1}{v_{p0}} K_{sv} K_{pv} K_{dv}^{-} \cos\left[\dfrac{v_{p0}}{p_0}(\theta - MN\theta_0) + \dfrac{v_{p0}\theta_0}{2p_0}(1-N)\right], & \text{双层绕组} \\[4mm] -\dfrac{N_c i_c N}{\pi} \displaystyle\sum_{v_{p0}=1}^{\infty} \dfrac{1}{v_{p0}} K_{sv} K_{pv} K_{dv}^{-} \cos\left[\dfrac{v_{p0}}{p_0}(\theta - MN\theta_0) + \dfrac{v_{p0}\theta_0}{2p_0}(1-N)\right], & \text{单层绕组} \end{cases}$$

$$(2.4.87)$$

式中，K_{dv}^{+} 和 K_{dv}^{-} 分别为 N 个正槽号和 N 个负槽号线圈 v_{p0} 对极（v 次）空间谐波的分布系数：

$$K_{dv}^{+} = K_{dv}^{-} = \frac{\sin \dfrac{Nv_{p0}\theta_0}{2p_0}}{N\sin \dfrac{v_{p0}\theta_0}{2p_0}} \qquad (2.4.88)$$

将 N 个正槽号和 N 个负槽号线圈磁动势合成，即可得到单相绕组的磁势：

$$F_{\text{phase}}(\theta) =$$

$$\begin{cases} -\dfrac{4N_c i_c N}{\pi} \displaystyle\sum_{v_{p0}=1}^{\infty} \dfrac{1}{v_{p0}} K_{sv} K_{pv} K_{dv} \sin\left[\dfrac{v_{p0}\theta}{p_0} + \dfrac{v_{p0}\theta_0}{2p_0}(1-N) - \dfrac{v_{p0}MN\theta_0}{2p_0}\right], & \text{双层绕组} \\[4mm] -\dfrac{2N_c i_c N}{\pi} \displaystyle\sum_{v_{p0}=1}^{\infty} \dfrac{1}{v_{p0}} K_{sv} K_{pv} K_{dv} \sin\left[\dfrac{v_{p0}\theta}{p_0} + \dfrac{v_{p0}\theta_0}{2p_0}(1-N) - \dfrac{v_{p0}MN\theta_0}{2p_0}\right], & \text{单层绕组} \end{cases}$$

$$(2.4.89)$$

式中，v_{p0} 对极（v 次）空间谐波的分布系数 K_{dv} 可表示为

$$K_{dv} = \frac{\sin \dfrac{Nv_{p0}\theta_0}{2p_0}}{N\sin \dfrac{v_{p0}\theta_0}{2p_0}} \sin \frac{v_{p0}MN\theta_0}{2p_0} = \frac{\sin \dfrac{Nv_{p0}\theta_0}{2p_0}}{N\sin \dfrac{v_{p0}\theta_0}{2p_0}} \sin \frac{\pi v_{p0}\Delta S}{2} \qquad (2.4.90)$$

前面已经提到，当 $G=1$，$D=p_0$ 时，ΔS 必为奇数，因此，当 v_{p0} 为偶数时，$K_{dv}=0$，而当 v_{p0} 为奇数时，

$$\left| \sin \frac{\pi v_{p0}\Delta S}{2} \right| = 1 \quad \text{以及} \quad |K_{dv}| = \left| \frac{\sin \dfrac{Nv_{p0}\theta_0}{2p_0}}{N\sin \dfrac{v_{p0}\theta_0}{2p_0}} \right| \qquad (2.4.91)$$

（5）当 $G=2$，$D=2p_0$ 时，大相带绕组

如图 2-52 所示，单相绕组的磁势等于 N 个正槽号线圈的磁动势相加：

$$F_{\text{phase}}(\theta) = \sum_{k=1}^{N} F_{\text{coil},k}(\theta) \qquad (2.4.92)$$

式中，$F_{\text{coil},k}(\theta)$ 为第 k（$1 \leqslant k \leqslant N$）个线圈的磁势波分布，可表示为

$$\begin{cases} F_{\text{coil},1}(\theta) = F_{\text{coil}}(\theta) \\ F_{\text{coil},2}(\theta) = F_{\text{coil},1}(\theta - \theta_0) = F_{\text{coil}}(\theta - \theta_0) \\ F_{\text{coil},3}(\theta) = F_{\text{coil},2}(\theta - \theta_0) = F_{\text{coil}}(\theta - 2\theta_0) \\ \cdots \\ F_{\text{coil},N}(\theta) = F_{\text{coil},(N-1)}(\theta - \theta_0) = F_{\text{coil}}[\theta - (N-1)\theta_0] \end{cases} \quad (2.4.93)$$

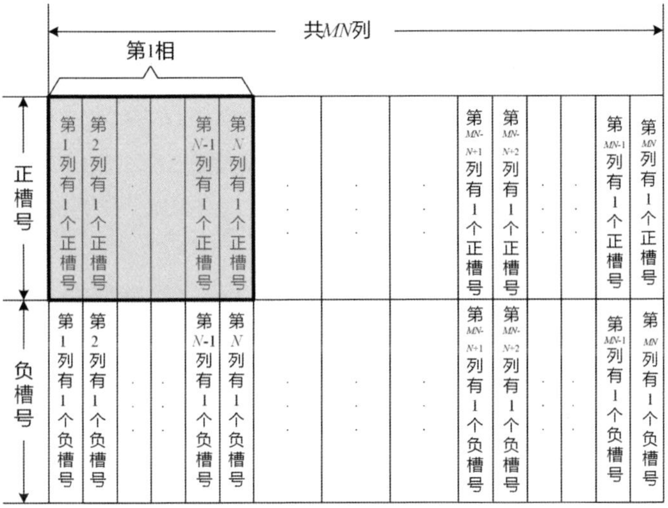

图 2-52　单相绕组磁动势的组成（当 $G=2$，$D=2p_0$ 时，大相带）

将式（2.4.54）代入式（2.4.92）与（2.4.93），并考虑到矢量和公式

$$\sum_{k=0}^{N-1} \cos \frac{v_{p0}(\theta - k\theta_0)}{p_0} = N K_{dv} \cos\left[\frac{v_{p0}\theta}{p_0} + \frac{v_{p0}\theta_0}{2p_0}(1-N)\right] \quad (2.4.94)$$

式中，K_{dv} 为 v_{p0} 对极（v 次）空间谐波的分布系数：

$$K_{dv} = \frac{\sin \dfrac{N v_{p0}\theta_0}{2p_0}}{N \sin \dfrac{v_{p0}\theta_0}{2p_0}} \quad (2.4.95)$$

可得单相绕组的磁势：

$$F_{\text{phase}}(\theta) =$$

$$\begin{cases} \dfrac{2 N_c i_c N}{\pi} \sum\limits_{v_{p0}=1}^{\infty} \dfrac{1}{v_{p0}} K_{sv} K_{pv} K_{dv} \cos\left[\dfrac{v_{p0}\theta}{p_0} + \dfrac{v_{p0}\theta_0}{2p_0}(1-N)\right], & \text{双层绕组} \\[4mm] \dfrac{N_c i_c N}{\pi} \sum\limits_{v_{p0}=1}^{\infty} \dfrac{1}{v_{p0}} K_{sv} K_{pv} K_{dv} \cos\left[\dfrac{v_{p0}\theta}{p_0} + \dfrac{v_{p0}\theta_0}{2p_0}(1-N)\right], & \text{单层绕组} \end{cases} \quad (2.4.96)$$

2.4.3.4 多套多相绕组合成磁动势

上一小节,我们根据 G、D 以及相带类型取值的不同,分 5 种情况得到了单相绕组(含单层和双层绕组)磁动势的表达式,其分布系数各有不同,但是磁势表达式的形式上可以统一。

对于 n 套 m 相绕组,根据每槽每层的导体数 N_c (参考图 2-53),电机槽数 z,每相并联支路数 a,可得每相串联总匝数 N_s:

$$N_s = \begin{cases} \dfrac{N_c z}{2aM}, & \text{单层绕组} \\[2mm] \dfrac{N_c z}{aM}, & \text{双层绕组} \end{cases} \tag{2.4.97}$$

定义绕组系数 K_{spdv} 为槽口系数 K_{sv}、短距系数 K_{pv} 和分布系数 K_{dv} 的乘积:

$$K_{spdv} = K_{sv} K_{pv} K_{dv} \tag{2.4.98}$$

单相绕组的电流 i 与单匝绕组电流 i_c 的关系为

$$i = a i_c \tag{2.4.99}$$

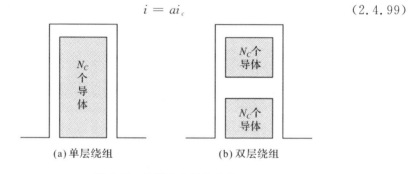

(a) 单层绕组　　　　　　(b) 双层绕组

图 2-53　单槽中的导体示意

根据式(2.4.2),单元电机槽数可表示为

$$z_0 = \frac{2MN p_0}{D} = \begin{cases} 2MN, & D = p_0 \\ MN, & D = 2p_0 \end{cases} \tag{2.4.100}$$

将式(2.4.97)~式(2.4.100)代入式(2.4.63)、(2.4.75)、(2.4.81)、(2.4.89)和(2.4.96),那么上一小节 5 种情况下的单相绕组磁势可写成一个通用的表达式,将各次谐波的波幅移至坐标轴原点即 $\theta = 0$,可得

$$F_{\text{phase}}(\theta) = \frac{2 N_s i}{\pi w} \sum_{v_{p_0}=1}^{\infty} \frac{1}{v_{p0}} K_{spdv} \cos\left(\frac{v_{p0}\theta}{p_0}\right) \tag{2.4.101}$$

设电机有 n 套绕组,每套绕组有 m 相,按照相带划分的不同,下面分两种情况讨论其合成磁动势。

（1）大相带绕组

对于大相带绕组，其槽号相位图以及分相结果如图 2-41 所示，相邻两相之间的基波相位差相等，均为 $360°/M$，设第 1 相的绕组轴线为坐标原点（$\theta=0$），可写出第 1 相绕组产生的空间磁势：

$$F_{\text{phase},1}(\theta) = \frac{2N_s i}{\pi w} \sum_{v_{p0}=1}^{\infty} \frac{1}{v_{p0}} K_{spdv} \cos\left(\frac{v_{p0}\theta}{p_0}\right) \tag{2.4.102}$$

依据槽号相位图中各相绕组以及正负槽号的分布情况，可以得到大相带绕组各相间隔的基波相位差如表 2-15 所示。

表 2-15　大相带绕组各相间隔的基波相位差

G,D 取值的排列组合		槽号相位图列数	各相绕组间隔的列数	相邻列基波相位差	各相绕组间隔的基波相位差 $\Delta\theta$
$G=1$	$D=2p_0$	$2MN$	$2N$	$\theta_0/2$	$N\theta_0$
	$D=p_0$	$2MN$	$2N$	θ_0	$2N\theta_0$
$G=2$	$D=2p_0$	MN	N	θ_0	$N\theta_0$

写成公式的形式如下：

$$\Delta\theta = \begin{cases} 2N\dfrac{\theta_0}{2} = N\theta_0, & G=1, D=2p_0 \\ 2N\theta_0 = 2N\theta_0, & G=1, D=p_0 \\ N\theta_0, & G=2, D=2p_0 \end{cases} \tag{2.4.103}$$

第 $2,3,4,\cdots,M$ 各相绕组的轴线依次沿 θ 轴正方向平移 $\Delta\theta$ 弧度，那么各相绕组 v 次（对应单元电机 v_{p0} 对极，实际电机的 $v_{p0}w$ 对极）空间磁势谐波表达式为

$$\begin{cases} F_{\text{phase},1,v}(\theta) = \dfrac{2N_s i_1}{\pi w} \dfrac{1}{v_{p0}} K_{spdv} \cos\left[\dfrac{v_{p0}}{p_0}(\theta - 0 \times \Delta\theta)\right] \\[2mm] F_{\text{phase},2,v}(\theta) = \dfrac{2N_s i_2}{\pi w} \dfrac{1}{v_{p0}} K_{spdv} \cos\left[\dfrac{v_{p0}}{p_0}(\theta - 1 \times \Delta\theta)\right] \\[2mm] F_{\text{phase},3,v}(\theta) = \dfrac{2N_s i_3}{\pi w} \dfrac{1}{v_{p0}} K_{spdv} \cos\left[\dfrac{v_{p0}}{p_0}(\theta - 2 \times \Delta\theta)\right] \\[2mm] F_{\text{phase},4,v}(\theta) = \dfrac{2N_s i_4}{\pi w} \dfrac{1}{v_{p0}} K_{spdv} \cos\left[\dfrac{v_{p0}}{p_0}(\theta - 3 \times \Delta\theta)\right] \\[1mm] \cdots \\[1mm] F_{\text{phase},M,v}(\theta) = \dfrac{2N_s i_M}{\pi w} \dfrac{1}{v_{p0}} K_{spdv} \cos\left[\dfrac{v_{p0}}{p_0}(\theta - (M-1) \times \Delta\theta)\right] \end{cases} \tag{2.4.104}$$

以第 1 相电流到达最大值的瞬间作为时间起点，M 相绕组电流波形整体（包含谐波）依次相移的基波电角度为 $2\pi/M$，对于 u 次时间谐波，依次相移的电角度应为 $2\pi u/M$，假设电流的有效值为 I，那么各相绕组流过的 u 次谐波电流分别为

$$
\begin{cases}
i_1^u = \sqrt{2}\,I\cos\left[u\left(\omega t - \dfrac{0 \times 2\pi}{M}\right)\right] \\[2mm]
i_2^u = \sqrt{2}\,I\cos\left[u\left(\omega t - \dfrac{1 \times 2\pi}{M}\right)\right] \\[2mm]
i_3^u = \sqrt{2}\,I\cos\left[u\left(\omega t - \dfrac{2 \times 2\pi}{M}\right)\right] \\[2mm]
i_4^u = \sqrt{2}\,I\cos\left[u\left(\omega t - \dfrac{3 \times 2\pi}{M}\right)\right] \\[2mm]
\cdots \\[2mm]
i_M^u = \sqrt{2}\,I\cos\left[u\left(\omega t - \dfrac{(M-1) \times 2\pi}{M}\right)\right]
\end{cases}
\tag{2.4.105}
$$

于是各相绕组流过 u 次谐波电流时产生的 v 次空间磁势谐波为

$$
\begin{cases}
F_{\text{phase},1,v}^u = \dfrac{2\sqrt{2}\,N_s I}{\pi u v_{p0}}K_{spdv}\cos\left[u\left(\omega t - \dfrac{0 \times 2\pi}{M}\right)\right]\cos\left[\dfrac{v_{p0}}{p_0}(\theta - 0 \times \Delta\theta)\right] \\[3mm]
F_{\text{phase},2,v}^u = \dfrac{2\sqrt{2}\,N_s I}{\pi u v_{p0}}K_{spdv}\cos\left[u\left(\omega t - \dfrac{1 \times 2\pi}{M}\right)\right]\cos\left[\dfrac{v_{p0}}{p_0}(\theta - 1 \times \Delta\theta)\right] \\[3mm]
F_{\text{phase},3,v}^u = \dfrac{2\sqrt{2}\,N_s I}{\pi u v_{p0}}K_{spdv}\cos\left[u\left(\omega t - \dfrac{2 \times 2\pi}{M}\right)\right]\cos\left[\dfrac{v_{p0}}{p_0}(\theta - 2 \times \Delta\theta)\right] \\[3mm]
F_{\text{phase},4,v}^u = \dfrac{2\sqrt{2}\,N_s I}{\pi u v_{p0}}K_{spdv}\cos\left[u\left(\omega t - \dfrac{3 \times 2\pi}{M}\right)\right]\cos\left[\dfrac{v_{p0}}{p_0}(\theta - 3 \times \Delta\theta)\right] \\[3mm]
\cdots \\[3mm]
F_{\text{phase},M,v}^u = \dfrac{2\sqrt{2}\,N_s I}{\pi u v_{p0}}K_{spdv}\cos\left[u\left(\omega t - \dfrac{(M-1) \times 2\pi}{M}\right)\right]\cos\left\{\dfrac{v_{p0}}{p_0}\left[\theta - (M-1) \times \Delta\theta\right]\right\}
\end{cases}
\tag{2.4.106}
$$

利用三角函数积化和差公式，将式(2.4.106)改写成

$$
\left\{
\begin{aligned}
F_{\mathrm{phase},1,v}^{u} &= \frac{\sqrt{2}\,N_s I}{\pi u v_{p0}} K_{spdv}\left[\cos\left(u\omega t + \frac{v_{p0}}{p_0}\theta - 0\times\left(u\frac{2\pi}{M} + \frac{v_{p0}}{p_0}\Delta\theta\right)\right)\right.\\
&\quad + \left.\cos\left(u\omega t - \frac{v_{p0}}{p_0}\theta - 0\times\left(u\frac{2\pi}{M} - \frac{v_{p0}}{p_0}\Delta\theta\right)\right)\right]\\
F_{\mathrm{phase},2,v}^{u} &= \frac{\sqrt{2}\,N_s I}{\pi u v_{p0}} K_{spdv}\left[\cos\left(u\omega t + \frac{v_{p0}}{p_0}\theta - 1\times\left(u\frac{2\pi}{M} + \frac{v_{p0}}{p_0}\Delta\theta\right)\right)\right.\\
&\quad + \left.\cos\left(u\omega t - \frac{v_{p0}}{p_0}\theta - 1\times\left(u\frac{2\pi}{M} - \frac{v_{p0}}{p_0}\Delta\theta\right)\right)\right]\\
F_{\mathrm{phase},3,v}^{u} &= \frac{\sqrt{2}\,N_s I}{\pi u v_{p0}} K_{spdv}\left[\cos\left(u\omega t + \frac{v_{p0}}{p_0}\theta - 2\times\left(u\frac{2\pi}{M} + \frac{v_{p0}}{p_0}\Delta\theta\right)\right)\right.\\
&\quad + \left.\cos\left(u\omega t - \frac{v_{p0}}{p_0}\theta - 2\times\left(u\frac{2\pi}{M} - \frac{v_{p0}}{p_0}\Delta\theta\right)\right)\right]\\
F_{\mathrm{phase},4,v}^{u} &= \frac{\sqrt{2}\,N_s I}{\pi u v_{p0}} K_{spdv}\left[\cos\left(u\omega t + \frac{v_{p0}}{p_0}\theta - 3\times\left(u\frac{2\pi}{M} + \frac{v_{p0}}{p_0}\Delta\theta\right)\right)\right.\\
&\quad + \left.\cos\left(u\omega t - \frac{v_{p0}}{p_0}\theta - 3\times\left(u\frac{2\pi}{M} - \frac{v_{p0}}{p_0}\Delta\theta\right)\right)\right]\\
&\cdots\\
F_{\mathrm{phase},M,v}^{u} &= \frac{\sqrt{2}\,N_s I}{\pi u v_{p0}} K_{spdv}\left[\cos\left(u\omega t + \frac{v_{p0}}{p_0}\theta - (M-1)\left(u\frac{2\pi}{M} + \frac{v_{p0}}{p_0}\Delta\theta\right)\right)\right.\\
&\quad + \left.\cos\left(u\omega t - \frac{v_{p0}}{p_0}\theta - (M-1)\left(u\frac{2\pi}{M} - \frac{v_{p0}}{p_0}\Delta\theta\right)\right)\right]
\end{aligned}
\right.
\tag{2.4.107}
$$

结合式(2.4.2)、(2.4.57)和(2.4.103)，消去 θ_0、N 和 z_0，$v_{p0}/p_0\,\Delta\theta$ 还可以化简为

$$
\frac{v_{p0}}{p_0}\Delta\theta =
$$

$$
\left\{
\begin{aligned}
\frac{v_{p0}}{p_0}N\theta_0 &= \frac{v_{p0}}{p_0}N\,\frac{\Delta S\cdot 2\pi p_0 D}{2MNp_0} = \frac{2\pi}{M}v_{p0}\Delta S, && G=1, D=2p_0\\
\frac{v_{p0}}{p_0}2N\theta_0 &= \frac{v_{p0}}{p_0}2N\,\frac{\Delta S\cdot 2\pi p_0 D}{2MNp_0} = \frac{2\pi}{M}v_{p0}\Delta S, && G=1, D=p_0\\
\frac{v_{p0}}{p_0}N\theta_0 &= \frac{v_{p0}}{p_0}N\,\frac{\Delta S\cdot 2\pi p_0 D}{2MNp_0} = \frac{2\pi}{M}v_{p0}\Delta S, && G=2, D=2p_0
\end{aligned}
\right.
\tag{2.4.108}
$$

将式(2.4.108)代入式(2.4.107)，继续化简，得

$$
\begin{cases}
F^u_{\text{phase},1,v} = \dfrac{\sqrt{2}\,N_s I}{\pi w v_{p0}} K_{spdv} \Big[\cos\Big(u\omega t + \dfrac{v_{p0}}{p_0}\theta - 0\times\dfrac{2\pi}{M}(u+v_{p0}\Delta S)\Big) \\
\qquad\qquad + \cos\Big(u\omega t - \dfrac{v_{p0}}{p_0}\theta - 0\times\dfrac{2\pi}{M}(u-v_{p0}\Delta S)\Big)\Big] \\[4pt]
F^u_{\text{phase},2,v} = \dfrac{\sqrt{2}\,N_s I}{\pi w v_{p0}} K_{spdv} \Big[\cos\Big(u\omega t + \dfrac{v_{p0}}{p_0}\theta - 1\times\dfrac{2\pi}{M}(u+v_{p0}\Delta S)\Big) \\
\qquad\qquad + \cos\Big(u\omega t - \dfrac{v_{p0}}{p_0}\theta - 1\times\dfrac{2\pi}{M}(u-v_{p0}\Delta S)\Big)\Big] \\[4pt]
F^u_{\text{phase},3,v} = \dfrac{\sqrt{2}\,N_s I}{\pi w v_{p0}} K_{spdv} \Big[\cos\Big(u\omega t + \dfrac{v_{p0}}{p_0}\theta - 2\times\dfrac{2\pi}{M}(u+v_{p0}\Delta S)\Big) \\
\qquad\qquad + \cos\Big(u\omega t - \dfrac{v_{p0}}{p_0}\theta - 2\times\dfrac{2\pi}{M}(u-v_{p0}\Delta S)\Big)\Big] \\[4pt]
F^u_{\text{phase},4,v} = \dfrac{\sqrt{2}\,N_s I}{\pi w v_{p0}} K_{spdv} \Big[\cos\Big(u\omega t + \dfrac{v_{p0}}{p_0}\theta - 3\times\dfrac{2\pi}{M}(u+v_{p0}\Delta S)\Big) \\
\qquad\qquad + \cos\Big(u\omega t - \dfrac{v_{p0}}{p_0}\theta - 3\times\dfrac{2\pi}{M}(u-v_{p0}\Delta S)\Big)\Big] \\[4pt]
\cdots \\[4pt]
F^u_{\text{phase},M,v} = \dfrac{\sqrt{2}\,N_s I}{\pi w v_{p0}} K_{spdv} \Big[\cos\Big(u\omega t + \dfrac{v_{p0}}{p_0}\theta - (M-1)\times\dfrac{2\pi}{M}(u+v_{p0}\Delta S)\Big) \\
\qquad\qquad + \cos\Big(u\omega t - \dfrac{v_{p0}}{p_0}\theta - (M-1)\times\dfrac{2\pi}{M}(u-v_{p0}\Delta S)\Big)\Big]
\end{cases}
\tag{2.4.109}
$$

从式(2.4.109)可以看出每相绕组谐波电流产生的空间磁势波,也包含两类分量:含有 $u\omega t + v\theta$ 的三角函数的磁势分量是反转分量,含有 $u\omega t - v\theta$ 的三角函数的磁势分量是正转分量(逆时针为 θ 增加的方向)。各相绕组合成的 v 次磁动势波为

$$
F^u_v = \sum_{k=1}^{M} F^u_{\text{phase},k,v}
\tag{2.4.110}
$$

合成磁动势中正转分量的幅值为

$$
F^+_{u,v} = \frac{\sqrt{2}\,N_s I M}{\pi w v_{p0}} K_{spdv} K^+_{u,v}
\tag{2.4.111}
$$

式中,正转系数为

$$K_{u,v}^{+} = \frac{\sin[(u - v_{p0}\Delta S)\pi]}{M\sin\left[(u - v_{p0}\Delta S)\dfrac{\pi}{M}\right]} \qquad (2.4.112)$$

从式(2.4.112)可以看出,当 $u - v_{p0}\Delta S$ 为整数,且 $(u - v_{p0}\Delta S)/M$ 不为整数时,分子为 0,分母不为 0,$K_{u,v}^{+}$ 为 0,这说明该单元电机绕组中 u 次谐波电流不产生 v_{p0} 对极正转的磁动势波;当 $u - v_{p0}\Delta S$ 为整数,且 $(u - v_{p0}\Delta S)/M$ 也为整数时,分子为 0,分母为 0,根据洛必达法则,$K_{u,v}^{+}$ 为 +1 或者 -1,这说明该单元电机绕组中 u 次谐波电流产生了 v_{p0} 对极正转的磁动势波。

合成磁动势中反转分量的幅值为

$$F_{u,v}^{-} = \frac{\sqrt{2}N_sIM}{\pi u v_{p0}}K_{spdv}K_{u,v}^{-} \qquad (2.4.113)$$

式中,反转系数为

$$K_{u,v}^{-} = \frac{\sin[(u + v_{p0}\Delta S)\pi]}{M\sin\left[(u + v_{p0}\Delta S)\dfrac{\pi}{M}\right]} \qquad (2.4.114)$$

从式(2.4.114)可以看出,当 $u + v_{p0}\Delta S$ 为整数,且 $(u + v_{p0}\Delta S)/M$ 不为整数时,分子为 0,分母不为 0,$K_{u,v}^{-}$ 为 0,这说明该单元电机绕组中 u 次谐波电流不产生 v_{p0} 对极反转的磁动势波;当 $u + v_{p0}\Delta S$ 为整数,且 $(u + v_{p0}\Delta S)/M$ 也为整数时,分子为 0,分母为 0,根据洛必达法则,$K_{u,v}^{-}$ 为 +1 或者 -1,这说明该单元电机绕组中 u 次谐波电流产生了 v_{p0} 对极反转的磁动势波。

(2)小相带绕组

对于小相带绕组,其槽号相位图以及分相结果如图 2-42(a)和(b)所示,可以证明对于奇数相绕组,图 2-42(b)产生的磁势与图 2-42(a)等效,那么以图 2-42(a)作为对象进行合成磁动势的分析,可适用于所有多套多相绕组。

依据槽号相位图中各相绕组以及正负槽号的分布情况,可以得到小相带绕组各套各相间隔的基波相位差如表 2-16 所示。

表 2-16　小相带绕组各套各相间隔的基波相位差

G,D 取值的排列组合		槽号相位图列数	相邻列基波相位差	各套绕组间隔		同一套绕组各相间隔	
				列数	基波相位差 $\Delta\theta_1$	列数	基波相位差 $\Delta\theta_2$
$G=1$	$D=2p_0$	$2MN$	$\theta_0/2$	N	$N\theta_0/2$	$2nN$	$nN\theta_0$
	$D=p_0$	$2MN$	θ_0	N	$N\theta_0$	$2nN$	$2nN\theta_0$

写成公式的形式如下：

$$\Delta\theta_1 = \begin{cases} N\dfrac{\theta_0}{2}, & G=1, D=2p_0 \\ N\theta_0, & G=1, D=p_0 \end{cases} \qquad (2.4.115)$$

$$\Delta\theta_2 = \begin{cases} nN\theta_0, & G=1, D=2p_0 \\ 2nN\theta_0, & G=1, D=p_0 \end{cases} \qquad (2.4.116)$$

以第 1 套第 1 相的绕组轴线为坐标原点($\theta=0$)，可写出其产生的空间磁势为

$$F_{\text{phase},1\sim1}(\theta) = \frac{2N_s i}{\pi w} \sum_{v_{p0}=1}^{\infty} \frac{1}{v_{p0}} K_{spdv} \cos\left(\frac{v_{p0}\theta}{p_0}\right) \qquad (2.4.117)$$

那么第 j 套绕组第 k 相 v 次(对应单元电机 v_{p0} 对极，实际电机的 $v_{p0}w$ 对极)空间磁势谐波表达式为

$$F_{\text{phase},j\sim k,v}(\theta) =$$

$$\frac{2N_s i_{j\sim k}}{\pi w} \frac{1}{v_{p0}} K_{spdv} \cos\left\{\frac{v_{p0}}{p_0}\left[\theta-(k-1)\Delta\theta_2-(j-1)\Delta\theta_1\right]\right\} \qquad (2.4.118)$$

以第 1 套第 1 相绕组电流到达最大值的瞬间作为时间起点，各套绕组电流波形整体(包含谐波)依次相移的基波电角度为 π/M，对于 u 次时间谐波，依次相移的电角度应为 $\pi u/M$，假设电流的有效值为 I，那么第 j 套第 k 相绕组流过的 u 次谐波电流为

$$i_{j\sim k}^u(t) = \sqrt{2}I\cos\left\{u\left[\omega t-2(k-1)\frac{\pi}{m}-(j-1)\frac{\pi}{M}\right]\right\} \qquad (2.4.119)$$

将式(2.4.119)代入式(2.4.118)，进行三角函数积化和差，可得第 j 套第 k 相绕组 u 次时间谐波电流产生的 v 次(对应单元电机 v_{p0} 对极，实际电机的 $v_{p0}w$ 对极)空间磁势谐波的时空函数：

$$\begin{aligned} F_{\text{phase},j\sim k,v}^u(\theta,t) = \frac{\sqrt{2}N_s I}{\pi w} \frac{1}{v_{p0}} K_{spdv} &\left\{\cos\left[\frac{v_{p0}}{p_0}\theta+u\omega t\right.\right. \\ &\left.-(k-1)\left(\frac{v_{p0}}{p_0}\Delta\theta_2+2u\frac{\pi}{m}\right)-(j-1)\left(\frac{v_{p0}}{p_0}\Delta\theta_1+u\frac{\pi}{M}\right)\right] \\ &+\cos\left[\frac{v_{p0}}{p_0}\theta-u\omega t-(k-1)\left(\frac{v_{p0}}{p_0}\Delta\theta_2-2u\frac{\pi}{m}\right)\right. \\ &\left.\left.-(j-1)\left(\frac{v_{p0}}{p_0}\Delta\theta_1-u\frac{\pi}{M}\right)\right]\right\} \end{aligned} \qquad (2.4.120)$$

将式(2.4.115)、(2.4.116)代入式(2.4.120)，结合式(2.4.57)，可得当 $G=1$，

$D=2p_0$ 或 $G=1,D=p_0$ 时,第 j 套的第 k 相绕组通入 u 次时间谐波电流时,产生的 v 次空间谐波表达式相同,推导过程较复杂,这里直接给出结果:

$$F_{\text{phase},j\sim k,v}^{u}(\theta,t) = \frac{\sqrt{2}\,N_sI}{\pi w}\frac{1}{v_{p0}}K_{spdv}\left(\cos\left\{\frac{v_{p0}}{p_0}\theta + u\omega t - \frac{\pi}{M}(u+v_{p0}\Delta S)[2n(k-1)+(j-1)]\right\}\right.$$
$$\left. + \cos\left\{\frac{v_{p0}}{p_0}\theta - u\omega t + \frac{\pi}{M}(u-v_{p0}\Delta S)[2n(k-1)+(j-1)]\right\}\right) \qquad (2.4.121)$$

那么 n 套 m 相绕组通入 u 次时间谐波电流时,产生的 v 次空间合成磁动势波的表达式为

$$F_v^u = \sum_{j=1}^{n}\sum_{k=1}^{m}F_{\text{phase},j\sim k,v}^{u} \qquad (2.4.122)$$

将式(2.4.121)代入式(2.4.122),可得

$$F_v^u(\theta,t) = \frac{\sqrt{2}\,N_sIM}{\pi w}\frac{1}{v_{p0}}K_{spdv}\left\{K_{u,v}^{-}\cos\left[\frac{v_{p0}}{p_0}\theta + u\omega t + \frac{\pi}{M}(u+v_{p0}\Delta S)\left(\frac{n}{2}+\frac{1}{2}-M\right)\right]\right.$$
$$\left. + K_{u,v}^{+}\cos\left[\frac{v_{p0}}{p_0}\theta - u\omega t - \frac{\pi}{M}(u-v_{p0}\Delta S)\left(\frac{n}{2}+\frac{1}{2}-M\right)\right]\right\} \qquad (2.4.123)$$

其中合成磁动势中正转分量的幅值为

$$F_{u,v}^{+} = \frac{\sqrt{2}\,N_sIM}{\pi w v_{p0}}K_{spdv}K_{u,v}^{+} \qquad (2.4.124)$$

正转系数为

$$K_{u,v}^{+} = \frac{1}{M}\frac{\sin\left[\dfrac{\pi}{2m}(u-v_{p0}\Delta S)\right]}{\sin\left[\dfrac{\pi}{2M}(u-v_{p0}\Delta S)\right]}\frac{\sin[\pi(u-v_{p0}\Delta S)]}{\sin\left[\dfrac{\pi}{m}(u-v_{p0}\Delta S)\right]} \qquad (2.4.125)$$

合成磁动势中反转分量的幅值为

$$F_{u,v}^{-} = \frac{\sqrt{2}\,N_sIM}{\pi w v_{p0}}K_{spdv}K_{u,v}^{-} \qquad (2.4.126)$$

反转系数为

$$K_{u,v}^{-} = \frac{1}{M}\frac{\sin\left[\dfrac{\pi}{2m}(u+v_{p0}\Delta S)\right]}{\sin\left[\dfrac{\pi}{2M}(u+v_{p0}\Delta S)\right]}\frac{\sin[\pi(u+v_{p0}\Delta S)]}{\sin\left[\dfrac{\pi}{m}(u+v_{p0}\Delta S)\right]} \qquad (2.4.127)$$

第3章　多相整流发电机的磁路分析

3.1　磁路计算的基本概念

绕组中通入电流产生磁势,磁势经过磁路产生磁场。电机磁场由定子磁场和转子磁场两部分构成,按其功能可分为主磁场和漏磁场,其中主磁场由定、转子主磁场合成,电机中机电能量的转换通过定、转子两部分主磁场的相互作用而实现,因此,电机主磁场分析是电机设计的基础。磁路计算的目的是分析电机主磁场,确定产生主磁场所需的励磁磁势,进而计算励磁电流以及电机的空载特性。

现有磁路计算方法主要包括磁路等效法、解析法和数值计算法。本章重点介绍磁路等效法中的传统磁路法和分布磁路法两种方法。众所周知,同步电机的励磁磁势由转子励磁绕组电流产生,感应电机的励磁磁势由定子绕组励磁电流产生,两者产生励磁磁势的方式以及磁路都有差异。为此,本章首先介绍磁路计算的基本概念,再给出传统磁路法和分布磁路法的分析过程,最后介绍两种方法在多相同步电机和多相感应电机磁路计算中的应用。

3.1.1　磁路计算的理论基础

磁路计算的重点在于确定电机磁场量与励磁电流的关系,其分析的理论基础为全电流定律:磁场强度矢量沿闭合回路的线积分与该回路所包围的面上的全部电流的代数和相等,即

$$\oint_l \boldsymbol{H} \mathrm{d}l = \sum i \tag{3.1.1}$$

假设积分路径各处方向与磁场强度矢量方向重合,或积分路径与磁力线路径相同,则式(3.1.1)中以矢量表示的磁场强度 $\boldsymbol{H}$ 可以变为标量形式,即

$$\oint_l H \, \mathrm{d}l = \sum i \tag{3.1.2}$$

根据电机的对称性,磁路分析可以在一对磁极的扇形区域里进行。为进一步简化计算,电机磁路通常按电机结构特点分为多段等效子磁路,可认为各等效子磁路上磁场强度为恒定值,每段子磁路的磁压降等于磁场强度与磁路长度的乘积,则式(3.1.2)中的线积分可以简化为离散化的求和运算,即

$$\sum_{k=1}^{N} H_k L_k = \sum_{k=1}^{N} F_k = \sum i = F_\Sigma \tag{3.1.3}$$

式中,$F_k = H_k L_k$ 表示第 k 段磁路的磁压降,通过对各段磁路的磁压降计算,得到总的磁压降 F_Σ,即磁路中的励磁磁势大小。

3.1.2　磁性材料对磁路计算的影响

3.1.2.1　铁心的磁性材料

电机内部的定、转子铁心一般采用导磁的铁磁材料。与电机转子相比,定子铁心中磁场以较高频率交变,需在确保一定导磁性的基础上降低铁心涡流损耗,定子铁心往往采用较薄的铁磁材料薄片叠压而成。在工业生产中,由于硅钢材料导磁性较好,硅钢片叠压型铁心是电机定子的主要形式。硅钢片的具体选择需要考虑导磁性、铁心损耗、密度与成本等多方面因素,发电机往往工作于高速、高磁密场合,因此常采用低损耗、高导磁硅钢片,例如武钢生产的35WW270(35 表示厚度为 0.35mm;WW 为武钢无取向;270 为损耗特性编号,表示对应频率 50Hz,磁密 1.5T 时的损耗值不超过 2.7W/kg)等高导磁硅钢片。

发电机转子铁心分为叠压型与整体型两类,其中叠压型转子铁心与定子铁心一样,为硅钢片叠压而成,结构形式和材料选择也与定子一致。而在转速较高场合,为提高转子强度,会采用均质实心导磁钢材加工制成的电磁、机械一体化的发电机转子,整体转子铁心材料的选型需要兼顾高强度与良好导磁性,多采用高导磁合金钢如 25Cr2Ni4MoV 等。

3.1.2.2　磁性材料的饱和

介质的导磁性一般以磁导率 μ 衡量,单位为亨/米(H/m)。均匀且各向同性的介质磁导率的定义为磁通密度 B 与磁场强度 H 之比,即

$$\mu = \frac{B}{H} \qquad (3.1.4)$$

定义相对磁导率 μ_r 为介质磁导率与真空磁导率 $\mu_0 = 4\pi \times 10^{-7}$ H/m 的比值,电机铁心常用的磁性材料一般都属于高磁导率材料,其相对磁导率多在 10^3 量级。但铁磁性材料的磁导率并不是固定数值,其随磁场强度的不同而变化。图 3-1 给出了一类典型的铁磁性物质在单向充磁过程中 B 随 H 变化的曲线,一般称为磁化曲线。可见随着磁场强度的增大,磁通密度不是线性增加,尤其在磁密较高的情况下,BH 曲线斜率快速减小,铁磁材料的磁导率会明显下降。该规律称为铁磁材料的饱和特性。

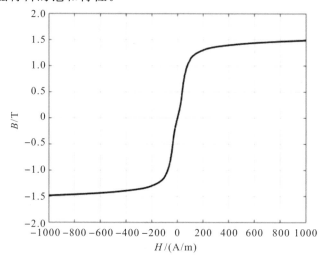

图 3-1　铁磁材料的典型单向磁化特性曲线(BH 曲线)

图 3-2 给出了铁磁材料在正弦磁场强度 H 作用下,磁通密度 B 的变化曲线,可见磁通密度波形出现了明显的平顶现象。对图 3-2 中的磁密曲线进行傅里叶分解,结果如图 3-3 所示,可见其频谱中除与 H 相同阶次的基波分量外,还有 3,5,7 等奇数次谐波分量,显然由于饱和的存在,磁场强度 H 与磁通密度 B 之间的关系呈现出较强的非线性。

磁性材料饱和引入的非线性会使电机铁心内部高磁密区域的磁导率降低,从而使气隙磁密波形发生类似图 3-2 的畸变,除了产生基波磁通,还会产生各次谐波磁通。因此,磁性材料饱和带来的非线性是磁路分析中的重点与难点,需要在磁路计算时充分考虑。

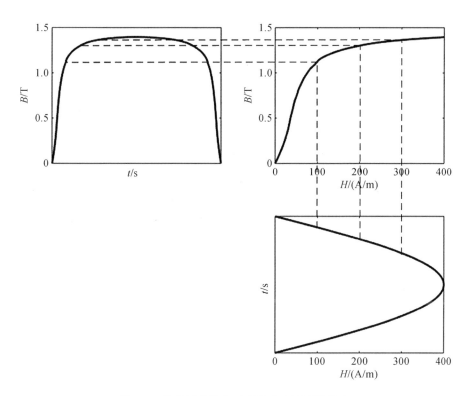

图 3-2　铁磁材料饱和对磁通密度波形的影响

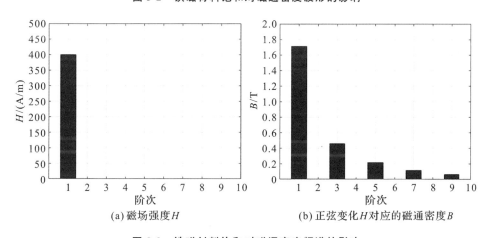

(a) 磁场强度 H 　　　　　　(b) 正弦变化 H 对应的磁通密度 B

图 3-3　铁磁材料饱和对磁通密度频谱的影响

3.1.3 多相电机的磁路结构

某型 12 相隐极同步发电机原理样机的电磁结构如图 3-4 所示,某型 12/3 相双绕组感应发电机原理样机的电磁结构如图 3-5 所示。图 3-4 与图 3-5 均为电机 1/4 圆周(1 个极距)截面,同步发电机与感应发电机的定子铁心都采用硅钢片叠压而成,转子铁心都采用导磁合金钢整体加工而成。同步发电机定子绕组为叠绕组,转子励磁绕组是以大齿为中心的同心式绕组,转子大齿为磁极,大齿上布置交轴稳定绕组,定、转子槽型都为矩形开口槽。感应发电机定子绕组分为上下层,为减小 12 相功率绕组的漏抗,将功率绕组嵌放在槽内上部(靠近气隙),槽底嵌放 3 相辅助励磁绕组,感应发电机转子为鼠笼式结构,转子槽内嵌放铜导条。

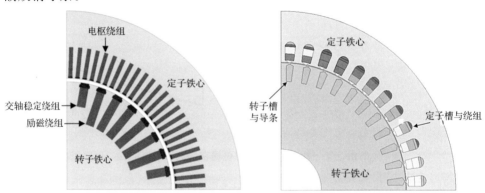

图 3-4　12 相隐极同步发电机电磁结构　　图 3-5　12/3 相双绕组感应发电机电磁结构

对比图 3-4 所示的同步发电机与图 3-5 所示的感应发电机可知,两者的定子磁路结构类似。对于转子磁路,同步发电机的励磁磁势由转子励磁绕组产生,转子铁心虽然分布着大齿与小齿,同步发电机转子磁路同样分为齿部磁路与轭部磁路。同步发电机与感应发电机每一极区域下的磁路均划分为气隙磁路、定子齿部磁路、定子轭部磁路、转子齿部磁路和转子轭部磁路 5 个主要部分,如图 3-6 与图 3-7 所示,图中气隙磁路、齿部磁路近似为径向,轭部磁路近似为切向。

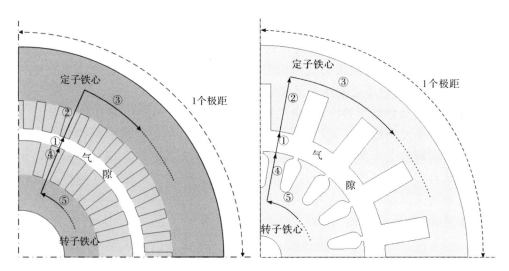

图 3-6　隐极同步发电机磁路结构与划分　　图 3-7　感应发电机磁路结构与划分

根据图 3-6 与图 3-7 中的磁路划分方法,磁回路的总磁压降为

$$F_\delta + F_{t1} + F_{j1} + F_{t2} + F_{j2} = F_\Sigma \tag{3.1.5}$$

式中,左边表示一对极磁回路各部分的磁压降,其中 F_δ 为气隙磁压降,F_{t1} 为定子齿部磁压降,F_{j1} 为定子轭部磁压降,F_{t2} 为转子齿部磁压降,F_{j2} 为转子轭部磁压降,右边 F_Σ 表示磁回路的总磁压降,即每对极励磁磁势。由于一对极磁路中两个极的磁路情况相同,因而可以只计算半个磁回路上各部分的磁压降(如图 3-6 与图 3-7 中的实线所示),其总磁压降等于每极励磁磁势。在后文中,磁压降或磁势均指每极的。

3.1.4　磁路计算的主要方法

电机磁路计算的方法主要有磁路等效法、解析法和数值计算法。

磁路等效法包括传统磁路法、分布磁路法等。传统磁路法将复杂的场问题简化为路问题,通过对电机磁路适当简化,利用安培环路定律等磁路基本定律进行磁路计算,具有物理意义清晰、使用简便、计算速度快的优点。然而,传统磁路法将电机整体磁路简化为经过磁极中心的单一回路,并通过各种校正系数查表和近似处理来考虑饱和等非理想因素,由于校正系数受多种情况的影响,如齿部饱和程度、轭部形状及尺寸等,因而在电机结构较为复杂、铁心饱和程度较高等情形下难以保证有效的计算精度。

分布磁路法[27]是近年来提出的一种磁路计算方法,其特点是以空间合成磁势为前提,对气隙圆周进行等间隔分块处理,将其划分成多个节点,形成多个磁回路,每一个磁回路对气隙磁密进行迭代计算。该方法不仅保留了传统磁路法物理意义明确、计算速度快的优点,同时也对饱和等非理想因素进行了充分考虑,在计算精度与效率之间达到了较好的平衡。

解析法包括分离变量法、保角变换法、镜像法等。分离变量法把偏微分方程中未知的多元函数分解成若干个一元函数的乘积,从而把求解偏微分方程问题转化为求解若干个常微分方程问题。分离变量法适用于处理一些具有规则边界形状且求解区域的媒质为线性的边值问题。保角变换法通过解析函数将复杂边界的未知场域变为边界简单、场量分布已知的场域,再根据变换关系式得到原复杂边界的场量分布。其中应用较多的为施瓦茨-克里斯托费尔(Schwarz-Christoffel)变换,简称施-克变换。镜像法将不同媒质间的边界条件用镜像电流来等效,从而取消原有的边界,使其成为同一媒质的无限区域的磁场。镜像法一般用于比较特殊的边界面,如两个相互平行或垂直的铁磁平面。解析法利用数学理论给出特定边值问题的精确解,计算精度高,但求解偏微分方程较为复杂,需要较高的数学技巧,且不能考虑铁磁材料非线性。

数值计算方法主要有数值积分法、有限元法、有限差分法、边界元法等,其中以变分原理为基础的有限元法应用最为广泛。有限元法将求解域剖分成一系列网格单元,在每个单元内用假设的近似函数来分片表示求解域上待求的未知场函数,近似函数通常由未知场函数及其导数在单元各节点的数值插值函数来表示。有限元法适用范围广,能够处理复杂的电机结构,并可以考虑铁磁材料的非线性,计算精度高。但是有限元法计算速度较慢,尤其是三维有限元仿真,剖分网格数量大,占用计算机资源较多,计算时间较长。

3.2 传统磁路计算方法

3.2.1 气隙磁压降计算

在电机主磁路的总磁压降中,气隙磁压降占有相当大的比例,由于气隙长度相对较小,可以认为气隙磁通密度沿气隙长度保持不变。因为气隙磁场沿电枢圆周方向并非均匀分布,为了计算方便,磁路计算中通常将积分路径取在最大气隙磁通密度 B_δ 所在的磁极中心线处,气隙磁压降 F_δ 的表达式为

$$F_{\delta} = K_{\delta} \delta H_{\delta} \tag{3.2.1}$$

式中，δ 为气隙长度，K_{δ} 为气隙系数，H_{δ} 为磁极中心线处的气隙磁场强度。

$$H_{\delta} = \frac{B_{\delta}}{\mu_0} \tag{3.2.2}$$

式中，B_{δ} 为气隙磁通密度的最大值，空气磁导率 $\mu_0 = 4\pi \times 10^{-7}\,\mathrm{H/m}$。

将式(3.2.2)代入式(3.2.1)，得

$$F_{\delta} = \frac{K_{\delta} \delta B_{\delta}}{\mu_0} \tag{3.2.3}$$

气隙磁密最大值 B_{δ} 可根据每极磁通 Φ 得到：

$$B_{\delta} = \frac{\Phi}{\alpha_p' \tau l_{ef}} \tag{3.2.4}$$

式中，l_{ef} 为电枢轴向计算长度，τ 为电机极距，α_p' 为计算极弧系数。每极磁通 Φ 可以根据给定的定子绕组感应电势 E 确定，即

$$\Phi = \frac{E}{4 K_{Nm1} K_{dp1} f_1 N_s} \tag{3.2.5}$$

式中，K_{Nm1} 为气隙磁场波形系数，K_{dp1} 为基波绕组系数，f_1 为电基频，N_s 为定子绕组每相串联匝数。

由式(3.2.3)与(3.2.4)可知，在每极磁通 Φ 以及电机尺寸 τ、δ 确定的情况下，气隙磁压降取决于计算极弧系数 α_p'、电枢轴向计算长度 l_{ef} 以及气隙系数 K_{δ}。

3.2.1.1　计算极弧系数

计算极弧系数 α_p' 定义为气隙磁密平均值 $B_{\delta av}$ 与最大值 B_{δ} 的比值，即[25]

$$\alpha_p' = \frac{\dfrac{1}{\tau} \displaystyle\int_{-\frac{\tau}{2}}^{\frac{\tau}{2}} B(x)\,\mathrm{d}x}{B_{\delta}} = \frac{B_{\delta av}}{B_{\delta}} \tag{3.2.6}$$

计算极弧系数 α_p' 的大小由气隙磁密分布曲线 $B(x)$ 的形状决定，主要与励磁磁势分布、气隙的均匀程度和磁路的饱和程度三者相关。

在计算隐极同步发电机磁路时，α_p' 一般通过经验公式或查表取值[26]。

在计算感应电机磁路时，为了考虑饱和因素，将计算极弧系数 α_p' 表示为齿部饱和系数 K_s 的函数。齿部饱和系数 K_s 定义为定、转子齿部磁压降与气隙磁压降之和跟气隙磁压降的比值，其表达式为

$$K_s = \frac{F_{\delta} + F_{t1} + F_{t2}}{F_{\delta}} \tag{3.2.7}$$

式中，F_δ 为气隙磁压降，F_{t1} 为定子齿部磁压降，F_{t2} 为转子齿部磁压降。定、转子齿部磁压降的计算方法详见第 3.2.2 与 3.2.4 节。

此外，气隙磁场波形系数 K_{Nm1} 也与磁路饱和程度密切相关，同样也可以表示为齿部饱和系数 K_s 的函数。计算极弧系数 α'_p、气隙磁场波形系数 K_{Nm1} 与齿部饱和系数 K_s 的关系曲线，如图 3-8 和图 3-9 所示[25]。

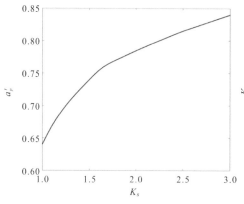
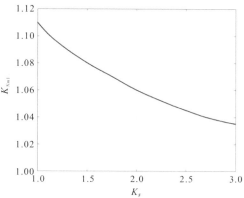

图 3-8　感应电机的计算极弧系数 α'_p 与齿部饱和系数 K_s 之间的关系曲线　　图 3-9　感应电机的气隙磁场波形系数 K_{Nm1} 与齿部饱和系数 K_s 之间的关系曲线

3.2.1.2　电枢轴向计算长度

由于主磁通 Φ 不仅在铁心总长度 l_t 范围内穿过气隙，还有一小部分从定、转子端面越过，因此在计算磁通穿越气隙的截面积时，电枢轴向计算长度 l_{ef} 要大于铁心总长度 l_t。通过描绘铁心端面磁场分布，并进行近似推导，可得到两端面处磁场分布的等效长度近似为 2δ，因而电枢轴向计算长度 l_{ef} 表示为[25]

$$l_{ef} = l_t + 2\delta \tag{3.2.8}$$

式中，l_t 为铁心总长度。当铁心开有径向通风道时，电枢轴向计算长度小于铁心总长度，即

$$l_{ef} = l_t - N_v b'_v \tag{3.2.9}$$

式中，N_v 为径向通风道数，b'_v 为因一个径向通风道而损失的轴向计算长度。

当只有定子或只有转子存在径向通风道时，

$$b'_v = \frac{b_v^2}{b_v + 5\delta} \tag{3.2.10}$$

当定、转子都具有径向通风道，且相互对齐时，

$$b_v' = \frac{b_v^2}{b_v + \dfrac{5\delta}{2}} \tag{3.2.11}$$

式中，b_v 为径向通风道轴向长度。

3.2.1.3　气隙系数

在磁路计算中，假设定、转子表面均光滑，可利用气隙系数描述齿槽效应的影响。当定、转子只有单边均匀开槽时，单个齿距 t 范围内的气隙磁密分布如图 3-10 所示，假设开槽前后气隙两侧的磁势不变，开槽前气隙磁密平均值 $B_{\delta\max}$ 与开槽后气隙磁密平均值 B_δ 的比值为气隙系数，又称为卡特系数，其表达式为

$$K_\delta = \frac{B_{\delta\max}}{B_\delta} \tag{3.2.12}$$

式中，$B_{\delta\max}$ 为开槽前气隙磁密的平均值，也为开槽后齿距范围内的最大气隙磁密；B_δ 为开槽后齿距范围内的气隙磁密平均值。

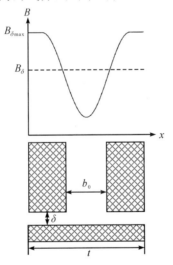

图 3-10　单个齿距范围内的气隙磁密分布

假设槽为无限深，利用施-克变换得到气隙系数 K_δ 的表达式为[25]

$$K_\delta = \frac{t}{t - \beta\delta} \tag{3.2.13}$$

式中，t 为齿距，定义参数 β 为

$$\beta = \frac{4}{\pi}\left[\frac{b_0}{2\delta}\arctan\left(\frac{b_0}{2\delta}\right) - \ln\sqrt{1 + \left(\frac{b_0}{2\delta}\right)^2}\right] \tag{3.2.14}$$

式中，b_0 为槽口宽度。

由式(3.2.13)与(3.2.14)可知，气隙系数的大小与气隙长度、槽形尺寸等因素有关。在工程应用中，气隙系数常采用下列两个公式近似估算：

$$K_\delta = \frac{t(5\delta + b_0)}{t(5\delta + b_0) - b_0^2} \tag{3.2.15}$$

$$K_\delta = \frac{t(4.4\delta + 0.75b_0)}{t(4.4\delta + 0.75b_0) - b_0^2} \tag{3.2.16}$$

式(3.2.15)一般用于开口槽情况，式(3.2.16)一般用于半闭口槽和半开口槽情况。当定、转子两边都开槽时，气隙系数可取为

$$K_\delta \approx K_{\delta 1} K_{\delta 2} \quad \text{或} \quad K_\delta \approx K_{\delta 1} + (K_{\delta 2} - 1) \tag{3.2.17}$$

式中，$K_{\delta 1}$ 为假设转子光滑时定子开槽的气隙系数，$K_{\delta 2}$ 为假设定子光滑时转子开槽的气隙系数，$K_{\delta 1}$ 与 $K_{\delta 2}$ 可利用式(3.2.15)或(3.2.16)计算得到。

对于隐极同步发电机，转子励磁绕组槽型多为矩形开口槽，且未均匀布置于转子表面，分为大小齿。其中小齿槽所处的位置磁场比较弱，因而转子气隙系数需要进行相应的修正，修正后的转子表面小齿槽的气隙系数 $K_{\delta 2}$ 表达式为

$$K_{\delta 2} = 1 + \frac{0.5\gamma_2 b_{n2}^2}{t_2(5\delta + b_{n2}) - b_{n2}^2} \tag{3.2.18}$$

式中，t_2 为转子齿距，b_{n2} 为转子槽宽，γ_2 为转子线槽数 Z_2 与转子槽分度数 Z_2' 的比值，即 $\gamma_2 = Z_2 / Z_2'$。

3.2.2　定子齿部磁压降计算

根据式(3.1.3)的结论，齿部磁路的磁压降为

$$F_t = H_t L_t \tag{3.2.19}$$

式中，L_t 为齿部磁路的计算长度，H_t 为齿部的磁场强度。H_t 可根据齿部磁密 B_t，利用铁磁材料的 BH 曲线得到。

隐极同步发电机和感应发电机定子齿部磁压降的计算方法如下。

(1)隐极同步发电机

当电机采用不同的定子槽形时，不同齿高处的齿宽分布特点不同，磁通密度分布特点也不相同，故定子齿部磁压降的具体计算方法也存在一定差异。

当隐极同步发电机的定子采用矩形开口槽(图 3-11)时，不同齿高处的齿宽不相等，一般以距定子铁心内圆齿顶 1/3 齿高处的磁通密度 $B_{t1/3}$ 作为齿的平均磁密来进行齿部磁路计算；当采用平行齿壁的梨形槽(图 3-12)时，不同齿高处

的大部分齿截面中的磁密基本相等,可取齿一半高度处的磁通密度 $B_{t1/2}$ 作为齿的平均磁密来进行齿部磁路计算。

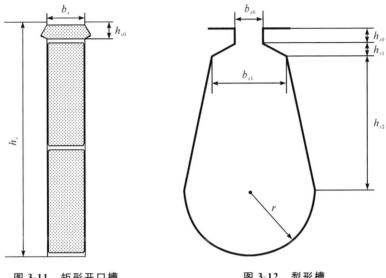

图 3-11　矩形开口槽　　　　　图 3-12　梨形槽

隐极同步发电机取一个极下等值凸极式转子极弧所对应的定子齿截面来计算齿部磁密,每极的定子齿截面积 A_{tp1} 的表达式为

$$A_{tp1} = (1 - 0.5\gamma_2)Mqb_{t1}K_{Fe1}l'_{t1} \qquad (3.2.20)$$

式中,M 为定子绕组总相数,q 为每极每相槽数,b_{t1} 为定子计算齿宽,K_{Fe1} 为定子铁心叠压系数,l'_{t1} 为定子铁心长度(不包括径向通风道)。

当定子铁心齿中的磁通密度小于 1.8T 时,认为气隙磁通全部通过齿部进入轭部。定子齿部磁密 B_{t1} 等于每极磁通 Φ 与齿截面积 A_{tp1} 的比值,即

$$B_{t1} = \frac{\Phi}{A_{tp1}} \qquad (3.2.21)$$

当齿部磁密 B_{t1} 大于 1.8T 时(实际应按所选用硅钢片的磁化性能而定),由于齿部已经饱和,一个齿距内的气隙磁通除进入齿部外,还有一部分气隙磁通进入槽中,此时需要对齿部磁密进行修正,修正后的齿部磁密 B_{t1} 的表达式为

$$B_{t1} = B'_{t1} - \mu_0 H_{t1} K_{slot1} \qquad (3.2.22)$$

式中,B'_{t1} 为齿视在磁密(即假设气隙磁通全部进入齿部)时的齿磁通密度,可利用式(3.2.21)计算得到;H_{t1} 为齿部磁密 B_{t1} 对应的磁场强度;K_{slot1} 为定子槽系数,又称为磁分路系数,可根据槽形尺寸查表得到。

隐极同步发电机定子齿部磁压降 F_{t1} 为

$$F_{t1} = H_{t1}L_{t1} \tag{3.2.23}$$

式中，L_{t1} 为定子齿部的磁路计算长度。

(2)感应发电机

感应发电机的磁回路经过磁极的中心线，因而要计算处于磁极中心线上那个齿内的磁密。该处一个齿距范围内的气隙磁密平均值为 B_δ，则齿距范围内的气隙磁通 Φ_{t1} 为

$$\Phi_{t1} = B_\delta l_{ef} t_1 \tag{3.2.24}$$

式中，t_1 为定子齿距。若气隙磁通 Φ_{t1} 全部进入齿部，则定子齿部磁密 B_{t1} 为

$$B_{t1} = \frac{\Phi_{t1}}{A_{t1}} \tag{3.2.25}$$

式中，A_{t1} 为定子齿部计算截面积，其表达式为

$$A_{t1} = K_{Fe1} l_1' b_{t1} \tag{3.2.26}$$

当齿部磁密 B_{t1} 小于 1.8T 时，联立式(3.2.24)~(3.2.26)可得，定子齿部磁密 B_{t1} 为

$$B_{t1} = \frac{B_\delta l_{ef} t_1}{K_{Fe1} l_1' b_{t1}} \tag{3.2.27}$$

当齿部磁密 B_{t1} 大于 1.8T 时，齿部磁密需要修正，修正过程与隐极同步发电机定子齿部磁密修正过程相同，修正后的定子齿部磁密 B_{t1} 的表达式为

$$B_{t1} = \frac{B_\delta l_{ef} t_1}{K_{Fe1} l_1' b_{t1}} - \mu_0 H_{t1} K_{\text{slot1}} \tag{3.2.28}$$

基于式(3.2.23)可得感应电机定子齿部磁压降。

由式(3.2.23)可知，确定齿部磁路计算长度 L_{t1} 是计算定子齿部磁压降的前提。对于矩形开口槽，磁路计算长度 L_{t1} 等于定子槽高 h_s，对于梨形槽，磁路计算长度 L_{t1} 为

$$L_{t1} = h_{s0} + h_{s1} + h_{s2} + \frac{1}{3}r \tag{3.2.29}$$

3.2.3 定子轭部磁压降计算

电机每极磁通从齿部进入铁心之后，分成对称的两路，分别进入左右两侧的轭部，通过每侧轭部的总磁通等于每极磁通的一半。相邻磁极之间的中心面处的轭截面中汇集了 $\Phi/2$ 的磁通，此截面中轭部磁密最大。

隐极同步发电机和感应发电机的定子轭部磁压降的计算方法如下。

(1)隐极同步发电机

隐极同步发电机以其等效磁场对应的轭磁路为计算路径,其每极定子轭磁路计算长度 L_{j1} 为

$$L_{j1} = \frac{\pi(D_a - h_{j1})}{4p}\gamma_2 \tag{3.2.30}$$

式中,D_a 为定子外径,h_{j1} 为定子轭部高度,p 为电机极对数。

定子铁心轭部磁通经过的截面积 A_{j1} 为

$$A_{j1} = h_{j1}K_{Fe1}l'_{t1} \tag{3.2.31}$$

定子轭部最大磁密 B_{j1} 为

$$B_{j1} = \frac{\Phi}{2A_{j1}} = \frac{\Phi}{2h_{j1}K_{Fe1}l'_{t1}} \tag{3.2.32}$$

由于铁心轭中的磁通分布不均匀,在隐极同步发电机磁路计算中,以轭部最大磁密 B_{j1} 乘以校正系数 ζ 作为定子铁心轭中的计算磁通密度 B'_{j1},即

$$B'_{j1} = \zeta B_{j1} \tag{3.2.33}$$

$$\zeta = \frac{18 - 10\gamma_2}{18 - 9\gamma_2} = \frac{18 - 10\left(\dfrac{Z_2}{Z'_2}\right)}{18 - 9\left(\dfrac{Z_2}{Z'_2}\right)} \tag{3.2.34}$$

校正系数 ζ 反映隐极同步发电机转子小齿经过的磁通对定子轭中磁通分布的影响。小齿所占极面的比例越大,则 γ_2 值越大,对定子轭中磁通分布不均匀的影响越大,而 ζ 越小。

根据轭部计算磁通密度 B'_{j1},利用 BH 曲线得到相应的磁场强度 H'_{j1},则隐极同步发电机定子铁心轭部磁压降 F_{j1} 为

$$F_{j1} = H'_{j1}L_{j1} \tag{3.2.35}$$

(2)感应发电机

感应发电机的轭部最大磁密 B_{j1} 为

$$B_{j1} = \frac{\Phi}{2K_{Fe1}h'_{j1}l_{j1}} \tag{3.2.36}$$

式中,h'_{j1} 为定子轭部计算高度,l_{j1} 为定子轭部轴向长度(不包括径向通风道)。

由于铁心轭中的磁通分布不均匀,轭磁路各处的磁密也不相同,因而轭磁路的磁压降为轭部磁场强度沿轭磁路长度的积分,即

$$F_{j1} = \int_0^{L_{j1}} H\mathrm{d}l \tag{3.2.37}$$

式中,轭部磁路计算长度 L_{j1} 为

$$L_{j1} = \frac{1}{2} \frac{\pi D_{jav1}}{2p} \qquad (3.2.38)$$

式中,D_{jav1} 为定子轭的平均直径。

式(3.2.37)的积分形式在实际计算中较难应用,为了简化计算,引用一个等效的均匀磁场来代替不均匀磁场,即等效的磁场强度 H_{jav1} 为

$$H_{jav1} = \frac{1}{L_{j1}} \int_0^{L_{j1}} H \mathrm{d}l \qquad (3.2.39)$$

令 $H_{jav1} = C_{j1} H_{j1}$,代入式(3.2.39)与(3.2.37),得

$$F_{j1} = H_{jav1} L_{j1} = C_{j1} H_{j1} L_{j1} \qquad (3.2.40)$$

式中,H_{j1} 为定子轭部最大磁密 B_{j1} 对应的磁场强度,可利用铁心材料 BH 曲线得到;C_{j1} 为定子轭部磁压降校正系数,与轭部尺寸、极对数及 B_{j1} 有关(图 3-13)[25]。

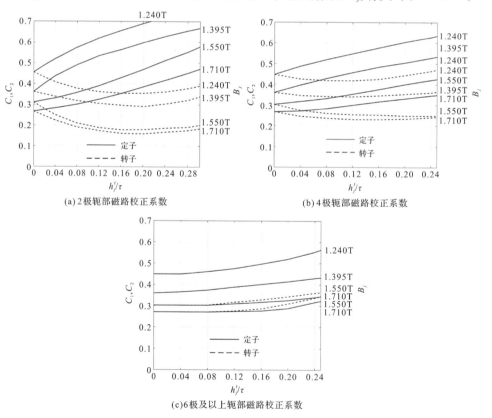

(a) 2极轭部磁路校正系数

(b) 4极轭部磁路校正系数

(c) 6极及以上轭部磁路校正系数

图 3-13 轭部磁路校正系数

3.2.4　转子齿部磁压降计算

感应电机转子齿部磁压降 F_{t2} 与其定子齿部磁压降 F_{t1} 的计算方法及计算过程相同,不再赘述。隐极同步发电机转子齿部磁压降与其定子齿部磁压降的计算过程却不相同,文献[26]将隐极同步发电机转子齿磁路分成相等的两段,齿顶到齿高一半处为一段,齿高一半处到齿根为另一段,每段取近似平均截面来计算齿磁通密度,即取距齿根 0.7、0.2 齿高处的磁通密度 $B_{t0.7}$、$B_{t0.2}$ 进行转子齿磁路计算。若转子齿磁通密度大于 1.8T,也需要考虑槽分流的影响。

按照将隐极式转子磁通转化成等值凸极式磁通的假设,磁通通过的转子齿截面为转子齿截面在转子直径平面上的投影,则每极转子齿磁通经过的齿计算截面积为

$$A_{t2} = \left(\frac{D_2}{p} - b_{n2} \sum \sin\alpha_s - n_2' b_{n2}' \right) l_2 \tag{3.2.41}$$

式中,D_2 为转子外径,l_2 为转子铁心本体长度,b_{n2} 为转子槽宽,n_2' 为每个大齿上的通风槽数,b_{n2}' 为大齿上的通风槽宽,α_s 为励磁绕组槽口与纵轴的夹角。$b_{n2} \sum \sin\alpha_s$ 为一个极下所有励磁绕组槽宽在横轴上的投影总和,而大齿上通风槽在横轴上的投影可简化计算为按通风槽宽计。

$$\sum \sin\alpha_s = \frac{1 - \cos\gamma_2 \dfrac{\pi}{2}}{\sin \dfrac{p\pi}{Z_2'}} \tag{3.2.42}$$

由式(3.2.41)可知,距齿根 0.7、0.2 齿高处的每极齿计算面积分别为

$$A_{t0.7} = \left(\frac{D_{0.7}}{p} - b_{n2} \sum \sin\alpha_s - n_2' b_{n2}' \right) l_2 \tag{3.2.43}$$

$$A_{t0.2} = \left(\frac{D_{0.2}}{p} - b_{n2} \sum \sin\alpha_s - n_2' b_{n2}' \right) l_2 \tag{3.2.44}$$

式中,$D_{0.7} = D_2 - 0.6 h_{n2}$,$D_{0.2} = D_2 - 1.6 h_{n2}$,$h_{n2}$ 为转子槽深。

隐极同步发电机转子磁通 Φ_2 分为两部分:一部分为穿过气隙与定子交链的主磁通 Φ;另一部分为转子漏磁通,包括经过转子槽面自行闭合的转子槽漏磁通 Φ_s,以及经过转子绕组端部护环、中心环自行闭合的转子端部漏磁通 Φ_k。因此,转子的总磁通 Φ_2 表达式为

$$\Phi_2 = \Phi + \Phi_s + \Phi_k \tag{3.2.45}$$

转子槽漏磁通 Φ_s 与转子槽的几何形状以及转子槽楔的材料有关,槽越窄、

越深,槽楔材料的导磁性能越好,那么漏磁回路的磁阻越小,槽漏磁通越大。转子端部漏磁通 Φ_k 与端部漏磁回路中的护环、中心环等材料的导磁性能有关,大型隐极同步发电机都采用非磁性护环,端部漏磁通相对不大,一般可忽略不计。文献[26]计算转子槽漏磁通时,以前文求出的气隙磁压降 F_δ、定子齿部磁压降 F_{t1}、定子轭部磁压降 F_{j1} 三者之和来计算,即

$$\Phi_s = (F_\delta + F_{t1} + F_{j1})\Lambda_s \qquad (3.2.46)$$

式中,Λ_s 为转子槽漏磁导。

$$\Lambda_s = 0.5 \frac{pl_2}{Z_2}\left(\frac{h_{n2}}{b_{n2}} + 1\right) \qquad (3.2.47)$$

当忽略转子端部漏磁通 Φ_k 时,转子磁通 Φ_2 为

$$\Phi_2 = \Phi + \Phi_s \qquad (3.2.48)$$

由式(3.2.43)与(3.2.48)可知,转子齿截面 $A_{t0.7}$ 上的磁通密度 $B_{t0.7}$ 为

$$B_{t0.7} = \frac{\Phi_2}{A_{t0.7}} \qquad (3.2.49)$$

转子齿截面 $A_{t0.2}$ 上的磁通密度 $B_{t0.2}$ 为

$$B_{t0.2} = \frac{\Phi_2}{A_{t0.2}} \qquad (3.2.50)$$

利用 BH 曲线得到与齿部磁密 $B_{t0.7}$、$B_{t0.2}$ 相对应的磁场强度 $H_{t0.7}$、$H_{t0.2}$,则隐极同步发电机转子齿部磁压降 F_{t2} 为

$$F_{t2} = F_{t0.7} + F_{t0.2} = H_{t0.7}L_{t0.7} + H_{t0.2}L_{t0.2} \qquad (3.2.51)$$

式中,转子齿部磁压降 $F_{t0.7} = H_{t0.7}L_{t0.7}$,$F_{t0.2} = H_{t0.2}L_{t0.2}$;$L_{t0.7}$、$L_{t0.2}$ 为转子齿部磁路计算长度,且 $L_{t0.7} = L_{t0.2} = 0.5h_{n2}$。

3.2.5 转子轭部磁压降计算

感应电机转子轭部磁压降 F_{j2} 与其定子轭部磁压降 F_{j1} 的计算方法及计算过程相同,不再赘述。对于隐极同步发电机,转子轭磁路长度及轭截面的计算与定子轭的计算方法类似,隐极同步发电机转子轭磁路长度较短,每极转子轭磁路计算长度 L_{j2} 为

$$L_{j2} = \frac{D_{t2}}{2}\sin\frac{\pi}{2p} \qquad (3.2.52)$$

式中,D_{t2} 为转子齿根处直径,$D_{t2} = D_2 - 2h_{n2}$。

转子轭的截面积 A_{j2} 为

$$A_{j2} = h_{j2} l_2 \tag{3.2.53}$$

式中，h_{j2} 为转子轭部高度。

因此，转子轭部磁通密度 B_{j2} 为

$$B_{j2} = \frac{\varPhi_2}{2A_{j2}} = \frac{\varPhi_2}{2h_{j2}l_2} \tag{3.2.54}$$

利用 BH 曲线得到与转子轭部磁密 B_{j2} 相对应的磁场强度 H_{j2}，则转子轭部磁压降 F_{j2} 为

$$F_{j2} = H_{j2} L_{j2} \tag{3.2.55}$$

3.2.6　励磁电流和空载特性计算

同步电机或感应电机每极磁势 F_0 为各部分磁压降的总和，即

$$F_0 = F_\delta + F_{t1} + F_{j1} + F_{t2} + F_{j2} \tag{3.2.56}$$

对于同步发电机，空载励磁电流 I_{f0} 为

$$I_{f0} = \frac{F_0}{N_f} \tag{3.2.57}$$

式中，N_f 为每极励磁线圈串联匝数。

对于感应电机，励磁电流有效值 I_m 为

$$I_m = \frac{\pi p F_0}{\sqrt{2} M N_s K_{dp1}} \tag{3.2.58}$$

式中，M 为定子绕组总相数，N_s 为定子绕组每相串联匝数。

若取一系列不同的电势值 E，按上述方法分别进行磁路计算，并求出相应的励磁电流 I_{f0}，则可以得到同步发电机空载特性曲线 $E = f(I_{f0})$。因此，电机励磁电流或空载特性的计算步骤为：

①根据感应电势 E，确定每极气隙磁通 $\varPhi$；

②计算磁路各部分磁压降，各部分磁压降相加即为每极所需磁势；

③计算励磁电流及空载特性。

3.2.7　传统磁路法的计算流程

传统磁路法应用于隐极同步发电机和感应发电机的磁路计算流程如图3-14所示。传统磁路法计算感应电机磁路的核心在于齿部饱和系数的迭代修正。可以先假设一个初始齿部饱和系数 K_s 进行磁路计算，将计算得到的新齿部饱和系数 K_s' 与初始值 K_s 做比较：若两者误差过大，则对齿部饱和系数 K_s 进行修

正并重复磁路计算过程;若两者误差在允许范围内,则磁路计算完成。传统磁路法虽然可以采用饱和系数迭代来计入饱和影响,但由于建模的简化以及经验系数误差的影响,其在计算精度上存在劣势。

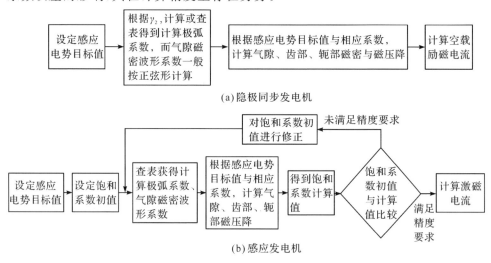

(a)隐极同步发电机

(b)感应发电机

图 3-14 传统磁路法的计算流程

3.3 分布式磁路计算方法

3.3.1 传统磁路计算方法的局限性

为了降低体积重量、提高效率,高性能发电机往往采用较高的电磁负荷,气隙磁密及铁心磁密较大,电机磁路饱和程度较高,铁心齿部与轭部的饱和对电机磁路计算的影响较为显著。根据第 3.1.2 节的讨论,考虑饱和情况下的气隙磁密会偏离正弦波形,出现如图 3-2 所示的平顶波。在频谱上,气隙磁密波形除基波以外还存在 3,5,7 等奇数次谐波分量。

为考虑饱和等因素的影响,传统磁路计算方法中引入了计算极弧系数、轭部校正系数等经验系数。虽然这在一定程度上解决了磁路饱和计算的问题,但铁心各处不同饱和程度的影响差异无法充分考虑,同时经验系数自身也难以保证完全准确,这都对传统磁路法的计算精度有不利影响。

根据前文介绍,传统隐极同步发电机及感应发电机磁路计算方法基于磁路简化与经验系数查表,对饱和因素仅能近似考虑,应用于饱和程度较高场合时存在明显的局限性:

①传统磁路法将电机整体磁路简化为通过磁极中心的单一回路,当转子磁路结构复杂时,无法采用等效单一回路进行电机磁路计算;

②传统磁路法通过经验系数或者查表得到计算极弧系数、轭部校正系数来考虑饱和等非线性因素,计算精度受限;

③传统磁路法在进行电机主磁路计算时仅适用于正弦基波磁势作用的电机,不适用于需考虑谐波磁势作用的非正弦磁势电机。

3.3.2　分布磁路划分方法

传统磁路法在计算时忽略了电机磁场的分布特性,导致其精度较差。为克服传统方法的缺点,考虑用多个分布式磁回路来替代单一磁回路的磁路模型,将单一回路的磁路计算改进为多个回路磁路的组合迭代计算。分布磁路法就是基于这一思路而形成的一种新型电机磁路计算方法[27]。

分布磁路法从空间合成磁势出发,以等间隔周向分块为处理关键,根据周向分块建立分布式多回路的磁路计算模型。在光滑气隙的假设下,通过迭代计算出沿圆周各个节点的气隙磁密值,进而得到气隙磁密空间分布波形,然后通过傅里叶分解求出气隙磁密基波与各次谐波幅值,可进一步确定相绕组感应电势。

在分布磁路法计算中,对电机磁路作如下假设:

①齿部磁力线沿径向;

②轭部磁力线沿圆周方向;

③气隙光滑,齿槽效应以气隙系数计入。

基于上述假设,应用分布磁路法对电机磁路进行分布式建模,主要包括径向分区与周向分块两部分。

分布磁路法应用于磁势波形对称工况下的磁路计算时,仅需考虑半个极距范围,周向电角度从 0 至 $\pi/2$;应用于磁势波形不对称工况下的磁路计算时,需考虑一个极距范围,周向电角度从 0 至 π。磁路分析一般针对磁势波形对称工况,因此,本节主要介绍考虑半个极距范围的分布磁路法的计算过程。

首先,对电机半个极距区域进行径向分区,共分为 5 个区,即气隙区(Ⅰ)、定子齿部区(Ⅱ)、定子轭部区(Ⅲ)、转子齿部区(Ⅳ)、转子轭部区(Ⅴ),如图

多相整流发电机及其系统的分析

3-15 所示;然后,用通过圆心的射线沿周向作等角度均匀分块处理,如图 3-16 所示。若在半个极距内沿周向均匀分为 N 块,气隙中心线上则对应 $N+1$ 个等间隔节点,粗实线表示经过第 i 节点的闭合磁回路。显然,N 越大,计算结果精度越高。

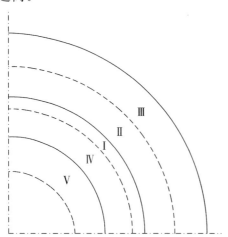

图 3-15 半个极距区域电机磁路的径向分区

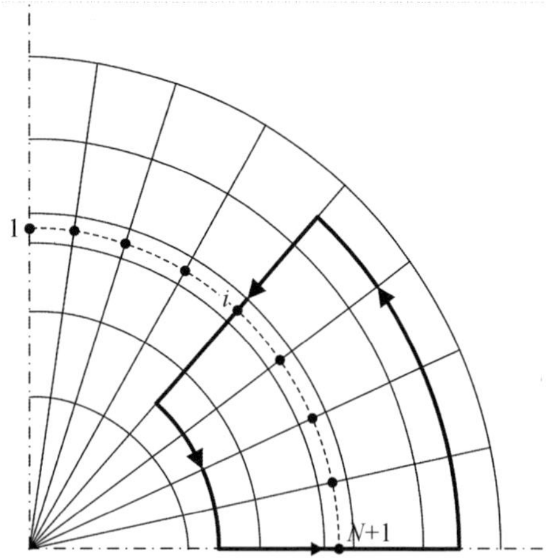

图 3-16 半个极距区域电机磁路的周向分块

对于隐极同步发电机,其励磁磁动势波形为阶梯波,如图 3-17 所示,可利用分段函数表示发电机半个极距的励磁磁动势 $F(i)$。

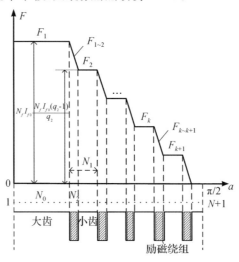

图 3-17 隐极同步发电机转子阶梯波磁动势

106

在已知励磁电流 I_f 的情况下,励磁磁动势 $F(i)$ 的分段函数表示为

$$F(i) = \begin{cases} F_1 = N_f I_{f0}, & i = 1 \sim N_0 \\[2mm] F_{1\sim2} = F_1 + \dfrac{F_2 - F_1}{N_2}(i - N_0), & i = N_0 + 1 \sim N_0 + N_2 \\[2mm] F_2 = N_f I_{f0}(q_2 - 1)/q_2, & i = N_0 + N_2 + 1 \sim N_0 + N_1 \\[2mm] \cdots & \cdots \\[2mm] F_k = N_f I_{f0}[q_2 - (k-1)]/q_2, & i = A \sim B \\[2mm] F_{k\sim(k+1)} = F_k + \dfrac{F_{k+1} - F_k}{N_2}(i - B), & i = B + 1 \sim C \\[2mm] F_{k+1} = N_f I_{f0}(q_2 - k)/q_2, & i = C + 1 \sim D \\[2mm] \cdots & \cdots \\[2mm] F_{q_2+1} = 0, & i = E \sim N + 1 \end{cases}$$

(3.3.1)

式中,$A = N_0 + (k-2)N_1 + N_2 + 1$,$B = N_0 + (k-1)N_1$,$C = N_0 + (k-1)N_1 + N_2$,$D = N_0 + kN_1$,$E = N_0 + (q_2-1)N_1 + N_2 + 1$,$q_2$ 为每极励磁绕组线圈数,N_f 为每极励磁绕组串联匝数,$k = 2, 3, \cdots, q_2$;N_0、N_1、N_2 分别为大齿对应的节点数、小齿齿距对应的节点数、转子槽对应的节点数。

对于感应电机,可不考虑其绕组谐波磁势,其励磁基波磁动势如图 3-18 所示。设励磁电流为 I_m,并设基波磁势最大位置位于电角度为 0 处,即第 1 节点处,则第 i 节点磁势为

$$F(i) = \frac{M\sqrt{2}}{\pi} \frac{N_s K_{dp1}}{p} I_m \cos\left(\frac{i-1}{N}\frac{\pi}{2}\right)$$

(3.3.2)

式中,$i = 1, 2, \cdots, N+1$。由式(3.3.2)可知,第 $N+1$ 节点处磁势为 0,则第 i 节点的磁势为此闭合回路的励磁磁动势。

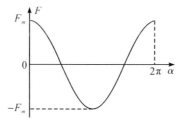

图 3-18　感应发电机励磁基波磁动势

式(3.3.1)与(3.3.2)所示的周向各节点磁势为分布磁路法计算的基本依据,在此基础上可以对各节点的气隙磁密迭代计算。

3.3.3 各节点磁密初值确定

迭代计算的第一步需要确定各节点磁密初值,包括气隙磁密 $B_\delta(i)$、定子齿部磁密 $B_{t1}(i)$、转子齿部磁密 $B_{t2}(i)$、定子轭部磁密 $B_{j1}(i)$ 和转子轭部磁密 $B_{j2}(i)$。

由于各节点磁密初值仅为分布磁路计算提供一个较为接近实际值的初始状态值,其具体取值理论上不影响最终计算的精度。实际计算中,为提高收敛速度,一般根据预估的饱和系数确定各节点处的磁密初值,其中气隙磁密初值 $B_\delta(i)$ 设为

$$B_\delta(i) = \frac{\mu_0 F(i)}{\delta K_\delta K_{st0}} \tag{3.3.3}$$

式中,K_{st0} 为预取的饱和系数,初始值可在 $1\sim1.5$ 范围取值,一般在饱和较重时取较大值。

假设气隙磁通全部从齿中通过,根据磁通连续性原理,第 i 节点处定子齿部磁密 $B_{t1}(i)$ 为

$$B_{t1}(i) = B_\delta(i) \frac{l_{ef} t_1}{l_{fe1} b_{t1}} \tag{3.3.4}$$

式中,l_{ef} 为电枢轴向计算长度,t_1、b_{t1} 分别为定子齿距、齿宽,l_{fe1} 为考虑径向通风道以及铁心叠压系数后的定子铁心净长度。

对于隐极同步发电机,由于转子大齿与小齿齿宽不同,磁路计算中两者的齿部磁密表达式也不一样。

对于转子大齿,第 i 节点处齿部磁密为

$$B_{t2}(i) = B_\delta(i) \frac{l_{ef}}{l_{fe2}}, \quad i = 1 \sim N_0 \tag{3.3.5}$$

对于转子小齿,第 i 节点处齿部磁密为

$$B_{t2}(i) = B_\delta(i) \frac{l_{ef} t_2}{l_{fe2} b_{t2}}, \quad i = N_0+1 \sim N+1 \tag{3.3.6}$$

对于感应电机,第 i 节点处转子齿部磁密 $B_{t2}(i)$ 为

$$B_{t2}(i) = B_\delta(i) \frac{l_{ef} t_2}{l_{fe2} b_{t2}} \tag{3.3.7}$$

式中,t_2、b_{t2} 分别为转子齿距、齿宽,l_{fe2} 为考虑径向通风道以及铁心叠压系数后的转子铁心净长度。

同样,根据磁通连续性原理,第 i 节点处铁心轭部截面上的周向磁通与第 1 节点至第 i 节点的气隙中心面上的总径向磁通相等,据此可计算得到第 i 节点处定子轭部磁密 $B_{j1}(i)$ 以及转子轭部磁密 $B_{j2}(i)$,即

$$B_{j1}(i) = \begin{cases} 0, & i = 1 \\ \dfrac{\sum\limits_{n=2}^{i} \dfrac{B_{\delta}(n-1) + B_{\delta}(n)}{2} \dfrac{\tau l_{ef}}{2N}}{l_{fe1} h_{j1}}, & i = 2 \sim N+1 \end{cases} \tag{3.3.8}$$

$$B_{j2}(i) = \begin{cases} 0, & i = 1 \\ \dfrac{\sum\limits_{n=2}^{i} \dfrac{B_{\delta}(n-1) + B_{\delta}(n)}{2} \dfrac{\tau l_{ef}}{2N}}{l_{fe2} h_{j2}}, & i = 2 \sim N+1 \end{cases} \tag{3.3.9}$$

式中,h_{j1},h_{j2} 分别为定子轭高、转子轭高。

3.3.4　各节点所在回路的磁压降

根据各节点的磁密分布值,可以得到相应的磁场强度,进而计算出各节点对应的气隙磁压降、齿部磁压降与轭部磁压降。由定、转子齿部磁密 $B_{t1}(i)$、$B_{t2}(i)$ 以及定、转子轭部磁密 $B_{j1}(i)$、$B_{j2}(i)$,利用 BH 曲线查得各自的磁场强度 $H_{t1}(i)$、$H_{t2}(i)$、$H_{j1}(i)$、$H_{j2}(i)$,则气隙磁压降 $F_{\delta}(i)$、定子齿部磁压降 $F_{t1}(i)$、转子齿部磁压降 $F_{t2}(i)$、定子轭部磁压降 $F_{j1}(i)$、转子轭部磁压降 $F_{j2}(i)$ 的具体表达式为

$$\begin{cases} F_{\delta}(i) = \dfrac{B_{\delta}(i)}{\mu_0} K_{\delta}\delta \\ F_{t1}(i) = H_{t1}(i)h_{t1} \\ F_{t2}(i) = H_{t2}(i)h_{t2} \\ F_{j1}(i) = \sum\limits_{n=i}^{N} \dfrac{H_{j1}(n) + H_{j1}(n+1)}{2} \dfrac{L_{j1}}{N} \\ F_{j2}(i) = \sum\limits_{n=i}^{N} \dfrac{H_{j2}(n) + H_{j2}(n+1)}{2} \dfrac{L_{j2}}{N} \end{cases} \tag{3.3.10}$$

式中,h_{t1},h_{t2} 分别为定子齿高、转子齿高,L_{j1},L_{j2} 分别为定子半个极下轭部长度、转子半个极下轭部长度。经过第 i 节点的闭合回路总磁压降为上述 5 个分区的磁压降之和,即

$$F_{\Sigma}(i) = F_{\delta}(i) + F_{t1}(i) + F_{t2}(i) + F_{j1}(i) + F_{j2}(i) \tag{3.3.11}$$

3.3.5 基于节点气隙磁密的磁路迭代计算

根据全电流定律,闭合磁路中总磁压降 $F_\Sigma(i)$ 等于励磁磁势 $F(i)$。由于每个节点(第 $N+1$ 个节点除外)对应一个闭合磁路,对所有的闭合磁路而言,总磁压降均等于励磁磁势,因而在迭代计算中所有磁路的相对误差平方和小于事先给定的精度 ε,以此来表示总磁压降与磁势相等,即

$$\sum_{i=1}^{N}\left[\frac{F(i)-F_\Sigma(i)}{F_\Sigma(i)}\right]^2 < \varepsilon \tag{3.3.12}$$

若不满足式(3.3.12),则根据磁势与总磁压降对气隙磁密进行修正,重新得到各节点的气隙磁密值,再重复上述磁路计算过程,直到满足式(3.3.12)为止。第 i 节点修正后的气隙磁密为

$$B_\delta'(i) = B_\delta(i)\left[1 + k_B \frac{F(i)-F_\Sigma(i)}{F_\Sigma(i)}\right] \tag{3.3.13}$$

式中,k_B 为经验系数,可在 $0.05 \sim 0.5$ 范围取值,饱和程度低时取大值,饱和程度高时取小值,取大值时可能发散,取小值时迭代次数增多,具体取值时需要权衡考虑。

分布磁路法用于发电机空载、负载工况下磁路计算的步骤分别如图3-19、图3-20 所示。利用分布磁路法计算得到半个极距气隙磁密波形,然后根据奇、偶对称性,将气隙磁密波形延拓至一对极,即得到一对极气隙磁密波形。

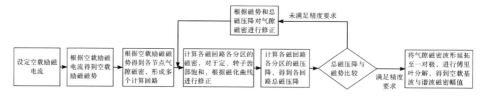

图 3-19 空载工况的分布磁路法计算步骤

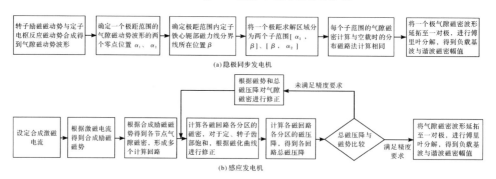

图 3-20 负载工况的分布磁路法计算步骤

3.3.6　空载特性计算

利用分布磁路法得到气隙磁密波形,然后通过傅里叶分解得到基波与谐波磁密幅值,可对相绕组感应电势进行计算。由式(3.2.5)可知,定子基波感应电势 E_1 为

$$E_1 = \sqrt{2}\,\pi K_{dp1} f_1 N_s \Phi_1 \tag{3.3.14}$$

式中,K_{dp1} 为基波绕组系数,基波每极磁通幅值 Φ_1 为

$$\Phi_1 = \frac{2}{\pi} B_{\delta 1} \tau l_{ef} \tag{3.3.15}$$

式中,$B_{\delta 1}$ 为气隙磁密基波幅值,由气隙磁密波形通过傅里叶分解得到。

进一步分析电机空载特性,取一系列不同的励磁电流 I_{f0},利用分布磁路法计算得到相应的基波感应电势 E_1,则可以得到空载特性曲线 $E_1 = f(I_{f0})$。

3.4　多相整流同步发电机磁路计算样例

通过同步发电机磁路计算的实际算例,将分布磁路法与传统磁路法两者计算结果进行对比,验证分布磁路法的精确性。

3.4.1　样例同步发电机参数

以某型 12 相整流隐极同步发电机为磁路分析对象,发电机电磁结构如图 3-4 所示,其主要电磁参数如表 3-1 所示。

表 3-1　隐极同步发电机主要电磁参数

参数	值	参数	值
极对数	2	绕组形式	双层叠绕组
绕组联接方式	星形	节距形式	整距
每极每相槽数	2	每相串联匝数	6

定子结构:定子铁心采用 50WW270 硅钢片叠压而成,定子槽数为 96,定子槽形如图 3-21 所示,其中,$b_s = 6.8\text{mm}$,$h_s = 54.97\text{mm}$,$h_{s0} = 3\text{mm}$。

转子结构:转子铁心为整体锻件实心结构,材料为 25Cr2Ni4MoV,转子槽分度数为 36,励磁绕组槽数(即转子线槽数)为 24,交轴稳定绕组槽数为 8,转子

励磁绕组槽形如图 3-22 所示,其中,$b_r = 14.8\text{mm}$,$h_r = 69.84\text{mm}$,$h_{r0} = 8\text{mm}$。

定子内径为 392mm;定子外径为 630mm;转子外径为 380mm;气隙长度为 6mm;定子铁心总长度为 280mm;转子铁心本体长度为 292mm。

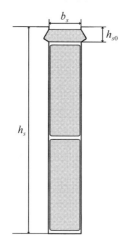

图 3-21　定子槽形　　　　图 3-22　转子励磁绕组槽形

3.4.2　传统磁路法计算过程

传统磁路法计算隐极同步发电机的具体计算流程如图 3-14 所示。

以空载额定电压工况为例,发电机基波感应电势 $E_1 = 184.24\text{V}$,定子斜一个定子槽距,其基波绕组系数 K_{dp1} 为

$$K_{dp1} = K_{d1}K_{p1}K_{sk} = \frac{\sin\left(\dfrac{\pi}{12 \times 2}\right)}{2\sin\left(\dfrac{\pi}{24 \times 2}\right)} \times 1 \times \frac{\sin(\pi/48)}{\pi/48} = 0.9971 \ (3.4.1)$$

式中,K_{d1} 为分布系数,K_{p1} 为短距系数,K_{sk} 为斜槽系数。根据文献[26],计算极弧系数 $\alpha'_p = 1 - 0.5\gamma_2 = 0.6667$,$\gamma_2 = Z_2/Z'_2 = 24/36$,气隙磁场波形系数 $K_{Nm1} = 1.1107$。根据式(3.2.4)与(3.2.5),每极磁通 Φ 及气隙磁密最大值 B_δ 为

$$\begin{cases} \Phi = \dfrac{E_1}{4K_{Nm1}K_{dp1}f_1N_s} = 3.199 \times 10^{-2}\,\text{Wb} \\[4mm] B_\delta = \dfrac{\Phi}{\alpha'_p\tau l_{ef}} = 0.5421\text{T} \end{cases} \quad (3.4.2)$$

式中,气隙中心处极距 $\tau = 303.2\text{mm}$,基波频率 $f_1 = 216.7\text{Hz}$,电枢轴向计算长度 $l_{ef} = 292\text{mm}$。

(1)气隙磁压降

气隙系数 $K_\delta = 1.287$,根据式(3.2.3),气隙磁压降 F_δ 为

$$F_\delta = \frac{K_\delta \delta B_\delta}{\mu_0} = 3331\text{At} \tag{3.4.3}$$

(2)定子齿部磁压降

对于定子齿部磁路,定子铁心为叠片式结构,叠压系数 $K_{Fe1} = 0.96$,铁心长 $l'_{t1} = 280\text{mm}$,定子齿宽 $b_{t1/3} = 7.227\text{mm}$,根据式(3.2.20)与(3.2.21),每极的定子齿截面积 A_{tp1} 及定子齿部磁密 B_{t1} 为

$$\begin{cases} A_{tp1} = (1 - 0.5\gamma_2)Mq_1 b_{t1/3} K_{Fe1} l'_{t1} = 3.108 \times 10^{-2}\,\text{m}^2 \\ B_{t1} = \dfrac{\Phi}{A_{tp1}} = 1.029\text{T} \end{cases} \tag{3.4.4}$$

根据定子铁心材料 BH 曲线,查表得到定子齿部磁场强度 $H_{t1} = 81.51\text{A/m}$,定子齿部磁路计算长度 $L_{t1} = 54.97\text{mm}$,根据式(3.2.23),定子齿部磁压降 F_{t1} 为

$$F_{t1} = H_{t1/3} L_{t1} = 4.481\text{At} \tag{3.4.5}$$

(3)定子轭部磁压降

定子轭部高度 $h_{j1} = 64.03\text{mm}$,由式(3.2.31)得到定子铁心轭部磁通经过的截面积 $A_{j1} = 1.721 \times 10^{-2}\,\text{m}^2$,根据式(3.2.32),定子轭部最大磁密 B_{j1} 为

$$B_{j1} = \frac{\Phi}{2A_{j1}} = 0.9293\text{T} \tag{3.4.6}$$

根据式(3.2.33)与(3.2.34),定子轭部校正系数 ζ 及定子铁心轭中的计算磁通密度 B'_{j1} 为

$$\begin{cases} \zeta = \dfrac{18 - 10\gamma_2}{18 - 9\gamma_2} = 0.9444 \\ B'_{j1} = \zeta B_{j1} = 0.8777\text{T} \end{cases} \tag{3.4.7}$$

根据定子铁心材料 BH 曲线,由定子轭部计算磁通密度 B'_{j1} 查表得到磁场强度 $H'_{j1} = 60.85\text{A/m}$,由式(3.2.30)得到定子轭部磁路计算长度 $L_{j1} = 148.2\text{mm}$,根据式(3.2.35),定子轭部磁压降 F_{j1} 为

$$F_{j1} = H'_{j1} L_{j1} = 9.016\text{At} \tag{3.4.8}$$

(4)转子齿部磁压降

对于转子齿部磁路,转子铁心为整体式结构,本体长度 $l_2 = 292\text{mm}$,转子槽

宽 $b_{n2}=14.8\text{mm}$，转子槽高 $h_{n2}=69.84\text{mm}$，由式（3.2.47）得到转子槽漏磁导 $\Lambda_s=6.958\times10^{-7}\text{H}$，根据式（3.2.46）与（3.2.48），转子槽漏磁通 Φ_s 与转子磁通 Φ_2 为

$$\begin{cases}\Phi_s=(F_\delta+F_{t1}+F_{j1})\Phi_s=2.327\times10^{-3}\text{Wb}\\ \Phi_2=\Phi+\Phi_s=3.432\times10^{-2}\text{Wb}\end{cases} \tag{3.4.9}$$

转子大齿上未开通风槽，即通风槽数 $n_2'=0$，由式（3.2.43）与（3.2.44）得到距齿根0.7、0.2齿高处的每极齿计算面积 $A_{t0.7}=3.692\times10^{-2}\text{m}^2$，$A_{t0.2}=2.672\times10^{-2}\text{m}^2$，根据式（3.2.49）与（3.2.50），转子齿部磁密 $B_{t0.7}$ 与 $B_{t0.2}$ 为

$$\begin{cases}B_{t0.7}=\dfrac{\Phi_2}{A_{t0.7}}=0.9295\text{T}\\ B_{t0.2}=\dfrac{\Phi_2}{A_{t0.2}}=1.284\text{T}\end{cases} \tag{3.4.10}$$

根据转子铁心材料 BH 曲线，由转子齿部磁密查表得到转子齿部磁场强度 $H_{t0.7}=2257\text{A/m}$，$H_{t0.2}=3599\text{A/m}$，转子齿部磁路计算长度 $L_{t0.7}=L_{t0.2}=34.92\text{mm}$，根据式（3.2.51），转子齿部磁压降 F_{t2} 为

$$F_{t2}=H_{t0.7}L_{t0.7}+H_{t0.2}L_{t0.2}=204.5\text{At} \tag{3.4.11}$$

（5）转子轭部磁压降

转子轭部高度 $h_{j2}=120.2\text{mm}$，由式（3.2.53）得到转子轭的截面积 $A_{j2}=3.509\times10^{-2}\text{m}^2$，根据式（3.2.54），转子轭部磁通密度 B_{j2} 为

$$B_{j2}=\frac{\Phi_2}{2A_{j2}}=0.4890\text{T} \tag{3.4.12}$$

根据转子铁心材料 BH 曲线，查表得到转子轭部磁场强度 $H_{j2}=1554\text{A/m}$，由式（3.2.52）得到转子轭部磁路计算长度 $L_{j2}=84.97\text{mm}$，根据式（3.2.55），转子轭部磁压降 F_{j2} 为

$$F_{j2}=H_{j2}L_{j2}=132.0\text{At} \tag{3.4.13}$$

根据上述磁路计算结果，由式（3.1.5）得到总磁压降 F_Σ 为

$$F_\Sigma=F_\delta+F_{t1}+F_{j1}+F_{t2}+F_{j2}=3681\text{At} \tag{3.4.14}$$

根据总磁压降 F_Σ，利用式（3.2.57）即可确定空载励磁电流大小。

3.4.3 分布磁路法计算过程

本节同样以空载为例进行计算，具体流程如图3-19所示。设定分布磁路法周向分块数 $N=1008$，则气隙中心线上对应 $N+1=1009$ 个等间隔节点。以励

磁电流 I_{f0} ＝40A 为例,隐极同步发电机半个极区域的励磁磁势波形如图 3-23 所示。

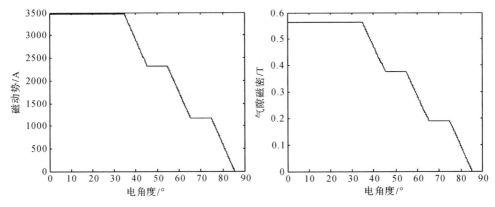

图 3-23　半个极区域的励磁磁势波形　　　图 3-24　气隙磁密初值 $B_{\delta0}$ 的波形

根据励磁磁势波形,利用式(3.3.3)计算得到气隙磁密初值 $B_{\delta0}$ 的波形,如图 3-24 所示。根据第 3.3.4 节所述分析过程,利用气隙磁密初值 $B_{\delta0}$ 计算各回路的总磁压降,并与励磁磁势对比,结果如图 3-25 所示。

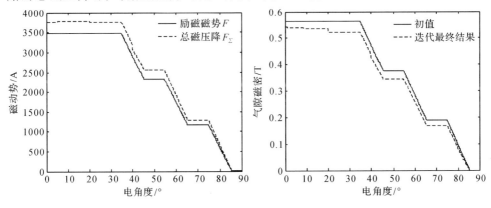

图 3-25　各回路的总磁压降计算波形　　　图 3-26　气隙磁密迭代最终结果

由图 3-25 可知,利用气隙磁密初值计算得到的总磁压降与励磁磁势进行比较,两者存在较为明显的误差,则应根据式(3.3.13)对气隙磁密进行修正,然后重复磁路计算过程,直至满足精度要求为止。设定式(3.3.12)中迭代误差限值 ε 为 0.1%,气隙磁密初值与迭代后的气隙磁密终值的对比如图 3-26 所示。

3.4.4 两类磁路计算方法结果对比

隐极同步发电机空载特性曲线如图 3-27 所示,图中包含传统磁路法与分布磁路法计算结果以及有限元仿真结果。图 3-28 以有限元仿真结果为参考基准,给出了传统磁路法、分布磁路法两种方法的计算误差。

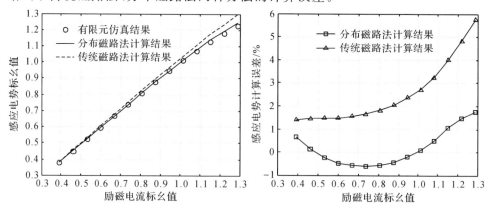

图 3-27　隐极同步发电机空载特性曲线　　图 3-28　不同磁路方法计算误差对比

由图 3-27 与图 3-28 可知,由于分布磁路法能够充分考虑磁路饱和影响,同时不存在引入饱和系数、轭部校正系数等降低计算精度的因素,因此其计算准确性高于传统磁路法。

3.5　多相整流感应发电机磁路计算样例

将分布磁路法应用于感应发电机磁路计算中,并与传统磁路法计算结果对比,进一步验证分布磁路法的精确性。

3.5.1　样例感应发电机参数

以某型 12/3 相双绕组感应整流发电机原理样机为磁路计算对象,发电机电磁结构如图 3-5 所示,其主要设计参数如下:额定转速为 1500rpm;额定输出功率为 18.4kW;功率绕组空载额定相电压为 94V;极对数为 2。定子绕组参数如表 3-2 所示。

表 3-2　定子绕组参数

参数	12 相功率绕组	3 相辅助励磁绕组
每相串联匝数	36	72
短距系数	5/6	5/6
每极每相槽数	1	4
槽内位置	顶层	底层

定子结构：定子铁心采用 D23 硅钢片叠压而成，由多段铁心组成，铁心端间设置径向冷却沟，定子槽数为 48，定子槽形如图 3-29 所示，其中，$b_{s0}=3.2\text{mm}$，$b_{s1}=8.8\text{mm}$，$r=5.25\text{mm}$，$h_{s0}=0.8\text{mm}$，$h_{s1}=1.2\text{mm}$，$h_{s2}=13\text{mm}$。

转子结构：转子铁心由整体实心钢构成，材料为 25Cr2Ni4MoV，转子铁心上开有梯形槽，转子槽数为 44，转子槽形如图 3-30 所示，其中，$b_{r0}=1\text{mm}$，$b_{r1}=7.2\text{mm}$，$b_{r2}=5\text{mm}$，$h_{r0}=1.13\text{mm}$，$h_{r1}=1.67\text{mm}$，$h_{r2}=15.2\text{mm}$。

定子内径为 250mm；定子外径为 350mm；转子外径为 248.8mm；转子轴孔径为 80mm；气隙长度为 0.6mm；铁心轴向长度为 150mm。

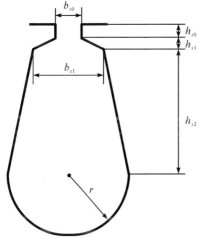

图 3-29　定子槽形

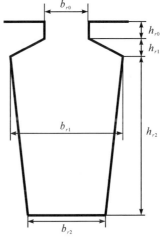

图 3-30　转子槽形

3.5.2　传统磁路法计算过程

传统磁路法计算感应发电机的具体计算流程如图 3-14 所示。

以额定电压工况为例，感应发电机功率绕组基波感应电势 $E_1=94\text{V}$，功率绕组采用短距双层绕组，斜一个定子槽距，其基波绕组系数 K_{dp1} 为

$$
\begin{aligned}
K_{dp1} &= K_{d1} K_{p1} K_{sk} \\
&= 1 \times \sin\left(\frac{5}{6} \times \frac{\pi}{2}\right) \times \frac{\sin(\pi/24)}{\pi/24} \\
&= 0.9632
\end{aligned}
\tag{3.5.1}
$$

式中，K_{d1} 为分布系数，K_{p1} 为短距系数，K_{sk} 为斜槽系数。设置齿部饱和系数初值 $K_s = 1.2$，根据图 3-8 和图 3-9 得到计算极弧系数 $\alpha_p' = 0.68$，气隙磁场波形系数 $K_{Nm1} = 1.10^{[28]}$，根据式（3.2.4）与（3.2.5），气隙磁密最大值 B_δ 的计算公式为

$$
B_\delta = \frac{E_1}{4 K_{Nm1} K_{dp1} f_1 N_s \alpha_p' \tau l_{ef}}
\tag{3.5.2}
$$

式中，极距 $\tau = 196.4\mathrm{mm}$，基波频率 $f_1 = 50\mathrm{Hz}$，电枢轴向计算长度 $l_{ef} = 151.2\mathrm{mm}$，则气隙磁密最大值 $B_\delta = 0.6104\mathrm{T}$。

（1）气隙磁压降

气隙系数 $K_\delta = 1.16$，则气隙磁压降 F_δ 为

$$
F_\delta = \frac{K_\delta \delta B_\delta}{\mu_0} = 338.4\mathrm{At}
\tag{3.5.3}
$$

（2）定子齿部磁压降

对于定子齿部磁路，定子铁心为叠片式结构，叠压系数 $K_{Fe1} = 0.96$，铁心长 $l_{t1}' = 150\mathrm{mm}$，定子齿距 $t_1 = 16.36\mathrm{mm}$，定子等效齿宽 $b_{t1} = 7.8\mathrm{mm}$，则定子齿部磁密 B_{t1} 为

$$
B_{t1} = \frac{B_\delta l_{ef} t_1}{K_{Fe1} l_{t1}' b_{t1}} = 1.340\mathrm{T}
\tag{3.5.4}
$$

根据定子铁心材料 BH 曲线，查表得到定子齿部磁场强度 $H_{t1} = 1011\mathrm{A/m}$，定子齿部磁路计算长度 $L_{t1} = (0.8 + 1.2 + 13 + 5.25/3)\mathrm{mm} = 16.75\mathrm{mm}$（见图 3-29 所示的定子槽形），则定子齿部磁压降 F_{t1} 为

$$
F_{t1} = H_{t1} L_{t1} = 16.92\mathrm{At}
\tag{3.5.5}
$$

（3）定子轭部磁压降

定子轭部计算高度 $h_{j1}' = 31.5\mathrm{mm}$，则定子轭部最大磁密 B_{j1} 为

$$
B_{j1} = \frac{B_\delta \alpha_p' \tau l_{ef}}{2 K_{Fe1} l_{t1}' h_{j1}'} = 1.358\mathrm{T}
\tag{3.5.6}
$$

根据定子铁心材料 BH 曲线，查表得到定子轭部最大磁场强度 $H_{j1} = 1083\mathrm{A/m}$，定子轭部磁路计算长度 $l_{j1} = 125.8\mathrm{mm}$，根据电机设计手册查表得到定子轭部磁压降校正系数 $C_{j1} = 0.5013^{[28]}$，则定子轭部磁压降 F_{j1} 为

$$F_{j1} = C_{j1} H_{j1} L_{j1} = 68.29 \text{At} \tag{3.5.7}$$

（4）转子齿部磁压降

对于转子齿部磁路，转子铁心为整体式结构，叠压系数 $K_{Fe2} = 1$，铁心长 $l'_{t2} = 150\text{mm}$，转子齿距 $t_2 = 17.76\text{mm}$，转子等效齿宽 $b_{t2} = 10.2\text{mm}$，则转子齿部磁密 B_{t2} 为

$$B_{t2} = \frac{B_\delta l_{ef} t_2}{K_{Fe2} l'_{t2} b_{t2}} = 1.081 \text{T} \tag{3.5.8}$$

根据转子铁心材料 BH 曲线，查表得到转子齿部磁场强度 $H_{t2} = 1504\text{A/m}$，转子齿部磁路长度 $L_{t2} = 18\text{mm}$（见图 3-30 所示的转子槽形），则转子齿部磁压降 F_{t2} 为

$$F_{t2} = H_{t2} L_{t2} = 27.08 \text{At} \tag{3.5.9}$$

（5）转子轭部磁压降

转子轭部计算高度 $h'_{j2} = 66.4\text{mm}$，则转子轭部最大磁密 B_{j2} 为

$$B_{j2} = \frac{B_\delta \alpha'_p \tau l_{ef}}{2 K_{Fe2} l'_{t2} h'_{j2}} = 0.6186 \text{T} \tag{3.5.10}$$

根据转子铁心材料 BH 曲线，查表得到转子轭部最大磁场强度 $H_{j2} = 1135\text{A/m}$。转子轭部磁路计算长度 $L_{j2} = 5.75\text{mm}$，根据电机设计手册查表得到转子轭部磁压降校正系数 $C_{j2} = 0.6366$，则转子轭部磁压降 F_{j2} 为

$$F_{j2} = C_{j2} H_{j2} L_{j2} = 41.54 \text{At} \tag{3.5.11}$$

根据上述磁路计算结果，总磁压降 F_Σ 为

$$F_\Sigma = F_\delta + F_{t1} + F_{j1} + F_{t2} + F_{j2} = 491.8 \text{At} \tag{3.5.12}$$

经过一次迭代后的齿部饱和系数 K'_s 的计算结果为

$$K'_s = \frac{F_\delta + F_{t1} + F_{t2}}{F_\delta} = 1.129 \tag{3.5.13}$$

若齿部饱和系数计算值 K'_s 与初始值 K_s 两者的误差满足精度要求，则磁路计算结束；若不满足精度要求，则调整齿部饱和系数为 $K_s = K'_s$，重复上述磁路计算过程，直至满足精度要求为止。

3.5.3　分布磁路法计算过程

感应发电机负载工况的分布磁路法计算流程如图 3-20 所示。设定分布磁路法周向分块数 $N = 27$，则气隙中心线上对应 $N+1 = 28$ 个等间隔节点。功率绕组基波励磁电流 $I_{m1} = 5.34\text{A}$，根据功率绕组分布形式，励磁磁势幅值 F 为

$$F = \frac{M\sqrt{2}}{\pi} \frac{N_s K_{dp1}}{p} I_{m1} = 501.5\mathrm{At} \qquad (3.5.14)$$

以磁极中线为电角度 $0°$,则半个极区域下的励磁磁势波形如图 3-31 所示。

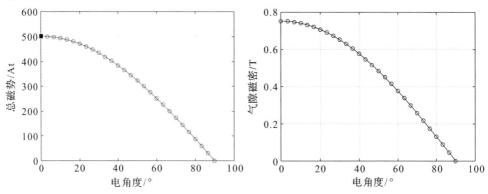

图 3-31　半个极区域下的励磁磁势波形　　　图 3-32　气隙磁密初值 $B_{\delta 0}$ 的波形

在励磁磁势波形的基础上,根据式(3.3.3)确定气隙磁密初值 $B_{\delta 0}$ 的波形,如图 3-32 所示。利用气隙磁密初值 $B_{\delta 0}$,根据第 3.3.4 节计算各回路的总磁压降,并与励磁磁势对比,结果如图 3-33 所示。

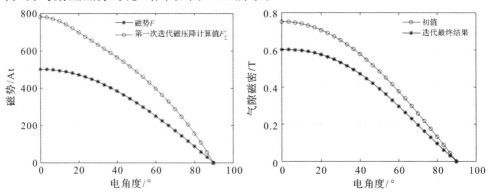

图 3-33　各回路的总磁压降计算波形　　　图 3-34　气隙磁密初值和迭代最终结果

由图 3-33 可知,在气隙磁密初值基础上进行一次计算后,励磁磁势与总磁压降计算值存在明显误差,应根据式(3.3.13)对气隙磁密进行修正,然后重复磁路计算过程,直至满足精度要求为止。设定式(3.3.12)中迭代误差限值 ε 为 0.1%,气隙磁密初值与迭代最终结果的对比如图 3-34 所示。

3.5.4　两类磁路计算方法结果对比

原理样机 12 相功率绕组感应电势与励磁电流关系曲线如图 3-35 所示,图中包含传统磁路法与分布磁路法计算结果以及有限元仿真结果。图 3-36 以有限元仿真结果为参考基准,给出了传统磁路法、分布磁路法两种方法的计算误差。

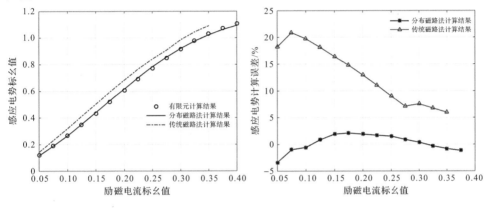

图 3-35　感应电势与励磁电流关系曲线　　　图 3-36　不同磁路计算方法误差对比

由图 3-35 与图 3-36 可知,由于分布磁路法能够充分考虑磁路饱和影响,同时不存在经验系数等降低计算精度的因素,因此其计算准确性明显高于传统磁路法。

利用分布磁路法还可以对感应发电机空载工况下的气隙磁密波形进行定量计算,在此基础上可通过傅里叶变换分析气隙磁密的空间谐波特性。利用分布磁路法计算得到的气隙磁密波形如图 3-37 与图 3-38 所示。图 3-37 为饱和程度较低的情况,气隙磁密基本只有基波分量。图 3-38 对应饱和程度较高的情况,气隙磁密中出现了较为明显的 3、5、7 次等奇数次谐波分量。在图 3-37 与图 3-38 中,励磁电流以功率绕组额定相电流的有效值为基值。

通过以上计算结果的对比可知,在针对感应发电机的磁路计算方法中,传统磁路法精度相对较差,不能对电机内部磁路的空间分布特征进行准确描述;而分布磁路法由于不依赖经验系数,不仅计算精度较高,而且可以得到气隙磁密等磁路变量的空间分布,这为进一步分析磁路饱和特性、电机励磁谐波特性等提供了基础,从而使得计算结果更为完整。

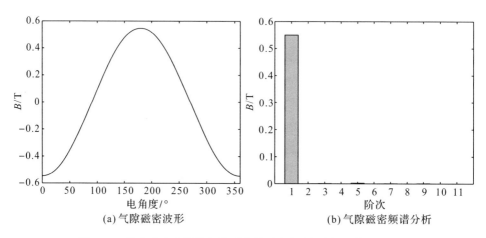

图 3-37　分布磁路法计算气隙磁密结果(励磁电流标幺值 **0.25pu**)

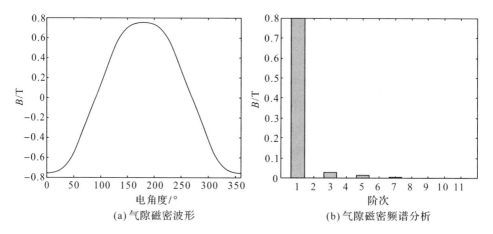

图 3-38　分布磁路法计算气隙磁密结果(励磁电流标幺值 **0.4pu**)

第4章　多相整流同步发电机系统数学模型及参数

由于 3 相整流同步发电机整流输出电压脉动系数过大,因而除了小容量的整流发电机外,大多数整流发电机采用多相结构。多相整流发电机是指相数为 $M=n\times m(n=2,3,4,\cdots;m=3)$,即 6 相、9 相、12 相等多相带整流装置的同步发电机。为了减小整流电压脉动系数,多相整流同步发电机电枢绕组宜采用 n 个星型接法互移 $180°/M$ 电角度的半对称结构。

本章以 12 相整流同步发电机为例($n=4$),定子 12 相电枢绕组采用 4Y 互移 $15°$ 电角度的绕组形式,4 套 3 相绕组中性点未连接在一起,每个 3 相绕组分别外接一个 3 相整流桥,4 套 3 相整流桥在直流侧的连接方式可根据需求采用并联、串联或串并混联等多种接法。

4.1　多相整流同步发电机的数学模型

4.1.1　假设条件及正方向的选择

与常规同步发电机相比(见第 2 章介绍),多相整流发电机除了定子结构有差异,其转子也会有一定的区别。为了改善其运行稳定性,在常规同步发电机转子设置的励磁绕组(fd)、d 轴阻尼绕组(kd)和 q 轴阻尼绕组(kq)三套绕组基础上,还会布置 q 轴稳定绕组(fq)(见第 2.2 节)。为了简化分析过程,并确保一定的分析精度,对 12 相发电机的物理状态作如下基本假设[29]:

①忽略铁心材料的饱和、磁滞及涡流的影响,不计导线的集肤效应;

②忽略空间谐波磁场的影响,气隙磁场按正弦分布;

③忽略定、转子齿槽影响,认为定子和转子表面光滑;

④将转子上的阻尼回路看成两组等效的阻尼绕组,即 d 轴阻尼绕组和 q 轴阻尼绕组。

正方向的规定如下:

①定子绕组电路采用发电机惯例,转子绕组电路采用电动机惯例;

②正方向的定子电流产生负的磁链,正方向的转子电流产生正的磁链;

③转子旋转正方向为逆时针方向,q 轴正方向领先 d 轴正方向 90° 电角度。

12 相电枢绕组(4Y 互移 15°电角度)各 Y 对称,绕组示意图及正方向的规定如图 4-1 所示,图中每个 3 相绕组中性点独立且不引出。以 Y_1 为参考时,Y_2、Y_3 和 Y_4 依次滞后 Y_1 绕组 15°、30°和 45°电角度。定子相绕组轴线与转子轴线的相对位置如图 4-2 所示[30],θ 为转子 d 轴与定子 a_1 相绕组轴线的夹角(电角度)。

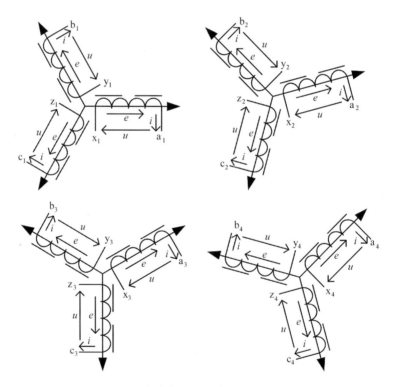

图 4-1　12 相电枢绕组示意及正方向的规定

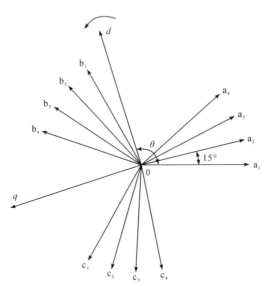

图 4-2　定子相绕组轴线与转子轴线的相对位置

4.1.2　a,b,c 坐标系的基本方程

a,b,c 坐标系下的磁链、电压、电流参数可表示为[31]

$$\boldsymbol{\Psi}_{abc} = \begin{bmatrix} \Psi_{a1} & \Psi_{b1} & \Psi_{c1} & \Psi_{a2} & \Psi_{b2} & \Psi_{c2} & \Psi_{a3} & \Psi_{b3} & \Psi_{c3} & \Psi_{a4} & \Psi_{b4} & \Psi_{c4} & \Psi_{fd} \\ \Psi_{kd} & \Psi_{fq} & \Psi_{kq} \end{bmatrix}^{\mathrm{T}} \tag{4.1.1}$$

$$\boldsymbol{u}_{abc} = \begin{bmatrix} u_{a1} & u_{b1} & u_{c1} & u_{a2} & u_{b2} & u_{c2} & u_{a3} & u_{b3} & u_{c3} & u_{a4} & u_{b4} & u_{c4} & u_{fd} & u_{kd} \\ u_{fq} & u_{kq} \end{bmatrix}^{\mathrm{T}} \tag{4.1.2}$$

$$\boldsymbol{i}_{abc} = \begin{bmatrix} i_{a1} & i_{b1} & i_{c1} & i_{a2} & i_{b2} & i_{c2} & i_{a3} & i_{b3} & i_{c3} & i_{a4} & i_{b4} & i_{c4} & i_{fd} & i_{kd} & i_{fq} & i_{kq} \end{bmatrix}^{\mathrm{T}} \tag{4.1.3}$$

式中，$u_{kd}=u_{kq}=0, u_{fq}=0$（$q$ 轴稳定绕组 fq 短路）。相应的磁链方程与电压方程为

$$\boldsymbol{\Psi}_{abc} = \boldsymbol{L}_{abci} \boldsymbol{i}_{abc} \tag{4.1.4}$$

$$\boldsymbol{u}_{abc} = \mathrm{p}\boldsymbol{\Psi}_{abc} - \boldsymbol{R}_{abc}\boldsymbol{i}_{abc} \tag{4.1.5}$$

式中，

$$\boldsymbol{L}_{abc} = \begin{bmatrix} \boldsymbol{L}_{11} & \boldsymbol{L}_{12} & \boldsymbol{L}_{13} & \boldsymbol{L}_{14} & \boldsymbol{L}_{1r} \\ \boldsymbol{L}_{21} & \boldsymbol{L}_{22} & \boldsymbol{L}_{23} & \boldsymbol{L}_{24} & \boldsymbol{L}_{2r} \\ \boldsymbol{L}_{31} & \boldsymbol{L}_{32} & \boldsymbol{L}_{33} & \boldsymbol{L}_{34} & \boldsymbol{L}_{3r} \\ \boldsymbol{L}_{41} & \boldsymbol{L}_{42} & \boldsymbol{L}_{43} & \boldsymbol{L}_{44} & \boldsymbol{L}_{4r} \\ -\boldsymbol{L}_{1r}^{\mathrm{T}} & -\boldsymbol{L}_{2r}^{\mathrm{T}} & -\boldsymbol{L}_{3r}^{\mathrm{T}} & -\boldsymbol{L}_{4r}^{\mathrm{T}} & \boldsymbol{L}_{rr} \end{bmatrix}$$

$$\boldsymbol{L}_{ij} = \boldsymbol{L}_{ji}^{\mathrm{T}}, \quad i \neq j, i,j = 1,2,3,4$$

$$\boldsymbol{L}_{ij} = \begin{bmatrix} -L_{aiaj} & -L_{aibj} & -L_{aicj} \\ -L_{biaj} & -L_{bibj} & -L_{bicj} \\ -L_{ciaj} & -L_{cibj} & -L_{cicj} \end{bmatrix}, \quad i,j = 1,2,3,4$$

$$\boldsymbol{L}_{ir} = \begin{bmatrix} L_{aifd} & L_{aikd} & L_{aifq} & L_{aikq} \\ L_{bifd} & L_{bikd} & L_{bifq} & L_{bikq} \\ L_{cifd} & L_{cikd} & L_{cifq} & L_{cikq} \end{bmatrix}, \quad i = 1,2,3,4$$

$$\boldsymbol{L}_{rr} = \begin{bmatrix} L_{fd} & L_{fdkd} & 0 & 0 \\ L_{fdkd} & L_{kd} & 0 & 0 \\ 0 & 0 & L_{fq} & L_{fqkq} \\ 0 & 0 & L_{fqkq} & L_{kq} \end{bmatrix}$$

$$\boldsymbol{R}_{abc} = \mathrm{diag}(r_s, r_s, r_s, r_s, r_s, r_s, r_s, r_s, r_s, r_s, r_s, r_s, -r_{fd}, -r_{kd}, -r_{fq}, -r_{kq})$$

上标 T 表示矩阵的转置。$i=1,2,3,4; j=1,2,3,4$。$r_s, r_{fd}, r_{kd}, r_{fq}$ 和 r_{kq} 分别为定子绕组、转子励磁绕组、d 轴阻尼绕组、q 轴稳定绕组和 q 轴阻尼绕组的电阻。p 为对时间的微分算子。下标 fd 代表励磁绕组的量，kd 代表 d 轴阻尼绕组的量，fq 代表 q 轴稳定绕组的量，kq 代表 q 轴阻尼绕组的量。以上电感矩阵中各量的详细表达式为

$$\begin{cases} L_{aiai} = L_{ss} + L_{\delta 0} + L_{\delta 2} \cos 2[\theta - (i-1)15°] \\ L_{bibi} = L_{ss} + L_{\delta 0} + L_{\delta 2} \cos 2[\theta - 120° - (i-1)15°] \\ L_{cici} = L_{ss} + L_{\delta 0} + L_{\delta 2} \cos 2[\theta + 120° - (i-1)15°] \end{cases} \quad (4.1.6)$$

$$\begin{cases} \begin{aligned} L_{aiaj} = L_{ajai} &= L_{s(j-i)} + L_{\delta 0} \cos(j-i)15° \\ &\quad + L_{\delta 2} \cos 2\Big[\theta - \Big(\frac{i+j}{2} - 1\Big)15°\Big], \quad i < j \end{aligned} \\ \begin{aligned} L_{bibj} = L_{bjbi} &= L_{s(j-i)} + L_{\delta 0} \cos(j-i)15° + \\ &\quad L_{\delta 2} \cos 2\Big[\theta - 120° - \Big(\frac{i+j}{2} - 1\Big)15°\Big], \quad i < j \end{aligned} \\ \begin{aligned} L_{cicj} = L_{cjci} &= L_{s(j-i)} + L_{\delta 0} \cos(j-i)15° \\ &\quad + L_{\delta 2} \cos 2\Big[\theta + 120° - \Big(\frac{i+j}{2} - 1\Big)15°\Big], \quad i < j \end{aligned} \end{cases} \quad (4.1.7)$$

$$
\begin{cases}
L_{aibj} = L_{bjai} = L_{s(8+j-i)} + L_{\delta0}\cos[120° - (i-j)15°] \\
\qquad\qquad + L_{\delta2}\cos2\left[\theta + 120° - \left(\dfrac{i+j}{2} - 1\right)15°\right] \\
L_{bicj} = L_{cjbi} = L_{s(8+j-i)} + L_{\delta0}\cos[120° - (i-j)15°] \\
\qquad\qquad + L_{\delta2}\cos2\left[\theta - \left(\dfrac{i+j}{2} - 1\right)15°\right] \\
L_{ciaj} = L_{ajci} = L_{s(8+j-i)} + L_{\delta0}\cos[120° - (i-j)15°] \\
\qquad\qquad + L_{\delta2}\cos2\left[\theta - 120° - \left(\dfrac{i+j}{2} - 1\right)15°\right]
\end{cases}
\tag{4.1.8}
$$

$$
\begin{cases}
L_{ajfd} = L_{afd}\cos[\theta - (i-1)15°] \\
L_{bifd} = L_{afd}\cos[\theta - 120° - (i-1)15°] \\
L_{cifd} = L_{afd}\cos[\theta + 120° - (i-1)15°]
\end{cases}
\tag{4.1.9}
$$

$$
\begin{cases}
L_{ajkd} = L_{akd}\cos[\theta - (i-1)15°] \\
L_{bikd} = L_{akd}\cos[\theta - 120° - (i-1)15°] \\
L_{cikd} = L_{akd}\cos[\theta + 120° - (i-1)15°]
\end{cases}
\tag{4.1.10}
$$

$$
\begin{cases}
L_{ajfq} = -L_{afq}\sin[\theta - (i-1)15°] \\
L_{bifq} = -L_{afq}\sin[\theta - 120° - (i-1)15°] \\
L_{cifq} = -L_{afq}\sin[\theta + 120° - (i-1)15°]
\end{cases}
\tag{4.1.11}
$$

$$
\begin{cases}
L_{aikq} = -L_{akq}\sin[\theta - (i-1)15°] \\
L_{bikq} = -L_{akq}\sin[\theta - 120° - (i-1)15°] \\
L_{cikq} = -L_{akq}\sin[\theta + 120° - (i-1)15°]
\end{cases}
\tag{4.1.12}
$$

$$
\begin{cases}
L_{\delta0} = \dfrac{1}{2}(L_{ad\varphi} + L_{aq\varphi}) \\
L_{\delta2} = \dfrac{1}{2}(L_{ad\varphi} - L_{aq\varphi})
\end{cases}
\tag{4.1.13}
$$

$$
i,j = 1,2,3,4
$$

式中,

L_{ss}——定子各相绕组自漏感;

L_{sk}——相差 $k \times 15°$ 的定子两相绕组间的互漏感,考虑到 15°相带的关系,有 $L_{sk} = -L_{s(12-k)}$,$k = 1 \sim 11$;

$L_{\delta0}$——定子相绕组自感和互感系数的零次谐波分量幅值;

$L_{\delta2}$——定子相绕组自感和互感系数的二次谐波分量幅值;

$L_{ad\varphi}$——定子相绕组轴线和转子 d 轴重合时,该相绕组的电枢反应电感;

$L_{aq\varphi}$——定子相绕组轴线和转子 q 轴重合时,该相绕组的电枢反应电感;

L_{afd}——定子相绕组与转子励磁绕组在轴线重合时的互感;

L_{akd}——定子相绕组与转子 d 轴阻尼绕组在轴线重合时的互感;

L_{afq}——定子相绕组与转子 q 轴稳定绕组在轴线重合时的互感;

L_{akq}——定子相绕组与转子 q 轴阻尼绕组在轴线重合时的互感。

以上各物理量均以实在值表示。

4.1.3 $d,q,0$ 坐标系的基本方程

4.1.3.1 变换矩阵

应用推广的 3 相电机的 Park 变换,对 a,b,c 坐标系下的磁链方程(4.1.4)和电压方程(4.1.5)进行坐标变换,并取变换矩阵

$$
\boldsymbol{C}_{dq0}^{abc}(\theta) = \begin{bmatrix} \boldsymbol{C}_{11} & & & & \\ & \boldsymbol{C}_{22} & & & \\ & & \boldsymbol{C}_{33} & & \\ & & & \boldsymbol{C}_{44} & \\ & & & & \boldsymbol{I} \end{bmatrix} \tag{4.1.14}
$$

式中,$\boldsymbol{I}$ 为 4×4 的单位矩阵,

$$
\boldsymbol{C}_{ii} = \frac{2}{3} \begin{bmatrix} \cos[\theta-(i-1)15°] & \cos[\theta-120°-(i-1)15°] & \cos[\theta+120°-(i-1)15°] \\ -\sin[\theta-(i-1)15°] & -\sin[\theta-120°-(i-1)15°] & -\sin[\theta+120°-(i-1)15°] \\ \frac{1}{2} & \frac{1}{2} & \frac{1}{2} \end{bmatrix}
$$

其中,$i=1,2,3,4$。

$$
\boldsymbol{C}_{abc}^{dq0}(\theta) = \left[\boldsymbol{C}_{dq0}^{abc}(\theta)\right]^{-1} = \begin{bmatrix} \boldsymbol{C}_{11}^{-1} & & & & \\ & \boldsymbol{C}_{22}^{-1} & & & \\ & & \boldsymbol{C}_{33}^{-1} & & \\ & & & \boldsymbol{C}_{44}^{-1} & \\ & & & & \boldsymbol{I} \end{bmatrix} \tag{4.1.15}
$$

式中,

$$
\boldsymbol{C}_{ii}^{-1} = \begin{bmatrix} \cos[\theta-(i-1)15°] & -\sin[\theta-(i-1)15°] & 1 \\ \cos[\theta-120°-(i-1)15°] & -\sin[\theta-120°-(i-1)15°] & 1 \\ \cos[\theta+120°-(i-1)15°] & -\sin[\theta+120°-(i-1)15°] & 1 \end{bmatrix},
$$
$$
i = 1,2,3,4
$$

4.1.3.2　磁链和电压的参数方程

利用推广的 Park 变换得到 $d,q,0$ 坐标系的磁链方程和电压方程

$$\boldsymbol{\Psi}_{dq0} = \boldsymbol{L}_{dq0}\boldsymbol{i}_{dq0} \tag{4.1.16}$$

$$\boldsymbol{u}_{dq0} = \mathrm{p}\boldsymbol{\Psi}_{dq0} + \boldsymbol{A}\boldsymbol{\Psi}_{dq0}\mathrm{p}\theta - \boldsymbol{R}_{dq0}\boldsymbol{i}_{dq0} \tag{4.1.17}$$

式中，

$$\boldsymbol{\Psi}_{dq0} = \boldsymbol{C}_{dq0}^{abc}(\theta)\boldsymbol{\Psi}_{abc}$$

$$= \begin{bmatrix} \boldsymbol{\Psi}_{d1} & \boldsymbol{\Psi}_{q1} & \boldsymbol{\Psi}_{01} & \boldsymbol{\Psi}_{d2} & \boldsymbol{\Psi}_{q2} & \boldsymbol{\Psi}_{02} & \boldsymbol{\Psi}_{d3} & \boldsymbol{\Psi}_{q3} & \boldsymbol{\Psi}_{03} & \boldsymbol{\Psi}_{d4} & \boldsymbol{\Psi}_{q4} & \boldsymbol{\Psi}_{04} \\ \boldsymbol{\Psi}_{fd} & \boldsymbol{\Psi}_{kd} & \boldsymbol{\Psi}_{fq} & \boldsymbol{\Psi}_{kq} \end{bmatrix}^{\mathrm{T}}$$

$$\boldsymbol{i}_{dq0} = \boldsymbol{C}_{dq0}^{abc}(\theta)\boldsymbol{i}_{abc}$$

$$= \begin{bmatrix} i_{d1} & i_{q1} & i_{01} & i_{d2} & i_{q2} & i_{02} & i_{d3} & i_{q3} & i_{03} & i_{d4} & i_{q4} & i_{04} & i_{fd} & i_{kd} & i_{fq} & i_{kq} \end{bmatrix}^{\mathrm{T}}$$

$$\boldsymbol{u}_{dq0} = \boldsymbol{C}_{dq0}^{abc}(\theta)\boldsymbol{u}_{abc}$$

$$= \begin{bmatrix} u_{d1} & u_{q1} & u_{01} & u_{d2} & u_{q2} & u_{02} & u_{d3} & u_{q3} & u_{03} & u_{d4} & u_{q4} & u_{04} & u_{fd} & 0 \\ 0 & 0 \end{bmatrix}^{\mathrm{T}}$$

$$\boldsymbol{A} = \begin{bmatrix} \boldsymbol{A}_{11} & & & & \\ & \boldsymbol{A}_{22} & & & \\ & & \boldsymbol{A}_{33} & & \\ & & & \boldsymbol{A}_{44} & \\ & & & & \boldsymbol{0} \end{bmatrix}$$

$\boldsymbol{0}$ 为 4×4 的零矩阵。

$$\boldsymbol{A}_{ii} = \begin{bmatrix} 0 & -1 & 0 \\ 1 & 0 & 0 \\ 0 & 0 & 0 \end{bmatrix}, \quad i = 1,2,3,4$$

$$\boldsymbol{R}_{dq0} = \boldsymbol{R}_{abc} \tag{4.1.18}$$

$$\boldsymbol{L}_{dq0} = \boldsymbol{C}_{dq0}^{abc}(\theta)\boldsymbol{L}_{abc}\boldsymbol{C}_{abc}^{dq0}(\theta) = \begin{bmatrix} \boldsymbol{D}_{11} & \boldsymbol{D}_{12} & \boldsymbol{D}_{13} & \boldsymbol{D}_{14} & \boldsymbol{D}_{1r} \\ \boldsymbol{D}_{21} & \boldsymbol{D}_{22} & \boldsymbol{D}_{23} & \boldsymbol{D}_{24} & \boldsymbol{D}_{2r} \\ \boldsymbol{D}_{31} & \boldsymbol{D}_{32} & \boldsymbol{D}_{33} & \boldsymbol{D}_{34} & \boldsymbol{D}_{3r} \\ \boldsymbol{D}_{41} & \boldsymbol{D}_{42} & \boldsymbol{D}_{43} & \boldsymbol{D}_{44} & \boldsymbol{D}_{4r} \\ -\boldsymbol{D}_{r1} & -\boldsymbol{D}_{r2} & -\boldsymbol{D}_{r3} & -\boldsymbol{D}_{r4} & \boldsymbol{L}_{rr} \end{bmatrix} \tag{4.1.19}$$

式中，

$$\boldsymbol{D}_{ii} = \mathrm{diag}(-L_{dy}, -L_{qy}, -L_{0y}), \quad i = 1,2,3,4$$

$$\boldsymbol{D}_{12} = \boldsymbol{D}_{23} = \boldsymbol{D}_{34} = \begin{bmatrix} -L_{dm1} & L_{dqm1} & 0 \\ -L_{dqm1} & -L_{qn1} & 0 \\ 0 & 0 & -L_{0m1} \end{bmatrix}$$

$$\boldsymbol{D}_{13} = \boldsymbol{D}_{24} = \begin{bmatrix} -L_{dm2} & L_{dqm2} & 0 \\ -L_{dqm2} & -L_{qn2} & 0 \\ 0 & 0 & -L_{0m2} \end{bmatrix}$$

$$\boldsymbol{D}_{14} = \begin{bmatrix} -L_{dm3} & L_{dqm3} & 0 \\ -L_{dqm3} & -L_{qn3} & 0 \\ 0 & 0 & -L_{0m3} \end{bmatrix}$$

$$\boldsymbol{D}_{ji} = \boldsymbol{D}_{ij}^{\mathrm{T}}, \quad i,j = 1,2,3,4$$

$$\boldsymbol{D}_{ir} = \begin{bmatrix} L_{afd} & L_{akd} & 0 & 0 \\ 0 & 0 & L_{afq} & L_{akq} \\ 0 & 0 & 0 & 0 \end{bmatrix}, \quad i = 1,2,3,4$$

$$\boldsymbol{D}_{ri} = \left(\frac{3}{2}\boldsymbol{D}_{ir}\right)^{\mathrm{T}} = \begin{bmatrix} L_{afdy} & 0 & 0 \\ L_{akdy} & 0 & 0 \\ 0 & L_{afqy} & 0 \\ 0 & L_{akqy} & 0 \end{bmatrix}, \quad i = 1,2,3,4$$

式中,下标 y 表示单 Y 绕组的参数;下标 m_1, m_2, m_3 分别表示相差 $15°, 30°, 45°$ 电角度的两 Y 绕组的互感参数;下标 s 表示漏电感。以上电感矩阵中各量的详细表达式为

$$L_{dy} = L_{sy} + L_{ady}, \quad L_{qy} = L_{sy} + L_{aqy}, \quad L_{0y} = L_{ss} + 2L_{s8}$$

$$L_{dm1} = L_{sn1} + L_{ady}, \quad L_{dm2} = L_{sn2} + L_{ady}, \quad L_{dm3} = L_{sn3} + L_{ady}$$

$$L_{qn1} = L_{sn1} + L_{aqy}, \quad L_{qn2} = L_{sn2} + L_{aqy}, \quad L_{qn3} = L_{sn3} + L_{aqy}$$

$$L_{0m1} = L_{s1} + L_{s7} + L_{s9}, \quad L_{0m2} = L_{s2} + L_{s6} + L_{s10} = L_{s6},$$

$$L_{0m3} = L_{s11} + L_{s3} + L_{s5} = -L_{0m1}$$

$$\begin{cases} L_{dqm1} = L_{s1}\sin15° - L_{s7}\sin105° + L_{s9}\sin135° \\ L_{dqm2} = L_{s2}\sin30° + L_{s10}\sin150° - L_{s6}\sin90° = -L_{s6} \\ L_{dqm3} = L_{s11}\sin165° + L_{s3}\sin45° - L_{s5}\sin75° = -L_{dqm1} \end{cases}$$

$$\begin{cases} L_{sy} = L_{ss}\cos0° + L_{s8}\cos120° + L_{s8}\cos120° = L_{ss} - L_{s8} \\ L_{sn1} = L_{s1}\cos15° + L_{s9}\cos135° + L_{s7}\cos105° \\ L_{sn2} = L_{s2}\cos30° + L_{s10}\cos150° + L_{s6}\cos90° = 2L_{s2}\cos30° \\ L_{sn3} = L_{s3}\cos45° + L_{s11}\cos165° + L_{s5}\cos75° = L_{sn1} \end{cases}$$

$$L_{ady} = \frac{3}{2}L_{ad\varphi}, \quad L_{aqy} = \frac{3}{2}L_{aq\varphi}$$

$$L_{afdy} = \frac{3}{2}L_{afd}, \quad L_{akdy} = \frac{3}{2}L_{akd}, \quad L_{afqy} = \frac{3}{2}L_{afq}, \quad L_{akqy} = \frac{3}{2}L_{akq}$$

式中,

L_{dy}——单 Y 绕组 d 轴同步电感;

L_{qy}——单 Y 绕组 q 轴同步电感;

L_{0y}——单 Y 绕组零轴电感;

L_{dm1}——相差 15° 的两 Y 绕组的 d 轴间互同步电感;

L_{dm2}——相差 30° 的两 Y 绕组的 d 轴间互同步电感;

L_{dm3}——相差 45° 的两 Y 绕组的 d 轴间互同步电感;

L_{qn1}——相差 15° 的两 Y 绕组的 q 轴间互同步电感;

L_{qn2}——相差 30° 的两 Y 绕组的 q 轴间互同步电感;

L_{qn3}——相差 45° 的两 Y 绕组的 q 轴间互同步电感;

L_{0m1}——相差 15° 的两 Y 绕组的零轴间互同步电感;

L_{0m2}——相差 30° 的两 Y 绕组的零轴间互同步电感;

L_{0m3}——相差 45° 的两 Y 绕组的零轴间互同步电感;

L_{dqm1}——相差 15° 的两 Y 绕组的 d 轴和 q 轴之间互同步电感;

L_{dqm2}——相差 30° 的两 Y 绕组的 d 轴和 q 轴之间互同步电感;

L_{dqm3}——相差 45° 的两 Y 绕组的 d 轴和 q 轴之间互同步电感;

L_{sn1}——相差 15° 的两 Y 绕组的互漏电感;

L_{sn2}——相差 30° 的两 Y 绕组的互漏电感;

L_{sn3}——相差 45° 的两 Y 绕组的互漏电感;

L_{sy}——单 Y 绕组的漏电感,它是由相绕组的自漏感 L_{ss} 和互漏感 L_{s8} 所组成的一个新的电感;

L_{ady}——单 Y 绕组的 d 轴电枢反应电感;

L_{aqy}——单 Y 绕组的 q 轴电枢反应电感。

以上各物理量均以实在值表示。

综合以上分析,在 $d,q,0$ 坐标系中描述 12 相电机的最小参数集为

$\{L_{dy}, L_{qy}, L_{0y}, L_{dm1}(= L_{dm3}), L_{dm2}, L_{qn1}(= L_{qn3}), L_{qn2}, L_{dqm1}(=- L_{dqm3}),$ $L_{dqm2}(=- L_{0m2}), L_{0m1}(=- L_{0m3}), L_{afd}, L_{akd}, L_{afq}, L_{akq}, L_{fd}, L_{fdkd}, L_{kd}, L_{fq}, L_{fqkq},$ $L_{kq}, r_s, r_{fd}, r_{fq}, r_{kd}, r_{kq}\}$

由 12 相电机的最小参数集可知,不同 Y 绕组 d,q 轴之间不解耦,即存在互电感,但从这些互电感的表达式可知,它们的数值很小,属于互漏感性质。对不引出中点的 12 相同步电机(4Y 互移 15°电角度)暂态过程的数值计算表明,不考虑此耦合引起的误差较小,在工程上可以忽略。另一方面,零轴的电感参数也属于漏感性质,对不引出中点的 12 相同步电机也可不考虑。因此,可以忽略 $L_{dqm1}(=-L_{dqm3})$,$L_{dqm2}(=-L_{0m2})$,$L_{0m1}(=-L_{0m3})$ 和 L_{0y},则 12 相同步电机的最小参数集可简化为

$$\{L_{dy},L_{qy},L_{dm1},L_{dm2},L_{qm1},L_{qm2},L_{afd},L_{akd},L_{afq},L_{akq},L_{fd},L_{fdkd},L_{kd},L_{fq},L_{fqkq},$$
$$L_{kq},r_s,r_{fd},r_{fq},r_{kd},r_{kq}\}$$

4.1.4 $d,q,0$ 坐标系基本方程的标幺值形式

在第 4.1.2 节与第 4.1.3 节的基本方程中,各变量都是实在值。用实在值的好处是物理概念明确,单位的量纲清楚,但在实际计算中往往有所不便。因此,在分析和计算电机的许多问题时,经常利用标幺值。

4.1.4.1 同步电机的 x_{ad} 标幺值系统

电机中的标幺值为各电气量的实在值与其对应的基值之比。因而在利用标幺值时,首先要对基值进行选取。对于同步电机定子侧的电气量,其基值一般选取相应量额定值的幅值,例如定子电流基值 I_b、电压基值 U_b 分别为相电流、相电压的额定值的幅值。

对于同步电机转子侧电气量基值的选取,总的原则是通过选取合适的转子侧电气量基值,使电机的磁链方程形式简单。然而对于励磁绕组、q 轴稳定绕组、d 轴阻尼绕组和 q 轴阻尼绕组的电流与电压基值选取,用不同的选取方法可得到不同的标幺值系统。在此仅介绍同步电机分析中最常用的 x_{ad} 标幺值系统,x_{ad} 为 d 轴电枢反应电抗。

x_{ad} 标幺值系统在电机磁链方程中"不同绕组之间的互感标幺值可逆"的基础上,增加了两条约束条件,分别为 d 轴上所有主电感的标幺值都相等、q 轴上所有主电感的标幺值都相等。x_{ad} 标幺值系统从物理概念上可以作以下理解。

①同步发电机的转子以同步转速旋转并且定子各相绕组开路时,基值的励磁电流 I_{fdb} 在定子各相绕组中感应出实在值的幅值为 $x_{ady}I_b$ 的空载电压。x_{ady} 为单 Y 的 d 轴电枢反应电抗,$x_{ady}=\omega L_{ady}$,ω 为同步电角频率。由式(4.1.5)可知,$\omega L_{afd}I_{fdb}=x_{ady}I_b=\omega L_{ady}I_b$,即 $L_{afd}I_{fdb}=L_{ady}I_b$。

②同步发电机的转子以同步转速旋转并且定子各相绕组开路时,基值的 q 轴稳定绕组电流 I_{fqb} 在定子各相绕组中感应出实在值的幅值为 $x_{aqy}I_b$ 的空载电压。x_{aqy} 为单 Y 的 q 轴电枢反应电抗,$x_{aqy}=\omega L_{aqy}$。由式(4.1.5)可知,$\omega L_{afq}I_{fqb}=x_{aqy}I_b=\omega L_{aqy}I_b$,即 $L_{afq}I_{fqb}=L_{aqy}I_b$。

③同步发电机的转子以同步转速旋转并且定子各相绕组开路时,基值的 d 轴或交阻尼绕组电流在定子各相绕组中感应出实在值的幅值为 $x_{ady}I_b$ 或 $x_{aqy}I_b$ 的空载电压,即

d 轴:$L_{akd}I_{kdb}=L_{ady}I_b$,$I_{kdb}$ 为 d 轴阻尼绕组电流基值;

q 轴:$L_{akq}I_{kqb}=L_{aqy}I_b$,$I_{kqb}$ 为 q 轴阻尼绕组电流基值。

在转子侧各绕组的电流基值确定后,可以根据"不同绕组之间的互感标幺值可逆"这一约束来确定对应绕组的电压、磁链和阻抗等物理量的基值。

采用 x_{ad} 标幺值系统后,不仅可以使标幺值形式的互感系数可逆,而且还使有些实在值不相等的互感系数,在标幺值形式下变为相等。

①d 轴上所有绕组的主电感的标幺值都相等:

$$L_{ady}^{*}=L_{afd}^{*}=L_{fda}^{*}=L_{akd}^{*}=L_{kda}^{*}=L_{fd\delta}^{*}=L_{kd\delta}^{*}$$
$$=L_{fdkd\delta}^{*}=L_{kdfd\delta}^{*} \tag{4.1.20}$$

②q 轴上所有绕组的主电感的标幺值都相等:

$$L_{aqy}^{*}=L_{afq}^{*}=L_{fqa}^{*}=L_{akq}^{*}=L_{kqa}^{*}=L_{fq\delta}^{*}=L_{kq\delta}^{*}$$
$$=L_{fqkq\delta}^{*}=L_{kqfq\delta}^{*} \tag{4.1.21}$$

上标 * 表示各量的标幺值。

上述特征可以理解为:在只考虑气隙基波磁场前提下,将转子 d 轴、q 轴各绕组的实际匝数(考虑了转子侧绕组磁势的波形以及绕组因数等对转子侧电流产生的气隙基波磁场的影响)折算成与定子电枢多套多相绕组的匝数(考虑了定子电枢多套多相绕组的基波绕组因数、相数等对定子侧电流产生的气隙基波磁场的影响)相等,相当于将变压器中副边的匝数折算成与原边相同的匝数。按照这样折算后,转子侧 d 轴、q 轴各绕组的主电感分别与定子侧绕组的 d 轴、q 轴电枢反应电感相等。

4.1.4.2　同步电机基本方程的标幺值形式

采用 x_{ad} 标幺值系统,并且考虑到电感的标幺值与额定电角频率下相应电抗的标幺值相等,则可将 $d,q,0$ 坐标系的磁链方程和电压方程的标幺值形式写为

$$\boldsymbol{\Psi}_{dq0}^* = \boldsymbol{X}_{dq0}^* \, \boldsymbol{i}_{dq0}^* \tag{4.1.22}$$

$$\boldsymbol{u}_{dq0}^* = \mathrm{p}\boldsymbol{\Psi}_{dq0}^* + \boldsymbol{A}\boldsymbol{\Psi}_{dq0}^* \, \mathrm{p}\theta - \boldsymbol{R}_{dq0}^* \, \boldsymbol{i}_{dq0}^* \tag{4.1.23}$$

式中,

$$\boldsymbol{\Psi}_{dq0}^* = \begin{bmatrix} \Psi_{d1}^* & \Psi_{q1}^* & \Psi_{01}^* & \Psi_{d2}^* & \Psi_{q2}^* & \Psi_{02}^* & \Psi_{d3}^* & \Psi_{q3}^* & \Psi_{03}^* & \Psi_{d4}^* & \Psi_{q4}^* & \Psi_{04}^* \\ \Psi_{fd}^* & \Psi_{kd}^* & \Psi_{fq}^* & \Psi_{kq}^* \end{bmatrix}^{\mathrm{T}}$$

$$\boldsymbol{i}_{dq0}^* = \begin{bmatrix} i_{d1}^* & i_{q1}^* & i_{01}^* & i_{d2}^* & i_{q2}^* & i_{02}^* & i_{d3}^* & i_{q3}^* & i_{03}^* & i_{d4}^* & i_{q4}^* & i_{04}^* & i_{fd}^* & i_{kd}^* & i_{fq}^* & i_{kq}^* \end{bmatrix}^{\mathrm{T}}$$

$$\boldsymbol{u}_{dq0}^* = \begin{bmatrix} u_{d1}^* & u_{q1}^* & u_{01}^* & u_{d2}^* & u_{q2}^* & u_{02}^* & u_{d3}^* & u_{q3}^* & u_{03}^* & u_{d4}^* & u_{q4}^* & u_{04}^* & u_{fd}^* & 0 \\ 0 & 0 \end{bmatrix}^{\mathrm{T}}$$

$$\boldsymbol{R}_{dq0}^* = \mathrm{diag}(r_s^*, r_s^*, r_s^*, r_s^*, r_s^*, r_s^*, r_s^*, r_s^*, r_s^*, r_s^*, r_s^*, r_s^*, -r_{fd}^*, -r_{kd}^*, -r_{fq}^*, -r_{kq}^*)$$

$$\boldsymbol{X}_{dq0}^* = \begin{bmatrix} \boldsymbol{D}_{11}^* & \boldsymbol{D}_{12}^* & \boldsymbol{D}_{13}^* & \boldsymbol{D}_{14}^* & \boldsymbol{D}_{1r}^* \\ \boldsymbol{D}_{21}^* & \boldsymbol{D}_{22}^* & \boldsymbol{D}_{23}^* & \boldsymbol{D}_{24}^* & \boldsymbol{D}_{2r}^* \\ \boldsymbol{D}_{31}^* & \boldsymbol{D}_{32}^* & \boldsymbol{D}_{33}^* & \boldsymbol{D}_{34}^* & \boldsymbol{D}_{3r}^* \\ \boldsymbol{D}_{41}^* & \boldsymbol{D}_{42}^* & \boldsymbol{D}_{43}^* & \boldsymbol{D}_{44}^* & \boldsymbol{D}_{4r}^* \\ -\boldsymbol{D}_{r1}^* & -\boldsymbol{D}_{r2}^* & -\boldsymbol{D}_{r3}^* & -\boldsymbol{D}_{r4}^* & \boldsymbol{X}_{rr}^* \end{bmatrix}$$

$$\boldsymbol{D}_{ii}^* = \mathrm{diag}(-x_{dy}^*, -x_{qy}^*, -x_{0y}^*), \quad i = 1,2,3,4$$

$$\boldsymbol{D}_{12}^* = \boldsymbol{D}_{23}^* = \boldsymbol{D}_{34}^* = \begin{bmatrix} -x_{dm1}^* & x_{dqm1}^* & 0 \\ -x_{dqm1}^* & -x_{qm1}^* & 0 \\ 0 & 0 & -x_{0m1}^* \end{bmatrix}$$

$$\boldsymbol{D}_{13}^* = \boldsymbol{D}_{24}^* = \begin{bmatrix} -x_{dm2}^* & x_{dqm2}^* & 0 \\ -x_{dqm2}^* & -x_{qm2}^* & 0 \\ 0 & 0 & -x_{0m2}^* \end{bmatrix}$$

$$\boldsymbol{D}_{14}^* = \begin{bmatrix} -x_{dm3}^* & x_{dqm3}^* & 0 \\ -x_{dqm3}^* & -x_{qm3}^* & 0 \\ 0 & 0 & -x_{0m3}^* \end{bmatrix}$$

$$\boldsymbol{D}_{ji}^* = (\boldsymbol{D}_{ij}^*)^{\mathrm{T}}, \quad i,j = 1,2,3,4$$

$$\boldsymbol{D}_{ir}^* = \begin{bmatrix} x_{afd}^* & x_{akd}^* & 0 & 0 \\ 0 & 0 & x_{afq}^* & x_{akq}^* \\ 0 & 0 & 0 & 0 \end{bmatrix}, \quad i = 1,2,3,4$$

$$\boldsymbol{D}_{ri}^{*} = (\boldsymbol{D}_{ir}^{*})^{\mathrm{T}} = \begin{bmatrix} x_{afdy}^{*} & 0 & 0 \\ x_{akdy}^{*} & 0 & 0 \\ 0 & x_{afqy}^{*} & 0 \\ 0 & x_{akqy}^{*} & 0 \end{bmatrix}, \quad i = 1,2,3,4$$

$$\boldsymbol{X}_{rr}^{*} = \begin{bmatrix} x_{fd}^{*} & x_{fdkd}^{*} & 0 & 0 \\ x_{fdkd}^{*} & x_{kd}^{*} & 0 & 0 \\ 0 & 0 & x_{fq}^{*} & x_{fqkq}^{*} \\ 0 & 0 & x_{fqkq}^{*} & x_{kq}^{*} \end{bmatrix}$$

式中，$x_{afd}^{*}=x_{afdy}^{*}=x_{akd}^{*}=x_{akdy}^{*}=x_{ady}^{*}$，$x_{afq}^{*}=x_{afqy}^{*}=x_{akq}^{*}=x_{akqy}^{*}=x_{aqy}^{*}$。

实在值电感矩阵 $\boldsymbol{L}_{dq0}$ 不可逆，但采用 x_{ad} 标幺值系统后，标幺值形式的电抗矩阵 $\boldsymbol{X}_{dq0}^{*}$ 为可逆矩阵。本节从这里开始，一般不加说明的情况下，各量均采用标幺值，并将表示标幺值的 * 省去。

4.1.4.3　同步电机的等效电路

等效电路可以形象地表达电机各绕组之间的耦合关系。为获得 d 轴上各绕组的等效电路，将磁链方程(4.1.22)代入电压方程(4.1.23)，同时忽略不同 Y 绕组 d,q 轴之间的互电抗 x_{dqm1}，x_{dqm2}，x_{dqm3}，整理后得到 d 轴上各绕组电压方程为

$$\begin{bmatrix} u_{d1} \\ u_{d2} \\ u_{d3} \\ u_{d4} \\ u_{fd} \\ 0 \end{bmatrix} = \mathrm{p} \begin{bmatrix} -x_{dy} & -x_{dm1} & -x_{dm2} & -x_{dm3} & x_{afdy} & x_{akdy} \\ -x_{dm1} & -x_{dy} & -x_{dm1} & -x_{dm2} & x_{afdy} & x_{akdy} \\ -x_{dm2} & -x_{dm1} & -x_{dy} & -x_{dm1} & x_{afdy} & x_{akdy} \\ -x_{dm3} & -x_{dm2} & -x_{dm1} & -x_{dy} & x_{afdy} & x_{akdy} \\ -x_{afdy} & -x_{afdy} & -x_{afdy} & -x_{afdy} & x_{fd} & x_{fdkd} \\ -x_{akdy} & -x_{akdy} & -x_{akdy} & -x_{akdy} & x_{fdkd} & x_{kd} \end{bmatrix} \begin{bmatrix} i_{d1} \\ i_{d2} \\ i_{d3} \\ i_{d4} \\ i_{fd} \\ i_{kd} \end{bmatrix}$$

$$+ \begin{bmatrix} -\omega_s \boldsymbol{\Psi}_{q1} \\ -\omega_s \boldsymbol{\Psi}_{q2} \\ -\omega_s \boldsymbol{\Psi}_{q3} \\ -\omega_s \boldsymbol{\Psi}_{q4} \\ 0 \\ 0 \end{bmatrix} - \begin{bmatrix} r_s i_{d1} \\ r_s i_{d2} \\ r_s i_{d3} \\ r_s i_{d4} \\ -r_{fd} i_{fd} \\ -r_{kd} i_{kd} \end{bmatrix} \tag{4.1.24}$$

同理，q 轴上各绕组电压方程为

$$
\begin{bmatrix} u_{q1} \\ u_{q2} \\ u_{q3} \\ u_{q4} \\ 0 \\ 0 \end{bmatrix} = \mathrm{p}
\begin{bmatrix}
-x_{qy} & -x_{qn1} & -x_{qn2} & -x_{qn3} & x_{afqy} & x_{akqy} \\
-x_{qn1} & -x_{qy} & -x_{qn1} & -x_{qn2} & x_{afqy} & x_{akqy} \\
-x_{qn2} & -x_{qn1} & -x_{qy} & -x_{qn1} & x_{afqy} & x_{akqy} \\
-x_{qn3} & -x_{qn2} & -x_{qn1} & -x_{qy} & x_{afqy} & x_{akqy} \\
-x_{afqy} & -x_{afqy} & -x_{afqy} & -x_{afqy} & x_{fq} & x_{fqkq} \\
-x_{akqy} & -x_{akqy} & -x_{akqy} & -x_{akqy} & x_{fqkq} & x_{kq}
\end{bmatrix}
\begin{bmatrix} i_{q1} \\ i_{q2} \\ i_{q3} \\ i_{q4} \\ i_{fq} \\ i_{kq} \end{bmatrix}
$$

$$
+ \begin{bmatrix} \omega_s \Psi_{d1} \\ \omega_s \Psi_{d2} \\ \omega_s \Psi_{d3} \\ \omega_s \Psi_{d4} \\ 0 \\ 0 \end{bmatrix}
- \begin{bmatrix} r_s i_{q1} \\ r_s i_{q2} \\ r_s i_{q3} \\ r_s i_{q4} \\ -r_{fq} i_{fq} \\ -r_{kq} i_{kq} \end{bmatrix}
\qquad (4.1.25)
$$

根据式(4.1.24)画出相应的 d 轴等效电路如图 4-3 所示,根据式(4.1.25)画出相应的 q 轴等效电路如图 4-4 所示。

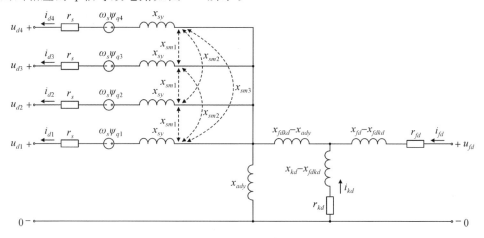

图 4-3　12 相同步发电机的 d 轴等效电路

4.1.4.4　定子磁链的运算方程

对磁链方程(4.1.22)和电压方程(4.1.23)消去转子的量,可求得定子磁链方程的运算形式为

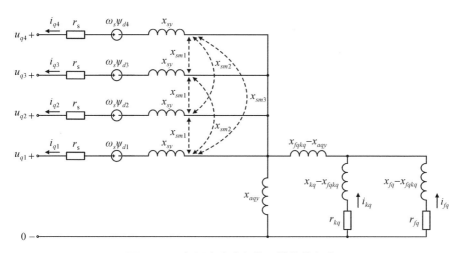

图 4-4　12 相同步发电机的 q 轴等效电路

$$\begin{bmatrix} \Psi_{d1} \\ \Psi_{d2} \\ \Psi_{d3} \\ \Psi_{d4} \end{bmatrix} = \begin{bmatrix} G(p)u_{fd} \\ G(p)u_{fd} \\ G(p)u_{fd} \\ G(p)u_{fd} \end{bmatrix} - \begin{bmatrix} x_{dy}(p) & x_{dm1}(p) & x_{dm2}(p) & x_{dm1}(p) \\ x_{dm1}(p) & x_{dy}(p) & x_{dm1}(p) & x_{dm2}(p) \\ x_{dm2}(p) & x_{dm1}(p) & x_{dy}(p) & x_{dm1}(p) \\ x_{dm1}(p) & x_{dm2}(p) & x_{dm1}(p) & x_{dy}(p) \end{bmatrix} \begin{bmatrix} i_{d1} \\ i_{d2} \\ i_{d3} \\ i_{d4} \end{bmatrix} \quad (4.1.26)$$

$$\begin{bmatrix} \Psi_{q1} \\ \Psi_{q2} \\ \Psi_{q3} \\ \Psi_{q4} \end{bmatrix} = - \begin{bmatrix} x_{qy}(p) & x_{qn1}(p) & x_{qn2}(p) & x_{qn1}(p) \\ x_{qn1}(p) & x_{qy}(p) & x_{qn1}(p) & x_{qn2}(p) \\ x_{qn2}(p) & x_{qn1}(p) & x_{qy}(p) & x_{qn1}(p) \\ x_{qn1}(p) & x_{qn2}(p) & x_{qn1}(p) & x_{qy}(p) \end{bmatrix} \begin{bmatrix} i_{q1} \\ i_{q2} \\ i_{q3} \\ i_{q4} \end{bmatrix} \quad (4.1.27)$$

$$\begin{bmatrix} \Psi_{01} \\ \Psi_{02} \\ \Psi_{03} \\ \Psi_{04} \end{bmatrix} = - \begin{bmatrix} x_{0y}(p) & 0 & 0 & 0 \\ 0 & x_{0y}(p) & 0 & 0 \\ 0 & 0 & x_{0y}(p) & 0 \\ 0 & 0 & 0 & x_{0y}(p) \end{bmatrix} \begin{bmatrix} i_{01} \\ i_{02} \\ i_{03} \\ i_{04} \end{bmatrix} \quad (4.1.28)$$

式中，

$$x_{dy}(p) = x_{dy} - \frac{B_d(p)}{A_d(p)}, x_{dmi}(p) = x_{dmi} - \frac{B_d(p)}{A_d(p)}, \quad i = 1,2$$

$$A_d(p) = p^2(x_{kd}x_{fd} - x_{fdkd}^2) + p(r_{kd}x_{fd} + r_{fd}x_{kd}) + r_{kd}r_{fd}$$

$$B_d(p) = p^2(x_{kd}x_{afdy}^2 - 2x_{fdkd}x_{afdy}x_{akdy} + x_{fd}x_{akdy}^2) + p(r_{kd}x_{afdy}^2 + r_{fd}x_{akdy}^2)$$

$$x_{qy}(p) = x_{qy} - \frac{B_q(p)}{A_q(p)}, x_{qni}(p) = x_{qni} - \frac{B_q(p)}{A_q(p)}, \quad i = 1,2$$

$$A_q(\mathrm{p}) = \mathrm{p}^2(x_{kq}x_{fq} - x_{fqkq}^2) + \mathrm{p}(r_{kq}x_{fq} + r_{fq}x_{kq}) + r_{kq}r_{fq}$$

$$B_q(\mathrm{p}) = \mathrm{p}^2(x_{kq}x_{afqy}^2 - 2x_{fqkq}x_{afqy}x_{akqy} + x_{fq}x_{akqy}^2) + \mathrm{p}(r_{kq}x_{afqy}^2 + r_{fq}x_{akqy}^2)$$

$$G(\mathrm{p}) = \frac{\mathrm{p}(x_{afdy}x_{kd} - x_{akdy}x_{fdkd}) + r_{kd}x_{afdy}}{A_d(\mathrm{p})}$$

单个 Y 绕组的综合参数为

$$x_{dy}'' = \lim_{\substack{r_{fd} \to 0 \\ r_{kd} \to 0}} x_{dy}(\mathrm{p})$$

$$= \lim_{\substack{r_{fd} \to 0 \\ r_{kd} \to 0}} \left[x_{dy} - \frac{\mathrm{p}^2(x_{kd}x_{afdy}^2 - 2x_{fdkd}x_{afdy}x_{akdy} + x_{fd}x_{akdy}^2) + \mathrm{p}(r_{kd}x_{afdy}^2 + r_{fd}x_{akdy}^2)}{\mathrm{p}^2(x_{kd}x_{fd} - x_{fdkd}^2) + \mathrm{p}(r_{kd}x_{fd} + r_{fd}x_{kd}) + r_{kd}r_{fd}} \right]$$

$$= x_{dy} - \frac{x_{kd}x_{afdy}^2 - 2x_{fdkd}x_{afdy}x_{akdy} + x_{fd}x_{akdy}^2}{x_{kd}x_{fd} - x_{fdkd}^2} \tag{4.1.29}$$

$$x_{qy}'' = \lim_{\substack{r_{fq} \to 0 \\ r_{kq} \to 0}} x_{qy}(\mathrm{p})$$

$$= \lim_{\substack{r_{fq} \to 0 \\ r_{kq} \to 0}} \left[x_{qy} - \frac{\mathrm{p}^2(x_{kq}x_{afqy}^2 - 2x_{fqkq}x_{afqy}x_{akqy} + x_{fq}x_{akqy}^2) + \mathrm{p}(r_{kq}x_{afqy}^2 + r_{fq}x_{akqy}^2)}{\mathrm{p}^2(x_{kq}x_{fq} - x_{fqkq}^2) + \mathrm{p}(r_{kq}x_{fq} + r_{fq}x_{kq}) + r_{kq}r_{fq}} \right]$$

$$= x_{qy} - \frac{x_{kq}x_{afqy}^2 - 2x_{fqkq}x_{afqy}x_{akqy} + x_{fq}x_{akqy}^2}{x_{kq}x_{fq} - x_{fqkq}^2} \tag{4.1.30}$$

$$x_{dy}' = \lim_{\substack{r_{fd} \to 0 \\ r_{kd} \to \infty}} x_{dy}(\mathrm{p})$$

$$= \lim_{\substack{r_{fd} \to 0 \\ r_{kd} \to \infty}} \left[x_{dy} - \frac{\mathrm{p}^2(x_{kd}x_{afdy}^2 - 2x_{fdkd}x_{afdy}x_{akdy} + x_{fd}x_{akdy}^2) + \mathrm{p}(r_{kd}x_{afdy}^2 + r_{fd}x_{akdy}^2)}{\mathrm{p}^2(x_{kd}x_{fd} - x_{fdkd}^2) + \mathrm{p}(r_{kd}x_{fd} + r_{fd}x_{kd}) + r_{kd}r_{fd}} \right]$$

$$= x_{dy} - \frac{x_{afdy}^2}{x_{fd}} \tag{4.1.31}$$

$$x_{qy}' = \lim_{\substack{r_{fq} \to 0 \\ r_{kq} \to \infty}} x_{qy}(\mathrm{p})$$

$$= \lim_{\substack{r_{fq} \to 0 \\ r_{kq} \to \infty}} \left[x_{qy} - \frac{\mathrm{p}^2(x_{kq}x_{afqy}^2 - 2x_{fqkq}x_{afqy}x_{akqy} + x_{fq}x_{akqy}^2) + \mathrm{p}(r_{kq}x_{afqy}^2 + r_{fq}x_{akqy}^2)}{\mathrm{p}^2(x_{kq}x_{fq} - x_{fqkq}^2) + \mathrm{p}(r_{kq}x_{fq} + r_{fq}x_{kq}) + r_{kq}r_{fq}} \right]$$

$$= x_{qy} - \frac{x_{afqy}^2}{x_{fq}} \tag{4.1.32}$$

$$x_{dmi}'' = \lim_{\substack{r_{fd} \to 0 \\ r_{kd} \to 0}} x_{dmi}(\mathrm{p})$$

$$= \lim_{\substack{r_{fd} \to 0 \\ r_{kd} \to 0}} \left[x_{dmi} - \frac{\mathrm{p}^2(x_{kd}x_{afdy}^2 - 2x_{fdkd}x_{afdy}x_{akdy} + x_{fd}x_{akdy}^2) + \mathrm{p}(r_{kd}x_{afdy}^2 + r_{fd}x_{akdy}^2)}{\mathrm{p}^2(x_{kd}x_{fd} - x_{fdkd}^2) + \mathrm{p}(r_{kd}x_{fd} + r_{fd}x_{kd}) + r_{kd}r_{fd}} \right]$$

$$= x_{dmi} - \frac{x_{kd}x_{afdy}^2 - 2x_{fdkd}x_{afdy}x_{akdy} + x_{fd}x_{akdy}^2}{x_{kd}x_{fd} - x_{fdkd}^2} \tag{4.1.33}$$

$$x''_{qni} = \lim_{\substack{r_{fq} \to 0 \\ r_{kq} \to 0}} x_{qni}(\mathrm{p})$$

$$= \lim_{\substack{r_{fq} \to 0 \\ r_{kq} \to 0}} \left[x_{qni} - \frac{\mathrm{p}^2(x_{kq}x_{afqy}^2 - 2x_{fqkq}x_{afqy}x_{akqy} + x_{fq}x_{akqy}^2) + \mathrm{p}(r_{kq}x_{afqy}^2 + r_{fq}x_{akqy}^2)}{\mathrm{p}^2(x_{kq}x_{fq} - x_{fqkq}^2) + \mathrm{p}(r_{kq}x_{fq} + r_{fq}x_{kq}) + r_{kq}r_{fq}} \right]$$

$$= x_{qni} - \frac{x_{kq}x_{afqy}^2 - 2x_{fqkq}x_{afqy}x_{akqy} + x_{fq}x_{akqy}^2}{x_{kq}x_{fq} - x_{fqkq}^2} \tag{4.1.34}$$

$$x'_{dmi} = \lim_{\substack{r_{fd} \to 0 \\ r_{kd} \to \infty}} x_{dmi}(\mathrm{p})$$

$$= \lim_{\substack{r_{fd} \to 0 \\ r_{kd} \to \infty}} \left[x_{dmi} - \frac{\mathrm{p}^2(x_{kd}x_{afdy}^2 - 2x_{fdkd}x_{afdy}x_{akdy} + x_{fd}x_{akdy}^2) + \mathrm{p}(r_{kd}x_{afdy}^2 + r_{fd}x_{akdy}^2)}{\mathrm{p}^2(x_{kd}x_{fd} - x_{fdkd}^2) + \mathrm{p}(r_{kd}x_{fd} + r_{fd}x_{kd}) + r_{kd}r_{fd}} \right]$$

$$= x_{dmi} - \frac{x_{afdy}^2}{x_{fd}} \tag{4.1.35}$$

$$x'_{qni} = \lim_{\substack{r_{fq} \to 0 \\ r_{kq} \to \infty}} x_{qni}(\mathrm{p})$$

$$= \lim_{\substack{r_{fq} \to 0 \\ r_{kq} \to \infty}} \left[x_{qni} - \frac{\mathrm{p}^2(x_{kq}x_{afqy}^2 - 2x_{fqkq}x_{afqy}x_{akqy} + x_{fq}x_{akqy}^2) + \mathrm{p}(r_{kq}x_{afqy}^2 + r_{fq}x_{akqy}^2)}{\mathrm{p}^2(x_{kq}x_{fq} - x_{fqkq}^2) + \mathrm{p}(r_{kq}x_{fq} + r_{fq}x_{kq}) + r_{kq}r_{fq}} \right]$$

$$= x_{qni} - \frac{x_{afqy}^2}{x_{fq}} \tag{4.1.36}$$

式中,上标″表示超瞬变分量,上标′表示瞬变分量。

因此,可得到以下关系式:

$$\begin{cases} x_{dy}(\mathrm{p}) - x''_{dy} = x_{dmi}(\mathrm{p}) - x''_{dmi} \\ x_{qy}(\mathrm{p}) - x''_{qy} = x_{qni}(\mathrm{p}) - x''_{qni} \end{cases} \quad i = 1,2 \tag{4.1.37}$$

$$\begin{aligned} x_{dy}(\mathrm{p}) - x_{dmi}(\mathrm{p}) &= x_{qy}(\mathrm{p}) - x_{qni}(\mathrm{p}) = x''_{dy} - x''_{dmi} \\ &= x''_{qy} - x''_{qni} = x'_{dy} - x'_{dmi} = x'_{qy} - x'_{qni} \quad i = 1,2 \\ &= x_{dy} - x_{dmi} = x_{qy} - x_{qni} = x_{sy} - x_{sni} \end{aligned} \tag{4.1.38}$$

$$\begin{cases} x_{dy}(\mathrm{p}) - x_{qy}(\mathrm{p}) = x_{dmi}(\mathrm{p}) - x_{qni}(\mathrm{p}) \\ x''_{dy} - x''_{qy} = x''_{dmi} - x''_{qni} \\ x'_{dy} - x'_{qy} = x'_{dmi} - x'_{qni} \\ x_{dy} - x_{qy} = x_{dmi} - x_{qni} \end{cases} \quad i = 1,2 \tag{4.1.39}$$

由式(4.1.26)与(4.1.27)可知,当 12 相电机对称运行时,其 4Y 电抗运算式与单 Y 电抗和各 Y 互电抗的运算式之间的关系为

$$x_d(\mathrm{p}) = x_{dy}(\mathrm{p}) + 2x_{dm1}(\mathrm{p}) + x_{dm2}(\mathrm{p}) \tag{4.1.40}$$

$$x_q(\mathrm{p}) = x_{qy}(\mathrm{p}) + 2x_{qn1}(\mathrm{p}) + x_{qn2}(\mathrm{p}) \tag{4.1.41}$$

由式(4.1.26)~(4.1.39)可知，d 轴(q 轴)各运算互电抗的差别在于其中互漏抗不同，而互漏抗本身很小，可假设定子两绕组间的互漏抗与两绕组轴线间夹角的余弦成正比，即 $x_{sk} = x_{s0}\cos(k \times 15°)$，$k = 1,2,\cdots,6$，$x_{s0}$ 为常数，则

$$x_{s6} = 0 \tag{4.1.42}$$

$$x_{dqm1} = x_{dqm2} = x_{dqm3} = x_{0m1} = x_{0m2} = x_{0m3} = 0 \tag{4.1.43}$$

$$x_{sn1} = x_{sn2} = x_{sn3} = x_{sn} = \sqrt{3}\,x_{s2} = \frac{3}{2}x_{s0} \tag{4.1.44}$$

$$x_{dm1} = x_{dm2} = x_{dm3} = x_{dm} = x_{sn} + x_{ady} \tag{4.1.45}$$

$$x_{qm1} = x_{qm2} = x_{qm3} = x_{qn} = x_{sn} + x_{aqy} \tag{4.1.46}$$

此时 $x_{dm1}(\text{p}) = x_{dm2}(\text{p})$，$x_{qm1}(\text{p}) = x_{qm2}(\text{p})$，因而式(4.1.26)~(4.1.28)中的电感矩阵可用更少的参数表示。作上述假设不仅能使各 Y 绕组 d 轴(q 轴)互感抗相等，还能实现各绕组 d,q 之间解耦，从而使分析得到简化。

4.1.5 $\alpha,\beta,0$ 坐标系的基本方程

在分析电机不对称运行时，使用 $\alpha,\beta,0$ 坐标系较为方便。为了得到该系统的基本方程，可对 a,b,c 系统或 $d,q,0$ 系统的基本方程进行坐标变换。

对 a,b,c 系统的基本方程进行坐标变换时，取变换矩阵

$$\boldsymbol{C}_{\alpha\beta0}^{abc}(\theta) = \begin{bmatrix} \boldsymbol{C}_{11}' & & & & \\ & \boldsymbol{C}_{22}' & & & \\ & & \boldsymbol{C}_{33}' & & \\ & & & \boldsymbol{C}_{44}' & \\ & & & & \boldsymbol{I} \end{bmatrix} \tag{4.1.47}$$

$$\boldsymbol{C}_{abc}^{\alpha\beta0}(\theta) = \left[\boldsymbol{C}_{\alpha\beta0}^{abc}(\theta)\right]^{-1} = \begin{bmatrix} \boldsymbol{C}_{11}'^{-1} & & & & \\ & \boldsymbol{C}_{22}'^{-1} & & & \\ & & \boldsymbol{C}_{33}'^{-1} & & \\ & & & \boldsymbol{C}_{44}'^{-1} & \\ & & & & \boldsymbol{I} \end{bmatrix} \tag{4.1.48}$$

式中，

$$\boldsymbol{C}_{ii}' = \frac{2}{3}\begin{bmatrix} \cos(i-1)15° & \cos[(i-1)15° + 120°] & \cos[(i-1)15° - 120°] \\ \sin(i-1)15° & \sin[(i-1)15° + 120°] & \sin[(i-1)15° - 120°] \\ \frac{1}{2} & \frac{1}{2} & \frac{1}{2} \end{bmatrix},$$

$$i = 1,2,3,4$$

$$\boldsymbol{C}_{ii}^{\prime\,-1} = \begin{bmatrix} \cos(i-1)15° & \sin(i-1)15° & 1 \\ \cos\left[(i-1)15°+120°\right] & \sin\left[(i-1)15°+120°\right] & 1 \\ \cos\left[(i-1)15°-120°\right] & \sin\left[(i-1)15°-120°\right] & 1 \end{bmatrix}, \quad i = 1,2,3,4$$

$\boldsymbol{I}$ 为 $4×4$ 的单位矩阵。

对 $d,q,0$ 系统的基本方程进行坐标变换时,取变换矩阵

$$\boldsymbol{C}_{\alpha\beta0}^{dq0}(\theta) = \begin{bmatrix} \boldsymbol{G}_{11} & & & & \\ & \boldsymbol{G}_{22} & & & \\ & & \boldsymbol{G}_{33} & & \\ & & & \boldsymbol{G}_{44} & \\ & & & & \boldsymbol{I} \end{bmatrix} \tag{4.1.49}$$

$$\boldsymbol{C}_{dq0}^{\alpha\beta0} = \left[\boldsymbol{C}_{\alpha\beta0}^{dq0}(\theta)\right]^{-1} = \begin{bmatrix} \boldsymbol{G}_{11}^{-1} & & & & \\ & \boldsymbol{G}_{22}^{-1} & & & \\ & & \boldsymbol{G}_{33}^{-1} & & \\ & & & \boldsymbol{G}_{44}^{-1} & \\ & & & & \boldsymbol{I} \end{bmatrix} \tag{4.1.50}$$

式中,

$$\boldsymbol{G}_{ii} = \begin{bmatrix} \cos\theta & -\sin\theta & 0 \\ \sin\theta & \cos\theta & 0 \\ 0 & 0 & 1 \end{bmatrix}, \quad \boldsymbol{G}_{ii}^{-1} = \begin{bmatrix} \cos\theta & \sin\theta & 0 \\ -\sin\theta & \cos\theta & 0 \\ 0 & 0 & 1 \end{bmatrix}, \quad i = 1,2,3,4$$

可得

$$\begin{aligned} \boldsymbol{\Psi}_{\alpha\beta0} &= \boldsymbol{C}_{\alpha\beta0}^{dq0}(\theta)\boldsymbol{\Psi}_{dq0} \\ &= \begin{bmatrix} \Psi_{\alpha1} & \Psi_{\beta1} & \Psi_{01} & \Psi_{\alpha2} & \Psi_{\beta2} & \Psi_{02} & \Psi_{\alpha3} & \Psi_{\beta3} & \Psi_{03} & \Psi_{\alpha4} & \Psi_{\beta4} & \Psi_{04} \\ \Psi_{fd} & \Psi_{kd} & \Psi_{fq} & \Psi_{kq} \end{bmatrix}^{\mathrm{T}} \end{aligned} \tag{4.1.51}$$

$$\begin{aligned} \boldsymbol{u}_{\alpha\beta0} &= \boldsymbol{C}_{\alpha\beta0}^{dq0}(\theta)\boldsymbol{u}_{dq0} \\ &= \begin{bmatrix} u_{\alpha1} & u_{\beta1} & u_{01} & u_{\alpha2} & u_{\beta2} & u_{02} & u_{\alpha3} & u_{\beta3} & u_{03} & u_{\alpha4} & u_{\beta4} & u_{04} & u_{fd} & 0 \\ 0 & 0 \end{bmatrix}^{\mathrm{T}} \end{aligned} \tag{4.1.52}$$

$$\begin{aligned} \boldsymbol{i}_{\alpha\beta0} &= \boldsymbol{C}_{\alpha\beta0}^{dq0}(\theta)\boldsymbol{i}_{dq0} \\ &= \begin{bmatrix} i_{\alpha1} & i_{\beta1} & i_{01} & i_{\alpha2} & i_{\beta2} & i_{02} & i_{\alpha3} & i_{\beta3} & i_{03} & i_{\alpha4} & i_{\beta4} & i_{04} & i_{fd} & i_{kd} & i_{fq} & i_{kq} \end{bmatrix}^{\mathrm{T}} \end{aligned} \tag{4.1.53}$$

从变换矩阵可见,转子各量和定子零轴分量保持不变,因而对应于它们的方程保持不变。其他分量的方程如下:

$$
\begin{bmatrix} \Psi_{\alpha1} \\ \Psi_{\beta1} \\ \Psi_{\alpha2} \\ \Psi_{\beta2} \\ \Psi_{\alpha3} \\ \Psi_{\beta3} \\ \Psi_{\alpha4} \\ \Psi_{\beta4} \end{bmatrix} = \begin{bmatrix} \cos\theta G(p)u_{fd} \\ \sin\theta G(p)u_{fd} \\ \cos\theta G(p)u_{fd} \\ \sin\theta G(p)u_{fd} \\ \cos\theta G(p)u_{fd} \\ \sin\theta G(p)u_{fd} \\ \cos\theta G(p)u_{fd} \\ \sin\theta G(p)u_{fd} \end{bmatrix}
$$

$$
- \begin{bmatrix}
x_{\alpha1\alpha1}(p) & x_{\alpha1\beta1}(p) & x_{\alpha1\alpha2}(p) & x_{\alpha1\beta2}(p) & x_{\alpha1\alpha3}(p) & x_{\alpha1\beta3}(p) & x_{\alpha1\alpha2}(p) & x_{\alpha1\beta2}(p) \\
x_{\beta1\alpha1}(p) & x_{\beta1\beta1}(p) & x_{\beta1\alpha2}(p) & x_{\beta1\beta2}(p) & x_{\beta1\alpha3}(p) & x_{\beta1\beta3}(p) & x_{\beta1\alpha2}(p) & x_{\beta1\beta2}(p) \\
x_{\alpha1\alpha2}(p) & x_{\alpha1\beta2}(p) & x_{\alpha1\alpha1}(p) & x_{\alpha1\beta1}(p) & x_{\alpha1\alpha2}(p) & x_{\alpha1\beta2}(p) & x_{\alpha1\alpha3}(p) & x_{\alpha1\beta3}(p) \\
x_{\beta1\alpha2}(p) & x_{\beta1\beta2}(p) & x_{\beta1\alpha1}(p) & x_{\beta1\beta1}(p) & x_{\beta1\alpha2}(p) & x_{\beta1\beta2}(p) & x_{\beta1\alpha3}(p) & x_{\beta1\beta3}(p) \\
x_{\alpha1\alpha3}(p) & x_{\alpha1\beta3}(p) & x_{\alpha1\alpha2}(p) & x_{\alpha1\beta2}(p) & x_{\alpha1\alpha1}(p) & x_{\alpha1\beta1}(p) & x_{\alpha1\alpha2}(p) & x_{\alpha1\beta2}(p) \\
x_{\beta1\alpha3}(p) & x_{\beta1\beta3}(p) & x_{\beta1\alpha2}(p) & x_{\beta1\beta2}(p) & x_{\beta1\alpha1}(p) & x_{\beta1\beta1}(p) & x_{\beta1\alpha2}(p) & x_{\beta1\beta2}(p) \\
x_{\alpha1\alpha2}(p) & x_{\alpha1\beta2}(p) & x_{\alpha1\alpha3}(p) & x_{\alpha1\beta3}(p) & x_{\alpha1\alpha2}(p) & x_{\alpha1\beta2}(p) & x_{\alpha1\alpha1}(p) & x_{\alpha1\beta1}(p) \\
x_{\beta1\alpha2}(p) & x_{\beta1\beta2}(p) & x_{\beta1\alpha3}(p) & x_{\beta1\beta3}(p) & x_{\beta1\alpha2}(p) & x_{\beta1\beta2}(p) & x_{\beta1\alpha1}(p) & x_{\beta1\beta1}(p)
\end{bmatrix}
\begin{bmatrix} i_{\alpha1} \\ i_{\beta1} \\ i_{\alpha2} \\ i_{\beta2} \\ i_{\alpha3} \\ i_{\beta3} \\ i_{\alpha4} \\ i_{\beta4} \end{bmatrix}
$$

$$(4.1.54)$$

$$
\begin{bmatrix} u_{\alpha1} \\ u_{\beta1} \\ u_{\alpha2} \\ u_{\beta2} \\ u_{\alpha3} \\ u_{\beta3} \\ u_{\alpha4} \\ u_{\beta4} \end{bmatrix} = p \begin{bmatrix} \Psi_{\alpha1} \\ \Psi_{\beta1} \\ \Psi_{\alpha2} \\ \Psi_{\beta2} \\ \Psi_{\alpha3} \\ \Psi_{\beta3} \\ \Psi_{\alpha4} \\ \Psi_{\beta4} \end{bmatrix} - r \begin{bmatrix} i_{\alpha1} \\ i_{\beta1} \\ i_{\alpha2} \\ i_{\beta2} \\ i_{\alpha3} \\ i_{\beta3} \\ i_{\alpha4} \\ i_{\beta4} \end{bmatrix}
$$

$$(4.1.55)$$

式中,

$$\begin{cases} x_{a1a1}(\mathrm{p}) = \cos\theta x_{dy}(\mathrm{p})\cos\theta + \sin\theta x_{qy}(\mathrm{p})\sin\theta \\ x_{a1\beta1}(\mathrm{p}) = \cos\theta x_{dy}(\mathrm{p})\sin\theta - \sin\theta x_{qy}(\mathrm{p})\cos\theta \\ x_{a1a2}(\mathrm{p}) = \cos\theta x_{dm1}(\mathrm{p})\cos\theta + \sin\theta x_{qn1}(\mathrm{p})\sin\theta \\ x_{a1\beta2}(\mathrm{p}) = \cos\theta x_{dm1}(\mathrm{p})\sin\theta - \sin\theta x_{qn2}(\mathrm{p})\cos\theta \\ x_{a1a3}(\mathrm{p}) = \cos\theta x_{dm2}(\mathrm{p})\cos\theta + \sin\theta x_{qn2}(\mathrm{p})\sin\theta \\ x_{a1\beta3}(\mathrm{p}) = \cos\theta x_{dm2}(\mathrm{p})\sin\theta - \sin\theta x_{qn2}(\mathrm{p})\cos\theta \\ x_{\beta1\beta1}(\mathrm{p}) = \sin\theta x_{dy}(\mathrm{p})\sin\theta + \cos\theta x_{qy}(\mathrm{p})\cos\theta \\ x_{\beta1a1}(\mathrm{p}) = \sin\theta x_{dy}(\mathrm{p})\cos\theta - \cos\theta x_{qy}(\mathrm{p})\sin\theta \\ x_{\beta1\beta2}(\mathrm{p}) = \sin\theta x_{dm1}(\mathrm{p})\sin\theta + \cos\theta x_{qn1}(\mathrm{p})\cos\theta \\ x_{\beta1a2}(\mathrm{p}) = \sin\theta x_{dm1}(\mathrm{p})\cos\theta - \cos\theta x_{qn1}(\mathrm{p})\sin\theta \\ x_{\beta1\beta3}(\mathrm{p}) = \sin\theta x_{dm2}(\mathrm{p})\sin\theta + \cos\theta x_{qn2}(\mathrm{p})\cos\theta \\ x_{\beta1a3}(\mathrm{p}) = \sin\theta x_{dm2}(\mathrm{p})\cos\theta - \cos\theta x_{qn2}(\mathrm{p})\sin\theta \end{cases}$$

4.1.6　输出功率

由第 4.1.4.1 节可知,定子电流基值 I_b、电压基值 U_b 分别为相电流、相电压的额定值的幅值,即

$$I_b = \sqrt{2}\,I_{N\Phi} \tag{4.1.56}$$

$$U_b = \sqrt{2}\,U_{N\Phi} \tag{4.1.57}$$

输出功率 P_{out} 用标幺值表示,12 相功率基值为

$$P_b = 4 \times \frac{3}{2}U_b I_b = 6U_b I_b \tag{4.1.58}$$

式中,$U_{N\Phi}$,$I_{N\Phi}$ 分别为定子额定相电压和额定相电流。

因此,12 相输出功率标幺值为

$$\begin{aligned} P_{out} &= \frac{1}{6}\sum_{k=1}^{4}(u_{ak}i_{ak} + u_{bk}i_{bk} + u_{ck}i_{ck}) = \frac{1}{4}\sum_{k=1}^{4}(u_{ak}i_{ak} + u_{\beta k}i_{\beta k} + 2u_{0k}i_{0k}) \\ &= \frac{1}{4}\sum_{k=1}^{4}(u_{dk}i_{dk} + u_{qk}i_{qk} + 2u_{0k}i_{0k}) \\ &= \frac{1}{4}\sum_{k=1}^{4}(i_{dk}\mathrm{p}\Psi_{dk} + i_{qk}\mathrm{p}\Psi_{qk} + 2i_{0k}\mathrm{p}\Psi_{0k}) \\ &\quad + \frac{1}{4}\sum_{k=1}^{4}(i_{qk}\Psi_{dk} - i_{dk}\Psi_{qk})\mathrm{p}\theta - \frac{1}{4}\sum_{k=1}^{4}(i_{dk}^2 + i_{qk}^2 + 2i_{0k}^2)r_s \end{aligned} \tag{4.1.59}$$

4.1.7 电磁转矩

机械角速度 Ω 与电角速度 ω_s、电角度 θ 之间的关系为

$$\Omega = \frac{\omega_s}{p} = \frac{1}{p}\mathrm{p}\theta = \frac{1}{p}\frac{\mathrm{d}\theta}{\mathrm{d}t} \tag{4.1.60}$$

电磁转矩 T_{em} 用标幺值表示,取基值

$$T_{\mathrm{emb}} = \frac{P_b}{\Omega_b} = p\frac{P_b}{\omega_b} = 6pU_bI_bT_b = 6p\Psi_bI_b \tag{4.1.61}$$

式中,T_b 为时间基值,Ω_b 为转子机械角速度基值,ω_b 为转子电角速度基值,$\omega_b = 1/T_b$,p 为对时间的微分算子。

因此,12 相电机电磁转矩标幺值为

$$
\begin{aligned}
T_{\mathrm{em}} &= \frac{\text{跨过气隙到达定子的功率}}{\text{转子机械角速度}} \\
&= \frac{\frac{1}{4}\sum_{k=1}^{4}(i_{qk}\Psi_{dk} - i_{dk}\Psi_{qk})\mathrm{p}\theta}{\mathrm{p}\theta} = \frac{1}{4}\sum_{k=1}^{4}(i_{qk}\Psi_{dk} - i_{dk}\Psi_{qk}) \\
&= \frac{1}{4}\sum_{k=1}^{4}(i_{\beta k}\Psi_{\alpha k} - i_{\alpha k}\Psi_{\beta k}) \\
&= \frac{1}{4}\sum_{k=1}^{4}(u_{\alpha k}i_{\alpha k} + u_{\beta k}i_{\beta k}) + \frac{1}{4}\sum_{k=1}^{4}(i_{\alpha k}^2 + i_{\beta k}^2)r_s \\
&= \frac{1}{4}\sum_{k=1}^{4}(i_{\alpha k}\mathrm{p}\Psi_{\alpha k} + i_{\beta k}\mathrm{p}\Psi_{\beta k}) \tag{4.1.62}
\end{aligned}
$$

4.1.8 转子运动方程

$$T_{\mathrm{mec}} - T_{\mathrm{em}} - T_{\mathrm{mecloss}} = \frac{J}{p}\frac{\mathrm{d}^2\theta}{\mathrm{d}t^2} \tag{4.1.63}$$

式中,J 为转动轴系的等效转动惯量,T_{mec} 为输入机械转矩,T_{em} 为电磁转矩,T_{mecloss} 为机械损耗对应的转矩。

4.2 多相整流同步发电机系统仿真模型

目前常用的电气仿真软件有 MATLAB/Simulink、PSCAD/EMTDC、PLECS 等。本节以 MATLAB/Simulink 软件为例,在软件中建立 12 相整流隐

极同步发电机系统的仿真模型,并在第 6 章利用有限元模型以及试验结果对建立的 Simulink 模型进行验证。

4.2.1　12 相整流同步发电机模块

12 相整流同步发电机模块利用 MATLAB/Simulink 中的 State-Space 模块(状态空间模块)来建立,用状态空间模型来表示电机数学模型:

$$\begin{cases} \dfrac{\mathrm{d}\boldsymbol{x}}{\mathrm{d}t} = \boldsymbol{A}\boldsymbol{x} + \boldsymbol{B}\boldsymbol{u} \\ \boldsymbol{y} = \boldsymbol{C}\boldsymbol{x} + \boldsymbol{D}\boldsymbol{u} \end{cases} \tag{4.2.1}$$

式中,$\boldsymbol{x}$ 为状态变量,$\boldsymbol{u}$ 为输入变量,$\boldsymbol{y}$ 为输出变量,$\boldsymbol{A}, \boldsymbol{B}, \boldsymbol{C}, \boldsymbol{D}$ 为状态空间模型中的系数矩阵。

该 12 相整流同步发电机定子电枢绕组结构为 4Y 互移 $15°$ 电角度,各个 Y 的中性点独立且不引出,这种绕组结构在 $d, q, 0$ 坐标系中不存在 0 轴分量,因此,可以将 12 相发电机 $d, q, 0$ 坐标系中的电压方程(4.1.17)简写为

$$\boldsymbol{u}_{dq} = \boldsymbol{X}_{dq}\mathrm{p}\boldsymbol{i}_{dq} + \omega_s\boldsymbol{G}_{dq}\boldsymbol{X}_{dq}\boldsymbol{i}_{dq} - \boldsymbol{R}_{dq}\boldsymbol{i}_{dq} \tag{4.2.2}$$

式中,

$$\boldsymbol{u}_{dq} = \begin{bmatrix} u_{d1} & u_{q1} & u_{d2} & u_{q2} & u_{d3} & u_{q3} & u_{d4} & u_{q4} & u_{fd} & 0 & 0 & 0 \end{bmatrix}^{\mathrm{T}}$$

$$\boldsymbol{i}_{dq} = \begin{bmatrix} i_{d1} & i_{q1} & i_{d2} & i_{q2} & i_{d3} & i_{q3} & i_{d4} & i_{q4} & i_{fd} & i_{kd} & i_{fq} & i_{kq} \end{bmatrix}^{\mathrm{T}}$$

$$\boldsymbol{R}_{dq} = \mathrm{diag}(r_s, r_s, r_s, r_s, r_s, r_s, r_s, r_s, -r_{fd}, -r_{kd}, -r_{fq}, -r_{kq})$$

$$\boldsymbol{G}_{dq} = \begin{bmatrix} 0 & -1 & 0 & 0 & 0 & 0 & 0 & 0 & 0 & 0 & 0 & 0 \\ 1 & 0 & 0 & 0 & 0 & 0 & 0 & 0 & 0 & 0 & 0 & 0 \\ 0 & 0 & 0 & -1 & 0 & 0 & 0 & 0 & 0 & 0 & 0 & 0 \\ 0 & 0 & 1 & 0 & 0 & 0 & 0 & 0 & 0 & 0 & 0 & 0 \\ 0 & 0 & 0 & 0 & 0 & -1 & 0 & 0 & 0 & 0 & 0 & 0 \\ 0 & 0 & 0 & 0 & 1 & 0 & 0 & 0 & 0 & 0 & 0 & 0 \\ 0 & 0 & 0 & 0 & 0 & 0 & 0 & -1 & 0 & 0 & 0 & 0 \\ 0 & 0 & 0 & 0 & 0 & 0 & 1 & 0 & 0 & 0 & 0 & 0 \\ 0 & 0 & 0 & 0 & 0 & 0 & 0 & 0 & 0 & 0 & 0 & 0 \\ 0 & 0 & 0 & 0 & 0 & 0 & 0 & 0 & 0 & 0 & 0 & 0 \\ 0 & 0 & 0 & 0 & 0 & 0 & 0 & 0 & 0 & 0 & 0 & 0 \\ 0 & 0 & 0 & 0 & 0 & 0 & 0 & 0 & 0 & 0 & 0 & 0 \end{bmatrix}$$

不同 Y 绕组 d,q 轴之间的互感抗数值很小，属于互漏抗性质，不考虑此耦合引起的误差较小。当忽略 d,q 轴之间的互感抗时，

$$\boldsymbol{X}_{dq} =$$

$$
\begin{bmatrix}
-x_{dy} & 0 & -x_{dm1} & 0 & -x_{dm2} & 0 & -x_{dm1} & 0 & x_{afdy} & x_{akdy} & 0 & 0 \\
0 & -x_{qy} & 0 & -x_{qm1} & 0 & -x_{qm2} & 0 & -x_{qm1} & 0 & 0 & x_{afqy} & x_{akqy} \\
-x_{dm1} & 0 & -x_{dy} & 0 & -x_{dm1} & 0 & -x_{dm2} & 0 & x_{afdy} & x_{akdy} & 0 & 0 \\
0 & -x_{qm1} & 0 & -x_{qy} & 0 & -x_{qm1} & 0 & -x_{qm2} & 0 & 0 & x_{afqy} & x_{akqy} \\
-x_{dm2} & 0 & -x_{dm1} & 0 & -x_{dy} & 0 & -x_{dm1} & 0 & x_{afdy} & x_{akdy} & 0 & 0 \\
0 & -x_{qm2} & 0 & -x_{qm1} & 0 & -x_{qy} & 0 & -x_{qm1} & 0 & 0 & x_{afqy} & x_{akqy} \\
-x_{dm1} & 0 & -x_{dm2} & 0 & -x_{dm1} & 0 & -x_{dy} & 0 & x_{afdy} & x_{akdy} & 0 & 0 \\
0 & -x_{qm1} & 0 & -x_{qm2} & 0 & -x_{qm1} & 0 & -x_{qy} & 0 & 0 & x_{afqy} & x_{akqy} \\
-x_{afdy} & 0 & -x_{afdy} & 0 & -x_{afdy} & 0 & -x_{afdy} & 0 & x_{fd} & x_{fdkd} & 0 & 0 \\
-x_{akdy} & 0 & -x_{akdy} & 0 & -x_{akdy} & 0 & -x_{akdy} & 0 & x_{fdkd} & x_{kd} & 0 & 0 \\
0 & -x_{afqy} & 0 & -x_{afqy} & 0 & -x_{afqy} & 0 & -x_{afqy} & 0 & 0 & x_{fq} & x_{fqkq} \\
0 & -x_{akqy} & 0 & -x_{akqy} & 0 & -x_{akqy} & 0 & -x_{akqy} & 0 & 0 & x_{fqkq} & x_{kq}
\end{bmatrix}
$$

$$(4.2.3)$$

电感矩阵 $\boldsymbol{X}_{dq}$、电阻矩阵 $\boldsymbol{R}_{dq}$、符号矩阵 $\boldsymbol{G}$ 均为常数矩阵。按照 d,q 坐标系下定子绕组电压、电流和转子绕组电压、电流状态变量划分，可得

$$\boldsymbol{i}_{dq} = \begin{bmatrix} \boldsymbol{i}_{dqs} \\ \boldsymbol{i}_{dqr} \end{bmatrix}, \quad \boldsymbol{u}_{dq} = \begin{bmatrix} \boldsymbol{u}_{dqs} \\ \boldsymbol{u}_{dqr} \end{bmatrix} \qquad (4.2.4)$$

式中，

$$\boldsymbol{i}_{dqs} = \begin{bmatrix} i_{d1} & i_{q1} & i_{d2} & i_{q2} & i_{d3} & i_{q3} & i_{d4} & i_{q4} \end{bmatrix}^{\mathrm{T}}, \quad \boldsymbol{i}_{dqr} = \begin{bmatrix} i_{fd} & i_{kd} & i_{fq} & i_{kq} \end{bmatrix}^{\mathrm{T}}$$

$$\boldsymbol{u}_{dqs} = \begin{bmatrix} u_{d1} & u_{q1} & u_{d2} & u_{q2} & u_{d3} & u_{q3} & u_{d4} & u_{q4} \end{bmatrix}^{\mathrm{T}}, \quad \boldsymbol{u}_{dqr} = \begin{bmatrix} u_{fd} & 0 & 0 & 0 \end{bmatrix}^{\mathrm{T}}$$

将式(4.2.2)写成微分方程的形式，即

$$\frac{\mathrm{d}\boldsymbol{i}_{dq}}{\mathrm{d}t} = (\boldsymbol{X}_{dq}^{-1}\boldsymbol{R}_{dq} - \omega_s \boldsymbol{X}_{dq}^{-1}\boldsymbol{G}_{dq}\boldsymbol{X}_{dq})\boldsymbol{i}_{dq} + \boldsymbol{X}_{dq}^{-1}\boldsymbol{u}_{dq} \qquad (4.2.5)$$

式中，$\boldsymbol{X}_{dq}^{-1}$ 为 $\boldsymbol{X}_{dq}$ 的逆矩阵。

12 相整流同步发电机 d,q 坐标系中数学模型的状态变量和输出变量均为 d,q 轴的电流，因此，12 相发电机 d,q 坐标系中的状态空间模型为

$$\begin{cases} \dfrac{\mathrm{d}\boldsymbol{i}_{dq}}{\mathrm{d}t} = \boldsymbol{A}\boldsymbol{i}_{dq} + \boldsymbol{B}\boldsymbol{u}_{dq} \\ \boldsymbol{y} = \boldsymbol{i}_{dq} \end{cases} \qquad (4.2.6)$$

式中,

$$\begin{cases} \boldsymbol{A} = \boldsymbol{X}_{dq}^{-1}\boldsymbol{R}_{dq} - \omega_s\boldsymbol{X}_{dq}^{-1}\boldsymbol{G}_{dq}\boldsymbol{X}_{dq} \\ \boldsymbol{B} = \boldsymbol{X}_{dq}^{-1} \end{cases}$$

根据 Park 变换及其逆变换原理,将 d,q 坐标系下定子绕组电流 $\boldsymbol{i}_{dqs}$ 变换为 a,b,c 坐标系下的定子绕组电流 $\boldsymbol{i}_{abc}$,将 a,b,c 坐标系下定子绕组电压 $\boldsymbol{u}_{abc}$ 变换为 d,q 坐标系下的定子绕组电压 $\boldsymbol{u}_{dqs}$,即

$$\boldsymbol{i}_{abc} = \boldsymbol{C}_{abc}^{dq}\boldsymbol{i}_{dqs} \tag{4.2.7}$$

$$\boldsymbol{u}_{dqs} = \boldsymbol{C}_{dq}^{abc}\boldsymbol{u}_{abc} \tag{4.2.8}$$

式中,Park 变换矩阵 $\boldsymbol{C}_{abc}^{dq}$ 及其逆变换矩阵 $\boldsymbol{C}_{dq}^{abc}$ 可在式(4.1.14)与(4.1.15)的基础上,分别去掉 0 轴分量即可得到。

Park 变换及其逆变换矩阵中的 θ 为转子位置角,可根据发电机电角速度 ω 的积分和转子位置初始角来确定,如图 4-5 所示。

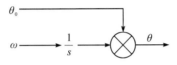

图 4-5　转子位置角

由于实际系统中,发电机端口电压均为实在值,而上述仿真模型中的变量及参数均为标幺值,故需要根据发电机的端口电压基值、电流基值进行转换。

由第 4.1 节可知,$x_{ady}I_b = \omega L_{afd}I_{fdb}$,因而可得到如下关系:

$$x_{afdy}^* = x_{ady}^* = \frac{x_{ady}}{Z_b} = \frac{x_{ady}I_b}{U_b} = \frac{\omega L_{afd}I_{fdb}}{\omega L_{afd}I_{fd0}} = \frac{I_{fdb}}{I_{fd0}} = \frac{1}{I_{fd0}^*} \tag{4.2.9}$$

式中,I_{fd0} 为发电机空载额定励磁电流,Z_b 为定子侧阻抗的基值,且 $Z_b = U_b/I_b$,均为已知量。

基于式(4.2.9),可得励磁电流基值 I_{fdb} 为

$$I_{fdb} = x_{afdy}^* I_{fd0} \tag{4.2.10}$$

由空载励磁绕组的电路关系可得

$$I_{fd0}^* = \frac{U_{fd0}^*}{r_{fd}^*} = \frac{U_{fd0}}{U_{fdb}r_{fd}^*} \tag{4.2.11}$$

基于式(4.2.9)与(4.2.11),可得励磁电压基值 U_{fdb} 为

$$U_{fdb} = \frac{U_{fd0}x_{afdy}^*}{r_{fd}^*} \tag{4.2.12}$$

式中,U_{fd0} 为发电机空载额定励磁电压,为已知量。

将发电机端口电压、电流的实际值转换为仿真模型需要的标幺值,如下式所示,即可建立与实际系统一致的 12 相同步发电机的数值仿真模型。

$$\boldsymbol{I}_{\mathrm{abc}} = I_b \boldsymbol{i}_{\mathrm{abc}} \tag{4.2.13}$$

$$\boldsymbol{u}_{\mathrm{abc}} = \frac{\boldsymbol{U}_{\mathrm{abc}}}{U_b} \tag{4.2.14}$$

$$I_{fd} = I_{fdb} i_{fd} \tag{4.2.15}$$

$$u_{fd} = \frac{U_{fd}}{U_{fdb}} \tag{4.2.16}$$

在式(4.2.13)~(4.2.16)中,大写符号为对应量的实际值,小写符号为对应量的标幺值。

在 MATLAB/Simulink 软件中,上述 12 相整流发电机状态空间模型可以通过状态方程工具建立对应的信号模型,而 12 相整流装置可以利用二极管基本元件搭建对应的电路模型,两者可以通过受控源来实现接口匹配,即通过并联足够大电阻的受控电流源,将同步发电机的电流信号转换为电气量,并与整流电路模型实现连接,再通过电压、电流等电气测量元件,将整流系统电路模型中的电气量转换为信号量,并与发电机信号模型实现连接,从而实现发电机、整流装置系统的联合仿真。

4.2.2　12 相整流同步发电机系统仿真模型

对于整流系统,可方便地在 MATLAB/Simulink 软件中利用二极管等元件搭建整流桥组成整流系统。采用与 12 相同步发电机及其整流系统完全一致的建模方法,即可建立 3 相交流励磁机及其旋转整流系统的数值仿真模型,在此不再赘述。

12 相整流同步发电机系统的仿真模型如图 4-6 所示,该仿真模型由三大部分组成:

①12 相整流同步发电机模块,包括 12 相发电机 $d, q, 0$ 数学模型、Park 变换、Park 逆变换及 12 相整流系统;

②励磁机模块,包括 3 相励磁发电机数学模型及旋转整流系统;

③直流侧支路,包括直流侧并联电容和直流负载电阻。

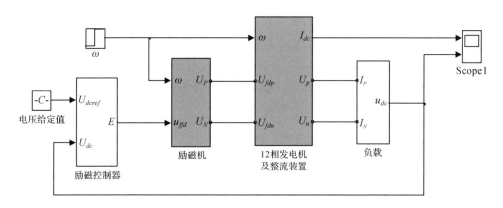

图 4-6　12 相整流同步发电机系统仿真模型

4.3　多相整流同步发电机电抗参数计算

电机参数主要包括定转子电阻、漏抗及各种稳态电抗与瞬态电抗等,定转子直流电阻的计算方法为常规方法,不再赘述。在经典电机理论中,一般把电机的电抗参数分解为主电抗和漏电抗两类。主电抗对应电机内气隙磁场的空间基波分量;漏电抗对应电机内的槽漏磁场、端部漏磁场、齿顶漏磁场和气隙磁场的空间谐波分量,因而漏电抗又可依次分为槽漏抗、端部漏抗、齿顶漏抗和谐波漏抗。某型 12 相整流隐极同步发电机单 Y 绕组漏抗参数设计值如表 4-1 所示,单 Y 漏抗参数中槽漏抗与谐波漏抗所占比例最大。

表 4-1　某型 12 相同步发电机单 Y 绕组漏抗参数设计值

电抗	槽漏抗	端部漏抗	齿顶漏抗	谐波漏抗	总漏电抗	d 轴电枢反应电抗
标幺值/%	3.4266	0.9677	0.0756	1.9065	6.3764	30.4616
百分比/%	53.74	15.18	1.19	29.90	—	—

在 $d,q,0$ 坐标系中,一般以同步电抗、瞬变电抗和超瞬变电抗来构成描述电机的电抗参数集合。同步电抗由电枢反应电抗和定子漏电抗组成,由于漏电抗占同步电抗的百分比相对较小,故同步电抗主要决定于电枢反应电抗;而瞬变和超瞬变电抗主要决定于定子和转子漏电抗。

本节将系统阐述多相整流同步发电机的电枢反应电抗(即主电抗)、定子漏抗以及转子励磁绕组漏抗的计算方法。对于转子 q 轴稳定绕组而言,由于其端部紧贴本体,可忽略端部漏抗,仅需考虑其槽漏抗,与转子励磁绕组槽漏抗的计算类似,故本节不再对转子 q 轴稳定绕组的漏抗计算进行专门阐述。对于装有阻尼绕组的同步发电机,其阻尼绕组漏抗可利用相关设计手册中的公式计算,实心转子的同步发电机没有安装阻尼绕组,但发电机转子本体导电,起阻尼作用,利用解析法难以准确计算其等效的阻尼绕组漏抗,可借助电磁场有限元软件,利用时域法或频域法得到瞬态参数,再反推出等效的阻尼绕组漏抗参数,故本节也不再对阻尼绕组漏抗的计算进行阐述。

对于定子漏抗参数,本节通过计算 12 相电枢绕组漏感矩阵,方便地得到单Y、2Y 以及 4Y 的漏抗参数,并以 4Y 的漏抗参数计算为例,得到相应的漏抗表达式。对于转子漏抗参数,可利用定子漏抗计算方法进行计算,并将转子漏抗参数折算至定子侧。

4.3.1 主电抗

在同步电机里,主电抗称为电枢反应电抗。对于隐极同步发电机,沿 d 轴与 q 轴的磁阻近似相等,因而 d 轴电枢反应电抗与 q 轴电枢反应电抗相等,统一用 X_a 表示隐极同步发电机电枢反应电抗,即[25]

$$X_a = 4\pi f_1 \mu_0 \frac{N_s^2}{pq} l_{ef} \lambda_m \qquad (4.3.1)$$

式中,空气磁导率 $\mu_0 = 4\pi \times 10^{-7} \text{H/m}$,$f_1$ 为电基频,N_s 为每相串联匝数,q 为每极每相槽数,l_{ef} 为电枢轴向计算长度,λ_m 为主磁路的比磁导。

$$\lambda_m = \frac{M}{\pi^2} K_{dp1}^2 \frac{q\tau}{\delta_{ef}} \qquad (4.3.2)$$

式中,M 为定子绕组总相数,K_{dp1} 为基波绕组系数,τ 为极距,δ_{ef} 为有效气隙长度,$\delta_{ef} = K_\delta \delta$。表示成标幺值的形式时,电枢反应电抗标幺值为

$$X_a^* = \frac{X_a}{Z_b} \qquad (4.3.3)$$

4.3.2 定子漏抗

多相整流同步发电机由于气隙远大于感应发电机,因而其定子漏抗除了槽漏抗、谐波漏抗以及端部漏抗外,还需要计算齿顶漏抗。同步发电机定子漏抗 X_s 的表达式为

$$X_s = X_{s(s)} + X_{s(h)} + X_{s(e)} + X_{s(k)} \tag{4.3.4}$$

式中,下标(s)表示槽漏抗,(h)表示谐波漏抗,(e)表示端部漏抗,(k)表示齿顶漏抗。

4.3.2.1　定子槽漏抗的计算

为简化参数计算过程,定义定子漏感系数为

$$L_{s0} = W_c^2 \mu_0 l_{ef} \tag{4.3.5}$$

式中,W_c 为线圈匝数,则定子槽漏感 $L_{s(s)}$ 为槽比漏磁导 $\lambda_{s(s)}$ 与漏感系数 L_{s0} 的乘积:

$$L_{s(s)} = L_{s0} \lambda_{s(s)} \tag{4.3.6}$$

由式(4.3.6)可知,槽漏感计算的关键为根据槽内绕组分布、槽形尺寸等计算对应槽比漏磁导参数。本小节以定子矩形开口槽为例,阐述定子槽漏抗的计算方法,其槽型如图 4-7 所示,分为槽口、槽楔和槽身三部分,槽中安放有上下层两个线圈边。计算定子槽比漏磁导所作假设条件如下:

① 忽略铁心磁阻;
② 槽中所有磁力线与电枢表面平行;
③ 电流在导体截面上均匀分布。

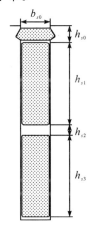

图 4-7　定子槽形及尺寸变量

根据绕组在槽内的分布,设上层线圈边(靠近槽口)为第 1 层,下层线圈边(靠近槽底)为第 2 层。定子槽比漏磁导分为上层线圈边的自比漏磁导 $\lambda_{11(s)}$,下层线圈边的自比漏磁导 $\lambda_{22(s)}$ 以及上下层线圈边的互比漏磁导 $\lambda_{12(s)}(=\lambda_{21(s)})$,三者的表达式分别为

$$\lambda_{11(s)} = \frac{h_{s1}}{3b_{s0}} + \frac{h_{s0}}{b_{s0}} \tag{4.3.7}$$

$$\lambda_{22(s)} = \frac{h_{s3}}{3b_{s0}} + \frac{h_{s0} + h_{s1} + h_{s2}}{b_{s0}} \tag{4.3.8}$$

$$\lambda_{12(s)} = \lambda_{21(s)} = \frac{h_{s1}}{2b_{s0}} + \frac{h_{s0}}{b_{s0}} \tag{4.3.9}$$

式中,上层线圈边高度 h_{s1} 与下层线圈边高度 h_{s3} 相等,即 $h_{s1}=h_{s3}$。

根据式(4.3.5)与(4.3.6),上层线圈边的自感 $M_{1(s)}$,下层线圈边的自感 $M_{2(s)}$ 以及上下层线圈边的互感 $M_{12(s)}(=M_{21(s)})$ 的表达式分别为

$$M_{11(s)} = W_c^2 \mu_0 l_{ef} \lambda_{11(s)} \tag{4.3.10}$$

$$M_{22(s)} = W_c^2 \mu_0 l_{ef} \lambda_{22(s)} \tag{4.3.11}$$

$$M_{12(s)} = M_{21(s)} = W_c^2 \mu_0 l_{ef} \lambda_{12(s)} = W_c^2 \mu_0 l_{ef} \lambda_{21(s)} \tag{4.3.12}$$

在计算各相绕组槽互漏感时,引入相绕组与各槽线圈边的关联矩阵 $\boldsymbol{B}$[32-33],仿照基于电路拓扑理论与回路电流法分析电路网络时列写回路与支路关联矩阵的方法,把每槽线圈边当成一条支路,把每相绕组同层相互连接的线圈当成一个回路,编程时考虑每相绕组在整个 p 对极下所有线圈边在定子各槽中的分布情况。

对于 12 相同步发电机,定子槽数为 Z_1,共有 12 相绕组,每相绕组都有上、下两层线圈边,则关联矩阵 $\boldsymbol{B}$ 为 $24 \times Z_1$ 阶矩阵,其中 24 行按 a_1 相绕组上层边、a_1 相绕组下层边、b_1 相绕组上层边、b_1 相绕组下层边、c_1 相绕组上层边、c_1 相绕组下层边、a_2 相绕组上层边、a_2 相绕组下层边、b_2 相绕组上层边、b_2 相绕组下层边进行排序,以此类推。槽中各层线圈边电流正方向相当于支路电流正方向,相绕组电流正方向相当于回路电流正方向。由各相绕组线圈连接与绕行方式确定回路电流与支路电流的关系时,两者方向相同、相反、无关分别对应关联矩阵 $\boldsymbol{B}$ 中的元素 1,−1 和 0。

为便于理解,假设 12 相电枢绕组为双层整距绕组,相绕组空间分布如图 4-2 所示,并设电机极对数为 2,槽数为 48,每极每相槽数为 1,则关联矩阵 $\boldsymbol{B}$ 为 24×48 阶矩阵。以 a_1,b_1,c_1 相绕组为例,一对极(24 槽)下对应关联矩阵 $\boldsymbol{B}$ 中第 1~6 行、第 1~24 列的元素如下:

$$\begin{bmatrix} 1 & 0 & 0 & 0 & 0 & 0 & 0 & 0 & 0 & 0 & 0 & 0 & -1 & 0 & 0 & 0 & 0 & 0 & 0 & 0 & 0 & 0 & 0 & 0 \\ 1 & 0 & 0 & 0 & 0 & 0 & 0 & 0 & 0 & 0 & 0 & 0 & -1 & 0 & 0 & 0 & 0 & 0 & 0 & 0 & 0 & 0 & 0 & 0 \\ 0 & 0 & 0 & 0 & 0 & 0 & 0 & 0 & 1 & 0 & 0 & 0 & 0 & 0 & 0 & 0 & 0 & 0 & 0 & 0 & -1 & 0 & 0 & 0 \\ 0 & 0 & 0 & 0 & 0 & 0 & 0 & 0 & 1 & 0 & 0 & 0 & 0 & 0 & 0 & 0 & 0 & 0 & 0 & 0 & -1 & 0 & 0 & 0 \\ 0 & 0 & 0 & 0 & -1 & 0 & 0 & 0 & 0 & 0 & 0 & 0 & 0 & 0 & 0 & 0 & 1 & 0 & 0 & 0 & 0 & 0 & 0 & 0 \\ 0 & 0 & 0 & 0 & -1 & 0 & 0 & 0 & 0 & 0 & 0 & 0 & 0 & 0 & 0 & 0 & 1 & 0 & 0 & 0 & 0 & 0 & 0 & 0 \end{bmatrix}$$

对于空间对称分布的绕组,关联矩阵中各元素的值有规律可循,编程形成关联矩阵较为简单。即使绕组不对称甚至出现绕组内部故障的情况,关联矩阵改动也不大。设 $b_{(2u-2+i)k}$ 与 $b_{(2v-2+j)k}$ 分别为关联矩阵 $\boldsymbol{B}$ 中第 $2u-2+i$ 行、第 k 列与第 $2v-2+j$ 行、第 k 列元素,则可以得到 12 相绕组槽漏感矩阵 $\boldsymbol{M}_{s(s)}$。该矩阵为 12×12 阶矩阵,每一个元素表示两相绕组间槽互漏感。槽漏感矩阵 $\boldsymbol{M}_{s(s)}$ 中第 u 行、第 v 列元素为

$$M_{s(s)}(u,v) = \frac{1}{a_s^2}\sum_{k=1}^{Z_1}\sum_{i=1}^{2}\sum_{j=1}^{2}b_{(2u-2+i)k}b_{(2v-2+j)k}M_{ij(s)} \quad (4.3.13)$$

式中,a_s 为定子每相绕组并联支路数,$u,v=1,2,3,\cdots,12$。u 和 v 的值 $1,2,3,\cdots,12$ 分别对应 $a_1,b_1,c_1,a_2,b_2,c_2,a_3,b_3,c_3,a_4,b_4,c_4$ 相绕组。12 相绕组各相间槽漏感共有 144 个,由于两相之间互漏感相等,实际只需计算 12 个自漏感和 66 个互漏感,总数为 78 个。

根据槽漏感矩阵 $\boldsymbol{M}_{s(s)}$ 可以方便地计算单 Y,2Y 以及 4Y 的槽漏抗参数。以 4Y 下的槽漏抗计算为例,利用 12 相绕组的相位关系 $pos=[0°\quad120°\quad240°\quad15°\quad135°\quad255°\quad30°\quad150°\quad270°\quad45°\quad165°\quad285°]$ 得到每相绕组槽漏感为

$$L_{s(s)} = \sum_{v=1}^{12}M_{s(s)}(1,v)\cos(pos(v)) \quad (4.3.14)$$

则定子槽漏抗 $X_{s(s)}$ 为

$$X_{s(s)} = 2\pi f_1 L_{s(s)} \quad (4.3.15)$$

4.3.2.2　定子谐波漏抗的计算

设 a',b' 为同步发电机任意两相绕组,将同步发电机气隙圆周展成直线,两相绕组的空间位置关系如图 4-8 所示,令该两相绕组的空间相移电角度为 α'。

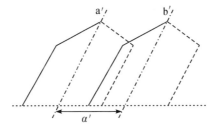

图 4-8　a',b' 两相绕组的空间位置关系

根据空间位置关系,设 a' 相绕组线圈中每匝流过的电流为 $i_{a'}$,其产生的与 b' 相绕组交链的 v 次谐波互感磁链为

$$\Psi_{b'a'v} = \Phi_{b'a'v} W_{b'} K_{b'dpv} \cos v a' = \frac{2}{\pi} l_{ef} \frac{\tau}{v} \frac{\mu_0}{\delta_{ef}} \frac{2W_{a'} K_{a'dpv} i_{a'}}{\pi p v} W_{b'} K_{b'dpv} \cos v a'$$

$$(4.3.16)$$

式中,$W_{a'}$,$W_{b'}$ 分别为 a′ 相绕组与 b′ 相绕组的串联匝数,$K_{a'dpv}$,$K_{b'dpv}$ 分别为 a′ 相绕组与 b′ 相绕组 v 次谐波的绕组系数。

对应的 v 次谐波互感为

$$L_{b'a'v} = \frac{\Psi_{b'a'v}}{i_{a'}} = \frac{4\mu_0}{\pi^2} \frac{\tau l_{ef}}{\delta_{ef}} \frac{W_{a'} W_{b'}}{p} \frac{K_{a'dpv} K_{b'dpv}}{v^2} \cos v a' \qquad (4.3.17)$$

则 a′,b′ 两相绕组的总谐波互漏感为

$$L_{b'a'(h)} = \frac{4\mu_0}{\pi^2} \frac{\tau l_{ef}}{\delta_{ef}} \frac{W_{a'} W_{b'}}{p} \sum_v \frac{K_{a'dpv} K_{b'dpv}}{v^2} \cos v a' \qquad (4.3.18)$$

由于 $W_{a'} = W_{b'} = N_s$,$K_{a'dpv} = K_{b'dpv} = K_{dpv}$,$N_s$ 为定子每相串联匝数,K_{dpv} 为 v 次谐波绕组系数,因而将式(4.3.18)改写为

$$L_{b'a'(h)} = \frac{4\mu_0}{\pi^2} \frac{\tau l_{ef}}{\delta_{ef}} \frac{N_s^2}{p} \sum_v \left(\frac{K_{dpv}}{v}\right)^2 \cos v a' \qquad (4.3.19)$$

根据 12 相绕组的相位关系,利用式(4.3.19)可以得到各相绕组谐波自漏感及任意两相间的谐波互漏感,从而得到 12 相绕组谐波漏感矩阵 $\boldsymbol{M}_{s(h)}$,该矩阵为 12×12 阶矩阵,每一个元素表示两相绕组间谐波互漏感。谐波漏感矩阵 $\boldsymbol{M}_{s(h)}$ 中第 i 行、第 j 列元素为

$$M_{s(h)}(i,j) = \frac{4\mu_0}{\pi^2} \frac{\tau l_{ef}}{\delta_{ef}} \frac{N_s^2}{p} \sum_v \left(\frac{K_{dpv}}{v}\right)^2 \cos v a_{ij} \qquad (4.3.20)$$

式中,$i,j = 1, 2, 3, \cdots, 12$。$i$ 与 j 的值 $1, 2, 3, \cdots, 12$ 分别对应 a_1,b_1,c_1,a_2,b_2,c_2,a_3,b_3,c_3,a_4,b_4,c_4 绕组,a_{ij} 为两相绕组的空间相移电角度。12 相绕组各相间谐波漏感共有 144 个,由于两相之间互漏感相等,实际只需计算 12 个自漏感和 66 个互漏感,总数为 78 个。

根据谐波漏感矩阵 $\boldsymbol{M}_{s(h)}$ 可以方便地计算单 Y,2Y 以及 4Y 的谐波漏抗参数。以 4Y 下的谐波漏抗计算为例,利用 12 相绕组的相位关系 $pos = [0° \quad 120° \quad 240° \quad 15° \quad 135° \quad 255° \quad 30° \quad 150° \quad 270° \quad 45° \quad 165° \quad 285°]$ 得到每相绕组谐波漏感为

$$L_{s(h)} = \sum_{j=1}^{12} M_{s(h)}(1,j) \cos(pos(j)) \qquad (4.3.21)$$

则定子谐波漏抗 $X_{s(h)}$ 为

$$X_{s(h)} = 2\pi f_1 L_{s(h)} \qquad (4.3.22)$$

4.3.2.3　定子端部漏抗的计算

由于定子端部尺寸、加工工艺等各方面因素的限制,一般定子端部绕组的空间分布形式较为复杂,虽然可以采用三维有限元等数值方法求解,但由于建模复杂且运算时间长,在实际电机设计与分析中较少应用。本小节给出一种基于 Biot-Savart 定律的端部漏抗数值计算方法[32,34]。

同步发电机带铁心及气隙的定子线圈端部结构模型如图 4-9 所示[35],图中1 号线圈与 2 号线圈的端部伸出定子铁心端面,三维直角坐标系 x,y,z 中的 xy 平面与定转子铁心端面重合,坐标原点 O 位于轴心处,z 轴沿电机轴向方向。利用镜像法计算端部区域各类电流所产生的磁场,即将其表示为原电流与镜像电流的合成磁场。在忽略铁心磁阻的情况下,镜像电流与原电流大小相同,z 轴坐标相反。由于电机定、转子间有气隙,因而还需利用气隙电流及其镜像电流。图 4-9 中标注了 1 号线圈端部原电流及其镜像电流、气隙电流及其镜像电流。

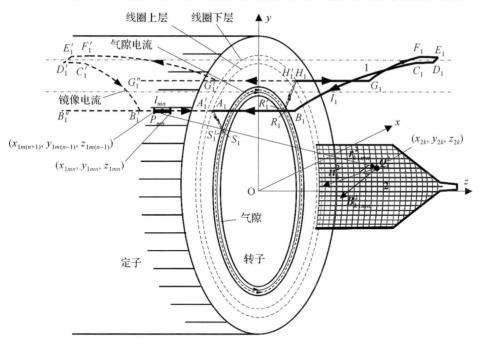

图 4-9　定子线圈端部计算模型结构

端部漏感计算方法如下。

①端部线圈电流包括原电流及其镜像电流、气隙电流及其镜像电流。

②将线圈端部原电流分为 6 大段,第 1~6 大段分别对应 A_1B_1 段、B_1C_1 段、C_1D_1 段、E_1F_1 段、F_1G_1 段、G_1H_1 段,其中前 3 段属于线圈上层边,后 3 段属于线圈下层边,上层边与下层边分别位于半径不等的两个圆柱面上,另有径向线段 D_1E_1,其作用在电感计算中可忽略不计;与线圈端部原电流对应的镜像电流也是 6 大段,第 7~12 大段分别对应 $A_1'B_1'$ 段、$B_1'C_1'$ 段、$C_1'D_1'$ 段、$E_1'F_1'$ 段、$F_1'G_1'$ 段、$G_1'H_1'$ 段。设线圈中每匝流过的电流为 I_1,其方向如图 4-9 中的箭头所示,则 1 号线圈这 12 大段电流大小为

$$i_m^1 = W_c I_1, \quad m = 1, 2, \cdots, 12 \tag{4.3.23}$$

式中,W_c 为线圈匝数。

③气隙电流位于定转子气隙的中心处且沿圆周方向分为 2 大段,第 13 大段与第 14 大段分别对应线圈内部 R_1S_1 段与线圈外部 R_1S_1 段,两段中的电流均由 S_1 流向 R_1 但电流大小不等。与气隙电流对应的镜像电流为 $R_1'S_1'$ 段(线圈内部)、$R_1'S_1'$ 段(线圈外部),即第 15 大段与第 16 大段。气隙电流大小根据气隙中磁势等效原则确定,第 13~16 大段气隙电流大小为

$$i_m^1 = \begin{cases} \dfrac{2p - y_1}{2p} W_c I_1, & m = 13, 15 \\[3mm] \dfrac{y_1}{2p} W_c I_1, & m = 14, 16 \end{cases} \tag{4.3.24}$$

式中,y_1 为定子绕组短距比。

④铁心内部线圈直线部分电流对端部漏磁通的影响可用镜像电流表示,对应 $A_1'B_1''$ 段与 $H_1'G_1''$ 段,即第 17 大段与第 18 大段,这 2 大段长度选取以不影响计算精度为宜,可取为端部直线部分长度的 10 倍。这 2 大段电流大小为

$$i_m^1 = 2W_c I_1, \quad m = 17, 18 \tag{4.3.25}$$

为在端部电感数值计算中保证足够的精度,还需将上述 18 大段再分成若干个长度很短的小段。若第 $m(m = 1, 2, \cdots, 18)$ 大段被均匀分成 N_m 小段,可用 $n(n = 1, 2, \cdots, N_m)$ 表示小段序号。在后面的计算过程中以每一小段作为数值计算的基本单元。

⑤定子槽数为 Z_1 绕组为双层绕组,从定子绕组端部来看,相当于 Z_1 个单层线圈顺序排布。在求 $j(j = 1, 2, \cdots, Z_1)$ 号线圈与 1 号线圈间的端部互感时,还需取 j 号线圈端部中层面作为分析面,把中层面分成矩形圆弧面和三角形圆弧面两部分,再分别沿这两个圆弧面的轴向和周向均匀分格,如图 4-9 所示,图中为 2 号线圈($j = 2$)中层面的分格情况。

不计位于线圈边上的点,设 j 号线圈中层面所分网格交点总数为 K,可用 $k(k=1,2,\cdots,K)$ 表示网格交点的序号。

⑥根据 Biot-Savart 定律,1 号线圈端部第 m 大段中第 n 小段电流在 j 号线圈端部中层面 k 点处产生的向量磁密为

$$\boldsymbol{B}_{k1mn}^{j} = \frac{\mu_0}{4\pi} \frac{i_m^1 \boldsymbol{l}_{mn}^1 \times \boldsymbol{r}_{k1mn}^{j}}{r_{k1mn}^{j\ 3}} \tag{4.3.26}$$

式中,$\boldsymbol{l}_{mn}^1$ 为 1 号线圈端部第 m 大段中第 n 小段向量,$\boldsymbol{r}_{k1mn}^{j}$ 为 1 号线圈端部第 m 大段中第 n 小段中点与 j 号线圈端部中层面上第 k 点间的向量。

⑦1 号线圈端部各小段电流在 j 号线圈端部 k 点处产生的向量磁密为

$$\boldsymbol{B}_{k1}^{j} = \sum_{m=1}^{18} \sum_{n=1}^{N_m} \boldsymbol{B}_{k1mn}^{j} \tag{4.3.27}$$

则 j 号线圈端部中层面上平均磁密为

$$B_1^{j} = \frac{\sum_{k=1}^{K} \boldsymbol{B}_{k1}^{j} \cdot \boldsymbol{n}_k^{j}}{K} \tag{4.3.28}$$

式中,$\boldsymbol{n}_k^{j}$ 为 j 号线圈端部中层面上 k 点处单位法向量。

⑧1 号线圈与 j 号线圈的端部互感为

$$M_{1(e)}^{j} = \frac{W_c S_j B_1^{j}}{I_1} \tag{4.3.29}$$

式中,S_j 为 j 号线圈端部中层面的弧面积。

同理,可得到第 i 号线圈与第 j 号线圈的端部互感 $M_i^{j}(e)$。在计算各相绕组端部互漏感时,引入相绕组与各槽线圈间的关联矩阵 $\boldsymbol{C}$,这里把每槽线圈当成一条支路,把每相绕组当成一个回路,编程时考虑每相绕组在整个 p 对极下所有线圈的分布情况。

对于 12 相同步发电机,定子槽数为 Z_1,共有 12 相绕组,则关联矩阵 $\boldsymbol{C}$ 为 $12 \times Z_1$ 阶矩阵,其中 12 行按 a_1、b_1、c_1、a_2、b_2、c_2、a_3、b_3、c_3、a_4、b_4、c_4 相绕组进行排序[32,34]。仿照电路拓扑理论的回路电流分析方法,线圈电流正方向相当于支路电流正方向,相绕组电流正方向相当于回路电流正方向。由各相绕组线圈连接与绕行方式确定回路电流与支路电流的关系时,两者方向相同、相反、无关分别对应关联矩阵 $\boldsymbol{C}$ 中的元素 1、-1、0。

为便于理解,假设 12 相电枢绕组为双层整距绕组,相绕组空间分布如图 4-2 所示,电机极对数为 2,槽数为 48,每极每相槽数为 1,则关联矩阵 $\boldsymbol{C}$ 为

12×48 阶矩阵。以 a_1, b_1, c_1 相绕组为例,一对极(24 槽)下对应关联矩阵 C 中第 $1 \sim 3$ 行、第 $1 \sim 24$ 列的元素如下:

$$\begin{bmatrix} 1 & 0 & 0 & 0 & 0 & 0 & 0 & 0 & 0 & 0 & 0 & 0 & -1 & 0 & 0 & 0 & 0 & 0 & 0 & 0 & 0 & 0 & 0 & 0 \\ 0 & 0 & 0 & 0 & 0 & 0 & 0 & 1 & 0 & 0 & 0 & 0 & 0 & 0 & 0 & 0 & 0 & 0 & 0 & 0 & -1 & 0 & 0 & 0 \\ 0 & 0 & 0 & -1 & 0 & 0 & 0 & 0 & 0 & 0 & 0 & 0 & 0 & 0 & 0 & 1 & 0 & 0 & 0 & 0 & 0 & 0 & 0 & 0 \end{bmatrix}$$

设 c_{ui} 与 c_{vj} 分别为关联矩阵 C 中第 u 行、第 i 列与第 v 行、第 j 列元素,则可以得到 12 相绕组端部漏感矩阵 $M_{s(e)}$。该矩阵为 12×12 阶矩阵,每一个元素表示两相绕组间端部互漏感。端部漏感矩阵 $M_{s(e)}$ 中第 u 行、第 v 列元素为

$$M_{s(e)}(u,v) = \frac{1}{a_s^2} \sum_{i=1}^{Z_1} \sum_{j=1}^{Z_1} c_{ui} c_{vj} M_{i(e)}^j \tag{4.3.30}$$

式中,$u, v = 1, 2, 3, \cdots, 12$。$u$ 与 v 的值 $1, 2, 3, \cdots, 12$ 分别对应 a_1, b_1, c_1, a_2, b_2, c_2, a_3, b_3, c_3, a_4, b_4, c_4 相绕组。12 相绕组各相间端部漏感共有 144 个,由于两相之间互漏感相等,实际只需计算 12 个自漏感和 66 个互漏感,总数为 78 个。

根据端部漏感矩阵 $M_{s(e)}$ 可以方便地计算单 Y,2Y 以及 4Y 的端部漏抗参数。以 4Y 下的端部漏抗计算为例,利用 12 相绕组的相位关系 $pos = [0°$ $120°$ $240°$ $15°$ $135°$ $255°$ $30°$ $150°$ $270°$ $45°$ $165°$ $285°]$ 得到每相绕组端部漏感为

$$L_{s(e)} = \sum_{v=1}^{12} M_{s(e)}(1,v) \cos(pos(v)) \tag{4.3.31}$$

则定子端部漏抗 $X_{s(e)}$ 为

$$X_{s(e)} = 2\pi f_1 L_{s(e)} \tag{4.3.32}$$

4.3.2.4　定子齿顶漏抗的计算

同步发电机由于气隙较大,需要计算定子齿顶漏抗。根据文献[25],隐极同步发电机气隙均匀,定子齿顶漏磁场的比漏磁导 $\lambda_{s(k)}$ 为

$$\lambda_{s(k)} = K_k \left(0.2284 + 0.0796 \frac{\delta}{b_0} - 0.25 \frac{b_0}{\delta} \left\{ 1 - \frac{2}{\pi} \left[\arctan \frac{b_0}{2\delta} - \frac{\delta}{b_0} \ln \left(1 + \frac{b_0^2}{4\delta^2} \right) \right] \right\} \right)$$

$$\tag{4.3.33}$$

式中,K_k 为由于短距对槽口比漏磁导引入的节距漏抗系数。

$$K_k = \begin{cases} \dfrac{3y_1+1}{4}, & \dfrac{2}{3} \leqslant y_1 \leqslant 1 \\[2mm] \dfrac{6y_1-1}{4}, & \dfrac{1}{3} \leqslant y_1 \leqslant \dfrac{2}{3} \\[2mm] \dfrac{3y_1}{4}, & 0 < y_1 \leqslant \dfrac{1}{3} \end{cases} \tag{4.3.34}$$

式中，y_1 为定子绕组短距比。则定子齿顶漏抗 $X_{s(k)}$ 为

$$X_{s(k)} = 4\pi f_1 \mu_0 \frac{N_s^2}{pq} l_{ef} \lambda_{s(k)} \tag{4.3.35}$$

4.3.2.5　定子漏抗标幺值

定子漏抗标幺值可表示为

$$X_s^* = \frac{X_s}{Z_b} \tag{4.3.36}$$

4.3.3　转子励磁绕组漏抗

转子漏抗主要包括槽漏抗和端部漏抗。由于计算瞬态、超瞬态电抗或时间常数等参数时需要将转子侧的参数折算至定子侧，因而计算得到的转子漏抗需要乘以折算至定子侧标幺值的折算系数。

4.3.3.1　转子励磁绕组槽漏抗的计算

隐极同步发电机转子励磁绕组的槽型一般为开口槽，如图 4-10 所示，槽内放置的励磁线圈为单层同心式线圈，且励磁电流为直流，因而转子槽漏抗计算与定子槽漏抗计算相比较为简单。根据第 4.3.2.1 节定子槽漏抗的计算方法，得到转子槽漏抗的计算表达式，再乘以折算至定子侧标幺值的折算系数，得到折算至定子侧标幺值的转子槽漏抗，即[35]

$$\begin{aligned} X_{r(s)}^* &= \frac{2\pi f_1 \mu_0 l_2 W_{s2}^2 pq_2}{K_{w2}^2 N_f^2 a_r^2} \left(\frac{h_{r1}+3h_{r0}}{3b_{r0}}\right) \frac{1}{p^2} \frac{M}{2} (K_{dp1} N_s)^2 \frac{I_{N\varphi}}{U_{N\varphi}} \\ &= 2\pi f_1 \frac{4pq_2}{a_r^2} W_{s2}^2 \mu_0 l_2 \left(\frac{h_{r1}+3h_{r0}}{3b_{r0}}\right) \frac{M}{2} \frac{(K_{dp1} N_s)^2}{(K_{w2} 2pN_f)^2} \frac{1}{Z_b} \\ &= 2\pi f_1 \frac{4pq_2}{a_r^2} W_{s2}^2 \mu_0 l_2 \left(\frac{h_{r1}+3h_{r0}}{3b_{r0}}\right) K_f' \end{aligned} \tag{4.3.37}$$

式中，b_{r0}，h_{r1} 为转子槽形尺寸，l_2 为转子铁心本体长度，W_{s2} 为励磁绕组每槽有效导体数，q_2 为转子每极线圈数，K_{w2} 为转子绕组系数，N_f 为转子每极线圈串联匝数，a_r 为励磁绕组并联支路数，M 为定子绕组相数，K_{dp1} 为定子的基波绕组系

数,N_s 为定子每相串联匝数,Z_b 为定子阻抗基值,K'_f 为励磁绕组参数折算至定子侧标幺值的折算系数,即

$$K'_f = \frac{M}{2} \frac{(K_{dp1}N_s)^2}{(K_{w2}2pN_f)^2} \frac{1}{Z_b} \tag{4.3.38}$$

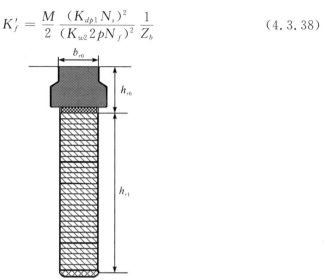

图 4-10　转子励磁绕组槽形及尺寸变量

4.3.3.2　转子励磁绕组端部漏抗的计算

对于转子端部漏抗,在隐极同步发电机设计及参数计算中,一般不专门针对转子端部漏抗进行计算与分析,而是简单地认为转子端部漏抗(折算至定子侧的标幺值)近似等于 $0.02x_{ad}^{*[25-26]}$,x_{ad}^* 为 d 轴电枢反应电抗标幺值。显然,该公式过于简化,且未考虑转子端部结构差异的影响。与定子端部漏抗计算类似,转子端部漏抗也可以根据 Biot-Savart 定律,利用第 4.3.2.3 节定子端部漏抗的计算方法来计算。根据转子端部结构,带铁心及气隙的转子线圈端部结构模型如图 4-11 所示[35]。

转子端部漏抗的计算思路与第 4.3.2.3 节定子端部漏抗的计算思路基本相同,这里不再赘述,但处理过程中存在以下几点不同:

①转子端部励磁绕组内均流过相同大小的直流电流;

②每极下转子励磁绕组各匝线圈的端部尺寸不同,需对各匝分别计算,而定子各匝绕组端部尺寸均相同,只是转过一个角度,处理时相对简单;

③转子端部没有三角形圆弧面,只存在矩形圆弧面;

④转子端部的励磁绕组不存在上下层,每匝均为同一层。

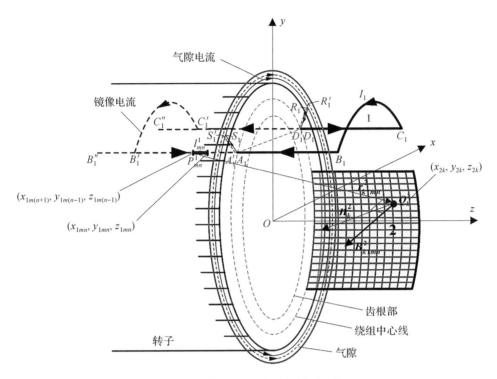

图 4-11　转子线圈端部计算模型结构

4.3.4　多相整流同步发电机电抗参数计算样例

以某型 12 相整流隐极同步发电机为参数计算对象,发电机电磁结构如图 3-4 所示。该发电机定子绕组参数如表 4-2 所示,转子励磁绕组参数如表 4-3 所示,定、转子槽形分别如图 4-7、图 4-10 所示,定、转子槽尺寸如表 4-4 所示。

表 4-2　定子绕组参数

参数	值	参数	值
相数	12	极对数	2
绕组形式	双层叠绕组	节距形式	整距
槽型	矩形开口槽	槽数	96
每极每相槽数	2	每相串联匝数	6
并联支路数	4	定子内径	392mm
定子铁心长度	280mm	气隙长度	6mm
阻抗基值	0.7296Ω	电基频	216.67Hz

表 4-3　转子励磁绕组参数

表 4-3　转子励磁绕组参数

参数	值	参数	值
绕组形式	单层同心式	转子绕组系数	0.8312
槽型	矩形开口槽	槽分度数	36
每极线圈数	3	每槽有效导体数	29
每极线圈串联匝数	87	并联支路数	1

表 4-4　定、转子槽尺寸

参数	值	参数	值
定子槽宽 b_{s0}	6.8mm	定子槽口高 h_{s0}	3.92mm
定子上层绕组高 h_{s1}	23.1mm	定子上下层绕层间高 h_{s2}	2.84mm
定子下层绕组高 h_{s3}	23.1mm	转子槽宽 b_{r0}	14.8mm
转子槽口高 h_{r0}	10.6mm	转子槽绕组高 h_{r1}	58.29mm

①电枢反应电抗。利用式(4.3.3)计算得到电枢反应电抗标幺值如表 4-5 所示。

表 4-5　电枢反应电抗标幺值

阻抗基值 Z_b	电枢反应电抗 X_a^*
0.7296Ω	121.8463%

②定子漏抗。利用式(4.3.15)、(4.3.22)、(4.3.32)、(4.3.35)与(4.3.36)计算得到定子槽漏抗标幺值、谐波漏抗标幺值、端部漏抗标幺值及齿顶漏抗标幺值,计算结果如表 4-6 所示。

表 4-6　定子漏抗标幺值

项目	槽漏抗 $X_{s(h)}^*$	谐波漏抗 $X_{s(h)}^*$	端部漏抗 $X_{s(e)}^*$	齿顶漏抗 $X_{s(k)}^*$	定子总漏抗 X_s^*
标幺值	3.4266%	0.1651%	3.5969%	0.0756%	7.2642%
百分比	47.17%	2.27%	49.52%	1.04%	—

③转子漏抗。利用式(4.3.37)计算得到折算至定子侧标幺值的转子励磁绕组槽漏抗,利用第 4.3.2.3 节定子端部漏抗的计算方法来计算转子励磁绕组端部漏抗,并折算至定子侧标幺值,计算得到的转子励磁绕组槽漏抗及端部漏抗标幺值如表 4-7 所示。

表 4-7　折算至定子侧标幺值的转子励磁绕组漏抗

折算系数 K_f^i	槽漏抗 $X_{r(s)}^*$	端部漏抗 $X_{r(e)}^*$	转子励磁绕组总漏抗 X_r^*
0.0035	7.1970%	2.2581%	9.4551%

第5章　多相整流同步发电机励磁控制及机组建模

随着电力电子、自动控制和计算机技术的发展,我国多相整流发电机励磁控制经历了从小型到中大型、从分立组件到集成化、从模拟到数字化的发展过程,目前正朝着信息化、智能化的技术方向发展。在我国自主研制的舰用集成化发电机中,前期12相整流电励磁同步发电机采用模拟式励磁调节器,后期交直流混合供电的同步发电机、多相整流高速感应发电机、中大功率多相整流同步发电机、混合励磁多相整流同步发电机等,均采用数字式励磁调节器,与传统的模拟式励磁调节器比较,在抗干扰能力、控制精度以及控制算法方面有了很大的改进。微处理器型励磁调节器具有装置软件丰富、调节保护和限制功能齐全、可靠性较高等显著优点,已推广应用于多型多相整流发电机系统。

本章以船用直流电力系统中多相整流同步发电机的励磁控制为例,首先介绍了多相整流同步发电机励磁系统的功能原理,接着介绍了多相整流同步发电机励磁系统各部件的建模方法,然后介绍了原动机及其调速系统各部组件的建模方法,最后介绍了多相整流同步发电机组单机和并联系统建模方法。

5.1　多相整流同步发电机励磁控制的原理

5.1.1　励磁系统的功能

多相整流同步发电机分为电励磁、纯永磁和混合励磁等多种类型,其中应用较多的为多相整流电励磁同步发电机,本节主要讨论该类同步发电机的励磁系统。

多相整流同步发电机励磁系统工作原理如图5-1所示。从电气量转换角度来看,多相整流同步发电机的励磁系统是一套具有一定容量、输出可调节的直流电源装置,它主要由励磁功率单元和励磁调节器两大部分组成。其中,励磁功率单元是为多相整流同步发电机转子绕组提供直流励磁电流的功率单元,励磁调节器则是根据预定控制策略自动调节励磁功率单元输出的装置。由励磁调节器、励磁功率单元及其控制对象组成的系统称为多相整流同步发电机励磁控制系统。

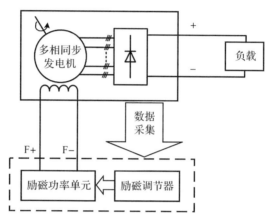

图 5-1　多相整流同步发电机励磁系统工作原理

在直流电力系统中,多相整流同步发电机组不仅解除了传统交流电网对发电机组频率的限制,同时因整流二极管的单向导电性,不存在失步、功率逆向流动和无功功率分配的问题,这为实现优势"电"补劣势"机"的目标奠定了基础,其励磁控制的主要功能如下。

①通过调节多相整流同步发电机的励磁电流,抑制由转速或负载变化引起的电压波动,维持多相整流同步发电机组输出的直流电压为给定值。

②控制并联运行各发电机组间功率分配,提高发电机组并联运行的稳定性。

③在发电机组外部出现短路故障时进行强励,保证短路故障可靠切除,且在故障切除后能快速恢复直流母线电压。

④在发电机组内部出现故障或外部出现故障无法切除时,进行灭磁,以减小故障损失。

⑤根据发电机组运行要求,对发电机实行最大、最小励磁限制,实现自动起励、低工况降速降压等特殊功能要求。

多相整流同步发电机励磁控制直接影响舰船直流电力系统的供电稳定性、连续性和可靠性,是实现优势"电"补劣势"机"的关键环节。

5.1.2　励磁系统的原理

多相整流同步发电机励磁系统分类如图 5-2 所示。多相整流同步发电机一般采用无刷励磁系统,这种励磁系统把交流励磁机做成转枢式同步发电机,并将整流器固定在转轴上一道旋转,将励磁机发出的交流电整流输出直接供给主发电机的励磁绕组,不需要电刷和滑环,具有可靠性高、便于维护等优点。交流励磁机的励磁电源通常取自发电机机端或副励磁机。

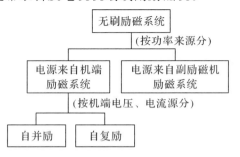

图 5-2　多相整流同步发电机励磁系统分类

对于电源来自发电机机端的无刷励磁系统,为了满足不依靠外部电源自动起励的需求,一般在交流励磁机定子励磁绕组磁极上安装永磁体,使发电机具有一定的剩磁电压。另外,为了满足多相整流同步发电机外部短路强励需求,除设有整流变压外,还设有串联在发电机定子回路的大功率电流互感器。

以船用 12 相整流同步发电机励磁系统为例(图 5-3),此发电机采用自复励无刷励磁系统,在机端设置普通的励磁变压器和电流互感器,各自经过桥式整流器整流,再并联供给励磁机励磁绕组。当进行正常调压时,电流互感器输出端经接触器短路,由励磁变压器提供电源;发电机外部出现短路故障时,接触器断开,由电流互感器提供励磁电源。功率等级在 MW 级以下的多相整流同步发电机,多采用这种自复励磁方式。

对于电源来自副励磁机的无刷励磁系统,副励磁机可以是永磁机或是具有自励恒压装置的交流发电机,这不仅可以满足不依靠外部电源自动起励的需求,而且能实现多相整流同步发电机外部短路强励的功能。

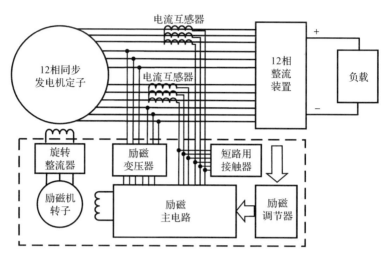

图 5-3　12 相整流同步发电机自复励无刷励磁系统

以某大功率 12 相整流同步发电机励磁系统为例(图 5-4),其励磁功率单元由副励磁机、励磁主电路、主励磁机和旋转整流器等组成,励磁调节器可采集永磁副励磁机频率、励磁主电路直流电压与电流、主发电机的交流电压与频率、整流装置直流输出电压与电流等信息,用于 12 相整流同步发电机的电压闭环控制和状态监测保护。目前,功率等级在 MW 级以上的多相整流同步发电机,多采用这种"三机"同轴的永磁副励磁机无刷励磁系统。

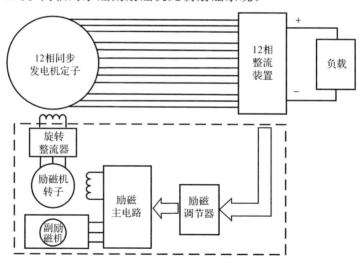

图 5-4　12 相整流同步发电机永磁副励磁机无刷励磁系统

5.2　多相整流同步发电机励磁系统建模

多相整流同步发电机可选用不同类型的励磁系统,其励磁功率单元由不同的元件组成,每一个元件都有相应的建模方法,且励磁调节器可用多种控制算法,每种控制算法都有相应的数学模型。为了能够清楚说明多相整流同步发电机励磁系统的建模过程,本节主要以典型的永磁副励磁机无刷励磁系统建模为例进行讨论,此系统的主电路如图 5-5 所示。

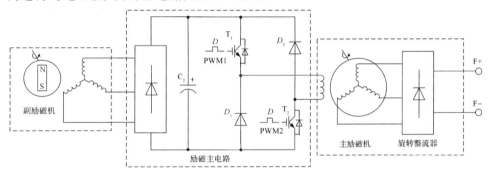

图 5-5　励磁主电路

5.2.1　副励磁机建模

在图 5-5 中,副励磁机为 3 相永磁同步发电机,定子绕组为 Y 型接法,中性点不引出,无零序电流分量。发电机流出电流设为正,其在 d,q 坐标系下的数学模型为[36]

$$\begin{cases} u_d = p_e\omega_r L_q i_q - L_d \dfrac{\mathrm{d}i_d}{\mathrm{d}t} - R i_d \\ u_q = p_e\omega_r(\Psi_f - L_d i_d) - L_q \dfrac{\mathrm{d}i_q}{\mathrm{d}t} - R i_d \end{cases} \tag{5.2.1}$$

式中,u_d,u_q 分别为定子电压的 d 轴、q 轴分量,i_d,i_q 分别为定子电流的 d 轴、q 轴分量,R 为定子绕组的电阻,L_d,L_q 分别为 d 轴、q 轴电感,Ψ_f 为永磁体磁链,p_e 为电机极对数,ω_r 为电机转子机械角频率。发电机输出 3 相交流电流,经 Park 变换为 i_d,i_q 电流,代入式(5.2.1),即可得到电压 u_d,u_q,经 Park 逆变换得到发电机输出 3 相交流电压。据此,可采用 MATLAB/Simulink 或其他仿真软件,建立 3 相永磁副励磁机仿真模型,利用受控源和检测模块,将模型中端口电压电流信号接口转为电气接口,并设置其机械物理量输入端口为转子机械角频率,以便于分析机组转速变化对该励磁控制系统的影响。

5.2.2 励磁主电路建模

在多相整流同步发电机励磁功率单元中,励磁主电路的主要功能是将 3 相交流电变换为励磁机励磁绕组需要的直流电,属于 AC-DC-DC 变换电路,一般用电力电子开关元件来实现。在图 5-5 中,首先采用 3 相不控整流电路将副励磁机输出的交流电整流为直流电,通过电容滤波以减小脉动,然后采用 H 半桥型 DC-DC 变换器对励磁机励磁电流进行调节。该 H 半桥型 DC-DC 变换器与传统的 Buck 斩波器相比,输出电压正负均可以调节,控制方式灵活,具有响应速度快、输出电流纹波小、灭磁速度快等优点。

利用该 DC-DC 变换器对主励磁机励磁电流进行调节时,为了减小输出电流纹波,可采用移相方式产生三电平的 PWM 驱动信号,使输出电压能在正电源电压、负电源电压和零电压三种电平之间切换。脉冲产生原理如图 5-6(a)所示,通过设定的占空比 D_{pm} 与相位差为 180° 的三角载波进行比较,可产生两路相位差为 180° 的 PWM 驱动信号,如图 5-6(b)所示。

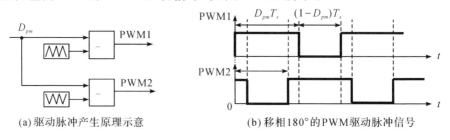

(a)驱动脉冲产生原理示意   (b)移相180°的PWM驱动脉冲信号

图 5-6 驱动脉冲信号产生原理

励磁主电路包括 3 相不控整流电路、直流滤波电容和 H 半桥型 DC-DC 变换电路三个部分,均可采用 MATLAB/Simulink 软件中相应的电力电子器件搭建其电路级详细仿真模型。

5.2.3 主励磁机及旋转整流器建模

在图 5-5 中,主励磁机为旋转电枢式无阻尼绕组的 3 相同步发电机,转子上 3 相电枢绕组为 Y 型接法,中性点不引出,无零序电流分量。发电机流出的电流设为正,其在 d,q 坐标系下的数学模型为[36]

$$
\begin{cases}
u_d = L_{md}\dfrac{\mathrm{d}i_{fde}}{\mathrm{d}t} - L_{sd}\dfrac{\mathrm{d}i_d}{\mathrm{d}t} + n_p\omega_r L_{sq}i_q - r_{es}i_d \\[2mm]
u_q = -L_{sq}\dfrac{\mathrm{d}i_q}{\mathrm{d}t} - n_p\omega_r L_{sd}i_d + n_p\omega_r L_{md}i_{fde} - r_{es}i_q \\[2mm]
u_{fde} = -L_{md}\dfrac{\mathrm{d}i_d}{\mathrm{d}t} + L_{fde}\dfrac{\mathrm{d}i_{fde}}{\mathrm{d}t} + r_{ef}i_{fde}
\end{cases}
\tag{5.2.2}
$$

式中,u_d,u_q 分别为转子电压的 d 轴、q 轴分量,u_{fde} 为定子励磁电压,i_d,i_q 分别为定子电流的 d 轴、q 轴分量,i_{fde} 为定子励磁电流,r_{es} 为转子电枢绕组电阻,r_{ef} 为定子励磁绕组电阻,L_{sd},L_{sq} 分别为电枢绕组 d 轴、q 轴电感,L_{md} 为电枢反应电感,n_p 为电机极对数,ω_r 为电机转子机械角频率。

将发电机输出的 3 相交流电流经 Park 变换为电流 i_d、i_q,将其与输入的 u_{fde} 代入式(5.2.2),首先得到电流 i_{fde},进而得到电压 u_d,u_q,再由 Park 逆变换得到发电机输出 3 相交流电压。据此,可采用 MATLAB/Simulink 或其他仿真软件,建立 3 相主励磁机的详细仿真模型,利用受控源和检测模块,将模型中端口电压、电流信号接口转为电气接口,并把转子机械角频率引入至模型的机械物理量输入端口,以便于分析机组转速变化对该励磁控制系统的影响。

旋转整流器为 3 相不控整流电路,可采用 MATLAB/Simulink 软件中的二极管器件搭建其电路级详细仿真模型,如图 5-7 所示。

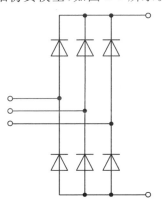

图 5-7　旋转整流器仿真模型

5.2.4 励磁调节器建模

当单机运行时,为获得更好的动态调压性能,多相整流发电机励磁调节器一般采用双闭环励磁控制方式,其中发电机输出直流电压 u_{dc} 反馈为外环,励磁机励磁电流 i_{fde} 反馈为内环,闭环控制器可采用比例积分微分调节器(PID)、线性二次型调节器(LQR)、鲁棒 H 无穷范数最小控制器(H-Infinite)、滑模控制器(Sliding Mode)、砰-砰控制器(Bang-Bang)、卡尔曼滤波等不同类型闭环控制算法。在如图 5-8 所示系统的经典防饱和 PI 控制算法中,电压外环实现对直流电压给定值的跟踪,励磁机励磁电流内环实现对无刷励磁机励磁电流指令的跟踪。

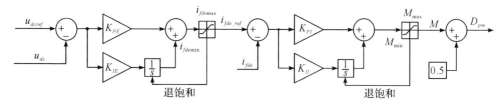

图 5-8 励磁控制原理

当发电机并联运行时,多相整流发电机励磁控制装置除采用双闭环励磁控制外,还利用预先设定的 U-I 下垂特性曲线(图 5-9),自动调节并联供电系统中各发电机组的功率分配,实现输出功率按各机组容量比例均衡分配的目标。图中虚线代表并联机组稳态下的直流电压和电流。

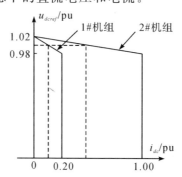

图 5-9 双机并联控制原理

并联运行的多相整流发电机还可根据上层供电系统指示,通过励磁调节器使发电机 U-I 下垂特性曲线上下平移,从而实现功率分配的二次调整。

5.3　多相整流同步发电机励磁控制参数设计

为分析励磁控制参数对多相整流同步发电机系统动态性能的影响,第 5.2 节的详细仿真模型虽然计算精度高、考虑因素多,但也存在计算时间长、涉及参数多、不便于分析的缺点,为此,需要建立整流发电机单机系统简化数学模型,以便于对励磁控制参数进行快速优化设计。

5.3.1　励磁控制系统简化模型分析

如图 5-5 所示,在不考虑转速变化时,永磁副励磁机输出直接与 3 相不控整流桥相连构成励磁调节装置的功率源,其可近似为一个恒定直流电压源[37]。设电压为 U_s,励磁调节主电路的数学平均值模型为[38]

$$G_T(s) = (2D_{pm} - 1)U_s \qquad (5.3.1)$$

式中,D_{pm} 为励磁调节电路中开关管 PWM 驱动脉冲信号的占空比。为了消除偏置项,在励磁机励磁电流内环控制器的输出 M 上叠加常数 0.5,得到 D_{pm},即 $D_{pm} = M + 0.5$,则励磁调节主电路的数学模型可简化为

$$G_T(s) = 2MU_s \qquad (5.3.2)$$

在建立主励磁机的简化数学模型时,不考虑饱和、剩磁和转速变化的影响,参考励磁系统设计与建模导则[39],则主励磁机旋转整流系统的数学模型可简化为

$$G_E(s) = \frac{K_E}{T_{fde}s + 1} \qquad (5.3.3)$$

式中,T_{fde} 为励磁机励磁绕组时间常数,K_E 为励磁机的放大倍数。

励磁机励磁电流内环控制器的传递函数为

$$G_I(s) = K_{PI} + \frac{K_{II}}{s} = \frac{K_{PI}s + K_{II}}{s} \qquad (5.3.4)$$

式中,K_{PI},K_{II} 分别为励磁机励磁电流内环 PI 控制器比例增益、积分增益。

直流电压外环控制器的传递函数为

$$G_E(s) = K_{PE} + \frac{K_{IE}}{s} = \frac{K_{PE}s + K_{IE}}{s} \qquad (5.3.5)$$

式中,K_{PI},K_{II} 分别为直流电压外环 PI 控制器比例增益、积分增益。

与主励磁机类似,建立多相整流同步发电机的简化数学模型时,不考虑饱和、剩磁和转速变化的影响,则多相整流同步发电机的数学模型可简化为

$$G_M(s) = \frac{K_M}{T_{fd}s + 1} \qquad (5.3.6)$$

式中,T_{fd} 为主发电机励磁绕组时间常数,K_M 为主发电机的放大倍数。

为分析负载扰动对多相整流发电机系统的影响,将主发电机的定子漏阻抗压降、电枢反应电抗压降和整流装置的换向压降等统一等效为负载变化引起的电压扰动量 Δu_{dc}。综上,不考虑转速变化的整流发电机系统简化模型如图 5-10 所示。

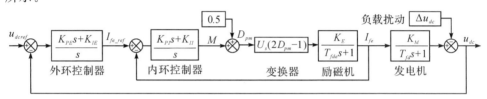

图 5-10 不考虑转速变化的整流发电机系统简化模型

5.3.2 励磁控制参数优化设计算例

为获得控制性能优异的励磁控制参数,可采用误差绝对值积分(ITAE)、误差平方积分(ITSE)、二阶系统最佳阻尼比等多种优化设计方法。本节以 ITAE 优化设计方法为例,讨论其励磁控制参数的设计过程。

ITAE 优化设计方法中,性能指标是指时间与绝对误差的乘积积分,表示如下:

$$\text{ITAE} = \int_0^{t_f} t \, |e(t)| \, \mathrm{d}t \qquad (5.3.7)$$

选择 ITAE 指标是为了减小较大初始误差对性能指标取值的影响,同时也是为了强调扰动初始响应的影响。当所选的性能指标达到极小值时,控制系统最优。稳定系统的闭环传递函数通常具有如下形式[40]:

$$\Phi(s) = \frac{Y(s)}{R(s)} = \frac{a_0}{s^n + a_{n-1}s^{n-1} + \cdots + a_1 s + a_0} \qquad (5.3.8)$$

该闭环传递函数有 n 个极点却没有零点,系统对阶跃响应的稳态误差为零,即 $|e(t)|$ 趋近于 0,则 ITAE 性能指标收敛。因此,可以确定 $\Phi(s)$ 的最优系数,使系统对阶跃响应的 ITAE 性能指标极小。此时,采用数值计算或解析计算方法均可确定 $\Phi(s)$ 的最优系数。

如图 5-10 所示,将励磁机放大倍数标幺化,即取 $K_E = 1$,则励磁机励磁电流内环控制系统开环传递函数为

$$G_K(s) = \frac{2K_{II}U_s\left(\dfrac{K_{PI}}{K_{II}}s + 1\right)}{s}\frac{1}{T_{fde}s + 1} \tag{5.3.9}$$

就励磁机的励磁电流内环控制而言,不仅要求其在稳态时没有静态误差,而且要求动态响应速度快、超调小。为简化设计,可选择内环控制器 PI 参数来对消该惯性环节以降低系统阶数,即选择

$$\frac{K_{PI}}{K_{II}} = T_{fde} \tag{5.3.10}$$

通过单位负反馈闭环控制构成新的一阶惯性环节,此时内环控制系统的闭环传递函数为

$$G_{BI}(s) = \frac{1}{T_{eq}s + 1} \tag{5.3.11}$$

式中,系统的等效时间常数为

$$T_{eq} = \frac{1}{2K_{II}U_s}$$

内环控制系统只含有一个负极点。根据自动控制原理,系统静态稳定。增大内环控制器积分环节增益 K_{II},可降低等效励磁机励磁绕组的时间常数 T_{eq},加快控制系统的响应速度。然而,积分环节增益并不能无限制增加。当增益增加到一定数值时,DC-DC 变换器的输入占空比 D_{pm} 将达到甚至超过饱和值。在控制设计时不希望这种情况发生,因此积分环节增益参数受到输出占空比范围的限制。若需进一步减小等效励磁机励磁绕组的时间常数,在不改变励磁机电磁参数的前提下,可提高励磁电源电压 U_s。一般选取 $T_E = nT_{eq}$,其中 n 为自然数,因此

$$K_{PI} = \frac{n}{2U_s} \tag{5.3.12}$$

例如,当 $U_s = 6.4$,$T_E = 0.08$ 时,分别选取 $n = 4,5,\cdots,8$,可依次求得 K_{PI} 和 K_{II},通过数值仿真计算,得到内环控制器的输出曲线结果如图 5-11 所示。

当 $n > 6$ 时,内环 PI 控制器在单位阶跃输入下,其输出将达到饱和,且 n 越大,控制器输出出现饱和的时间越长。因此,为使得内环控制系统在控制器输出不饱和的前提下动态性能最优,选取 $n = 6$,此时 $K_{PI} = 0.49$,$K_{II} = 8.20$,$T_{eq} = 0.01$。

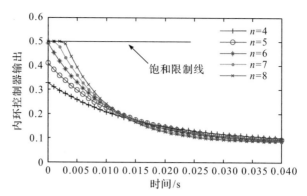

图 5-11 选取不同的 n 时,内环控制器输出结果

将发电机放大倍数标幺化,即取 $K_M = 1$,并把内环闭环传递函数代入直流电压外环闭环控制系统,此时系统的开环传递函数为

$$G_K(s) = \frac{K_{IE}\left(\dfrac{K_{PE}}{K_{IE}}s + 1\right)}{s} \frac{1}{T_{eq}s + 1} \frac{1}{T_{fd}s + 1} \tag{5.3.13}$$

基于错开原理[41],选择直流电压外环 PI 参数满足

$$\frac{K_{PE}}{K_{IE}} = T_{fd} \tag{5.3.14}$$

对消原有传递函数中时间常数最大项($T_{fd}s + 1$),即主发电机励磁绕组时间常数项,而代之以具有更大惯性的环节 K_{IE}/s。在励磁机励磁电流闭环控制环节中,已经将等效励磁机励磁绕组时间常数项($T_{eq}s + 1$)降至最小,这样就错开了时间常数。此时系统的开环传递函数为

$$G_K(s) = \frac{K_{IE}}{s} \frac{1}{T_{eq}s + 1} \tag{5.3.15}$$

则直流电压外环闭环传递函数可写成标准的二阶系统形式:

$$G_{BE}(s) = \frac{\dfrac{K_{IE}}{T_{eq}}}{s^2 + \dfrac{1}{T_{eq}}s + \dfrac{K_{IE}}{T_{eq}}} \tag{5.3.16}$$

其阻尼比为

$$z = \frac{1}{2}\sqrt{\frac{1}{T_{eq}K_{IE}}} \tag{5.3.17}$$

在控制工程中,通常希望系统具有适度的阻尼、较快的响应速度和较短的

调节时间。而超调量和响应速度两个指标之间是有矛盾的。阻尼比较大时,超调量较小,但响应速度较慢;阻尼比较小时,响应速度较快,但超调量较大。二阶系统针对单位阶跃响应的设计,一般取阻尼比为 $0.4 \sim 0.8$[40],在超调量和动态响应速度两者之间进行折中设计。这是工程上一种近似优化设计方法,未考虑控制系统的限幅环节。本节选取 ITAE 性能指标,针对多相整流发电机系统所关注的某个突加负载工况,兼顾响应速度和阻尼程度,并考虑控制系统的限幅环节,对励磁控制参数进行精确优化设计。

针对标准的二阶系统,可以确定 $G_{BE}(s)$ 的最优系数,使系统对阶跃响应的 ITAE 性能指标极小。式(5.3.16)中闭环传递函数有 2 个位于 s 左半平面的极点,没有零点,而且系统对阶跃响应的稳态误差为零。根据自动控制原理,系统静态稳定,其对应的闭环控制系统如图 5-12 所示。需要指出,在实际的同步发电机整流系统中,负载变化引起的直流电压瞬态变化 Δu_{dc} 的最大值通常发生在变化后瞬间,它只与负载电流、同步发电机的瞬态同步电抗参数等有关,与励磁控制系统无关。

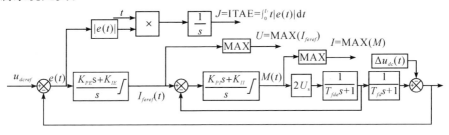

图 5-12　励磁控制系统及其 ITAE 指标实现

当采用 ITAE 性能指标时,需引出误差信号 $e(t)$,取绝对值后与时间 t 一起输入乘法器,对结果进行积分即可得到 ITAE 值。在 MATLAB/Simulink 中建立如图 5-12 所示的励磁控制系统数值仿真模型,仿真开始前对模型中的参数进行初始化,以此模拟输出空载额定直流电压的实际系统稳态运行工况。仿真开始后,令 Δu_{dc} 为恒定值,以此模拟实际整流发电机突加负载时的电压瞬态变化,并开始计算 ITAE 性能指标参数 J。在数值计算中,每给定一个系数 K_{IE} 后,即可计算出 K_{PE},进而得到一个相应的 $J = f(K_{IE})$ 值,当 J 取最小值时,称负载扰动下的 ITAE 指标为最优。

需要指出,实际被控对象不容许有过大的输入量,图 5-12 中外环控制器的输出也有最大允许值限制,因此在负载扰动开始起作用后,还需引出外环控制器的输出信号和内环控制器的输出信号,并计算相应的 $U = \mathrm{MAX}(I_{feref})$ 值和 $I = \mathrm{MAX}(M)$ 值,当 U 值或 I 值达到相应的最大允许限制值时,认为控制器达到饱和,实际系统应尽量避免出现这种情况。

当然也可以通过解析方法计算 J 值、U 值和 I 值,例如,已知某大容量 12 相同步发电机整流系统突加 24% 额定负载时的直流电压跌落率为 5%,即在标幺值系统中 $\Delta u_{dc} = 0.05$,且 $U_s = 6.1$,$T_{fde} = 0.06$,$T_{fd} = 2.1$,根据选取的 $K_{PI} = 0.49$,$K_{II} = 8.20$,求出对应的 $T_{eq} = 0.01$,同时设定外环输出饱和限制值 $I_{fde\max} = 6$,内环输出饱和限制值 $M_{\max} = 0.5$。

对于励磁控制系统,在输出额定直流电压稳定运行后突加负载,外环和内环输出最大值发生在 $t = 0$ 时刻,即有

$$\begin{cases} U = \Delta u_{dc} K_{PE} + 1 \\ I = \Delta u_{dc} K_{PE} K_{PI} + \dfrac{1}{2U_s} \end{cases} \tag{5.3.18}$$

因此,为使励磁控制系统外环和内环控制器输出均处于不饱和状态,控制器输出的最大值需满足以下不等式:

$$\begin{cases} \Delta u_{dc} K_{PE} + 1 \leqslant I_{fde\max} \\ \Delta u_{dc} K_{PE} K_{PI} + \dfrac{1}{2U_s} \leqslant M_{\max} \end{cases} \tag{5.3.19}$$

将 $\Delta u_{dc} = 0.05$,$K_{PI} = 0.49$,$U_s = 6.1$,$I_{fde\max} = 6$,$M_{\max} = 0.5$ 代入式(5.3.19),解得

$$K_{PE} \leqslant 17.06 \tag{5.3.20}$$

根据式(5.3.19),得

$$K_{IE} \leqslant 8.12 \tag{5.3.21}$$

将 $T_{eq} = 0.01$ 代入系统的闭环传递函数式(5.3.16),对比标准形式

$$G_{BE}(s) = \frac{\omega_n^2}{s^2 + 2\zeta \omega_n s + \omega_n^2} \tag{5.3.22}$$

可知,自然频率为

$$\omega_n = \sqrt{100 K_{IE}} \tag{5.3.23}$$

阻尼比为

$$\zeta = \sqrt{\frac{25}{K_{IE}}} \tag{5.3.24}$$

因此

$$\zeta > 1 \tag{5.3.25}$$

系统为过阻尼二阶系统,令

$$\begin{cases} T_1 = \dfrac{1}{\omega_n(\zeta - \sqrt{\zeta^2 - 1})} = \dfrac{1}{10(5 - \sqrt{25 - K_{IE}})} \\ T_2 = \dfrac{1}{\omega_n(\zeta + \sqrt{\zeta^2 - 1})} = \dfrac{1}{10(5 + \sqrt{25 - K_{IE}})} \end{cases} \tag{5.3.26}$$

因此系统的闭环传递函数又可以写为

$$G_{BE}(s) = \frac{\omega_n^2}{(s + 1/T_1)(s + 1/T_2)} \tag{5.3.27}$$

由于 $\Delta u_{dc}(t) = 0.05 \times \mathbf{1}(t)$, $t \geq 0$, 即 $\Delta u_{dc}(s) = 0.05/s$, 直流电压因负载扰动引起的电压跟踪误差的拉氏变换为

$$E(s) = \Delta u_{dc}(1 - G_{BE}(s)) = 0.05\left[\frac{1}{s} - \frac{\omega_n^2}{s(s + 1/T_1)(s + 1/T_2)}\right] \tag{5.3.28}$$

式中,T_1 和 T_2 称为过阻尼二阶系统的时间常数,对上式取拉氏反变换,得

$$e(t) = 0.05\left(\frac{\mathrm{e}^{-t/T_1}}{1 - T_2/T_1} + \frac{\mathrm{e}^{-t/T_2}}{1 - T_1/T_2}\right), \quad t \geq 0 \tag{5.3.29}$$

根据式(5.3.22)与(5.3.27),可知 $T_1 > T_2 > 0$,故

$$e(t) > 0.05\mathrm{e}^{t/T_2} > 0, \quad t \geq 0 \tag{5.3.30}$$

因此,将式(5.3.30)代入式(5.3.7),可得 ITAE 性能指标的解析表达式:

$$\begin{aligned} J &= \int_0^{t_f} te(t)\mathrm{d}t \\ &= 0.05\left[\frac{T_1^3(t_f/T_1 + 1)}{T_2 - T_1}\mathrm{e}^{-t_f/T_1} + \frac{T_2^3(t_f/T_2 + 1)}{T_1 - T_2}\mathrm{e}^{-t_f/T_2} + (T_1^2 + T_1 T_2 + T_2^2)\right] \end{aligned} \tag{5.3.31}$$

为验证解析方法计算 ITAE 性能指标的正确性,分别选取 $K_{IE} = 1, 2, \cdots,$ 20,可依次求得相应的 K_{PE},代入励磁控制系统的传递函数数值仿真模型,设置仿真结束时间 $t_f = 5\mathrm{s}$,仿真计算得到相应的 J 值、U 值和 I 值,分别将这些值连成光滑曲线,即可得到它在二维空间中的三条曲线 $J\text{-}K_{IE}$、$U\text{-}K_{IE}$ 和 $I\text{-}K_{IE}$,如图 5-13(a)所示。同时将选取的 K_{IE} 分别代入式(5.3.24)与(5.3.26),求得时间常数 T_1 和 T_2。再将 T_1、T_2 和 $t_f = 5\mathrm{s}$ 代入式(5.3.31),即可求得 $J = f(K_{IE})$ 值的解析解。根据式(5.3.14)求得相应的 K_{PE},代入式(5.3.18),可求得相应的 U 值和 I 值,绘制不同 K_{IE} 值下的 $J = f(K_{IE})$、$U = \mathrm{MAX}(I_{feref})$ 和 $I = \mathrm{MAX}(M)$ 的解析计算曲线,如图 5-13(b)所示。

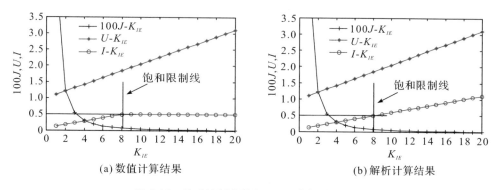

图 5-13　励磁控制参数与 ITAE 指标关系曲线

　　将 J 值放大 100 倍，与 U 值和 I 值一起置于同一图中，以便于观察。可见 J 值、U 值和 I 值在外环与内环控制器输出不饱和条件下的数值计算结果和解析计算结果一致（其中解析计算结果中的 I 值没有考虑限幅），验证了解析计算方法的正确性。从图 5-13(a)和图 5-13(b)中可知，整流发电机在负载扰动下的 ITAE 性能指标随着 K_{IE} 的增加而减小，直到达到内环控制器输出的饱和限制线，而根据式(5.3.12)，在内环控制系统具有相同励磁机励磁绕组时间常数的情况下，提高励磁电源电压，可减小内环控制器输出，从而避免其出现饱和。因此，这里选取的最佳外环积分增益 K_{IE} 值就是 J 值曲线满足外环和内环控制器不饱和输出条件（$U \leqslant 6$ 且 $I \leqslant 0.5$）所对应的最低点，此时 $K_{IE} = 8.12$，$K_{PE} = 17.05$，ITAE 性能指标 $J = 0.0007$，且内环控制器输出的 I 参数最大值刚好达到饱和值 0.5。

5.4　发电用原动机及其调速系统建模

　　随着船舶综合电力技术的发展，综合电力系统要求选用功率更大的发电机组。常见的大功率发电机组原动机有汽轮机、柴油机和燃气轮机，它们的调速性能各具特点：汽轮机转动惯量大，在突加负载时转速跌落小、变化慢；柴油机虽然在突加负载时转速跌落较大，但是动态响应快、恢复时间短；燃气轮机在突加负载时转速跌落更大、恢复时间更长。为了对整个船舶发电系统进行有效的仿真分析，有必要建立一套简化而又实用的原动机及其调速系统仿真模型。为此，本节分别介绍三种原动机及其调速系统原理和简化模型。

5.4.1　汽轮机及其调速系统建模

在船舶交流电力系统中,按文献[42]的规定,汽轮发电机组调速性能应满足表 5-1 中的要求。

表 5-1　汽轮发电机组的调速性能要求

项目	精度等级	
	Ⅰ 级	Ⅱ 级
稳态调速率	≤2%可调	≤4%可调
转速波动率	−0.15%～0.15%	−0.15%～0.15%
瞬态调速率	≤4%	≤6%
稳定时间	≤3s	≤3s

船舶大容量汽轮发电机组的基本工作原理是将蒸汽的热能转换成转子的机械能,通过减速器联接或联轴器直联的方式将扭矩传至发电机,如图 5-14 所示。调速控制装置根据汽轮机运行转速与设定转速的偏差、当前机组输出功率等调节汽轮机进气阀的大小,改变进气量,从而调节汽轮机的负载。

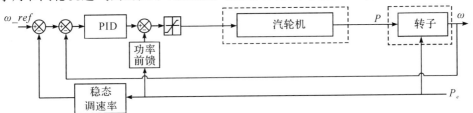

图 5-14　汽轮机及其调速控制系统工作原理

5.4.1.1　惯性延迟环节

为方便起见,可以将汽轮机等效为一个惯性环节,其等效时间常数以 T_T 表示,相应的输出机械功率以 P_M 表示,则可以得到其简化的传递函数如下:

$$G_p(s) = \frac{1}{1 + T_T s} \tag{5.4.1}$$

5.4.1.2　转子机械运动方程

机组转子旋转产生的摩擦损耗通常与转速的平方成正比,设摩擦系数为 λ_t,则动力涡轮及发电机转子的摩擦损耗为

$$P_m = \lambda_t \omega^2 \tag{5.4.2}$$

发电机的电磁功率标幺值设为 P_e,根据能量守恒定律,汽轮机输出机械功率之和将转化为转子旋转的功率,设机组的转速标幺值为 ω,机组转子惯性时间常数为 T_J,则可列写机组转子的机械运动方程式如下:

$$\frac{P_M - P_m - P_e}{\omega} = T_J \frac{\mathrm{d}\omega}{\mathrm{d}t} \tag{5.4.3}$$

式中,若已知机组额定转速为 Ω_N,额定功率为 P_N,转子的转动惯量为 J,则机组转子惯性时间常数 T_J 为[43]

$$T_J = J \frac{\Omega_N^2}{P_N} \tag{5.4.4}$$

5.4.1.3 调速控制

汽轮机调速控制,采用 PID 控制器对转速进行闭环控制,同时采用功率前馈控制,两者叠加,产生汽轮机汽门开度控制信号,其传递函数为

$$G_T(s) = K_{PT} + \frac{K_{IT}}{s} + K_{DT}s + K_T P_e \tag{5.4.5}$$

5.4.1.4 汽轮机及其调速控制系统模型

考虑实际控制系统中存在的汽门开度控制限制条件,增加稳态调速率设定环节,建立汽轮机调速控制系统的动态仿真模型,如图 5-15 所示,图中与发电机系统模型的接口为发电机的电磁功率和机组的转速。

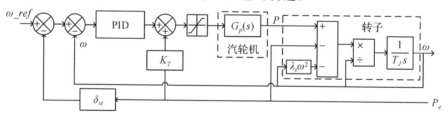

图 5-15   汽轮机及其调速控制系统数学模型

以某大功率汽轮机及其调速控制系统为例(表 5-2)进行仿真分析,在第 12s 时发电机系统突加 100% 负载,仿真结果与试验结果对比如图 5-16 所示。

表 5-2   某大功率汽轮机及其调速控制系统的主要参数

参数	标识符	值
汽门开度最小位置	Q_{minq}	0.0pu
汽门开度最大位置	Q_{maxq}	1.5pu

续表

参数	标识符	值
汽轮机缸等效时间常数	T_T	0.50s
机组转子旋转摩擦系数	λ_t	0.03
功率前馈系数	K_T	1.02
机组转子惯性时间常数	T_J	22.0s
调速器比例增益	K_{PT}	12.0
调速器积分增益	K_{IT}	0.50
调速器微分增益	K_{DT}	0.00
稳态调速率	δ_{st}	0.03

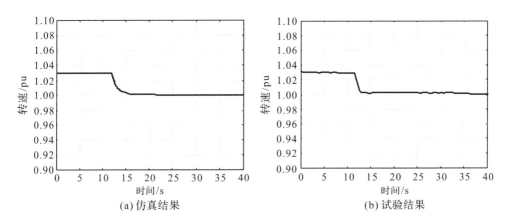

(a) 仿真结果　　　　　　　　(b) 试验结果

图 5-16　某大功率汽轮机突加 100% 负载仿真与试验结果对比

5.4.2　柴油机及其调速系统建模

在船舶交流电力系统中,按文献[44]的规定,柴油发电机组调速性能应满足表 5-3 中的要求。

表 5-3　柴油发电机组的调速性能要求

项目	精度等级		
	Ⅰ级	Ⅱ级	Ⅲ级
稳态调速率	≤2%可调	≤3%可调	≤5%可调
转速波动率	-0.4%~0.4%	-0.4%~0.4%	-0.5%~0.5%
瞬态调速率	≤5%	≤7%	≤10%
稳定时间	≤2s	≤3s	≤5s

发电用柴油机主要由燃油系统、换气系统、燃烧系统、动力传递系统和辅助系统等部分组成。在其工作过程中,新鲜空气通过压气机增压,经中冷器通过进气管进入柴油机气缸,再与燃油混合燃烧后进入涡轮做功,产生的废气经排气管排入大气,燃油系统控制喷入燃烧室中的燃油量,如图 5-17 所示。

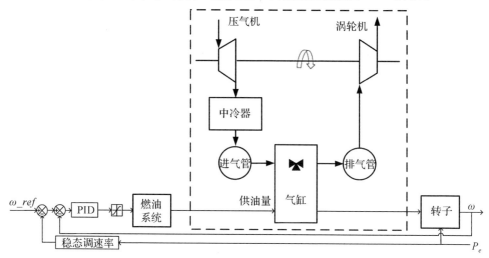

图 5-17　柴油机及其调速系统工作原理

发电用柴油机的运行转速必须维持基本恒定,这是对转速控制的基本要求。为了使系统具有良好的随动性并能克服转速的波动,柴油机一般采用转速自动调节装置,在最低转速与最高转速之间人为给定转速,柴油机自动调节其喷油量以达到转速给定值,这种自动调速装置就是调速器。随着电子技术与计算机技术的发展,柴油机调速控制已由传统的液压调速器逐渐向数字调速器方向发展,目前在柴油机电子调速产品中,无论是模拟式还是数字式电子调速器,转速反馈控制普遍采用 PID 控制算法。

5.4.2.1　惯性延迟环节

柴油机是一个多容控制对象,它的时间延滞既包括运动部件的转动惯性时间延滞,又包括燃油燃烧产生燃气时的热能惯性时间延滞,还包括喷油燃烧时间延滞等,根据文献[45],可以将这些时间延滞近似看作一个二阶惯性加延滞的环节,其传递函数为

$$G_p(s) = \frac{K_1 \mathrm{e}^{-T_3 s}}{(1 + T_1 s)(1 + T_2 s)} \quad (5.4.6)$$

式中，K_1 为放大系数，T_1 为柴油机运动部件惯性时间常数，T_2 为燃气所具有的热能惯性时间常数，T_3 为柴油机缸内工作的纯延迟时间。

5.4.2.2　转子机械运动方程

发电用柴油机一般工作于恒转速模式，平衡状态下柴油机输出转矩等于发电机电磁转矩。当电磁转矩变化时，柴油机将调节供油量以改变输出转矩，从而达到新的平衡点。设柴油机的转速为 ω，机组转子惯性时间常数为 T_J，机组摩擦转矩阻尼系数为 λ_t，则可列写机组转子的机械运动方程式如下：

$$T_c - T_e - \lambda_t \omega = T_J \frac{\mathrm{d}\omega}{\mathrm{d}t} \tag{5.4.7}$$

5.4.2.3　供油控制

柴油机的输出转矩变化通过柴油机改变供油量而达到，而供油执行机构的功能是将油门位置信号转换成油泵齿条的实际位置，进而控制供油量，为便于分析，可以将其简化为惯性环节和比例环节。定义时间常数为 T_4，比例系数为 K_3，因此，供油量控制系统传递函数为

$$G_q(s) = \frac{K_3}{1 + T_4 s} \tag{5.4.8}$$

5.4.2.4　调速控制

电子调速器是发电用柴油机的核心单元，调速系统的性能很大程度上取决于此单元。在实际的调速系统中，转速调节单元均有一个限幅模块，以保证在柴油机达到最大供油量时供油杆停止动作。柴油机调速控制采用 PID 控制器，其传递函数为

$$G_T(s) = K_{PT} + \frac{K_{IT}}{s} + K_{DT} s \tag{5.4.9}$$

PID 控制器的输出信号经供油流量限制等环节调节后成为调速器的输出。执行机构根据调速器输出的命令信号驱动油门杆调节柴油机高压油泵齿条位置，从而实现供油量的调节。

5.4.2.5　柴油机及其调速控制系统模型

考虑实际控制系统中存在的供油量控制限制条件和稳态调速率设定环节，建立柴油机调速控制系统的动态仿真模型，如图 5-18 所示，图中与发电机的接口为发电机的电磁功率和机组的转速。

以某大功率柴油机及其调速控制系统为例（表 5-4）进行仿真分析，在第 4s

多相整流发电机及其系统的分析

时突加 40％负载,仿真结果与试验结果对比如图 5-19 所示。

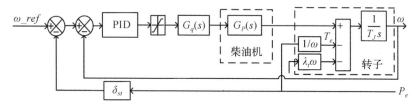

图 5-18　柴油机及其调速控制系统数学模型

表 5-4　某大功率柴油机及其调速控制系统的主要参数

参数	标识符	值
柴油机最小供油流量	Q_{mind}	0.0pu
柴油机最大供油流量	Q_{maxd}	1.2pu
机组转子旋转摩擦系数	λ_t	0.1pu
柴油机放大系数	K_1	1.0pu
柴油机运动部件惯性时间常数	T_1	0.005s
燃气所具有的热能惯性时间常数	T_2	0.10s
柴油机缸内工作的纯延迟时间	T_3	0.05s
供油系统延时时间常数	T_4	0.005s
供油系统比例增益	K_3	1.2pu
机组转子惯性时间常数	T_J	2.875s
调速器比例增益	K_{PT}	10.0
调速器积分增益	K_{IT}	4.00
调速器微分增益	K_{DT}	0.00
稳态调速率	δ_{st}	0.028

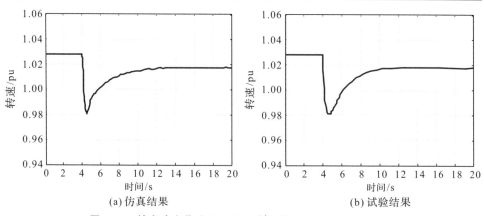

图 5-19　某大功率柴油机突加 40％负载仿真与试验结果对比

5.4.3　燃气轮机及其调速系统建模

在船舶交流电力系统中,按文献[46]的规定,燃气轮机发电机组调速性能应满足表 5-5 中的要求。

表 5-5　燃气轮机发电机组的调速性能要求

项目	精度等级
稳态调速率	≤5%可调
转速波动率	−0.5%~0.5%
瞬态调速率	≤7%
稳定时间	≤5s

对于发电用的中大功率燃气轮机,可采用变比热容计算方法,并考虑油气比和排压的变化,建立一种考虑容积惯性的非线性详细数值仿真模型。该模型中各个模块分别对应于燃气轮机内部的机器部件,与燃烧室、压气机、涡轮、气流通道和转子等部件的结构参数密切相关。本节重点讨论燃气轮机的动态调速特性及其对整流发电机组输出直流电压的影响,而不关心燃气轮机内部各机器部件的特性,只需要能模拟各个环节的输入输出关系的数学模型,并且可以通过实验的方法,很方便地获得单个环节近似简化数学模型中的参数,而不需要知道其详细的结构设计参数。

以某大功率发电用燃气轮机及其调速系统为例(图 5-20),其主要由燃气轮机和调速控制系统两部分构成。

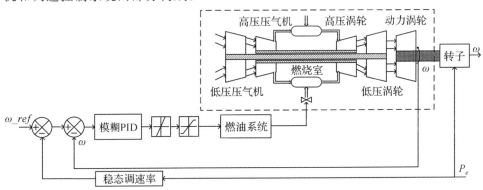

图 5-20　燃气轮机及其调速系统工作原理

　　燃气轮机为三轴式结构[47]:低压压气机与低压涡轮同轴,高压压气机与高压涡轮同轴,动力涡轮与主发电机、励磁机和副励磁机的转子同轴。燃油与压缩空气进入燃烧室混合燃烧,产生高温、高压气流,依次推动高压涡轮、低压涡轮和动力涡轮以不同的转速旋转,同时带动同轴的高压压气机、低压压气机和动力涡轮做功。其中高压压气机和低压压气机主要用于向燃烧室提供压缩空气,动力涡轮带动发电机转子旋转,为整流发电机提供机械功率输入。燃气轮机是一个多输入、多输出的复杂非线性连续系统,在燃气轮机的内部同时进行着多种物理化学循环过程,并且循环中的各个过程都存在损耗,例如实际的压缩过程和膨胀过程都不等熵,即压气机和涡轮的效率都小于1。

　　为使燃气轮机安全、可靠运行,在燃气轮机的调速控制系统中增加一些限制条件,主要是燃油升速率限制、不同工况下的最大和最小燃油流量限制,并采用模糊 PID 控制器,可以根据转速跟踪误差信号改变 PID 控制器的参数,达到改善控制效果、适应不同工况的目的。模糊 PID 控制器的输出经数字燃油系统调节进入燃烧室的燃油流量,控制燃气轮机动力涡轮的输出功率,抑制因整流发电机组输出电功率变化而引起的转速波动,使燃气轮机动力涡轮转子的转速尽量恒定,调速控制系统如图 5-21 所示。

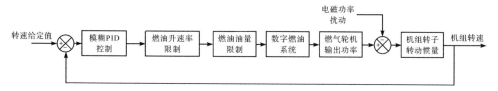

图 5-21　燃气轮机调速控制系统

5.4.3.1　燃机效率

燃油消耗转化为机械功率的稳态数学模型为

$$P_t = \eta_t Q \qquad\qquad (5.4.10)$$

式中,Q 为单位时间内消耗的燃油量,P_t 为动力涡轮输入的机械功率,η_t 为燃油在单位时间内产生的热量转化为动力涡轮输入机械功率的效率。在燃气轮机燃烧室中,燃油与空气混合燃烧,由此产生高温、高压燃气,带动高、低压转子旋转,再推动动力涡轮旋转。当燃气轮机工作时,燃油燃烧产生的高温气体膨胀做功,存在热量损失、高压涡轮机械损耗、低压涡轮机械损耗、高压压气机功率损失、低压压气机功率损失、动力涡轮出口剩余气流功率损失,这些都对效率产生影响。通常来说,工况越接近满载,燃气轮机效率就越高,某大功率燃气轮机效率与工况的关系曲线如图 5-22 所示。图中工况为 1 时,表示燃气轮机输出额定功率。

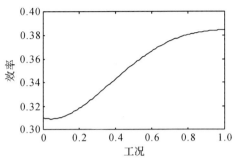

图 5-22　燃气轮机在不同工况下的效率曲线

5.4.3.2　惯性延迟环节

这里需对动力涡轮做功模型进行简化,用一阶惯性传递函数表达。设延时时间常数为 T_P,则燃气轮机气体膨胀做功的延时传递函数可近似为

$$G_P(s) = \frac{1}{T_P s + 1} \tag{5.4.11}$$

5.4.3.3　转子机械运动方程

机组转子旋转产生的摩擦损耗通常与转速的平方成正比,设摩擦系数为 λ_t,则动力涡轮及发电机转子的摩擦损耗为

$$P_m = \lambda_t \omega^2 \tag{5.4.12}$$

根据能量守恒定律,燃油流量消耗将转化为转子旋转的功率。设发电机的电磁功率为 P_e,动力涡轮的转速为 ω,机组转子惯性时间常数为 T_J,则可列写机组转子的机械运动方程式如下:

$$\frac{P_t - P_m - P_e}{\omega} = T_J \frac{\mathrm{d}\omega}{\mathrm{d}t} \tag{5.4.13}$$

5.4.3.4　燃油控制

燃气轮机的燃油执行机构一般可用一阶惯性环节表示,在给定阶跃燃油流量指令时,经动态实验测试,测得燃油执行机构实际输出的燃油流量响应曲线存在一定的延时,通过测量可获得时间常数 T_q,则燃油控制系统的传递函数为

$$G_q(s) = \frac{1}{T_q s + 1} \tag{5.4.14}$$

5.4.3.5　调速控制

燃气轮机调速采用模糊 PID 控制器，其传递函数为

$$G_T(s) = K_{PT} + \frac{K_{IT}}{s} + K_{DT}s \tag{5.4.15}$$

5.4.3.6　燃气轮机及其调速控制系统模型

考虑实际控制系统中存在的燃油控制限制条件，建立燃气轮机调速控制系统的动态仿真模型，如图 5-23 所示，图中与发电机的接口为发电机机械功率和机组转速。

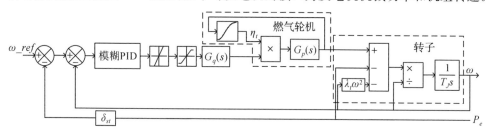

图 5-23　燃气轮机及其调速控制系统数学模型

以某大功率燃气轮机及其调速控制系统为例（表 5-6）进行仿真分析，在第 10s 时突加 20％负载，仿真结果与试验结果对比如图 5-24 所示。

表 5-6　某大功率燃气轮机及其调速控制系统的主要参数

参数	标识符	值
燃气轮机最小燃油流量	$Q_{min t}$	0.56pu
燃气轮机最大燃油流量	$Q_{max t}$	6.78pu
燃气轮机最大燃油升速率	v_{max}	$0.066/s^2$
机组转子旋转摩擦系数	λ_t	0.053
燃油系统延时时间常数	T_q	0.01s
燃气轮机气动延时时间常数	T_P	0.01s
机组转子惯性时间常数	T_J	7.03s
3％误差带内调速器比例增益	K_{PT}	30.0
3％误差带内调速器积分增益	K_{IT}	10.0
3％误差带内调速器微分增益	K_{DT}	0.00
3％误差带外调速器比例增益	K_{PT3}	30.0
3％误差带外调速器积分增益	K_{IT3}	0.40
3％误差带外调速器微分增益	K_{DT3}	0.00
稳态调速率	δ_{st}	0.00

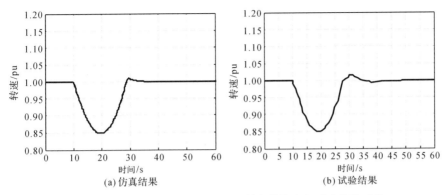

图 5-24　某大功率燃气轮机突加 20％负载仿真与试验结果对比

5.5　多相整流同步发电机组系统建模

多相整流同步发电机组单机或并联运行性能与原动机调速特性密切相关，需要精确励磁控制来弥补原动机调速性能的不足。为此，本节首先介绍考虑原动机调速特性的多相整流发电机组单机系统仿真模型，然后介绍多相整流发电机组并联系统仿真模型。

5.5.1　多相整流同步发电机组单机系统建模

传统 3 相交流发电机模型一般不考虑转速变化，多相整流发电机励磁控制需与原动机调速特性匹配，以提高机组单机运行动态性能，进而提高机组并联运行动态性能，因此需要建立考虑原动机调速特性的多相整流发电机组单机系统仿真模型。

多相整流同步发电机本体数学模型已在第 4 章中建立，这里直接略过相关内容，下面以多相整流同步发电机与燃气轮机直联为例，介绍多相整流同步发电机组系统建模的过程。如图 5-25 所示，多相整流同步发电机组单机系统模型主要包括四个部分：多相整流同步发电机模型、励磁控制系统模型、原动机及其调速系统模型和负载模型。它们之间的接口关系如表 5-7 所示。在 6.3.3 节中将利用该模型对燃气轮机整流发电机组动态性能进行仿真分析，与试验结果相比，吻合较好，验证了模型的正确性。

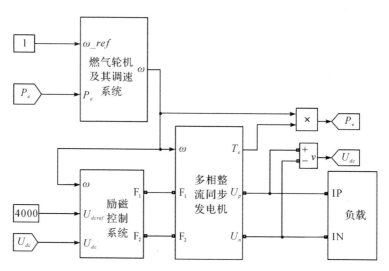

图 5-25　燃气轮机多相整流同步发电机组系统仿真模型

表 5-7　多相整流同步发电机组系统仿真模型接口关系

仿真模型	输入接口	输出接口
多相整流同步发电机	机组转速 励磁绕组电气接口	直流输出正负极电气接口 电磁转矩信号
励磁控制系统	机组转速 直流电压参考值 直流电压反馈值	旋转整流器输出正负极电气接口
原动机及其调速系统	发电机电磁功率 机组转速参考值	机组转速
负载	直流正负极电气接口	—

5.5.2　多相整流同步发电机组并联系统建模

在多相整流同步发电机组单机系统模型的基础上,可以建立不同原动机的多相整流发电机组多机并联运行系统模型。如图 5-26 所示,多相整流同步发电机组双机并联运行系统模型主要包括四个部分:燃气轮机整流发电机组模型、柴油机整流发电机组模型、功率分配调节模型和负载模型。它们之间的接口关系如表 5-8 所示。在 6.5.2 节中将利用该模型,采用不同励磁控制参数对并联机组动态性能进行仿真分析对比,以进一步说明励磁控制是实现优势"电"补劣势"机"的关键环节。

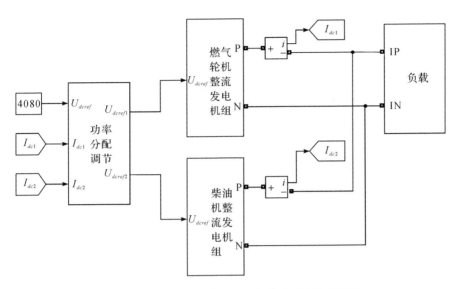

图 5-26　多相整流发电机组双机并联系统仿真模型

表 5-8　多相整流发电机组并联系统仿真模型接口关系

仿真模型	输入接口	输出接口
燃气轮机整流发电机组	燃发直流电压参考值	燃发直流输出正负极电气接口
柴油机整流发电机组	柴发直流电压参考值	柴发直流输出正负极电气接口
功率分配调节	空载直流电压参考值 燃发直流电流反馈值 柴发直流电流反馈值	燃发直流电压参考值 柴发直流电压参考值
负载	直流正负极电气接口	—

第6章 多相整流同步发电机系统运行性能分析

本章为多相整流同步发电机系统运行性能分析,首先介绍了多相整流同步发电机组的空载起励性能,建立了多相整流同步发电机系统的等效电路模型,分析了多相整流同步发电机负载稳态运行性能,揭示了整流桥输出端不同串并联方式下的直流电压供电品质,给出了多相整流同步发电机交、直流侧短路电流和电磁转矩的解析计算方法,提出了一种基于电机参数的短路电流抑制方法,给出了多相整流同步发电机系统不对称短路的计算过程和突加、突卸负载的仿真分析结果;然后分析了多相整流同步发电机组在反电势负载和负阻尼负载下的运行稳定性,揭示了多相整流发电机系统的稳定运行机理;最后分析了多相整流发电机组并联系统的动态功率均分性能,提出了一种基于多相整流同步发电机动态励磁控制新原理,实现了机组转子动能释放与动态输出功率之间的合理匹配。

6.1 空载起励性能分析

在船舶电力系统领域,系统一般仅为发电机供外挂风机、励磁控制等外部辅助电源,但有些特殊场合会要求发电机在建压后具备"自举"能力,即起励建压后系统不再提供外部电源,有时甚至要求发电机具有"黑启动"能力,即系统不提供任何外部电源,就能实现起励建压。本节以具有"黑启动"功能的发电机为对象进行起励性能分析。

一般来说,发电机组启动完成后达到稳定的额定转速时才能带载。因此,为了减小起励建压过程对带载时间的影响,希望发电机能尽早起励,其理想目标就是在机组起动完成前实现建压。因此,发电机起励控制策略的设计需要充分考虑原动机的起动过程。

起励过程中不仅要避免发电机励磁机励磁电流过大和发电机组起励过程出现电压超调,同时还需要考虑到不同原动机启动特性的区别,并能在转速降至一定值时实现自动灭磁,以保证机组安全运行。对于变速运行的发电机,则在其最低运行转速时自动灭磁。

通过检测副励磁机输出电压的频率,励磁装置可以获得机组的转速信息。当机组转速达到起励转速以上时,励磁装置开始起励建压,最终建立的多相整流发电机组的自起励建压流程如图 6-1 所示。

需要指出,在多相整流发电机励磁调节器起励过程中,为减小直流电压的超调,在转速上升初始阶段,励磁调节器工作在励磁电流内环模式。当转速接近额定转速时,励磁调节器需由励磁电流内环工作模式无扰动地切换到整流发电机组直流电压外环工作模式。

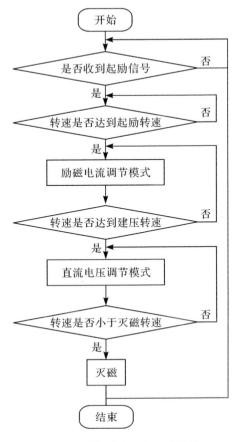

图 6-1　自动起励建压和灭磁流程

图 6-2 给出了两种原动机(柴油机、燃气轮机)多相整流发电机组的起励控制性能试验结果,可见柴发机组启动快,约 6s 完成启动,燃发机组启动慢,约 430s 完成启动。但不管原动机启动过程的快慢,多相整流发电机励磁装置均能实现起励建压过程与转速上升过程同步,满足船舶电力系统对多相整流发电机"零起励时间"的要求。

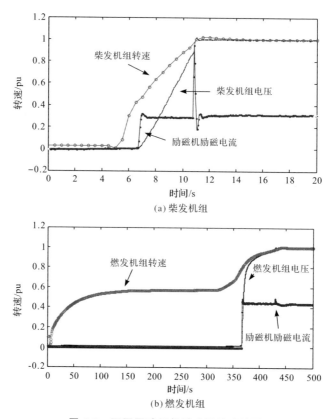

图 6-2　不同原动机起励建压试验结果

6.2　负载特性分析

多相整流同步发电机系统负载分析主要是分析多相整流同步发电机直流侧整流桥的不同连接方式对发电机直流侧、交流侧供电品质的影响。在分析多相整流同步发电机系统负载性能时,可以利用第 4 章中的电机系统数学模型来建立系统仿真模型,也可以利用发电机整流系统的等效电路模型。前者精度高,可用于多相整流同步发电机系统稳态和动态性能的仿真分析;后者将发电机等效为电压源、内阻抗串联形式,模型简单、物理概念清晰,一般用于发电机稳态工况分析,也可以用于第 6.4 节单机系统运行稳定性分析。本节重点阐述利用等效电路模型,分析多相整流同步发电机系统的负载特性。

6.2.1　多相整流同步发电机系统的等效电路模型

在多相整流同步发电机系统中,通常以 3 相定子绕组及其整流桥构成基本单元,再通过整流桥直流侧进行串并联,构成多相整流系统。为简化分析且不失一般性,下面以 3 相整流同步发电机系统为例,介绍发电机整流系统的等效电路模型建立的思路[31]。

对于变化不很快的过程,可以不考虑阻尼绕组电流中的非周期分量 $\overline{i_{kd}}$ 和 $\overline{i_{kq}}$(它们很快衰减),并认为转子回路中的交变电流对磁链无贡献(即不考虑转子回路对交变电流的电阻)。采用"x_{ad} 基值"系统,并且假设 $x_{fdkd}=x_{ad}$,$x_{fdkq}=x_{aq}$,便可写出转子回路磁链方程如下:

$$\begin{cases} \psi_{fd}=x_{fds}i_{fd}+x_{ad}(-i_d+i_{fd}+i_{kd})=x_{fds}\overline{i_{fd}}+x_{ad}(-\overline{i_d}+\overline{i_{fd}}) \\ \psi_{fq}=x_{fqs}i_{fq}+x_{aq}(-i_q+i_{fq}+i_{kq})=x_{fqs}\overline{i_{fq}}+x_{aq}(-\overline{i_q}+\overline{i_{fq}}) \\ \psi_{kd}=x_{kds}i_{kd}+x_{ad}(-i_d+i_{fd}+i_{kd})=x_{ad}(-\overline{i_d}+\overline{i_{fd}}) \\ \psi_{kq}=x_{kqs}i_{kq}+x_{aq}(-i_q+i_{fq}+i_{kq})=x_{aq}(-\overline{i_q}+\overline{i_{fq}}) \end{cases} \tag{6.2.1}$$

式中,x_{fds},x_{fqs},x_{kds},x_{kqs} 分别为 d 轴励磁绕组、q 轴短路绕组、d 轴阻尼绕组和 q 轴阻尼绕组漏抗。q 轴和 d 轴超瞬变电抗的等效电路如图 6-3(a)和(b)所示。

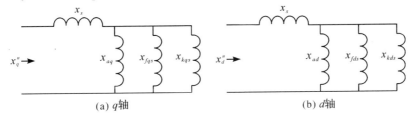

(a) q轴　　　　　　　　　　　(b) d轴

图 6-3　q 轴和 d 轴超瞬变电抗

由式(6.2.1)得

$$\begin{cases} i_{fd}=\overline{i_{fd}}+\dfrac{x_{ad}x_{kds}(i_d-\overline{i_d})}{x_{fds}x_{kds}+x_{fds}x_{ad}+x_{kds}x_{ad}} \\[3mm] i_{kd}=\dfrac{x_{ad}x_{fds}(i_d-\overline{i_d})}{x_{fds}x_{kds}+x_{fds}x_{ad}+x_{kds}x_{ad}} \\[3mm] i_{fq}=\overline{i_q}+\dfrac{x_{aq}x_{kqs}(i_q-\overline{i_q})}{x_{fqs}x_{kqs}+x_{fqs}x_{aq}+x_{kqs}x_{aq}} \\[3mm] i_{kq}=\dfrac{x_{aq}x_{fqs}(i_q-\overline{i_q})}{x_{fqs}x_{kqs}+x_{fqs}x_{aq}+x_{kqs}x_{aq}} \end{cases} \tag{6.2.2}$$

多相整流发电机及其系统的分析

而

$$\begin{cases} \psi_d = -x_s i_d + x_{ad}(-i_d + i_{fd} + i_{kd}) \\ \psi_q = -x_s i_q + x_{aq}(-i_q + i_{fq} + i_{kq}) \end{cases} \tag{6.2.3}$$

将式(6.2.2)代入式(6.2.3),得

$$\begin{cases} \psi_d = -x_d''(i_d - \overline{i_d}) - x_d \overline{i_d} + x_{ad} \overline{i_{fd}} \\ \psi_q = -x_q''(i_q - \overline{i_q}) - x_q \overline{i_q} + x_{aq} \overline{i_{fq}} \end{cases} \tag{6.2.4}$$

先分析换相期间的电压方程。为不失一般性,可分析 c 相换到 a 相的换相过程(如 $c^+ b^- \rightarrow c^+ a^+ b^-$),此时有

$$\begin{cases} i_a + i_c = i_{dc} \\ i_b = -i_{dc} \end{cases} \Rightarrow \begin{bmatrix} i_d \\ i_q \end{bmatrix} = \frac{2}{\sqrt{3}} \begin{bmatrix} i_a \sin\left(\theta + \dfrac{\pi}{3}\right) - i_{dc}\sin\theta \\ i_a \cos\left(\theta + \dfrac{\pi}{3}\right) - i_{dc}\cos\theta \end{bmatrix} \tag{6.2.5}$$

将式(6.2.4)与(6.2.5)代入电机的电压方程(并忽略 $p\,\overline{i_d}$, $p\,\overline{i_q}$, $p\,\overline{i_{fd}}$, $p\,\overline{i_{fq}}$),可得

$$\begin{cases} \begin{aligned} u_d &= p\psi_d - \psi_q - r_s i_d \\ &= -(x_d'' - x_q'')i_q + \left[-x_{aq}\overline{i_{fq}} + (x_q - x_q'')\overline{i_q}\right] \\ &\quad - \frac{2}{\sqrt{3}}x_d''\left[\sin\left(\theta + \frac{\pi}{3}\right)\frac{\mathrm{d}i_a}{\mathrm{d}t} - \sin\theta\frac{\mathrm{d}i_{dc}}{\mathrm{d}t}\right] - r_s i_d \end{aligned} \\ \begin{aligned} u_q &= p\psi_q + \psi_d - r_s i_q \\ &= -(x_d'' - x_q'')i_d + \left[x_{ad}\overline{i_{fd}} - (x_d - x_d'')\overline{i_d}\right] \\ &\quad - \frac{2}{\sqrt{3}}x_q''\left[\cos\left(\theta + \frac{\pi}{3}\right)\frac{\mathrm{d}i_a}{\mathrm{d}t} - \cos\theta\frac{\mathrm{d}i_{dc}}{\mathrm{d}t}\right] - r_s i_a \end{aligned} \end{cases} \tag{6.2.6}$$

则在 $c^+ b^- \rightarrow c^+ a^+ b^-$ 过程中有

$$\begin{aligned} u_a &= u_d\cos\theta - u_q\sin\theta \\ &= (x_d'' - x_q'')(i_d\sin\theta - i_q\cos\theta) - E_1\sin(\theta - \delta) \\ &\quad - \left[\frac{x_d'' + x_q''}{2} + \frac{x_d'' - x_q''}{\sqrt{3}}\sin\left(2\theta + \frac{\pi}{3}\right)\right]\frac{\mathrm{d}i_a}{\mathrm{d}t} \\ &\quad + \frac{x_d'' - x_q''}{\sqrt{3}}\sin 2\theta \frac{\mathrm{d}i_{dc}}{\mathrm{d}t} - r_s i_a \end{aligned} \tag{6.2.7}$$

u_b 和 u_c 分别落后 u_a $2\pi/3$ 和 $4\pi/3$ 电角度。

设 $x_d'' \approx x_q''$,则

196

$$
\begin{cases}
u_a = -E_1 \sin(\theta - \delta) - x_t \dfrac{\mathrm{d}i_a}{\mathrm{d}t} - r_s i_a \\[2mm]
u_b = -E_1 \sin\left(\theta - \delta - \dfrac{2\pi}{3}\right) - x_t \dfrac{\mathrm{d}i_b}{\mathrm{d}t} - r_s i_b \\[2mm]
u_c = -E_1 \sin\left(\theta - \delta + \dfrac{2\pi}{3}\right) - x_t \dfrac{\mathrm{d}i_c}{\mathrm{d}t} - r_s i_c
\end{cases}
\tag{6.2.8}
$$

式中, $x_t = \dfrac{x_d'' + x_q''}{2}$ 为换相电抗;

$E_1 = \sqrt{\left[E_q' - (x_d' - x_d'')\overline{i_d}\right]^2 + \left[E_d' + (x_q' - x_q'')\overline{i_q}\right]^2}$ 为电势幅值;

$\delta = \arctan \dfrac{E_d' + (x_q' - x_q'')\,\overline{i_q}}{E_q' - (x_d' - x_d'')\,\overline{i_d}}$; $E_q' = \dfrac{x_{ad}}{x_{ad} + x_{fds}}\psi_{fd}$, $E_d' = -\dfrac{x_{aq}}{x_{aq} + x_{fqs}}\psi_{fq}$;

r_s 为电枢电阻。

再分析导通期间的电压方程。为不失一般性,可分析 a,b 相导通(如 $a^+ b^-$)情况,则有

$$
\begin{cases}
i_a = i_{dc} \\
i_b = -i_{dc} \\
i_c = 0
\end{cases}
\Rightarrow
\begin{bmatrix} i_d \\ i_q \end{bmatrix}
= \frac{2}{\sqrt{3}}
\begin{bmatrix}
-i_{dc} \sin\left(\theta - \dfrac{\pi}{3}\right) \\[2mm]
-i_{dc} \cos\left(\theta - \dfrac{\pi}{3}\right)
\end{bmatrix}
\tag{6.2.9}
$$

将式(6.2.4)与(6.2.9)代入电机的电压方程(并忽略 $p\,\overline{i_d}$, $p\,\overline{i_q}$, $p\,\overline{i_{fd}}$, $p\,\overline{i_{fq}}$),可得

$$
\begin{cases}
\begin{aligned}
u_d = {} & -(x_d'' - x_q'')i_q - x_{aq}\,\overline{i_{fq}} + (x_q - x_q'')\,\overline{i_q} \\
& + \frac{2}{\sqrt{3}} x_d'' \sin\left(\theta - \frac{\pi}{3}\right)\frac{\mathrm{d}i_{dc}}{\mathrm{d}t} - r_s i_d
\end{aligned} \\[4mm]
\begin{aligned}
u_q = {} & -(x_d'' - x_q'')i_d + x_{aq}\,\overline{i_{fd}} - (x_d - x_d'')\,\overline{i_d} \\
& + \frac{2}{\sqrt{3}} x_q'' \cos\left(\theta - \frac{\pi}{3}\right)\frac{\mathrm{d}i_{dc}}{\mathrm{d}t} - r_s i_q
\end{aligned}
\end{cases}
\tag{6.2.10}
$$

则在 $a^+ b^-$ 导通期间,端电压方程为

$$
\begin{aligned}
u_a = {} & (x_d'' - x_q'')(i_d \sin\theta - i_q \cos\theta) - E_1 \sin(\theta - \delta) \\
& - \left[\frac{x_d'' + x_q''}{2} + \frac{x_d'' - x_q''}{2}\sin\left(2\theta - \frac{\pi}{3}\right)\right]\frac{\mathrm{d}i_a}{\mathrm{d}t} - r_s i_a
\end{aligned}
\tag{6.2.11}
$$

u_b 和 u_c 分别落后 u_a $2\pi/3$ 和 $4\pi/3$ 电角度。

设 $x_d'' \approx x_q''$,则可得发电机端电压方程如下:

$$
\begin{cases}
u_a = -E_1 \sin(\theta - \delta) - x_t \dfrac{\mathrm{d}i_a}{\mathrm{d}t} - r_s i_a \\[2mm]
u_b = -E_1 \sin\left(\theta - \delta - \dfrac{2\pi}{3}\right) - x_t \dfrac{\mathrm{d}i_b}{\mathrm{d}t} - r_s i_b \\[2mm]
u_c = -E_1 \sin\left(\theta - \delta + \dfrac{2\pi}{3}\right) - x_t \dfrac{\mathrm{d}i_c}{\mathrm{d}t} - r_s i_c
\end{cases}
\tag{6.2.12}
$$

比较式(6.2.9)与(6.2.12)可见,无论是换相期间还是导通期间,电机端电压方程均有同样形式,即都可表示为一正弦电压源与阻抗相串联的形式,其等效电路如图 6-4 所示。

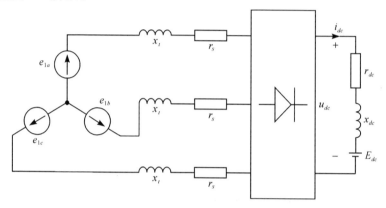

图 6-4　发电机整流系统等效电路

将发电机整流系统等效为如图 6-4 所示的电路模型,从而使得分析交流电路的符号法、相量图均可直接应用,而且在导出等效电路模型时,并没有作更多的假设(如忽略电枢绕组电阻、直流侧电流平直),使得该电路模型比较符合实际,因而可以用此等效模型来分析系统的稳态和似稳态运行性能,如运行稳定性、稳态特性(交流侧电压、电流的谐波,直流侧电压、电流的脉动)等。

当取 $\theta = t + \pi$ 时,有

$$
\begin{cases}
e_{1a} = E_1 \sin(t - \delta) \\[2mm]
e_{1b} = E_1 \sin\left(t - \delta - \dfrac{2\pi}{3}\right) \\[2mm]
e_{1c} = E_1 \sin\left(t - \delta + \dfrac{2\pi}{3}\right)
\end{cases}
\tag{6.2.13}
$$

至此,本节以 3 相整流同步发电机系统为例,介绍了多相整流同步发电机中单个 Y 绕组接整流桥的等效电路模型,此等效分析方法可以推广应用于多相

整流同步发电机系统。

为验证该等效电路仿真模型的正确性,以 8kW 隐极 12 相发电机及其负载为例(表 6-1),采用第 4 章中的复杂模型和其等效电路模型,分别在空载、2.4Ω 电阻负载参数下进行仿真,结果如图 6-5 和图 6-6 所示。

表 6-1　8kW 隐极 12 相发电机单 Y 参数及负载参数

r_s	r_{fd}	r_{fq}	r_{kd}	r_{kq}	x_{fd}	x_{fq}	r_{dc}
0.0288	0.0051	0.0064	0.0169	0.0169	0.8130	0.8380	可调
x_{dy}	x_{qy}	x_{dm1}	x_{dm2}	x_{qn1}	x_{qn2}	x_{kd}	x_{dc}
0.8100	0.8100	0.7840	0.8030	0.7840	0.8030	0.9370	0
x_{afdy}	x_{afqy}	x_{akdy}	x_{akqy}	x_{fdkd}	x_{fqkq}	x_{kq}	E_{dc}
0.7680	0.7680	0.7680	0.7680	0.7680	0.7680	0.9770	0

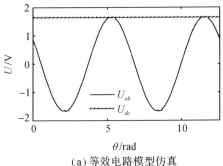

（a）等效电路模型仿真

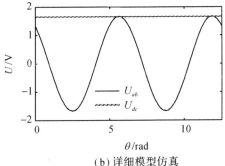

（b）详细模型仿真

图 6-5　空载时,交流、直流电压波形对比

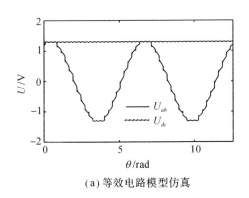

（a）等效电路模型仿真

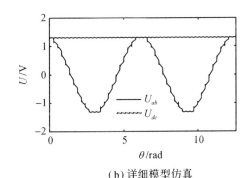

（b）详细模型仿真

图 6-6　负载 2.4Ω 时,交流、直流电压波形对比

分别对交直流电压波形进行快速傅里叶变换(FFT)分析,结果如表 6-2 和表 6-3 所示,可见相同工况下,其交流侧基波线电压幅值、直流电压平均值和直流电压脉动系数等数据吻合较好,验证了等效电路模型的正确性。

表 6-2　空载仿真对比结果

模型	励磁电压	励磁电流	基波线电压	直流电流	直流电压	脉动系数
详细模型	0.0064	1.255	1.179	0	1.657	0.51%
等效电路模型	0.0064	1.255	1.179	0	1.652	0.54%

表 6-3　负载 2.4Ω 仿真对比结果

模型	励磁电压	励磁电流	基波线电压	直流电流	直流电压	脉动系数
详细模型	0.0064	1.255	0.9409	0.5515	1.299	0.71%
等效电路模型	0.0064	1.255	0.9331	0.5311	1.251	0.89%

在独立直流电力系统中,一般只关注发电机整流系统的输入和输出的关系。在等效电路模型中,输入为发电机励磁电压,输出为整流系统直流电压和直流电流。仿真结果表明,当输入励磁电压不变时,带载稳定后发电机交流侧电压和直流电压均下降。从物理概念上理解,励磁电压作用于励磁绕组产生励磁电流,励磁电流的响应过程主要受到主发电机励磁绕组时间常数 T_{fd} 的影响,可等效为一阶惯性环节,而发电机内电势与励磁电流成正比,发电机带载后因整流装置换相压降和电枢反应等作用,将使得发电机输出直流电压下降。因此,多相整流同步发电机系统可进一步简化为一个具有一定内阻可控直流电压源的简化电路模型,如图 6-7 所示。

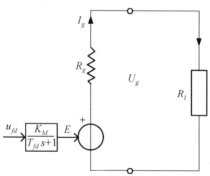

图 6-7　发电机整流系统简化等效电路模型

6.2.2　整流桥输出端采用不同连接方式时的负载特性分析

多相整流同步发电机系统中整流桥输出端主要根据输出直流电压等级以

及负载需求采取不同的连接方式,如并联、串联、串并联混合等,整流桥输出端的不同连接方式对发电机系统负载特性会产生不同的影响。一般而言,多相整流同步发电机系统中整流桥输出端采用并联方式可以满足多数应用场合的需求;但电压等级更高的直流电力系统受单个整流桥中器件耐压水平限制,需要将多个整流桥输出端进行串并联甚至全部串联,以获得更高的直流电压等级;在某些特殊的应用场合,比如给多电平推进变频器或变流器直接供电时,为了更好地实现直流电压均衡,需要引出整流装置输出的直流电压中性点,此时需将多个整流桥输出端采用串并联混合方式连接。

以某 600kW 级 12 相整流同步发电机系统为例,利用多相整流同步发电机系统的等效电路模型来分析整流桥输出端不同连接方式时的负载特性,包括直流侧电压脉动系数,交流侧相电压、电流,基波功率因数等,仿真分析结果如表 6-4 至表 6-7 所示。

表 6-4　4Y 并联交直流电压数据

工况	交流侧相电压/V	交流侧相电流/A	基波功率因数	直流侧电压/V	电压脉动系数
空载	186.6	0	——	450	0.83%
半载	195.1	133.8	0.9792	450	0.92%
满载	197.2	263.4	0.9763	450	0.98%

表 6-5　两并两串 $Y_1 /\!/ Y_2 + Y_3 /\!/ Y_4$ 交直流电压数据

工况	交流侧相电压/V	交流侧相电流/A	基波功率因数	直流侧电压/V	电压脉动系数
空载	188.6	0	——	900	0.51%
半载	195.3	158.8	0.9898	900	0.81%
满载	196.7	286.9	0.9839	900	0.94%

表 6-6　两并两串 $Y_1 /\!/ Y_3 + Y_2 /\!/ Y_4$ 交直流电压数据

工况	交流侧相电压/V	交流侧相电流/A	基波功率因数	直流侧电压/V	电压脉动系数
空载	186.9	0	——	900	0.60%
半载	195.3	133.7	0.9810	900	0.81%
满载	197.0	263.3	0.9778	900	0.98%

表 6-7　4Y 串联交直流电压数据

工况	交流侧相电压/V	交流侧相电流/A	基波功率因数	直流侧电压/V	电压脉动系数
空载	193.2	0	——	1800	0.43%
半载	195.1	132.2	0.9914	1800	0.86%
满载	196.8	261.6	0.9848	1800	0.95%

在发电机相同输出功率情况下,发电机输出端的交流电压和交流电流基本相同;在相同输出直流电压下,交流侧电压随着负载的增加而增大,4Y 并联方式提供的直流电压最低,两并两串方式提供的直流电压中等,4Y 串联方式提供的直流电压最高;基波功率因数在 0.97 到 0.99 之间。

6.3 动态特性分析

多相整流同步发电机系统动态特性分析主要是分析多相整流同步发电机直流侧突然短路、发电机交流侧绕组突然不对称短路以及发电机系统突加、突卸负载等动态工况中电气量的变化规律与边界,为多相整流同步发电机系统的保护提供依据。

6.3.1 发电机系统直流侧突然短路分析

当多相整流同步发电机系统直流侧突然短路时,其交流侧等效为多相绕组对称短路。根据第 4 章中的多相整流同步发电机数学模型、发电机的端口条件和初始条件,可以推导出多相整流同步发电机相电流、电磁转矩的解析表达式,然后根据发电机系统整流桥的连接方式,可推导出直流电流峰值的计算公式。在此基础上,根据多相整流同步发电机系统短路电流峰值与电机参数之间的关系,阐述在电机电磁设计过程中抑制短路电流峰值的途径和方法。为不失一般性,本节仍以 12 相整流同步发电机系统为例开展分析[31]。

6.3.1.1 突然短路交流侧电流分析

3 相发电机整流系统直流侧突然短路时的电路如图 6-8 所示。图中,整流二极管 a^+ 和 a^-、b^+ 和 b^-、c^+ 和 c^- 组成双向开关,当忽略二极管导通压降时,可用短接线代替,因而直流侧短路时交流侧为 3 相对称短路。假如不是这样,不妨设直流侧短路时,3 相绕组电路中 A 相和 B 相导通,而 C 相不导通。根据 3 相电流代数和为零,可知:$i_a = -i_b$,$u_{po} = (e_a + e_b)/2$;如果 C 相不导通,则 $e_c = u_{po} = (e_a + e_b)/2$。显然这是不成立的。因此,A、B、C 这 3 相应始终导通,即当 3 相整流系统直流侧短路时,其交流侧等效于 3 相对称短路。12 相整流同步发电机系统直流侧由 4 组互移 15°、Y 联接的 3 相绕组经整流桥后在直流侧串并联构成,其直流侧突然短路时,4 组 3 相整流桥直流侧均短路,根据前面的分析可知,此时 12 相绕组对称短路。

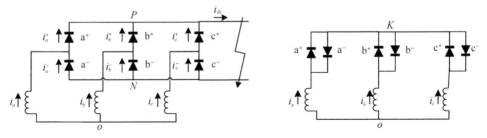

图 6-8　3 相发电机整流系统直流侧突然短路电路

以空载突然短路为例,12 相空载输出电压为

$$\begin{cases} u_{a0j} = -U_0 \sin[\theta - (j-1)15°] \\ u_{b0j} = -U_0 \sin[\theta - (j-1)15° - 120°] \quad j = 1 \sim 4 \\ u_{c0j} = -U_0 \sin[\theta - (j-1)15° + 120°] \end{cases} \tag{6.3.1}$$

式中,$\theta = t + \theta_0$,U_0 为空载相电压峰值。

将 a,b,c 坐标系统变换至 d,q 坐标系统,设 $t=0$ 时突然短路,得到电压方程

$$\begin{cases} p\psi_{dj} - \psi_{qj} - ri_{dj} = 0 \\ p\psi_{qj} + \psi_{dj} - ri_{qj} = -U_0 \mathbf{1} \end{cases} \tag{6.3.2}$$

磁链方程

$$\begin{cases} \psi_{dj} = -x_{dy}(p)i_{dj} - x_{dm}(p)\sum_{k=1,k\neq j}^{4} i_{dk} \\ \psi_{qj} = -x_{qy}(p)i_{qj} - x_{qm}(p)\sum_{k=1,k\neq j}^{4} i_{qk} \end{cases} \tag{6.3.3}$$

可解得

$$\begin{cases} i_{dj} = \left[\left(\dfrac{1}{x_d''} - \dfrac{1}{x_d'}\right)e^{-\frac{t}{T_d''}} + \left(\dfrac{1}{x_d'} - \dfrac{1}{x_d}\right)e^{-\frac{t}{T_d'}} + \dfrac{1}{x_d}\right]U_0\mathbf{1} - \dfrac{U_0}{x_d''}e^{-\frac{t}{T_a}}\cos t\mathbf{1} \\ i_{qj} = \dfrac{U_0}{x_q''}e^{-\frac{t}{T_a}}\sin t\mathbf{1} \end{cases} \tag{6.3.4}$$

式中,

$$T_a = \frac{1}{r_s}\frac{2x_d''x_q''}{x_d'' + x_q''}$$

将 d,q 坐标系统转化为 a,b,c 坐标:

多相整流发电机及其系统的分析

$$i_{aj} = \left[\left(\frac{1}{x_d''} - \frac{1}{x_d'}\right)e^{-\frac{t}{T_d''}} + \left(\frac{1}{x_d'} - \frac{1}{x_d}\right)e^{-\frac{t}{T_d'}} + \frac{1}{x_d}\right]U_0\cos[t + \theta_0 - (j-1)15°]\mathbf{1}$$

$$- \frac{U_0}{2}\left(\frac{1}{x_d''} - \frac{1}{x_q''}\right)e^{-\frac{t}{T_a}}\cos[2t + \theta_0 - (j-1)15°]$$

$$- \frac{U_0}{2}\left(\frac{1}{x_d''} + \frac{1}{x_q''}\right)e^{-\frac{t}{T_a}}\cos[\theta_0 - (j-1)15°] \tag{6.3.5}$$

相应地，i_{bj}，i_{cj}分别比i_{aj}落后120°、240°电角度，其表达式不再赘述。由式（6.3.5）知：

$$i_{a1max} = i_{a1}\big|_{\theta_0=0,t=\pi} = \left[\left(\frac{1}{x_d''} - \frac{1}{x_d'}\right)e^{-\frac{\pi}{T_d''}} + \left(\frac{1}{x_d'} - \frac{1}{x_d}\right)e^{-\frac{\pi}{T_d'}} + \frac{1}{x_d}\right]U_0 + \frac{U_0}{x_d''}e^{-\frac{\pi}{T_a}} \tag{6.3.6}$$

若

$$T_d'' \gg \pi, T_d' \gg \pi, T_a \gg \pi \tag{6.3.7}$$

则交流侧相电流峰值

$$i_{\varphi max} = i_{a1}\big|_{\theta_0=0,t=\pi} = \frac{2U_0}{x_d''} \tag{6.3.8}$$

若$\theta_0 \neq 0$，忽略电流衰减且近似认为

$$x_d'' = x_q'' \tag{6.3.9}$$

则有

$$i_{a1max} = \frac{U_0}{x_d''}(1 + \cos\theta_0) \tag{6.3.10}$$

当负载下突然短路时，分析过程类似，负载时假设交流侧各相端电压为

$$\begin{cases} u_{aj} = -U\sin[\theta - \delta - (j-1)15°] \\ u_{bj} = -U\sin[\theta - \delta - (j-1)15° - 120°] \quad j = 1 \sim 4 \\ u_{cj} = -U\sin[\theta - \delta - (j-1)15° + 120°] \end{cases} \tag{6.3.11}$$

式中，δ为端电压落后空载电势的相角，U为负载额定相电压峰值。

解得d，q坐标系下短路电流表达式为

$$\begin{cases} i_{dj} = \left[\left(\frac{1}{x_d''} - \frac{1}{x_d'}\right)e^{-\frac{t}{T_d''}} + \left(\frac{1}{x_d'} - \frac{1}{x_d}\right)e^{-\frac{t}{T_d'}} + \frac{1}{x_d}\right]U\cos\delta\mathbf{1} - \frac{U}{x_d''}e^{-\frac{t}{T_a}}\cos(t+\delta)\mathbf{1} \\ i_{qj} = -\left[\left(\frac{1}{x_q''} - \frac{1}{x_q}\right)e^{-\frac{t}{T_q''}} + \frac{1}{x_q}\right]U\sin\delta\mathbf{1} + \frac{U}{x_q''}e^{-\frac{t}{T_a}}\sin(t+\delta)\mathbf{1} \end{cases} \tag{6.3.12}$$

a，b，c坐标系下，忽略电流衰减，有

$$i_{a1} = \frac{U_0 - U\cos\delta}{x_d}\cos(t + \theta_0) - \frac{U\sin\delta}{x_q}\sin(t + \theta_0) + \frac{U\cos\delta}{x_d''}\cos(t + \theta_0)$$

$$+ \frac{U\sin\delta}{x_q''}\sin(t + \theta_0) - \frac{U}{2}\left(\frac{1}{x_d''} - \frac{1}{x_q''}\right)\cos(2t + \theta_0 + \delta)$$

$$- \frac{U}{2}\left(\frac{1}{x_d''} + \frac{1}{x_q''}\right)\cos(\theta_0 - \delta) \tag{6.3.13}$$

6.3.1.2　突然短路直流侧电流分析

3 相整流系统直流侧短路时(图 6-8)

$$\begin{cases} i_a = i_a^+ - i_a^- \\ i_b = i_b^+ - i_b^- \\ i_c = i_c^+ - i_c^- \\ i_a + i_b + i_c = 0 \\ i_{dc} = i_a^+ + i_b^+ + i_c^+ = i_a^- + i_b^- + i_c^- \end{cases} \tag{6.3.14}$$

显然,i_a,i_b,i_c 中总有一个与其他相电流方向相反。又由二极管的单向导电特性可知,若 $i_a^+ \neq 0$,则必有 $i_a^- = 0$;若 $i_a^- \neq 0$,则必有 $i_a^+ = 0$;对于 i_b^+,i_b^-,i_c^+,i_c^- 也是如此。因此,i_a^+,i_b^+,i_c^+ 中至少有一个且至多有两个为 0。

设其中仅 $i_a^+ = 0$,则 $i_{dc} = i_a^- = -i_a$,直流侧短路电流峰值 $i_{dcp} = |i_a|_{\max}$。若 i_a^+,i_b^+,i_c^+ 中有两个为 0,设 $i_a^+ = i_b^+ = 0$,则 $i_{dc} = i_c^+ = i_c$,$i_{dcp} = |i_c|_{\max}$。由此可见,3 相整流系统直流侧短路电流峰值等于交流侧相电流的最大值,而后者的大小与短路起始角有关,因而 3 相整流系统短路起始角对直流侧短路电流峰值有较大的影响。

下面以两个 3 相(两个 Y 之间互移 30°)整流桥直流侧并联和串联时直流侧短路电流峰值的分析为例,说明 3 相桥直流侧不同的连接方式对直流侧短路电流峰值的影响,以此可以推广到其他不同整流桥连接方式时直流短路电流峰值的计算公式。

(1)两个 3 相整流桥直流侧并联

可选取 $i_a^+ = 0$,$i_{aj}^- \neq 0$,$i_{bj}^- = i_{cj}^- = 0$ 的典型情况,此时有

$$\begin{cases} i_{dcj} = i_{aj}^- = -i_{aj} \\ i_{dc} = i_{dc1} + i_{dc2} = -(i_{a1} + i_{a2}) \end{cases} \tag{6.3.15}$$

当不考虑交流侧电流衰减时,i_{a1},i_{a2} 的峰值大小相等、只存在 30°电角度的相位差,则直流侧短路电流峰值可以看成单个 3 相整流桥直流侧短路电流峰值与"有效整流桥个数"(类似于电机绕组中考虑了绕组分布因数后的有效匝数),则有

$$i_{dcp} = |i_{a1}|_{\max} + |i_{a2}|_{\max} = |i_{a1}|_{\max} \times 2 \frac{\sin(15° \times 2)}{2\sin15°} \tag{6.3.16}$$

（2）两个 3 相整流桥直流侧串联

当两个 3 相整流桥直流侧串联时，根据电路的基尔霍夫电流定理可知，两个 3 相整流桥的直流侧电流相等。但是从两个 3 相整流桥并联的分析过程中可知，两个 3 相整流桥直流侧短路电流峰值之间存在相位差，此时两个 3 相整流桥的直流侧短路电流峰值应为

$$i_{dcp} = \max\{|i_{a1}|_{\max}, |i_{a2}|_{\max}\} \tag{6.3.17}$$

上式表明，当两个 3 相整流桥直流侧短路时，有一个 3 相整流桥的桥臂存在直通的情况。

采用上述对 3 相整流桥直流侧并联和串联时直流侧短路电流峰值的分析方法，可以分析 12 相整流发电机系统整流桥直流侧在采用不同连接方式时的短路电流峰值。12 相整流系统的最小整流单元为电机电枢绕组单 Y 连接 3 相整流桥后的直流输出单元，最小整流单元经四并、两并两串、四串等多种连接方式可以构成不同的 12 相整流系统。对于最小整流单元（3 相整流桥）直流侧短路，经分析知其最大短路电流等于交流侧相电流最大值。在此基础上，根据 12 相整流系统中最小整流单元的连接形式和不同最小整流单元之间电流的相位关系，可以估算出 12 相整流系统突然短路后直流侧的电流峰值。下面以 12 相整流系统采用四并连接方式为例来阐述分析过程。

12 相整流系统直流侧输出为 24 脉波，其中最小整流单元的直流短路电流峰值为

$$i_{dcp} = \frac{1 + \cos(7.5° - \theta_0)}{2} i_{dcj\max}$$
$$= \frac{1 + \cos(7.5° - \theta_0)}{2} i_{\varphi\max} \quad (0 \leqslant \theta_0 \leqslant 15°) \tag{6.3.18}$$

忽略短路电流的衰减，可以认为 4 个最小整流单元的直流短路电流峰值大小相等，仅仅存在时间上的相位差。当整流单元采用四并连接时，直流侧电流 $i_{dc} = i_{dc1} + i_{dc2} + i_{dc3} + i_{dc4}$。此时，12 相整流系统直流短路电流峰值的最大值为 4 个 3 相整流单元的直流短路电流峰值的相量和：

$$i_{dcp} = \frac{1 + \cos(7.5° - \theta_0)}{2} i_{dcj\max} \times 4 \frac{\sin(7.5° \times 4)}{4\sin7.5°}$$
$$= \frac{1 + \cos(7.5 - \theta_0)}{2} i_{\varphi\max} \times 4 \frac{\sin(7.5° \times 4)}{4\sin7.5°} \quad (0 \leqslant \theta_0 \leqslant 15°) \tag{6.3.19}$$

故

$$i_{dcp\max} = i_{dcp}\big|_{\theta_0 = 7.5°} = i_{\varphi\max} \times 4 \frac{\sin(7.5° \times 4)}{4\sin 7.5°} = 3.831 i_{\varphi\max} \quad (6.3.20)$$

$$i_{dcp\min} = i_{dcp}\big|_{\theta_0 = 0.15°} = \frac{1 + \cos 7.5°}{2} i_{\varphi\max} \times 4 \frac{\sin(7.5° \times 4)}{4\sin 7.5°} = 3.814 i_{\varphi\max} \quad (6.3.21)$$

即

$$3.814 i_{\varphi\max} \leqslant i_{dcp} \leqslant 3.831 i_{\varphi\max} \quad (6.3.22)$$

这表明 4 组整流桥输出采用四并的连接方式时,直流侧短路电流峰值与交流侧短路电流峰值之比在[3.814,3.831]范围内,该比值与短路时刻的初始相位角有关。

通过类似的方法,还可得到 12 相整流系统 4 个整流桥采用其他连接方式时,直流侧短路电流峰值与交流侧短路电流峰值的比值范围,总结于表 6-8[35]。

表 6-8 整流侧不同输出方式时的直流侧短路电流

整流侧不同输出方式	直流侧短路电流表达式	直流侧短路电流范围
4Y 整流四并方式输出	$i_{dcp} = \dfrac{1 + \cos(7.5° - \theta_0)}{2} i_{\varphi\max} 4\cos 15° \cos 7.5°$ $(0 \leqslant \theta_0 \leqslant 15°)$	$3.814 i_{\varphi\max} \leqslant i_{dcp} \leqslant 3.831 i_{\varphi\max}$
4Y 整流两并两串方式输出	$i_{dcp} = \dfrac{1 + \cos(7.5° - \theta_0)}{2} i_{\varphi\max} 2\cos 15°$ $(0 \leqslant \theta_0 \leqslant 15°)$	$1.924 i_{\varphi\max} \leqslant i_{dcp} \leqslant 1.932 i_{\varphi\max}$
4Y 整流四串方式输出	$i_{dcp} = \dfrac{1 + \cos(7.5° - \theta_0)}{2} i_{\varphi\max}$ $(0 \leqslant \theta_0 \leqslant 15°)$	$0.996 i_{\varphi\max} \leqslant i_{dcp} \leqslant i_{\varphi\max}$

针对上述三种连接方式,在电磁场有限元软件中建立相应的外电路模型,并进行了空载时直流侧突然短路工况的仿真,短路初始时刻为 A_1 相磁链最大时刻,交流侧短路电流波形与直流侧短路电流波形如图 6-9 至图 6-11 所示,直流侧短路电流峰值、交流侧短路电流峰值,以及直流侧短路电流峰值与交流侧短路电流峰值比值的仿真结果总结于表 6-9,可见该比值的解析结果与仿真结果完全吻合。

表 6-9 空载时直流侧突然短路电流的电磁场仿真

不同连接方式	交流侧短路电流峰值/kA	直流侧短路电流峰值/kA	短路电流峰值之比
4Y 整流四并方式输出	11.0935	2.8957	3.831
4Y 整流两并两串方式输出	5.6345	2.9164	1.932
4Y 整流四串方式输出	2.9627	2.9627	1.000

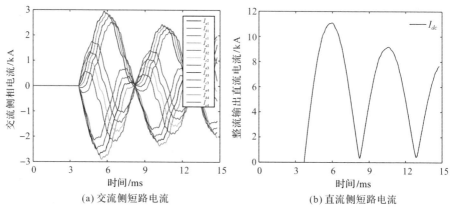

(a) 交流侧短路电流   (b) 直流侧短路电流

图 6-9 4Y 整流四并方式输出时直流侧短路的有限元仿真

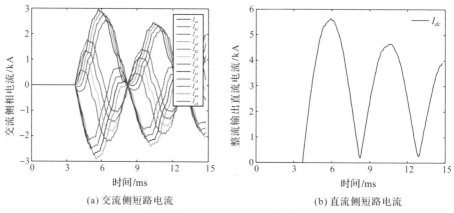

(a) 交流侧短路电流   (b) 直流侧短路电流

图 6-10 4Y 整流两并两串方式输出时直流侧短路的有限元仿真

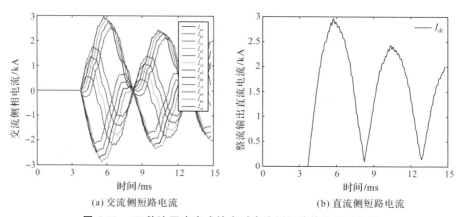

(a) 交流侧短路电流   (b) 直流侧短路电流

图 6-11 4Y 整流四串方式输出时直流侧短路的有限元仿真

6.3.1.3　突然短路时的电磁转矩分析

直流侧短路时的电磁转矩可按交流侧对称短路时的电磁转矩分析计算。忽略定、转子电阻,突然短路时的交变电磁转矩为

$$Tx_{\sim} = \left\{ \frac{U_0}{x_d} + \left[\left(\frac{1}{x_d''} - \frac{1}{x_d'} \right) e^{-\frac{t}{T_d''}} + \left(\frac{1}{x_d'} - \frac{1}{x_d} \right) e^{-\frac{t}{T_d'}} \right] U \cos\delta \right\} U e^{-\frac{t}{T_a}} \sin(t + \delta)$$

$$- \left(\frac{1}{x_q''} - \frac{1}{x_q} \right) e^{-\frac{t}{T_a}} e^{-\frac{t}{T_a}} \cos(t + \delta) U^2 \sin\delta$$

$$- \frac{1}{2} \left(\frac{1}{x_d''} - \frac{1}{x_q''} \right) U^2 e^{-\frac{2t}{T_a}} \sin2(t + \delta) \tag{6.3.23}$$

空载突然短路时的交变电磁转矩为

$$Tx_{\sim 0} = Tx_{\sim} \mid_{\delta=0}$$

$$= \left[\left(\frac{1}{x_d''} - \frac{1}{x_d'} \right) e^{-\frac{t}{T_d''}} + \left(\frac{1}{x_d'} - \frac{1}{x_d} \right) e^{-\frac{t}{T_d'}} + \frac{1}{x_d} \right] U_0^2 e^{-\frac{t}{T_a}} \sin t$$

$$- \frac{1}{2} \left(\frac{1}{x_d''} - \frac{1}{x_q''} \right) U_0^2 e^{-\frac{2t}{T_a}} \sin2t \tag{6.3.24}$$

不考虑各分量衰减,设 $Tx_{\sim}$ 最大值出现的时间为 t_m,若

$$T_d'' \gg t_m, T_d' \gg t_m, T_a \gg t_m \tag{6.3.25}$$

$$Tx_{\sim 0} = \frac{U_0^2}{x_d''} \sin t - \frac{1}{2} \left(\frac{1}{x_d''} - \frac{1}{x_q''} \right) U_0^2 \sin2t \tag{6.3.26}$$

认为

$$x_d'' = x_q'' \tag{6.3.27}$$

$$Tx_{\sim 0} = \frac{U_0^2}{x_d''} \sin t \tag{6.3.28}$$

$$Tx_{\sim \max} \mid_{t=\frac{\pi}{2}} = \frac{U_0^2}{x_d''} \tag{6.3.29}$$

突然短路时的平均电磁转矩为

$$Tx_{av} = \left(\left\{ \frac{U_0}{x_d} + \left[\left(\frac{1}{x_d''} - \frac{1}{x_d'} \right) e^{-\frac{t}{T_d''}} + \left(\frac{1}{x_d'} - \frac{1}{x_d} \right) e^{-\frac{t}{T_d'}} \right] U \cos\delta \right\}^2 \right.$$

$$+ \left[U \sin\delta \left(\frac{1}{x_q''} - \frac{1}{x_q} \right) e^{-\frac{t}{T_a}} \right]^2 + \left[\frac{1}{2} \left(\frac{1}{x_d''} - \frac{1}{x_q''} \right) U e^{-\frac{t}{T_a}} \right]^2 \right) r_s$$

$$+ \frac{1}{2} \left[\left(\frac{U}{x_d''} e^{-\frac{t}{T_a}} \right)^2 R_{d1} + \left(\frac{U}{x_q''} e^{-\frac{t}{T_a}} \right)^2 R_{q1} \right] \tag{6.3.30}$$

式中,

$$R_{d1} = \frac{T'_d(1 + T'^2_{d0})(T''_{d0} - T''_d) + T'_{d0}(1 + T''^2_{d0})(T'_{d0} - T'_d)}{T'_{d0}(1 + T'^2_{d0})(1 + T''^2_{d0})} x_d$$

$$R_{q1} = \frac{T''_{q0} - T''_q}{1 + T''^2_{q0}} x_q$$

突然短路时的总电磁转矩为

$$Tx = Tx_{\sim} + Tx_{av} \tag{6.3.31}$$

通常

$$Tx_{av} \ll Tx_{\sim} \tag{6.3.32}$$

故

$$Tx \approx Tx_{\sim} \tag{6.3.33}$$

$$Tx_{\max} \approx Tx_{\sim\max} \tag{6.3.34}$$

为了验证多相整流同步发电机突然短路电流峰值、电磁转矩峰值解析计算的正确性,对某型 12 相整流同步发电机直流侧突然短路工况进行有限元仿真、Simulink 仿真和试验对比,结果如表 6-10 所示。

表 6-10　直流侧空载工况(额定电压)仿真结果

比较量	解析计算	有限元仿真	Simulink 模型仿真	试验结果
交流侧短路电流峰值/kA	2.903	2.816	2.691	——
直流侧短路电流峰值/kA	11.12	10.79	10.31	10.23
电磁转矩峰值/kNm	3.518	3.409	3.257	——

6.3.1.4　基于电机参数的短路电流抑制方法

受直流电力系统直流断路器的短路分断能力限制,综合考虑短路故障对电网的冲击影响,需要对发电机突然短路电流峰值进行抑制,以满足直流电力系统安全运行的要求。根据前面的分析可知,多相整流同步发电机系统直流侧短路电流峰值与电机 d 轴超瞬变电抗值 x''_d 成反比关系,因此,为了抑制发电机短路电流峰值,需要在电机电磁设计中严格控制 x''_d 的下限值。同时,为了兼顾瞬态电压调整率等技术性能要求,又需控制 x''_d 的上限值。

d 轴超瞬变电抗的等效电路如图 6-3(b)所示,可知 d 轴超瞬变电抗值 x''_d 与 4 个参数相关:定子电枢绕组漏抗、转子励磁绕组漏抗、转子 d 轴阻尼绕组漏抗和 d 轴电枢反应电抗。一般而言,多相整流同步发电机中的 d 轴电枢反应电抗远大于定子电枢绕组、转子励磁绕组、转子 d 轴阻尼绕组的漏抗,因此,抑制发电机短路电流峰值可从适当增大 3 个漏抗参数值方面入手。

①定子电枢绕组漏抗由定子电枢绕组槽漏抗、端部漏抗、谐波漏抗、齿顶漏抗 4 部分组成，在电磁方案设计中一般常用增加电枢绕组槽漏抗，即增加定子槽高或减小槽宽，来增加定子电枢绕组漏抗值。另外，增加电枢绕组串联匝数，可以同时增加槽漏抗、端部漏抗、谐波漏抗和齿顶漏抗，能够明显地增加定子电枢绕组漏抗值。

②励磁绕组漏抗通常大于阻尼绕组漏抗，因此，励磁绕组漏抗的增加对超瞬变电抗的增加的影响并不显著。另外，转子励磁绕组漏抗与转子励磁绕组的槽型尺寸相关，而转子励磁绕组槽型尺寸受到转子机械强度方面的约束，因此在电磁方案设计中不优先考虑此措施。

③转子 d 轴阻尼绕组漏抗与 d 轴阻尼绕组的涡流效应有关。一般而言，d 轴阻尼绕组的涡流效应越强，发电机的稳定性越好，对谐波磁场的抑制效果也越好，但 d 轴阻尼绕组漏抗越小；反之，d 轴阻尼绕组的涡流效应越弱，发电机的稳定性会变差，对谐波磁场的抑制效果也变差，但 d 轴阻尼绕组漏抗越大。为了抑制短路电流峰值，需要在不显著影响电机稳定性的前提下，适当减弱转子 d 轴阻尼绕组的涡流效应。对于叠片转子，可以通过采用半闭口槽、减少 d 轴阻尼条的根数等措施来削弱 d 轴阻尼绕组的涡流效应，以增大 d 轴阻尼绕组漏抗；对于实心转子，可以考虑在转子表面增加沟槽来削弱实心转子涡流效应，达到增大 d 轴阻尼绕组漏抗的效果。

6.3.2　突然非对称短路分析

12 相同步发电机电枢绕组本身有可能产生非对称短路的故障，此外，整流装置中存在整流元件直通的故障，也会使 12 相同步发电机处于非对称短路状态。为了对 12 相同步发电机及其整流系统的控制和保护提供理论依据，有必要研究这种电机的突然非对称短路。为了得到突然非对称短路暂态过程电流、电磁转矩的解析表达式，首先利用谐波分解法对 12 相电机在 $\alpha,\beta,0$ 坐标系中的基本方程进行工程上允许的简化，然后建立该电机在 $\alpha,\beta,0$ 系统中的故障方程的一般表达式，用谐波平衡原理对突然非对称短路进行解析求解[31]。

6.3.2.1　非对称短路的分析基础

分析不对称短路时，采用 $\alpha,\beta,0$ 系统比较方便。依据磁链守恒原理，同步发电机在突然不对称短路瞬间，为保持各闭合回路磁链不发生突变，在定子闭合回路中产生相应的非周期电流分量,它所产生的空间位置不动的磁场,在转子绕组中感应基频电流,由于转子的不对称,这个基频电流的磁场又在不对称定子电路中感应出二次谐波电流分量,如此反复作用,在定子绕组中将产生一系列偶次谐波电流分量,在转子绕组中将产生一系列奇次谐波电流分量。同理,由于转子绕组中非周期电流的存在,定子和转子绕组中将分别产生一系列奇次和偶次谐波电流分量,如图 6-12 所示。

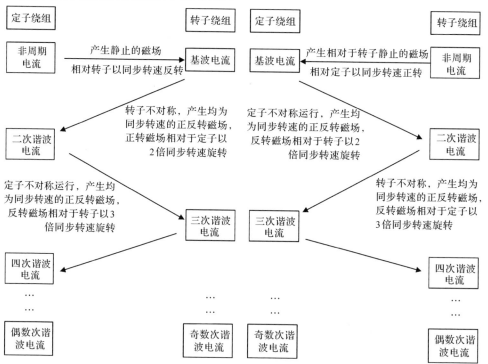

图 6-12 不对称短路时定、转子绕组中谐波电流分析

令

$$\begin{cases} i_{\alpha j} = I_{\alpha jo} + I_{\alpha j1c}\cos\theta + I_{\alpha j1s}\sin\theta + I_{\alpha j2c}\cos2\theta + I_{\alpha j2s}\sin2\theta + \cdots \\ i_{\beta j} = I_{\beta jo} + I_{\beta j1c}\cos\theta + I_{\beta j1s}\sin\theta + I_{\beta j2c}\cos2\theta + I_{\beta j2s}\sin2\theta + \cdots \end{cases} \quad j = 1 \sim 4$$

(6.3.35)

$i_{0j}(j=1\sim4)$ 也具有类似形式。因为在 12 相电机中不引出中线,所以用不着考虑零轴分量。式中,$I_{\alpha jo}$,$I_{\beta jo}$ 为非周期分量;$I_{\alpha j1c}$,$I_{\beta j1c}$,$I_{\alpha j1s}$,$I_{\beta j1s}$,$\cdots$ 为相应的各次谐波分量的余弦部分和正弦部分的幅值,它们均为时间的函数。

若忽略转子回路对交变电流的电阻(这在工程上是允许的),即取

$$\begin{cases} x_{dy}(p)\mathrm{e}^{jn\theta}\mathbf{1} \approx x_{dy}''\mathrm{e}^{jn\theta}\mathbf{1}, x_{dm}(p)\mathrm{e}^{jn\theta}\mathbf{1} \approx x_{dm}''\mathrm{e}^{jn\theta}\mathbf{1} \\ x_{qy}(p)\mathrm{e}^{jn\theta}\mathbf{1} \approx x_{qy}''\mathrm{e}^{jn\theta}\mathbf{1}, x_{qm}(p)\mathrm{e}^{jn\theta}\mathbf{1} \approx x_{qm}''\mathrm{e}^{jn\theta}\mathbf{1} \end{cases} \quad n=1,2,3,\cdots \quad (6.3.36)$$

$\alpha,\beta,0$ 系统的基本方程为

$$\begin{bmatrix} \psi_{\alpha 1} \\ \psi_{\beta 1} \\ \psi_{\alpha 2} \\ \psi_{\beta 2} \\ \psi_{\alpha 3} \\ \psi_{\beta 3} \\ \psi_{\alpha 4} \\ \psi_{\beta 4} \end{bmatrix} = \begin{bmatrix} \cos\theta G(p)u_{fd} \\ \sin\theta G(p)u_{fd} \\ \cos\theta G(p)u_{fd} \\ \sin\theta G(p)u_{fd} \\ \cos\theta G(p)u_{fd} \\ \sin\theta G(p)u_{fd} \\ \cos\theta G(p)u_{fd} \\ \sin\theta G(p)u_{fd} \end{bmatrix}$$

$$- \begin{bmatrix} x_{\alpha 1\alpha 1}(p) & x_{\alpha 1\beta 1}(p) & x_{\alpha 1\alpha 2}(p) & x_{\alpha 1\beta 2}(p) & x_{\alpha 1\alpha 2}(p) & x_{\alpha 1\beta 2}(p) & x_{\alpha 1\alpha 2}(p) & x_{\alpha 1\beta 2}(p) \\ x_{\beta 1\alpha 1}(p) & x_{\beta 1\beta 1}(p) & x_{\beta 1\alpha 2}(p) & x_{\beta 1\beta 2}(p) & x_{\beta 1\alpha 2}(p) & x_{\beta 1\beta 2}(p) & x_{\beta 1\alpha 2}(p) & x_{\beta 1\beta 2}(p) \\ x_{\alpha 1\alpha 2}(p) & x_{\alpha 1\beta 2}(p) & x_{\alpha 1\alpha 1}(p) & x_{\alpha 1\beta 1}(p) & x_{\alpha 1\alpha 2}(p) & x_{\alpha 1\beta 2}(p) & x_{\alpha 1\alpha 2}(p) & x_{\alpha 1\beta 2}(p) \\ x_{\beta 1\alpha 2}(p) & x_{\beta 1\beta 2}(p) & x_{\beta 1\alpha 1}(p) & x_{\beta 1\beta 2}(p) & x_{\beta 1\alpha 2}(p) & x_{\beta 1\beta 2}(p) & x_{\beta 1\alpha 2}(p) & x_{\beta 1\beta 2}(p) \\ x_{\alpha 1\alpha 2}(p) & x_{\alpha 1\beta 2}(p) & x_{\alpha 1\alpha 2}(p) & x_{\alpha 1\beta 2}(p) & x_{\alpha 1\alpha 1}(p) & x_{\alpha 1\beta 1}(p) & x_{\alpha 1\alpha 2}(p) & x_{\alpha 1\beta 2}(p) \\ x_{\beta 1\alpha 2}(p) & x_{\beta 1\beta 2}(p) & x_{\beta 1\alpha 2}(p) & x_{\beta 1\beta 2}(p) & x_{\beta 1\alpha 1}(p) & x_{\beta 1\beta 1}(p) & x_{\beta 1\alpha 2}(p) & x_{\beta 1\beta 2}(p) \\ x_{\alpha 1\alpha 2}(p) & x_{\alpha 1\beta 2}(p) & x_{\alpha 1\alpha 2}(p) & x_{\alpha 1\beta 2}(p) & x_{\alpha 1\alpha 2}(p) & x_{\alpha 1\beta 2}(p) & x_{\alpha 1\alpha 1}(p) & x_{\alpha 1\beta 1}(p) \\ x_{\beta 1\alpha 2}(p) & x_{\beta 1\beta 2}(p) & x_{\beta 1\alpha 2}(p) & x_{\beta 1\beta 2}(p) & x_{\beta 1\alpha 2}(p) & x_{\beta 1\beta 2}(p) & x_{\beta 1\alpha 1}(p) & x_{\beta 1\beta 1}(p) \end{bmatrix} \begin{bmatrix} i_{\alpha 1} \\ i_{\beta 1} \\ i_{\alpha 2} \\ i_{\beta 2} \\ i_{\alpha 3} \\ i_{\beta 3} \\ i_{\alpha 4} \\ i_{\beta 4} \end{bmatrix}$$

$$(6.3.37)$$

$$\begin{bmatrix} u_{\alpha 1} \\ u_{\beta 1} \\ u_{\alpha 2} \\ u_{\beta 2} \\ u_{\alpha 3} \\ u_{\beta 3} \\ u_{\alpha 4} \\ u_{\beta 4} \end{bmatrix} = p \begin{bmatrix} \psi_{\alpha 1} \\ \psi_{\beta 1} \\ \psi_{\alpha 2} \\ \psi_{\beta 2} \\ \psi_{\alpha 3} \\ \psi_{\beta 3} \\ \psi_{\alpha 4} \\ \psi_{\beta 4} \end{bmatrix} - r_s \begin{bmatrix} i_{\alpha 1} \\ i_{\beta 1} \\ i_{\alpha 2} \\ i_{\beta 2} \\ i_{\alpha 3} \\ i_{\beta 3} \\ i_{\alpha 4} \\ i_{\beta 4} \end{bmatrix} \qquad (6.3.38)$$

式中,

$$x_{\alpha1\alpha1} = \cos\theta x_{dy}(p)\cos\theta + \sin\theta x_{qy}(p)\sin\theta$$

$$x_{\alpha1\beta1} = \cos\theta x_{dy}(p)\sin\theta + \sin\theta x_{qy}(p)\cos\theta$$

$$x_{\alpha1\alpha2} = \cos\theta x_{dm}(p)\cos\theta + \sin\theta x_{qm}(p)\sin\theta$$

$$x_{\alpha1\beta2} = \cos\theta x_{dm}(p)\sin\theta + \sin\theta x_{qm}(p)\cos\theta$$

$$x_{\beta1\beta1} = \sin\theta x_{dy}(p)\sin\theta + \cos\theta x_{qy}(p)\cos\theta$$

$$x_{\beta1\beta1} = \sin\theta x_{dy}(p)\sin\theta + \cos\theta x_{qy}(p)\cos\theta$$

$$x_{\beta1\beta2} = \sin\theta x_{dm}(p)\sin\theta + \cos\theta x_{qm}(p)\cos\theta$$

$$x_{\beta1\alpha2} = \sin\theta x_{dm}(p)\cos\theta + \cos\theta x_{qm}(p)\sin\theta$$

将式(6.3.36)代入式(6.3.37),可得

$$
\begin{cases}
\begin{aligned}
\psi_{\alpha j} =\ & \cos\theta G(p)u_{fd} - \frac{1}{2}\cos\theta[x_{dy}(p) - x''_{dy}]\sum_{k=1}^{4}(I_{\alpha k1c} + I_{\beta k1s}) \\
& - \frac{1}{2}\sin\theta[x_{qy}(p) - x''_{qy}]\sum_{k=1}^{4}(I_{\alpha k1s} - I_{\beta k1c}) - \frac{1}{2}\sin2\theta[x''_{dy} - x''_{qy}]\sum_{k=1}^{4}i_{\beta k} \\
& - \frac{1}{2}[(x''_{dy} + x''_{qy}) + (x''_{dy} - x''_{qy})\cos2\theta]i_{\alpha j} \\
& - \frac{1}{2}[(x''_{dm} + x''_{qm}) + (x''_{dy} - x''_{qy})\cos2\theta]\sum_{k=1,k\neq j}^{4}i_{\alpha k}
\end{aligned} \\
\\
\begin{aligned}
\psi_{\beta j} =\ & \sin\theta G(p)u_{fd} - \frac{1}{2}\sin\theta[x_{dy}(p) - x''_{dy}]\sum_{k=1}^{4}(I_{\alpha k1c} + I_{\beta k1s}) \\
& + \frac{1}{2}\cos\theta[x_{qy}(p) - x''_{qy}]\sum_{k=1}^{4}(I_{\alpha k1s} - I_{\beta k1c}) - \frac{1}{2}\sin2\theta[x''_{dy} - x''_{qy}]\sum_{k=1}^{4}i_{\alpha k} \\
& - \frac{1}{2}[(x''_{dy} + x''_{qy}) - (x''_{dy} - x''_{qy})\cos2\theta]i_{\beta j} \\
& - \frac{1}{2}[(x''_{dm} + x''_{qm}) + (x''_{dy} - x''_{qy})\cos2\theta]\sum_{k=1,k\neq j}^{4}i_{\beta k}
\end{aligned}
\end{cases} \quad j = 1 \sim 4
$$

$$(6.3.39)$$

式中,$G(p)u_{fd} = E_d + G(p)\Delta u_{fd}$,$E_d = x_{afd}U_{fd}/r_{fd}$ 为发电机空载电势。

在忽略定子回路对交变电流的电阻时,将式(6.3.36)代入,可得

$$
\begin{cases}
u_{\alpha j} = p\psi_{\alpha j} - r_s i_{\alpha j} \approx p\psi_{\alpha j} - r_s I_{\alpha jo} \\
u_{\beta j} = p\psi_{\beta j} - r_s i_{\beta j} \approx p\psi_{\beta j} - r_s I_{\beta jo}
\end{cases} \quad j = 1 \sim 4 \quad (6.3.40)
$$

为了说明谐波平衡原理分析不对称突然短路的方法,取两相-两相不对称短路为例来分析。

214

6.3.2.2　突然两相-两相短路的一般性分析

12 相四 Y 移 15°绕组同步发电机共有 18 种不同的两相-两相不对称短路情况,这些短路情况的端点条件可表示成一般的形式。为了方便起见,取 Y_1 中 b_1-c_1 两相与其他三个 Y 中任一个 $Y_j(j=2,3,4)$ 的两相发生两相-两相短路的情况进行分析(图 6-13 表示 b_1-c_2,c_1-b_2 短路的情况)。

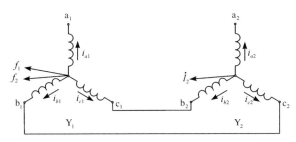

图 6-13　b_1-c_2,c_1-b_2 短路

6.3.2.3　两相-两相短路的端点条件的一般表达形式

发生短路的 Y_1 和 Y_j 的两短路相分别产生磁势 $\overline{f}_1$ 和 $\overline{f}_j$(图 6-13,$j=2$)。取 $\overline{f}_1$ 为参考向量,$\overline{f}_j$ 超前 $\overline{f}_1$ 的角度为 α 角(超前为正,滞后为负)。相差 α 角的两相-两相短路,就是指两 Y 绕组磁势的空间差角为 α 的两相-两相短路。在此规定下,18 种不同的两相-两相短路,其 α 角分别为 $\pm15°$、$\pm30°$、$\pm45°$、$\pm75°$、$\pm90°$、$\pm105°$、$\pm135°$、$\pm150°$ 和 $\pm165°$。

由图 6-13 可得 a,b,c 坐标系统的短路端点条件:

$$\begin{cases} i_{a10} = i_{a20} = i_{a30} = i_{a40} = i_{b30} = i_{b40} = i_{c30} = i_{c40} = 0 \\ i_{b1} = - i_{c1} = i_{b2} = - i_{c2} \qquad\qquad\qquad\qquad\qquad t>0 \\ u_{b1} - u_{c1} + u_{b2} - u_{c2} = 0 \end{cases} \quad (6.3.41)$$

用 $\alpha,\beta,0$ 分量表示时,得

$$\begin{cases} i_{01} = i_{02} = i_{03} = i_{04} = i_{a1} = i_{a3} = i_{a4} = i_{\beta3} = i_{\beta4} = 0 \\ i_{a2} = - \sin15° i_{\beta1} = - \tan15° i_{\beta2} \\ u_{\beta1} - \sin15° u_{a2} + \cos15° u_{\beta2} = 2E_d\cos\dfrac{15°}{2}\cos\left(\theta - \dfrac{15°}{2}\right) \\ \qquad\qquad\qquad\qquad\qquad - 2E_d\cos\dfrac{15°}{2}\cos\left(\theta - \dfrac{15°}{2}\right)\mathbf{1} \end{cases} \quad (6.3.42)$$

同理,可以列写其他全部短路情况的端点条件,从这些端点条件可归纳出相差 α 角的两相-两相短路的一般性端点条件:

$$\begin{cases} i_{a1} = 0 \\ i_{\alpha k} = i_{\beta k} = 0, \quad k \in (2,3,4), k \neq j \\ i_{\alpha j} = -i_{\beta j}\tan\alpha = -i_{\beta 1}\sin\alpha \\ u_{\beta 1} - u_{\alpha j}\sin\alpha + u_{\beta j}\cos\alpha = 2E_d\cos\frac{\alpha}{2}\cos\left(\theta - \frac{\alpha}{2}\right) - 2E_d\cos\frac{\alpha}{2}\cos\left(\theta - \frac{\alpha}{2}\right)\mathbf{1} \end{cases} \quad j = 2,3,4$$

$$(6.3.43)$$

6.3.2.4 两相-两相短路电流的一般表达式

把式(6.3.43)代入式(6.3.40),可得

$$\psi_{\beta 1} - \psi_{\alpha j}\sin\alpha + \psi_{\beta j}\cos\alpha = \frac{1}{p}(u_{\beta 1} - u_{\alpha j}\sin\alpha + u_{\beta j}\cos\alpha) + \frac{r_s}{p}(I_{\beta 1o} - I_{\alpha jo}\sin\alpha + I_{\beta jo}\cos\alpha)$$

$$= 2E_d\cos\frac{\alpha}{2}\sin\left(\theta - \frac{\alpha}{2}\right) - 2E_d\cos\frac{\alpha}{2}\left[\sin\left(\theta - \frac{\alpha}{2}\right)\right.$$

$$\left. - \sin\left(\theta_0 - \frac{\alpha}{2}\right)\right]\mathbf{1} - 2\csc\alpha \times \frac{r_s}{p}I_{\alpha jo} \qquad (6.3.44)$$

把式(6.3.43)代入式(6.3.39),可得

$$\psi_{\beta 1} - \psi_{\alpha j}\sin\alpha + \psi_{\beta j}\cos\alpha = E_d(\sin\theta - \sin\alpha\sin\theta + \cos\alpha\sin\theta)$$

$$- \cos\frac{\alpha}{2}\sin\left(\theta - \frac{\alpha}{2}\right)k_{d2} + \cos\frac{\alpha}{2}\cos\left(\theta - \frac{\alpha}{2}\right)k_{q2}$$

$$+ \csc\alpha\left[a_1 + a_2 - (a_1 - a_2)\cos2\left(\theta - \frac{\alpha}{2}\right)\right]i_{\alpha j} \quad (6.3.45)$$

式中,

$$k_{d2} = \left[x_{dy}(p) - x''_{dy}\right]\left(I_{\alpha j1c} - \cot\frac{\alpha}{2}I_{\alpha j1s}\right)$$

$$k_{q2} = \left[x_{qy}(p) - x''_{qy}\right]\left(I_{\alpha j1s} + \cot\frac{\alpha}{2}I_{\alpha j1c}\right)$$

$$a_1 = x''_{dy} + x''_{dm}\cos\alpha$$

$$a_2 = x''_{qy} + x''_{qm}\cos\alpha$$

由式(6.3.44)与(6.3.45)相等,可得

$$i_{\alpha j} = \frac{1}{a_1 + a_2 - (a_1 - a_2)\cos2\left(\theta - \frac{\alpha}{2}\right)}\left[-\sin\alpha\cos\frac{\alpha}{2}\sin\left(\theta - \frac{\alpha}{2}\right)(2E_d\mathbf{1} - k_{d2})\right.$$

$$- \sin\alpha\cos\frac{\alpha}{2}\cos\left(\theta - \frac{\alpha}{2}\right)k_{q2} + 2E_d\sin\alpha\cos\frac{\alpha}{2}\sin\left(\theta_0 - \frac{\alpha}{2}\right)\mathbf{1} - 2\frac{r_s}{p}I_{\alpha jo}\right]$$

$$= \frac{-1}{\sqrt{a_1 a_2}}\left[\frac{1}{2} - b_1\cos2\left(\theta - \frac{\alpha}{2}\right) + b_1^2\cos4\left(\theta - \frac{\alpha}{2}\right) - \cdots\right]$$

$$\bullet\left[-2E_d\sin\alpha\cos\frac{\alpha}{2}\cdot\sin\left(\theta_0-\frac{\alpha}{2}\right)\mathbf{1}+2\,\frac{r_s}{p}I_{ajo}\right]-\frac{\sin\alpha\cos\frac{\alpha}{2}}{a_1+\sqrt{a_1a_2}}\left[\sin\left(\theta-\frac{\alpha}{2}\right)\right.$$

$$\left.-b_1\sin3\left(\theta-\frac{\alpha}{2}\right)+b_1^2\sin5\left(\theta-\frac{\alpha}{2}\right)-\cdots\right](2E_d\mathbf{1}-k_{d2})$$

$$-\frac{\sin\alpha\cos\frac{\alpha}{2}}{a_2+\sqrt{a_1a_2}}\left[\cos\left(\theta-\frac{\alpha}{2}\right)-b_1\cos3\left(\theta-\frac{\alpha}{2}\right)+b_1^2\cos5\left(\theta-\frac{\alpha}{2}\right)-\cdots\right]k_{q2}$$

$$(6.3.46)$$

式中，

$$b_1=\frac{\sqrt{a_2}-\sqrt{a_1}}{\sqrt{a_2}+\sqrt{a_1}}$$

把式(6.3.35)代入式(6.3.46)左边的 i_{aj}，根据谐波平衡原理，等号两边同次谐波项的系数应相等，故可得

$$\frac{-1}{2\sqrt{a_1a_2}}\left[-2E_d\sin\alpha\cos\frac{\alpha}{2}\sin\left(\theta_0-\frac{\alpha}{2}\right)\mathbf{1}+\frac{2r_s}{p}I_{ajo}\right]$$

$$=I_{ajo}-\frac{\sin\alpha\cos\frac{\alpha}{2}(2E_d\mathbf{1}-k_{d2})}{a_1+\sqrt{a_1a_2}}$$

$$=-\sin\frac{\alpha}{2}\left(I_{aj1c}-\cot\frac{\alpha}{2}I_{aj1s}\right)-\frac{\sin\alpha\cos\frac{\alpha}{2}k_{q2}}{a_2+\sqrt{a_1a_2}}$$

$$=-\sin\frac{\alpha}{2}\left(I_{aj1s}+\cot\frac{\alpha}{2}I_{aj1c}\right)\qquad(6.3.47)$$

由此可得

$$\begin{cases}I_{ajo}=\dfrac{E_d\sin\alpha}{\sqrt{a_1a_2}}\cos\dfrac{\alpha}{2}\sin\left(\theta_0-\dfrac{\alpha}{2}\right)e^{-\frac{t}{T_{al}}}\mathbf{1}\\[2mm]I_{aj1c}-\cot\dfrac{\alpha}{2}I_{aj1s}=2E_dF_1\mathbf{1}\\[2mm]I_{aj1s}+\cot\dfrac{\alpha}{2}I_{aj1c}=0\end{cases}\qquad(6.3.48)$$

式中，

$$T_{al}=\frac{1}{r_s}\sqrt{a_1a_2}$$

$$F_1 \mathbf{1} = \frac{1}{x_{dy}(p) + x} \mathbf{1} = \left[\frac{1}{x_{dy} + x} + \left(\frac{1}{x'_{dy} + x} - \frac{1}{x_{dy} + x} \right) \mathrm{e}^{-\frac{t}{T'_{d1}}} \right.$$
$$\left. + \left(\frac{1}{x''_{dy} + x} - \frac{1}{x'_{dy} + x} \right) \mathrm{e}^{-\frac{t}{T''_{d1}}} \right] \mathbf{1}$$

这里

$$x = \frac{1}{2} \sec^2 \frac{\alpha}{2} (a_1 + \sqrt{a_1 a_2}) - x''_{dy} \tag{6.3.49}$$

$$T'_{d1} = T'_{d0} \frac{x'_{dy} + x}{x_{dy} + x}, \quad T''_{d1} = T''_{d0} \frac{x''_{dy} + x}{x'_{dy} + x} \tag{6.3.50}$$

$$T'_{d0} = \frac{x_{fd}}{r_{fd}}, \quad T''_{d0} = \frac{x_{kd} - \dfrac{x^2_{fdkd}}{x_{fd}}}{r_{kd}} \tag{6.3.51}$$

所以有

$$\begin{cases} k_{d2} = \left[x_{dy}(p) - x''_{dy} \right] \left(I_{\alpha j 1c} - \cot \frac{\alpha}{2} I_{\alpha j 1s} \right) \\ \quad = 2E_d \mathbf{1} - E_d \sec^2 \frac{\alpha}{2} (a_1 + \sqrt{a_1 a_2}) F_1 \mathbf{1} \\ 2E_d - k_{d2} = E_d \sec^2 \frac{\alpha}{2} (a_1 + \sqrt{a_1 a_2}) F_1 \mathbf{1} \\ k_{q2} = 0 \end{cases} \tag{6.3.52}$$

把式(6.3.48)与(6.3.52)代入式(6.3.46)，可得

$$i_{\alpha j} = -2E_d \sin \frac{\alpha}{2} \left[\sin \left(\theta - \frac{\alpha}{2} \right) - b_1 \sin 3 \left(\theta - \frac{\alpha}{2} \right) + b_1^2 \sin 5 \left(\theta - \frac{\alpha}{2} \right) - \cdots \right] F_1 \mathbf{1}$$
$$+ \frac{2E_d}{\sqrt{a_1 a_2}} \sin \alpha \cos \frac{\alpha}{2} \sin \left(\theta_0 - \frac{\alpha}{2} \right) \left[\frac{1}{2} - b_1 \cos 2 \left(\theta - \frac{\alpha}{2} \right) \right.$$
$$\left. + b_1^2 \cos 4 \left(\theta - \frac{\alpha}{2} \right) + \cdots \right] \mathrm{e}^{-\frac{t}{T'_{d1}}} \tag{6.3.53}$$

所以

$$i_{b1} = \sin 120° i_{\beta 1} = -\frac{\sin 120°}{\sin \alpha} i_{\alpha j}$$

$$= \frac{\sqrt{3} E_d}{\sin \alpha} \sin \frac{\alpha}{2} \left[\sin \left(\theta - \frac{\alpha}{2} \right) - b_1 \sin 3 \left(\theta - \frac{\alpha}{2} \right) + + b_1^2 \sin 5 \left(\theta - \frac{\alpha}{2} \right) - \cdots \right] F_1 \mathbf{1}$$

$$- \frac{\sqrt{3} E_d}{\sqrt{a_1 a_2}} \cos \frac{\alpha}{2} \sin \left(\theta_0 - \frac{\alpha}{2} \right) \left[\frac{1}{2} - b_1 \cos 2 \left(\theta - \frac{\alpha}{2} \right) + b_1^2 \cos 4 \left(\theta - \frac{\alpha}{2} \right) + \cdots \right] \mathrm{e}^{-\frac{t}{T'_{d1}}} \mathbf{1}$$

$$\tag{6.3.54}$$

6.3.2.5 两相-两相短路的冲击电流

忽略衰减,可求出短路电流最大值如下:

$$i_{aj\max} = \left| i_{aj} \big|_{\theta_0 = \mp \frac{\pi}{4}, t = \pi} \right| = \frac{2E_d \left| \sin\alpha\cos\dfrac{\alpha}{2} \right|}{x''_{dy} + x''_{dm}\cos\alpha}$$

$$i_{b1\max} = \frac{\sqrt{3}\,E_d\cos\dfrac{\alpha}{2}}{x''_{dy} + x''_{dm}\cos\alpha} \tag{6.3.55}$$

若近似地取 $x''_{dy} \approx x''_{dm}$,则有

$$i_{b1\max} = \frac{\sqrt{3}\,E_d}{x''_{dy}} \cdot \frac{1}{2\cos\dfrac{\alpha}{2}} \tag{6.3.56}$$

式中,$\dfrac{\sqrt{3}\,E_d}{x''_{dy}}$ 为单 Y 绕组两相短路的短路电流最大值。

12 相电机各种两相-两相短路的冲击电流相对于单 Y 两相短路冲击电流的倍数为 $1/[2\cos(\alpha/2)]$,其值如表 6-11 所示。

表 6-11 两相-两相短路电流最大值与 α 的关系

α	$\pm15°$	$\pm30°$	$\pm45°$	$\pm75°$	$\pm90°$	$\pm105°$	$\pm135°$	$\pm150°$	$\pm165°$
$\dfrac{i_{b1\max}}{\sqrt{3}E_d/x''_{dy}}$	0.504	0.518	0.541	0.630	0.707	0.821	1.307	1.932	3.831

由表 6-11 可知,随着 α 绝对值的增加,两相-两相短路电流最大值逐渐增加。这一规律对应的物理解释为:随着 α 绝对值的增加,短路的两个 Y 绕组产生的磁势之间的夹角逐渐增加,在相同的电枢绕组电流激励下,合成磁势逐渐减小(相当于绕组系数减小,绕组有效匝数减小),但在发生突然短路瞬间,为了维持各绕组的磁链恒定,绕组中会产生更大的短路电流。

利用第 4 章中的电机数学模型对 12 相电机两相-两相短路的冲击电流相对于单 Y 两相短路冲击电流的倍数进行仿真验证。当 $\alpha = 30°$ 时,发电机两相短路的电流波形如图 6-14 所示。

图 6-14 中,当考虑定子电阻时,短路电流波形中的非周期分量会逐渐衰减;而当不考虑定子电阻时,短路电流波形中的非周期分量不衰减,此时得到的短路电流峰值与解析推导时所作的假设一致:

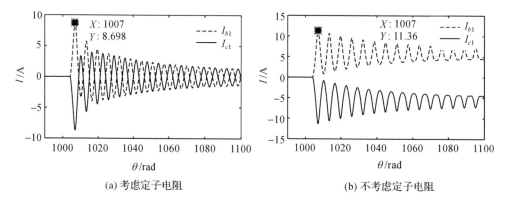

(a) 考虑定子电阻　　　　　　　　(b) 不考虑定子电阻

图 6-14　12 相电机两相-两相短路电流波形（$\alpha=30°$）

$$\frac{i_{b1\max}}{\sqrt{3}\ \dfrac{E_d}{x''_d}} = 0.517 \tag{6.3.57}$$

这与解析推导所得的结果基本一致，验证了解析推导过程的正确性。

6.3.2.6　两相-两相短路的电磁转矩

由短路电流的一般表达式可求出磁链的一般表达式，进而求出短路时电磁转矩的一般表达式。其结果如下：

$$
\begin{aligned}
Tx &= \frac{1}{4}\sum_{k=1}^{4}(i_{\beta k}\psi_{ak}-i_{ak}\psi_{\beta k}) = \frac{1}{4}(i_{\beta 1}\psi_{a1}+i_{\beta j}\psi_{aj}-i_{aj}\psi_{\beta j})\\
&=-\frac{1}{4}(\psi_{a1}\cos\alpha+\psi_{aj}\cot\alpha+\psi_{\beta j})i_{aj}\\
&=\frac{E_d^2}{2}\Big[\sin2\Big(\theta-\frac{\alpha}{2}\Big)-2b_1\sin4\Big(\theta-\frac{\alpha}{2}\Big)+3b_1^2\sin6\Big(\theta-\frac{\alpha}{2}\Big)-\cdots\Big]\\
&\quad\cdot\Big[\frac{1}{2}\sec^2\frac{\alpha}{2}\ \sqrt{a_1a_2}\,F_1\mathbf{1}+\frac{2b_1}{\sqrt{a_1a_2}}\cos^2\frac{\alpha}{2}\sin^2\Big(\theta_0-\frac{\alpha}{2}\Big)\mathrm{e}^{-\frac{t}{\tau}}\mathbf{1}\Big]\\
&\quad-\frac{E_d^2}{2}\sin\Big(\theta_0-\frac{\alpha}{2}\Big)\Big[\cos\Big(\theta-\frac{\alpha}{2}\Big)-3b_1\cos3\Big(\theta-\frac{\alpha}{2}\Big)+5b_1^2\cos5\Big(\theta-\frac{\alpha}{2}\Big)-\cdots\Big]\mathrm{e}^{-\frac{t}{\tau}}F_1\mathbf{1}
\end{aligned}
\tag{6.3.58}
$$

为了粗略地估计电磁转矩的最大瞬时值，假定 $x''_{dy}\approx x''_{qy}\approx x''_{dm}\approx x''_{qm}$，此时有

$$Tx_{\max}=Tx\big|_{\theta_0=\mp\mp\mp,t=\mp\pi}=\frac{3\sqrt{3}}{16}\frac{E_d^2}{x''_{dy}} \tag{6.3.59}$$

对于其他类型的不对称短路，如 3 相交叉对接短路、4 相短路和 5 相短路等，同样可仿照上面的方法进行分析计算。

6.3.2.7　两相-两相短路时开路相的电压

为了求得开路相的最大电压值,可不考虑其衰减,则有

$$\psi_{a1} = E_d\cos\theta - \frac{1}{2}(x''_{dm} + x''_{qn})i_{aj}$$

$$- \frac{1}{2}(x''_{qn} - x''_{dm})\left[\cot\frac{\alpha}{2}\sin2\left(\theta - \frac{\alpha}{2}\right) + \cos2\left(\theta - \frac{\alpha}{2}\right)\right]i_{aj}$$

$$= E_d\cos\frac{\alpha}{2}\cos\left(\theta - \frac{\alpha}{2}\right) - E_d\sin\frac{\alpha}{2}\sin\left(\theta - \frac{\alpha}{2}\right)$$

$$- \frac{E_d\cos\dfrac{\alpha}{2}\sin\alpha\sin\left(\theta_0 - \dfrac{\alpha}{2}\right)}{a_1 + a_2 + (a_2 - a_1)\cos2\left(\theta - \dfrac{\alpha}{2}\right)}\Big\{(x''_{dm} + x''_{qn}) + (x''_{qn} - x''_{dm})$$

$$\cdot \left[\cos2\left(\theta - \frac{\alpha}{2}\right) + \cot\frac{\alpha}{2}\sin2\left(\theta - \frac{\alpha}{2}\right)\right]\Big\}\mathbf{1} + \frac{E_d\cos\dfrac{\alpha}{2}\sin\alpha}{a_1 + a_2 + (a_2 - a_1)\cos2\left(\theta - \dfrac{\alpha}{2}\right)}$$

$$\cdot \Big\{\left[(x''_{dm} + x''_{qn}) - \frac{1}{2}(x''_{qn} - x''_{dm})\right]\sin\left(\theta - \frac{\alpha}{2}\right)$$

$$+ \frac{1}{2}(x''_{qn} - x''_{dm})\left[\cot\frac{\alpha}{2}\cos\left(\theta - \frac{\alpha}{2}\right) - \cot\frac{\alpha}{2}\cos3\left(\theta - \frac{\alpha}{2}\right) + \sin3\left(\theta - \frac{\alpha}{2}\right)\right]\Big\}\mathbf{1}$$

$$(6.3.60)$$

展开成级数,有

$$\frac{\cos3\left(\theta - \dfrac{\alpha}{2}\right)}{a_1 + a_2 + (a_2 - a_1)\cos2\left(\theta - \dfrac{\alpha}{2}\right)}$$

$$= \frac{2}{(\sqrt{a_1} + \sqrt{a_2})^2}\Big\{-\frac{b_1}{1 + b_1}\left[\cos\left(\theta - \frac{\alpha}{2}\right) - b_1\cos3\left(\theta - \frac{\alpha}{2}\right) + \cdots\right]$$

$$+ \left[\cos3\left(\theta - \frac{\alpha}{2}\right) - b_1\cos5\left(\theta - \frac{\alpha}{2}\right) + \cdots\cdots\right]\Big\}$$

$$\frac{\sin3\left(\theta - \dfrac{\alpha}{2}\right)}{a_1 + a_2 + (a_2 - a_1)\cos2\left(\theta - \dfrac{\alpha}{2}\right)}$$

$$= \frac{2}{(\sqrt{a_1} + \sqrt{a_2})^2}\Big\{-\frac{b_1}{1 - b_1}\left[\sin\left(\theta - \frac{\alpha}{2}\right) - b_1\sin3\left(\theta - \frac{\alpha}{2}\right) + \cdots\right]$$

$$+\left[\sin3\left(\theta-\frac{\alpha}{2}\right)-b_1\sin5\left(\theta-\frac{\alpha}{2}\right)+\cdots\cdots\right]\Big\}$$

整理后可得

$$\psi_{a1}=E_d\cos\frac{\alpha}{2}\cos\left(\theta-\frac{\alpha}{2}\right)-E_d\sin\frac{\alpha}{2}\sin\left(\theta-\frac{\alpha}{2}\right)-E_d\cos\frac{\alpha}{2}\sin\alpha\sin\left(\theta_0-\frac{\alpha}{2}\right)$$

$$\cdot\frac{1}{2\sqrt{a_1a_2}}\left[(1+b_1)x''_{dm}+(1-b_1)x''_{qm}\right]\mathbf{1}-E_d\sin\frac{\alpha}{2}\sin\left(\theta_0-\frac{\alpha}{2}\right)\frac{2b_1}{\sqrt{a_1a_2}}$$

$$\cdot(x''_{dy}-x''_{dm})\left[\cos2\left(\theta-\frac{\alpha}{2}\right)-b_1\cos4\left(\theta-\frac{\alpha}{2}\right)+\cdots\right]\mathbf{1}$$

$$-2b_1E_d\cos\frac{\alpha}{2}\sin\left(\theta_0-\frac{\alpha}{2}\right)\left[\sin2\left(\theta-\frac{\alpha}{2}\right)-b_1\sin4\left(\theta-\frac{\alpha}{2}\right)+\cdots\right]\mathbf{1}$$

$$+E_d\sin\frac{\alpha}{2}\sin\left(\theta-\frac{\alpha}{2}\right)\mathbf{1}-E_d\sin\frac{\alpha}{2}\frac{2(x''_{dy}-x''_{dm})}{\sqrt{a_1}(\sqrt{a_1}+\sqrt{a_2})}\left[\sin\left(\theta-\frac{\alpha}{2}\right)\right.$$

$$\left.-b_1\sin3\left(\theta-\frac{\alpha}{2}\right)+\cdots\right]\mathbf{1}-E_d\cos\frac{\alpha}{2}\cos\left(\theta-\frac{\alpha}{2}\right)\mathbf{1}$$

$$+E_d\cos\frac{\alpha}{2}(1+b_1)\left[\cos\left(\theta-\frac{\alpha}{2}\right)-b_1\cos3\left(\theta-\frac{\alpha}{2}\right)+\cdots\right]\mathbf{1}\qquad(6.3.61)$$

$$u_{a1}=p\psi_{a1}$$

$$=-E_d\cos\frac{\alpha}{2}\left[\sin\left(\theta-\frac{\alpha}{2}\right)-\sin\left(\theta-\frac{\alpha}{2}\right)\mathbf{1}\right]$$

$$-E_d\sin\frac{\alpha}{2}\left[\cos\left(\theta-\frac{\alpha}{2}\right)-\cos\left(\theta-\frac{\alpha}{2}\right)\mathbf{1}\right]$$

$$+E_d\sin\frac{\alpha}{2}\sin\left(\theta_0-\frac{\alpha}{2}\right)\frac{2b_1}{\sqrt{a_1a_2}}(x''_{dy}-x''_{dm})\left[2\sin2\left(\theta-\frac{\alpha}{2}\right)-4b_1\sin4\left(\theta-\frac{\alpha}{2}\right)+\cdots\right]\mathbf{1}$$

$$-2b_1E_d\cos\frac{\alpha}{2}\sin\left(\theta_0-\frac{\alpha}{2}\right)\left[2\cos2\left(\theta-\frac{\alpha}{2}\right)-4b_1\cos4\left(\theta-\frac{\alpha}{2}\right)+\cdots\right]\mathbf{1}$$

$$-E_d\sin\frac{\alpha}{2}\frac{2(x''_{dy}-x''_{dm})}{\sqrt{a_1}(\sqrt{a_1}+\sqrt{a_2})}\left[\cos\left(\theta-\frac{\alpha}{2}\right)-3b_1\cos3\left(\theta-\frac{\alpha}{2}\right)+\cdots\right]\mathbf{1}$$

$$-E_d\cos\frac{\alpha}{2}(1+b_1)\left[\sin\left(\theta-\frac{\alpha}{2}\right)-3b_1\sin3\left(\theta-\frac{\alpha}{2}\right)+\cdots\right]\mathbf{1}$$

$$(6.3.62)$$

取 $x''_{dy}\approx x''_{dm}$, $x''_{qy}\approx x''_{qm}$，则有

$$u_{a1}=u_{a1}=-E_d\cos\frac{\alpha}{2}\left\{4b_1\sin\left(\theta_0-\frac{\alpha}{2}\right)\left[\cos2\left(\theta-\frac{\alpha}{2}\right)-2b_1\cos4\left(\theta-\frac{\alpha}{2}\right)+\cdots\right]\right.$$

$$\left.+(1+b_1)\left[\sin\left(\theta-\frac{\alpha}{2}\right)-3b_1\sin3\left(\theta-\frac{\alpha}{2}\right)+\cdots\right]\right\},\quad t>0$$

$$(6.3.63)$$

$$u_{a1\max} = u_{a1}\big|_{\theta_0 + \frac{\alpha}{2} = \frac{\pi}{2}, \theta + \frac{\alpha}{2} = \frac{3\pi}{2}}$$

$$= E_d \cos \frac{\alpha}{2} \big[4b_1(1 + 2b_1 + 3b_1^2 + \cdots) + (1 + b_1)(1 + 3b_1 + 5b_1^2 + \cdots) \big]$$

$$= E_d \cos \frac{\alpha}{2} \Big[2\Big(\frac{1 + b_1}{1 - b_1} \Big)^2 - 1 \Big] = E_d \cos \frac{\alpha}{2} \Big(\frac{2x''_{qy}}{x''_{dy}} - 1 \Big) \qquad (6.3.64)$$

同理可得

$$\psi_{\alpha j} = E_d \cos \frac{\alpha}{2} \cos \Big(\theta - \frac{\alpha}{2} \Big) - E_d \sin \frac{\alpha}{2} \sin \Big(\theta - \frac{\alpha}{2} \Big) - E_d \cos \frac{\alpha}{2} \sin\alpha \sin \Big(\theta_0 - \frac{\alpha}{2} \Big)$$

$$\cdot \frac{1}{2\sqrt{a_1 a_2}} \big[(1 + b_1)x''_{dy} + (1 - b_1)x''_{qy} \big] \mathbf{1} + E_d \sin \frac{\alpha}{2} \cos\alpha \sin \Big(\theta_0 - \frac{\alpha}{2} \Big)$$

$$\cdot \frac{2b_1}{\sqrt{a_1 a_2}} (x''_{dy} - x''_{dm}) \Big[\cos 2\Big(\theta - \frac{\alpha}{2} \Big) - b_1 \cos 4\Big(\theta - \frac{\alpha}{2} \Big) + \cdots \Big] \mathbf{1}$$

$$- 2b_1 E_d \cos \frac{\alpha}{2} \sin \Big(\theta_0 - \frac{\alpha}{2} \Big) \Big[\sin 2\Big(\theta - \frac{\alpha}{2} \Big) - b_1 \sin 4\Big(\theta - \frac{\alpha}{2} \Big) + \cdots \Big] \mathbf{1}$$

$$+ E_d \sin \frac{\alpha}{2} \sin \Big(\theta - \frac{\alpha}{2} \Big) \mathbf{1} - E_d \sin \frac{\alpha}{2} \frac{2(x''_{dy} - x''_{dm})}{\sqrt{a_1}(\sqrt{a_1} + \sqrt{a_2})} \Big[\sin \Big(\theta - \frac{\alpha}{2} \Big)$$

$$- b_1 \sin 3\Big(\theta - \frac{\alpha}{2} \Big) + \cdots \Big] \mathbf{1} - E_d \cos \frac{\alpha}{2} \cos \Big(\theta - \frac{\alpha}{2} \Big) \mathbf{1} + E_d \cos \frac{\alpha}{2} (1 + b_1)$$

$$\Big[\cos \Big(\theta - \frac{\alpha}{2} \Big) - b_1 \cos 3\Big(\theta - \frac{\alpha}{2} \Big) + \cdots \Big] \mathbf{1}, \quad j = 2, 3, 4 \qquad (6.3.65)$$

取 $x''_{dy} \approx x''_{dm}, x''_{qy} \approx x''_{qm}$,则有

$$u_{\alpha j} = -E_d \cos \frac{\alpha}{2} \Big\{ 4b_1 \sin \Big(\theta_0 - \frac{\alpha}{2} \Big) \Big[\cos 2\Big(\theta - \frac{\alpha}{2} \Big) - 2b_1 \cos 4\Big(\theta - \frac{\alpha}{2} \Big) + \cdots \Big]$$

$$+ (1 + b_1) \Big[\sin \Big(\theta - \frac{\alpha}{2} \Big) - 3b_1 \sin 3\Big(\theta - \frac{\alpha}{2} \Big) + \cdots \Big] \Big\} = u_{a1}, \quad t > 0$$

$$(6.3.66)$$

对于 Y_1 的 β 分量,可得

$$\psi_{\beta 1} = E_d \cos \frac{\alpha}{2} \sin \Big(\theta - \frac{\alpha}{2} \Big) + E_d \sin \frac{\alpha}{2} \cos \Big(\theta - \frac{\alpha}{2} \Big) + E_d \cos \frac{\alpha}{2} \sin \Big(\theta_0 - \frac{\alpha}{2} \Big) \mathbf{1}$$

$$- E_d \cos \frac{\alpha}{2} \sin \Big(\theta - \frac{\alpha}{2} \Big) \mathbf{1} - E_d \sin \frac{\alpha}{2} \cos \Big(\theta - \frac{\alpha}{2} \Big) \mathbf{1}$$

$$- 2b_1 E_d \sin \frac{\alpha}{2} \sin \Big(\theta_0 - \frac{\alpha}{2} \Big) \Big[\sin 2\Big(\theta - \frac{\alpha}{2} \Big) - b_1 \sin 4\Big(\theta - \frac{\alpha}{2} \Big) + \cdots \Big] \mathbf{1}$$

$$+ E_d \sin \frac{\alpha}{2} (1 + b_1) \Big[\cos \Big(\theta - \frac{\alpha}{2} \Big) - b_1 \cos 3\Big(\theta - \frac{\alpha}{2} \Big) + \cdots \Big] \mathbf{1} \qquad (6.3.67)$$

取 $x''_{dy} \approx x''_{dm}$，$x''_{qy} \approx x''_{qm}$，则有

$$u_{\beta1} = -E_d \sin\frac{\alpha}{2} \left\{ 4b_1 \sin\left(\theta_0 - \frac{\alpha}{2}\right) \left[\cos 2\left(\theta - \frac{\alpha}{2}\right) - 2b_1 \cos 4\left(\theta - \frac{\alpha}{2}\right) + \cdots \right] \right.$$

$$\left. + (1 + b_1) \left[\sin\left(\theta - \frac{\alpha}{2}\right) - 3b_1 \sin 3\left(\theta - \frac{\alpha}{2}\right) + \cdots \right] \right\} = \tan\frac{\alpha}{2} u_{\alpha j}, \quad t > 0$$

$$(6.3.68)$$

$$u_{\beta1\max} = u_{\beta1} \Big|_{\theta_0 - \frac{\alpha}{2} = \frac{\pi}{2}, \theta - \frac{\alpha}{2} = \frac{3\pi}{2}} = E_d \sin\frac{\alpha}{2} \left[2\left(\frac{1 + b_1}{1 - b_1}\right)^2 - 1 \right] = E_d \sin\frac{\alpha}{2} \left(\frac{2x''_{qy}}{x''_{dy}} - 1\right)$$

$$(6.3.69)$$

$$u_{a1b1} = \frac{3}{2} u_{\alpha 1} - \frac{\sqrt{3}}{2} u_{\beta 1}$$

$$= -\sqrt{3} E_d \cos\left(\frac{\alpha}{2} + 30°\right) \left\{ (1 + b_1) \left[\sin\left(\theta - \frac{\alpha}{2}\right) - 3b_1 \sin 3\left(\theta - \frac{\alpha}{2}\right) + \cdots \right] \right.$$

$$\left. + 4b_1 \sin\left(\theta_0 - \frac{\alpha}{2}\right) \left[\cos 2\left(\theta - \frac{\alpha}{2}\right) - 2b_1 \cos 4\left(\theta - \frac{\alpha}{2}\right) + \cdots \right] \right\}, \quad t > 0$$

$$(6.3.70)$$

$$u_{a1b1\max} = \sqrt{3} E_d \left| \cos\left(\frac{\alpha}{2} + 30°\right) \right| \left(2\frac{x''_{qy}}{x''_{dy}} - 1\right) \quad (6.3.71)$$

同理可得

$$u_{a1c1max} = \sqrt{3} E_d \left| \cos\left(\frac{\alpha}{2} - 30°\right) \right| \left(2\frac{x''_{qy}}{x''_{dy}} - 1\right) \quad (6.3.72)$$

$$u_{b1c1max} = \sqrt{3} E_d \left| \sin\frac{\alpha}{2} \right| \left(2\frac{x''_{qy}}{x''_{dy}} - 1\right) \quad (6.3.73)$$

当 $\alpha = -45°$ 或 $-75°$ 时，

$$u_{a1b1\max} = 1.717 E_d \left(2\frac{x''_{qy}}{x''_{dy}} - 1\right) \quad (6.3.74)$$

当 $\alpha = 45°$ 或 $75°$ 时，

$$u_{a1c1max} = 1.717 E_d \left(2\frac{x''_{qy}}{x''_{dy}} - 1\right) \quad (6.3.75)$$

当 $\alpha = \pm 165°$ 时，

$$u_{b1c1max} = 1.717 E_d \left(2\frac{x''_{qy}}{x''_{dy}} - 1\right) \quad (6.3.76)$$

$$\psi_{\beta} = E_d \cos\frac{\alpha}{2} \sin\left(\theta - \frac{\alpha}{2}\right) + E_d \sin\frac{\alpha}{2} \cos\left(\theta - \frac{\alpha}{2}\right) + E_d \cos\frac{\alpha}{2} \sin\left(\theta_0 - \frac{\alpha}{2}\right)$$

$$\cdot\; \frac{1}{2\sqrt{a_1 a_2}}\big[(1+b_1)(x''_{dy}\cos a + x''_{dm}) + (1-b_1)(x''_{qy}\cos a + x''_{qm})\big]\mathbf{1}$$

$$-E_d\cos\frac{\alpha}{2}\sin\left(\theta-\frac{\alpha}{2}\right)\mathbf{1} - E_d\sin\frac{\alpha}{2}\cos\left(\theta-\frac{\alpha}{2}\right)\mathbf{1} - 2b_1 E_d\sin\frac{\alpha}{2}\sin\left(\theta_0-\frac{\alpha}{2}\right)$$

$$\cdot\;\left[\sin2\left(\theta-\frac{\alpha}{2}\right) - b_1\sin4\left(\theta-\frac{\alpha}{2}\right)+\cdots\right]\mathbf{1} + E_d\sin\frac{\alpha}{2}(1+b_1)\left[\cos\left(\theta-\frac{\alpha}{2}\right)\right.$$

$$\left.-b_1\cos3\left(\theta-\frac{\alpha}{2}\right)+\cdots\right]\mathbf{1} + E_d\sin\frac{\alpha}{2}\sin\alpha\sin\left(\theta_0-\frac{\alpha}{2}\right)(x''_{dy}-x''_{dm})\frac{2b_1}{\sqrt{a_1 a_2}}$$

$$\cdot\;\left[\cos2\left(\theta-\frac{\alpha}{2}\right) - b_1\cos4\left(\theta-\frac{\alpha}{2}\right)+\cdots\right]\mathbf{1} + E_d\sin\frac{\alpha}{2}\sin\alpha\frac{2(x''_{dy}-x''_{dm})}{\sqrt{a_1}\,(\sqrt{a_1}+\sqrt{a_2})}$$

$$\cdot\;\left[\sin\left(\theta-\frac{\alpha}{2}\right) - b_1\sin3\left(\theta-\frac{\alpha}{2}\right)+\cdots\right]\mathbf{1}, \quad j=2,3,4 \tag{6.3.77}$$

取 $x''_{dy}\approx x''_{dm}$，$x''_{qy}\approx x''_{qm}$，则有

$$u_{\beta j} = -E_d\sin\frac{\alpha}{2}\left\{4b_1\sin\left(\theta_0-\frac{\alpha}{2}\right)\left[\cos2\left(\theta-\frac{\alpha}{2}\right) - 2b_1\cos4\left(\theta-\frac{\alpha}{2}\right)+\cdots\right]\right.$$

$$\left.+(1+b_1)\left[\sin\left(\theta-\frac{\alpha}{2}\right) - 3b_1\sin3\left(\theta-\frac{\alpha}{2}\right)+\cdots\right]\right\}$$

$$= u_{\beta 1} = \tan\frac{\alpha}{2} u_{\alpha j}, \quad t>0, j=1\sim4 \tag{6.3.78}$$

$$u_{\alpha j} = u_{\alpha 1}, \quad j=2,3,4 \tag{6.3.79}$$

对于完全开路的两个 3 相绕组 $Y_k[k\in(2,3,4),k\neq j]$ 的电压，也可同样进行分析。

在 $x''_{dy}\approx x''_{dm}$，$x''_{qy}\approx x''_{qm}$ 的条件下，各开路相电压的关系如下：

$$\begin{cases} u_{aj} = u_{\alpha j}\cos\alpha + u_{\beta j}\sin\alpha = u_{\alpha j} \\[2mm] u_{bj} = u_{\alpha j}\cos(\alpha+120°) + u_{\beta j}\sin(\alpha+120°) = \left(-\frac{1}{2}-\frac{\sqrt{3}}{2}\tan\frac{\alpha}{2}\right)u_{\alpha j} \\[2mm] u_{cj} = u_{\alpha j}\cos(\alpha-120°) + u_{\beta j}\sin(\alpha-120°) = \left(-\frac{1}{2}+\frac{\sqrt{3}}{2}\tan\frac{\alpha}{2}\right)u_{\alpha j} \\[2mm] u_{ajbj} = \sqrt{3}\cos\left(\frac{\alpha}{2}-30°\right)u_{\alpha j} \\[2mm] u_{ajcj} = \sqrt{3}\cos\left(\frac{\alpha}{2}+30°\right)u_{\alpha j} \\[2mm] u_{bjcj} = -\sqrt{3}\tan\frac{\alpha}{2}u_{\alpha j} \end{cases} \tag{6.3.80}$$

式中 $j=1\sim4$，u_{aj} 已在前面给出。

在此，对多相整流同步发电机突然不对称短路分析过程做一个小结。

①分析 12 相电机的不对称短路时，采用 $\alpha,\beta,0$ 坐标系统比较方便，这是因为故障方程可用 $\alpha,\beta,0$ 分量表述成比较简单的形式。

②在 12 相电机中，同一类型的不对称短路有许多种不同的情况，但其端点条件可表示成一般形式，因而可进行统一分析。

③应用谐波平衡原理来分析不对称短路，可以得到短路电流、电磁转矩和时间常数的完整的解析表达式。物理概念清晰，逻辑性强，易于估算出最大短路电流和冲击转矩的数值，从而为合理选择保护设备提供依据。

④通过对两相-两相短路进行的一般分析可知，当相差 $\pm165°$ 的两相-两相短路时，其短路冲击电流为最大，达到普通 3 相电机线对线短路冲击电流的 3.83 倍，而开路相电压最大值仅为普通电机线对线短路时的 $\cos(\alpha/2)$ 倍。

⑤本节虽然是以两相-两相短路为例进行完整分析，但这种分析方法对其他类型的不对称短路也同样适用。因此可以认为谐波平衡法是分析 12 相电机不对称短路的一种最有效的方法。

6.3.3 突加、突卸负载分析

6.3.3.1 不考虑原动机调速特性时的突加、突卸负载分析

在系统详细仿真模型基础上，根据发电机、励磁机和副励磁机的主要参数，根据第 5.3 节中的方法建立发电机系统简化数学模型，计算相应的内环控制器参数，再选取不同的 ITAE 值 J，计算出相应的 K_{PE} 和 K_{IE} 值，整流发电机及其励磁控制系统的主要参数如表 6-12 所示。

表 6-12　整流发电机及其励磁控制系统的主要参数

参数	标识符	值
主发电机励磁绕组时间常数	T_{fd}	2.10
励磁机的时间常数	T_E	0.06
励磁电源电压	U_s	6.10
内环控制器输出上限值	M_{max}	0.50
内环控制器输出下限值	M_{min}	-0.50
外环控制器输出上限值	$I_{fde\max}$	6.00
外环控制器输出下限值	$I_{fde\min}$	0.00
内环比例增益	K_{PI}	0.49

续表

参数	标识符	值
内环积分增益	K_{II}	8.20
$J=0.003$ 时的外环比例增益	K_{PE}	8.20
$J=0.003$ 时的外环积分增益	K_{IE}	4.00
$J=0.0007$ 时的外环比例增益	K_{PE}	17.1
$J=0.0007$ 时的外环积分增益	K_{IE}	8.12

将表 6-12 中的相关参数代入上述详细电路仿真模型和简化传递函数数学模型,对整流发电机在突加和突卸负载两种工况下的动态性能进行仿真分析。为便于观察,将详细电路模型仿真结果进行标幺化处理,与简化数学模型仿真结果置于同一图中,当 $J=0.003$ 时,整流发电机突加和突卸负载的仿真结果如图 6-15(a)和(b)所示,当 $J=0.0007$ 时,整流发电机突加和突卸负载的仿真结果如图 6-15(c)和(d)所示。

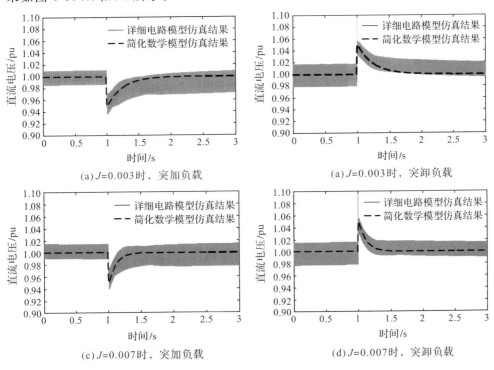

(a)$J=0.003$时,突加负载　　　　(a)$J=0.003$时,突卸负载

(c)$J=0.007$时,突加负载　　　　(d)$J=0.007$时,突卸负载

图 6-15　发电机励磁控制参数优化设计前后突加和突卸负载仿真对比

由简化模型和详细模型仿真结果对比可知,建立的简化传递函数数学模型

与详细电路仿真模型仿真结果趋势一致,这说明基于简化传递函数数学模型得到的 ITAE 解析计算方法可用于励磁控制参数的优化设计。由优化前和优化后的仿真结果对比可知,按 ITAE 极小准则对整流发电机系统的励磁控制参数进行优化后,系统动态响应速度较快。

6.3.3.2 考虑原动机调速特性时的突加、突卸负载分析

考虑原动机调速特性,对突加、突卸负载进行分析时,可以忽略快动态过程,例如开关暂态过程和部分电磁暂态过程,以简化为慢动态过程,主要考虑主发电机励磁绕组时间常数和励磁机励磁绕组时间常数的作用。因此,在第 5.3 节中建立的整流发电机及其励磁装置简化模型的基础上,考虑原动机转速变化对发电组直流电压的影响,即可建立机组的简化动态数学模型。其中,整流发电机的传递函数、励磁机旋转整流系统和励磁调节电路的简化数学模型可分别修正为

$$G_M(s) = \frac{\omega K_M}{T_M s + 1} \tag{6.3.81}$$

$$G_E(s) = \frac{\omega K_E}{T_E s + 1} \tag{6.3.82}$$

$$G_D(s) = D_{pm}\omega U_s \tag{6.3.83}$$

根据以上三式,可重新建立考虑转速变化的整流发电机励磁控制系统动态数学模型,如图 6-16 所示。

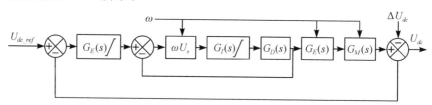

图 6-16　考虑转速变化的整流发电机简化模型

以某大功率燃发机组为例,其整流发电机及其励磁控制系统的主要参数如表 6-13 所示。

表 6-13　整流发电机及其励磁控制系统的主要参数

参数	标识符	值
主发电机励磁绕组时间常数	T_{fd}	2.70s
励磁机励磁绕组的时间常数	T_E	0.23s
励磁电源电压	U_s	12.20pu
电流内环控制器输出上限值	D_{max}	1.00

续表

参数	标识符	值
电流内环控制器输出下限值	D_{min}	0.00
电压外环控制器输出上限值	I_{femax}	3.00
电压外环控制器输出下限值	I_{femin}	0.00
电流内环比例增益	K_{PI}	0.10
电流内环积分增益	K_{II}	1.00
电压外环比例增益	K_{PE}	10.0
电压外环积分增益	K_{IE}	12.0

结合第 5.4.3 节中建立的燃气轮机及其调速系统的数学模型(表 5-6),可得到带整流负载燃气轮机发电机组的简化动态仿真模型,如图 6-17 所示,图中与机组输出相连的整流负载为电阻负载。

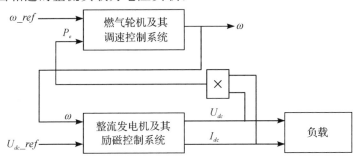

图 6-17　燃气轮机整流发电机组简化动态仿真模型

为验证机组简化动态仿真模型中所作简化假设的合理性,分别采用简化和详细数值仿真模型,对带整流负载的燃气轮机发电机组在空载突加 20% 负载工况下的动态性能进行仿真,并与实际的燃气轮机整流发电机组在突加 20% 负载工况下的实验结果进行对比。转速输出波形和电压输出波形对比如图 6-18 所示。

可见简化模型的仿真结果与详细模型的仿真结果及实验结果较为一致,验证了简化模型的正确性。虽然简化模型没有考虑整流电路和励磁调节电路中的开关暂态过程,也没有考虑主发电机阻尼绕组和稳定绕组的电磁暂态过程,但其仿真结果与详细模型仿真结果的平均值相当接近。由图 6-18 可知,在机组动态过程中,转速跌落约 14.3%,恢复时间约 17s,直流电压在突加负载后的瞬间跌落约 5.3%,恢复时间约 0.4s。在机组转速变化过程中,发电机励磁装置都能够较好地抑制因转速扰动引起的电压波动。

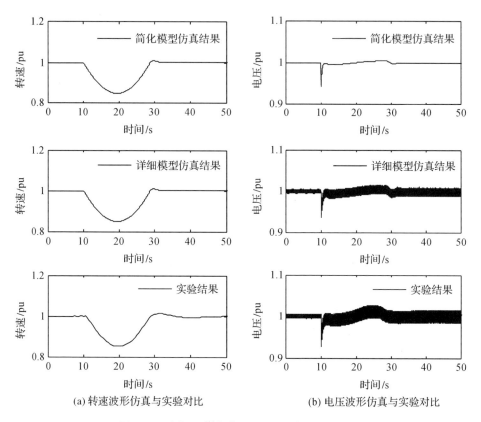

(a) 转速波形仿真与实验对比 　　　　　　(b) 电压波形仿真与实验对比

图 6-18　突加 20%负载工况下,仿真与实验对比

6.4　单机系统运行稳定性分析

6.4.1　反电势负载下发电机运行稳定性分析

对于交流整流系统,过去人们把注意力集中在整流器特性以及负载对整流特性的影响等方面,而将发电机看成理想电压源,在理论分析中,这样处理发现不了该系统特有的稳定性问题,因而,这种简化处理方法只有在无穷大交流电网带整流负载时才有效。

对于独立电源的交流发电机-整流器-反电势负载系统或多台多相交流发电机整流并联系统,整流器的存在使得系统成为强非线性的系统,从而使分析该类系统运行稳定性变得十分困难。根据国外文献报道和我们的实验发现[48-51]，尽管交流发电机在交流电网上能稳定运行，但当此发电机带整流负载时，却可能产生大幅度的低频功率振荡，所以分析这类系统运行稳定性的影响因素十分必要，特别是找出判断系统稳定运行的条件就更为重要。尽管已有文献报道了这类系统的低频功率振荡，但在分析产生这种振荡的原因时，往往将其归结为整流后谐波引起闭环控制，而我们在实验中发现，即使采用恒压励磁开环控制，该系统仍会产生低频功率振荡，这说明人们对这类系统的振荡本质尚未认识清楚。较早研究此问题的是德国西门子公司，其所给出的稳定条件$(x_q < 2x'_d)$过于苛刻[48]，一般设计的电机无法满足，而且对振荡机理也没有给出正确的分析。为了简化分析过程，我们以 3 相发电机整流系统为例来进行解析分析，在一定条件下也可推广到 12 相整流发电机系统。为不失一般性，设电机转子在 q 轴方向有一短路的绕组，并设 ω 为常数，这在分析系统的"微变"稳定性时是允许的。这是由于机械过程比电磁过程要慢得多，因而在发生扰动的初瞬，系统的行为主要取决于各电磁量的变化。

6.4.1.1　系统稳定性分析的数学模型

本节在第 6.2.1 节发电机整流系统的等效电路模型基础上，建立发电机带反电势负载时的系统稳定性分析的数学模型[31]（图 6-19）。

令直流侧电流 $i_{dc} = I_{dc} + i_{dcr}$，式中，$I_{dc}$ 为低频分量（含直流分量），i_{dcr} 为高频交流分量。在研究系统的稳定问题时，由于低频振荡，故可略去 i_{dcr} 的影响，且直流电流连续。应用开关函数 S_a，S_b，S_c（S_b，S_c 分别落后 S_a 120°、240°），在考虑换相过程时，忽略定子绕组电阻的影响，则开关函数 S_a 如图 6-19(b)所示，其傅里叶级数展开式为

$$
\begin{cases}
S_a = \displaystyle\sum_{n=1}^{\infty}\left[B_n\sin n(t-\delta) - A_n\cos n(t-\delta)\right] \\[2mm]
S_b = \displaystyle\sum_{n=1}^{\infty}\left[B_n\sin n\left(t-\delta-\dfrac{2\pi}{3}\right) - A_n\cos n\left(t-\delta-\dfrac{2\pi}{3}\right)\right] \\[2mm]
S_c = \displaystyle\sum_{n=1}^{\infty}\left[B_n\sin n\left(t-\delta+\dfrac{2\pi}{3}\right) - A_n\cos n\left(t-\delta+\dfrac{2\pi}{3}\right)\right]
\end{cases}
\tag{6.4.1}
$$

式中，

$$
A_n = \frac{\sqrt{3}\,(-1)^l}{\pi}\,\frac{\sin n\mu}{n}
$$

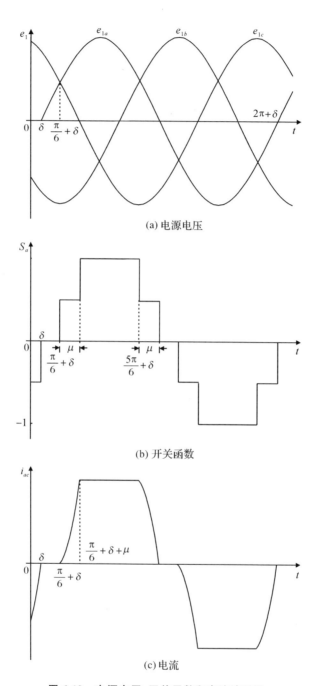

(a) 电源电压

(b) 开关函数

(c) 电流

图 6-19 电源电压、开关函数和电流波形图

$$B_n = \frac{\sqrt{3}\,(-1)^l}{\pi}\,\frac{1+\cos n\mu}{n}$$

$$n = 6l \pm 1, \quad l = 0,1,2,\cdots, \quad n > 0$$

$$\mu = \arccos\left(1 - \frac{2x_t I_{dc}}{\sqrt{3}\,E_1}\right)$$

求 $\bar{i}_{dq}$ 时，先求出与 I_{dc} 对应的 a 相电流 i_{oa} [图 6-19(c)]。令 $\tau = t - \delta$，则

$$i_{oa} = \begin{cases}
0, & 0 \leqslant \tau < \dfrac{\pi}{6} \\[2mm]
\dfrac{\sqrt{3}\,E_1}{2x_t}\left[1 - \cos\left(\tau - \dfrac{\pi}{6}\right)\right], & \dfrac{\pi}{6} \leqslant \tau < \dfrac{\pi}{6} + \mu \\[2mm]
I_{dc}, & \dfrac{\pi}{6} + \mu \leqslant \tau < \dfrac{5\pi}{6} \\[2mm]
I_{dc} - \dfrac{\sqrt{3}\,E_1}{2x_t}\left[1 - \cos\left(\tau - \dfrac{5\pi}{6}\right)\right], & \dfrac{5\pi}{6} \leqslant \tau < \dfrac{5\pi}{6} + \mu \\[2mm]
0, & \dfrac{5\pi}{6} + \mu \leqslant \tau < \dfrac{7\pi}{6} \\[2mm]
-\dfrac{\sqrt{3}\,E_1}{2x_t}\left[1 - \cos\left(\tau - \dfrac{7\pi}{6}\right)\right], & \dfrac{7\pi}{6} \leqslant \tau < \dfrac{7\pi}{6} + \mu \\[2mm]
-I_{dc}, & \dfrac{7\pi}{6} + \mu \leqslant \tau < \dfrac{11\pi}{6} \\[2mm]
-I_{dc} + \dfrac{\sqrt{3}\,E_1}{2x_t}\left[1 - \cos\left(\tau - \dfrac{11\pi}{6}\right)\right], & \dfrac{11\pi}{6} \leqslant \tau < \dfrac{11\pi}{6} + \mu \\[2mm]
0, & \dfrac{11\pi}{6} + \mu \leqslant \tau < 2\pi
\end{cases} \tag{6.4.2}$$

i_{ob}, i_{oc} 分别落后 i_{oa} 120°、240°。将电流展开成傅里叶级数，则有

$$\begin{cases}
i_{oa} = \displaystyle\sum_{n=1}^{\infty}\left[B_{on}\sin n(t-\delta) - A_{on}\cos n(t-\delta)\right] \\[3mm]
i_{ob} = \displaystyle\sum_{n=1}^{\infty}\left[B_{on}\sin n\left(t-\delta-\frac{2\pi}{3}\right) - A_{on}\cos n\left(t-\delta-\frac{2\pi}{3}\right)\right] \\[3mm]
i_{oc} = \displaystyle\sum_{n=1}^{\infty}\left[B_{on}\sin n\left(t-\delta+\frac{2\pi}{3}\right) - A_{on}\cos n\left(t-\delta+\frac{2\pi}{3}\right)\right]
\end{cases} \tag{6.4.3}$$

式中，

$$A_{on} = \frac{\sqrt{3}\,(-1)^l}{\pi}\left\{\frac{2}{n}\left(I_{dc} - \frac{\sqrt{3}\,E_1}{2x_t}\right)\sin n\mu + \frac{\sqrt{3}\,E_1}{2x_t}\left[\frac{\sin(n+1)\mu}{n+1} + \frac{\sin(n-1)\mu}{n-1}\right]\right\}$$

$$B_{on} = \frac{\sqrt{3}\,(-1)^l}{\pi}\left\{\frac{2}{n}\left(I_{dc} - \frac{\sqrt{3}\,E_1}{2x_t}\right)\cos n\mu - \frac{\sqrt{3}\,E_1}{2x_t}\left[\frac{1-\cos(n+1)\mu}{n+1}\right.\right.$$
$$\left.\left. + \frac{1-\cos(n-1)\mu}{n-1}\right]\right\}$$

$$n = 6l \pm 1, \quad l = 0,1,2,\cdots, \quad n > 0$$

于是有

$$\boldsymbol{i}_{dq} = \boldsymbol{C}_{dq}^{abc}\,\boldsymbol{i}_{0abc}$$

$$= \begin{bmatrix} B_{01}\sin\delta + A_{01}\cos\delta - \sum\limits_{l=1}^{\infty}\{[(B_{0,6l-1} + B_{0,6l+1})\cos\delta + (A_{0,6l-1} - A_{0,6l+1})\sin\delta]\sin6l \\ \cdot(t-\delta) + [(B_{0,6l-1} - B_{0,6l+1})\sin\delta - (A_{0,6l-1} + A_{0,6l+1})\cos\delta]\cos6l(t-\delta)\} \\ B_{01}\cos\delta - A_{01}\sin\delta + \sum\limits_{l=1}^{\infty}\{[(B_{0,6l-1} + B_{0,6l+1})\sin\delta - (A_{0,6l-1} - A_{0,6l+1})\cos\delta]\sin6l \\ \cdot(t-\delta) - [(B_{0,6l-1} - B_{0,6l+1})\cos\delta + (A_{0,6l-1} + A_{0,6l+1})\sin\delta]\cos6l(t-\delta)\} \end{bmatrix}$$

$$(6.4.4)$$

因此

$$\bar{\boldsymbol{i}}_{dq} = \begin{bmatrix} \bar{i}_d \\ \bar{i}_q \end{bmatrix} = \begin{bmatrix} B_{01}\sin\delta + A_{01}\cos\delta \\ B_{01}\cos\delta - A_{01}\sin\delta \end{bmatrix} = I_1\begin{bmatrix} \sin(\delta+\varphi_1) \\ \cos(\delta+\varphi_1) \end{bmatrix} \qquad (6.4.5)$$

式中，

$$B_{01} = \frac{\sqrt{3}}{2\pi}I_{dc}\,\frac{1-\cos2\mu}{1-\cos\mu}$$

$$A_{01} = \frac{\sqrt{3}}{2\pi}I_{dc}\,\frac{2\mu-\sin2\mu}{1-\cos\mu}$$

电流基波分量的幅值为

$$I_1 = \sqrt{B_{01}^2 + A_{01}^2} = \frac{\sqrt{3}}{\pi}\,\frac{\sqrt{\sin^2\mu + \mu^2 - \mu\sin2\mu}}{1-\cos\mu}I_{dc} \approx \frac{2\sqrt{3}}{\pi}I_{dc}$$

其滞后正弦电势的相角为

$$\varphi_1 = \arctan\frac{2\mu-\sin2\mu}{1-\cos2\mu} \approx \frac{2}{3}\mu \qquad (6.4.6)$$

对于 3 相整流系统,通常 $\mu < \pi/3$,此时可取 $\varphi_1 \approx 2\mu/3$。

由等效电路图 6-4 和式(6.4.1)可得

$$\begin{cases} u_{dc} = \boldsymbol{S}^{\mathrm{T}} \boldsymbol{e}_{1abc} - \boldsymbol{S}^{\mathrm{T}} \boldsymbol{S}(r_s + p x_t) i_{dr} \\ u_{dc} = E_{dc} + (r_{dc} + x_{dc} p) i_{dc} \end{cases} \tag{6.4.7}$$

式中，

$$\boldsymbol{S} = \begin{bmatrix} S_a \\ S_b \\ S_c \end{bmatrix}, \quad \boldsymbol{e}_{1abc} = \begin{bmatrix} e_{1a} \\ e_{1b} \\ e_{1c} \end{bmatrix}$$

考虑到振荡为低频的特点，可忽略高频分量，根据谐波平衡原理有

$$(1 + T'_{dc} p) I_{dc} = \frac{1}{r_{dc}} \left\{ \frac{3\sqrt{3}}{\pi} E_1 - \left[\frac{3}{\pi} x_t + \left(2 - \frac{3\mu}{2\pi} \right) r_s \right] I_{dc} - E_{dc} \right\} \tag{6.4.8}$$

对于转子 fd 绕组和 fq 绕组，可得如下方程：

$$\begin{cases} (1 + T'_{d0} p) E'_q = E_0 - (x_d - x'_d) \bar{i}_d \\ (1 + T'_{q0} p) E'_d = (x_q - x'_q) \bar{i}_q \end{cases} \tag{6.4.9}$$

式中，

$$T'_{d0} = \frac{x_{ad} + x_{fds}}{r_{fd}}, \quad T'_{q0} = \frac{x_{aq} + x_{fqs}}{r_{fq}}, \quad T'_{dc} = \frac{x_{dc} + \left(2 - \frac{3\mu}{2\pi} \right) x_t}{r_{dc}} = \frac{x'_{dc}}{r_{dc}}$$

将式 (6.4.8) 与 (6.4.9) 联立并考虑到式 (6.4.5)，有

$$\begin{cases} (1 + T'_{dc} p) I_{dc} = \frac{1}{r_{dc}} \left\{ \frac{3\sqrt{3}}{\pi} E_1 - \left[\frac{3 x_t}{\pi} + \left(2 - \frac{3\mu}{2\pi} \right) r_s \right] I_{dc} - E_{dc} \right\} \\ (1 + T'_{d0} p) E'_q = E_0 - (x_d - x'_d) \frac{\sqrt{3}}{\pi} \frac{\sqrt{\sin^2 \mu + \mu^2 - \mu \sin 2\mu}}{1 - \cos \mu} I_{dc} \sin(\delta + \varphi_1) \\ (1 + T'_{q0} p) E'_d = (x_q - x'_q) \frac{\sqrt{3}}{\pi} \frac{\sqrt{\sin^2 \mu + \mu^2 - \mu \sin 2\mu}}{1 - \cos \mu} I_{dc} \cos(\delta + \varphi_1) \end{cases}$$

$$\tag{6.4.10}$$

式 (6.4.10) 就是为分析 3 相发电机整流系统稳定性所建立的数学模型。基于 3 相发电机整流系统的等效电路模型和应用开关函数来描述整流器，从而得到发电机-整流桥-负载整个系统的状态空间法表示的数学模型。从式 (6.4.10) 可见，该类系统由非线性状态方程表示，所以分析系统的稳定性比较困难。虽可用李雅普诺夫第二法来分析，但为了说明该系统产生振荡的原因以及影响稳定性的主要因素，下面给出一种简便的分析方法[31]。

6.4.1.2　系统的微变稳定条件及其分析

在求微变稳定条件时，可在工作点 (E'_q, E'_d, I_{dc}) 处对式 (6.4.10) 作线性化处

理,得

$$
\begin{cases}
(1 + T'_{dc}\,p)\Delta I_{dc} = \dfrac{1}{r_{dc}}\left\{\dfrac{3\sqrt{3}}{\pi}\Delta E_1 - \left[\dfrac{3x_t}{\pi} + \left(2 - \dfrac{3\mu}{2\pi}\right)r_s\right]\Delta I_{dc} + \dfrac{3r}{2\pi}I_{dc}\Delta\mu\right\} \\[2mm]
(1 + T'_{d0}\,p)\Delta E'_q = -\,x_{d01}\Delta\bar{i}_d \\[2mm]
(1 + T'_{q0}\,p)\Delta E'_d = x_{q01}\Delta\bar{i}_q
\end{cases}
\tag{6.4.11}
$$

由式(6.2.12)、(6.4.1)和(6.4.5)可得

$$
\begin{cases}
\Delta I_1 = \dfrac{2\sqrt{3}}{\pi}\Delta I_{dc} \\[3mm]
\Delta\mu = \dfrac{\pi}{3\sin\mu}x_t\dfrac{1}{E_1}\left(\Delta I_1 - \dfrac{1}{Z_1}\Delta E_1\right) = \dfrac{1-\cos\mu}{\sin\mu}\left(\dfrac{1}{I_1}\Delta I_1 - \dfrac{1}{E_1}\Delta E_1\right) \\[3mm]
\Delta\varphi_1 \approx \dfrac{2}{3}\Delta\mu = \dfrac{2}{3}\dfrac{1-\cos\mu}{\sin\mu}\left(\dfrac{1}{I_1}\Delta I_1 - \dfrac{1}{E_1}\Delta E_1\right) \\[3mm]
\Delta\delta = \dfrac{1}{E_1}\left(\cos\delta\Delta E'_d - \sin\delta\Delta E'_q + \cos\delta x_{q12}\Delta\bar{i}_q - \sin\delta x_{d12}\Delta\bar{i}_d\right) \\[3mm]
\Delta\bar{i}_d = \dfrac{\bar{i}_d}{I_1}\Delta I_1 + \bar{i}_q(\Delta\delta + \Delta\varphi_1) \\[3mm]
\Delta\bar{i}_q = \dfrac{\bar{i}_q}{I_1}\Delta I_1 - \bar{i}_d(\Delta\delta + \Delta\varphi_1) \\[3mm]
\Delta E_1 = \cos\delta\Delta E'_q + \sin\delta\Delta E'_d - \cos\delta x_{d12}\Delta\bar{i}_d + \sin\delta x_{q12}\Delta\bar{i}_q
\end{cases}
\tag{6.4.12}
$$

为使分析简化,忽略 $r\Delta\mu$ 项,并设

$$
x_{dc} + \left(2 - \dfrac{3\mu}{2\pi}\right)x_t \approx 0
$$

由于

$$
x_{dc} + \left(2 - \dfrac{3\mu}{2\pi}\right)x_t \ll x_{ad}
$$

对低频分量的作用更小,则将式(6.4.12)代入式(6.4.11),可得

$$
p\begin{bmatrix}\Delta E'_q \\ \Delta E'_d\end{bmatrix} =
$$

$$
\dfrac{1}{b}\begin{bmatrix}\dfrac{-(a'_q R'_{dc} + a_1\cos\delta x_{d02} - a_2\sin\delta x_{q12})}{T'_{d0}} & \dfrac{-x_{d01}\left[(a'_1 - x_{q12}\cos\delta)\sin\delta + R'_{dc}\cos\delta\cos(\delta+\varphi_1)\right]}{T'_{d0}} \\[4mm]
\dfrac{x_{q01}\left[(a'_2 + x_{d12}\sin\delta)\cos\delta + R'_{dc}\sin\delta\sin(\delta+\varphi_1)\right]}{T'_{q0}} & \dfrac{-(a'_d R'_{dc} + a_1\cos\delta x_{d12} - a_2\sin\delta x_{q02})}{T'_{q0}}\end{bmatrix}\begin{bmatrix}\Delta E'_q \\ \Delta E'_d\end{bmatrix}
$$

$$
\tag{6.4.13}
$$

式中，

$$b = a'R'_{dc} + a'_1 \cos\delta x_{d12} - a'_2 \sin\delta x_{q12}$$

$$a' = Z_1 + x_{q12} \cos\delta \sin(\delta + \varphi_1) + x_{d12} \sin\delta \cos(\delta + \varphi_1)$$

$$a'_d = Z_1 + x_{q02} \cos\delta \sin(\delta + \varphi_1) + x_{d12} \sin\delta \cos(\delta + \varphi_1)$$

$$a'_q = Z_1 + x_{q12} \cos\delta \sin(\delta + \varphi_1) - x_{d02} \sin\delta \cos(\delta + \varphi_1)$$

$$R'_{dc} = \frac{\pi^2}{18} \left[\frac{3x_t}{\pi} + \left(2 - \frac{3\mu}{2\pi} \right) r_s + r_{dc} \right]$$

$$a_1 = Z_1 \sin(\delta + \varphi_1) + a_\mu (Z_1 - R'_{dc}) \cos(\delta + \varphi_1) + x_{q02} \cos\delta$$

$$a'_1 = Z_1 \sin(\delta + \varphi_1) + a_\mu (Z_1 - R'_{dc}) \cos(\delta + \varphi_1) + x_{q12} \cos\delta$$

$$a_2 = Z_1 \cos(\delta + \varphi_1) - a_\mu (Z_1 - R'_{dc}) \sin(\delta + \varphi_1) - x_{d02} \sin\delta$$

$$a'_2 = Z_1 \cos(\delta + \varphi_1) - a_\mu (Z_1 - R'_{dc}) \sin(\delta + \varphi_1) - x_{d12} \sin\delta$$

$$a_\mu = \frac{2}{3} \frac{1 - \cos\mu}{\sin\mu}$$

$$Z_1 = \frac{E_1}{I_1}$$

$$x_{d01} = x_d - x'_d, x_{d02} = x_d - x''_d, x_{d12} = x'_d - x''_d$$

$$x_{q01} = x_q - x'_q, x_{q02} = x_q - x''_q, x_{q12} = x'_q - x''_q$$

由式(6.4.13)可得系统的特征方程为

$$bT'_{d0} T'_{q0} S^2 + \left[(a'_q R'_{dc} + a_1 \cos\delta x_{d02} - a_2 \sin\delta x_{q12}) T'_{q0} + (a'_d R'_{dc} + a_1 \cos\delta x_{d12} - a'_2 \sin\delta x_{q02}) T'_{d0} \right] S + (aR'_{dc} + a_1 \cos\delta x_{d02} - a_2 \sin\delta x_{q02}) = 0 \quad (6.4.14)$$

式中，

$$a = Z_1 + x_{q02} \cos\delta \sin(\delta + \varphi_1) - x_{d02} \sin\delta \cos(\delta + \varphi_1)$$

当转子上无 q 轴短路绕组时，系统的特征方程为

$$S + \frac{aR'_{dc} + a_1 \cos\delta x_{d02} - a_2 \sin\delta x_{q02}}{T'_{d0} (a'_d R'_{dc} + a_1 \cos\delta x_{d12} - a'_2 \sin\delta x_{q02})} = 0 \quad (6.4.15)$$

则对于无 fq 绕组的电机（$x_{q01} = 0, x_{q02} = x_{q12}$），系统稳定运行的条件为

$$\frac{aR'_{dc} + a_1 \cos\delta x_{d02} - a_2 \sin\delta x_{q02}}{a'_d R'_{dc} + a_1 \cos\delta x_{d12} - a'_2 \sin\delta x_{q02}} > 0 \quad (6.4.16)$$

因为

$$a'_d = Z_1 + x_{q02} \cos\delta \sin(\delta + \varphi_1) - x_{d12} \sin\delta \cos(\delta + \varphi_1) > 0$$

$$a_1 = Z_1 \sin(\delta + \varphi_1) + a_\mu (Z_1 - R'_{dc}) \cos(\delta + \varphi_1) + x_{q02} \cos\delta > 0 \quad (6.4.17)$$

而 $x_{d02} > x_{d12}$，故式(6.4.16)的稳定条件变为

$$a'_d R'_{dc} + a_1 \cos\delta x_{d12} - a'_2 \sin\delta x_{q02} > 0 \quad (6.4.18)$$

即

$$
\begin{aligned}
R'_{dc} > \frac{\begin{Bmatrix} Z_1 x_{q02}\cos(\delta+\varphi_1)\sin\delta - Z_1 x_{d12}\sin(\delta+\varphi_1)\cos\delta - x_{d12}x_{q02} \\ -a_\mu Z_1 [x_{d12}\cos(\delta+\varphi_1)\cos\delta + x_{q02}\sin(\delta+\varphi_1)\sin\delta] \end{Bmatrix}}{\begin{Bmatrix} Z_1 + x_{q02}\sin(\delta+\varphi_1)\cos\delta - x_{d12}\cos(\delta+\varphi_1)\sin\delta \\ -a_\mu [x_{d12}\cos(\delta+\varphi_1)\cos\delta + x_{q02}\sin(\delta+\varphi_1)\sin\delta] \end{Bmatrix}} \\
= \left. \frac{\Delta E_1}{\Delta I_1} \right|_{\Delta E'_q = 0}
\end{aligned}
\tag{6.4.19}
$$

用参数表示式(6.4.19)时,将下列关系式代入:

$$
\sin(\delta+\varphi_1) = \frac{Z_1\sin\varphi_1 + x_{q02}}{D}, \quad \cos(\delta+\varphi_1) = \frac{Z_1\cos\varphi_1}{D}
$$

$$
\sin\delta = \frac{x_{q02}\cos\varphi_1}{D}, \quad \cos\delta = \frac{Z_1 + x_{q02}\sin\varphi_1}{D}
$$

$$
D = \sqrt{Z_1^2 + x_{q02}^2 + 2x_{q02}Z_1\sin\varphi_1}
\tag{6.4.20}
$$

可得

$$
\begin{aligned}
R'_{dc} > \frac{\begin{Bmatrix} Z_1^2(x_{q02}-2x_{d12}) - x_{d12}x_{q02}^3 - Z_1 x_{d12}(Z_1^2+3x_{q02}^2)\sin\varphi_1 - Z_1^2 x_{q02}(x_{q02}+x_{d12}) \\ \cdot \sin^2\varphi_1 - a_\mu[(x_{d12}Z_1^2 + x_{q02}^3) + Z_1 x_{q02}(x_{d12}+x_{q02})\sin\varphi_1]Z_1\cos\varphi_1 \end{Bmatrix}}{\begin{Bmatrix} Z_1(Z_1^2+2x_{q02}^2 - x_{d12}x_{q02}) + x_{q02}(3Z_1^2+x_{q02}^2)\sin\varphi_1 + Z_1 x_{q02}(x_{q02}+x_{d12}) \\ \cdot \sin^2\varphi_1 - a_\mu[(x_{d12}Z_1^2 + x_{q02}^3) + Z_1 x_{q02}(x_{d12}+x_{q02})\sin\varphi_1]\cos\varphi_1 \end{Bmatrix}} \\
\approx \frac{Z_1 x_{q02}(x_{q02}-2x_{d12})}{Z_1^2 + 2x_{q02}^2}
\end{aligned}
\tag{6.4.21}
$$

式(6.4.21)就是发电机整流系统稳定运行所必须满足的条件。

当转子上有 q 轴短路绕组时,由式(6.4.14)得系统稳定运行的条件为

$$
\begin{cases}
b > 0 \\
T'_{q0} > \dfrac{a'_d R'_{dc} + a_1\cos\delta x_{d12} - a'_2\sin\delta x_{q02}}{a'_q R'_{dc} + a_1\cos\delta x_{d02} - a_2\sin\delta x_{q12}} T'_{d0}
\end{cases}
\tag{6.4.22}
$$

当 q 轴短路绕组的时间常数 T'_{q0} 足够大[满足式(6.4.22)中的第二式]时,稳定条件可表示为

$$
b > 0
\tag{6.4.23}
$$

即

$$
R'_{dc} > \frac{\begin{Bmatrix} Z_1 x_{q12}\cos(\delta+\varphi_1)\sin\delta - Z_1 x_{d12}\sin(\delta+\varphi_1)\cos\delta - x_{d12}x_{q12} \\ -a_\mu Z_1 [x_{d12}\cos(\delta+\varphi_1)\cos\delta + x_{q12}\sin(\delta+\varphi_1)\sin\delta] \end{Bmatrix}}{\begin{Bmatrix} Z_1 + x_{q12}\sin(\delta+\varphi_1)\cos\delta - x_{d12}\cos(\delta+\varphi_1)\sin\delta \\ -a_\mu [x_{d12}\cos(\delta+\varphi_1)\cos\delta + x_{q12}\sin(\delta+\varphi_1)\sin\delta] \end{Bmatrix}}
$$

$$= \left. \frac{\Delta E_1}{\Delta I_1} \right|_{\Delta E'_d = 0, \Delta E'_q = 0} \tag{6.4.24}$$

用参数表示式(6.4.25)时,有

$$R'_{dc} > \frac{\begin{aligned}&\{Z_1^2(x_{q02}x_{q12} - x_{q02}x_{d12} - x_{d12}x_{q12}) - x_{d12}x_{q12}x_{q02}^2 - Z_1 x_{d12}(Z_1^2 + x_{q02}^2 + 2x_{q12}x_{q02})\sin\varphi_1 \\ &- Z_1^2 x_{q02}(x_{d12} + x_{q12})\sin^2\varphi_1 - a_\mu [(Z_1^2 x_{d12} + x_{q12}x_{q02}^2) + Z_1 x_{q02}(x_{d12} + x_{q12})\sin\varphi_1]Z_1\cos\varphi_1\}\end{aligned}}{\begin{aligned}&\{Z_1(Z_1^2 + x_{q02}^2 + x_{q02}x_{q12} - x_{q02}x_{d12}) + (2Z_1^2 x_{q02} + Z_1^2 x_{q12} + x_{q02}^2 x_{q12})\sin\varphi_1 \\ &+ Z_1 x_{q02}(x_{d12} + x_{q12})\sin^2\varphi_1 - a_\mu[(Z_1^2 x_{d12} + x_{q12}x_{q02}^2) + Z_1 x_{q02}(x_{d12} + x_{q12})\sin\varphi_1]\cos\varphi_1\}\end{aligned}}$$

$$\approx \frac{Z_1[x_{q02}(x_{q12} - x_{d12}) - x_{d12}x_{q12}]}{Z_1^2 + x_{q02}^2 + x_{q02}(x_{q12} - x_{d12})} \tag{6.4.25}$$

式(6.4.25)就是转子上设置有 q 轴短路绕组的同步发电机整流系统稳定运行所必须满足的条件。

比较式(6.4.21)和(6.4.25)可见,有 q 轴短路绕组的电机比无 q 轴短路绕组的电机更容易满足稳定运行条件。而对于一般的 3 相凸极同步发电机,由于 $(x_q - x''_q)(x_q - x''_q - 2x'_d + 2x''_d)$ 较小,

$$R'_{dc} = \frac{\pi^2}{18}\left[\frac{3x_t}{\pi} + \left(2 - \frac{3\mu}{2\pi}\right)r_s + r_{dc}\right]$$

在整个负载范围内, $Z_1 = [1, +\infty)$,容易满足稳定运行条件。

一般 3 相隐极同步发电机带整流负载时, $(x_q - x''_q)(x_q - x''_q - 2x'_d + 2x''_d)$ 较大, R'_{dc} 不易在整个负载范围内满足稳定运行条件,此时可以在转子 q 轴方向设置短路绕组,以保证系统在整个负载范围内都能稳定运行。

为了更直观地说明 q 轴短路绕组对系统稳定性的有利作用,可以对式(6.4.21)和(6.4.25)作进一步的简化处理。

因为 $R'_{dc} > 0$,所以由式(6.4.21)可知,不带 q 轴短路绕组的发电机整流系统只要满足 $x_{q02} - 2x_{d12} \leqslant 0$,即

$$\frac{x_q - x''_q}{x'_d - x''_d} \leqslant 2$$

就能在任意负载 $Z_1 = [1, +\infty)$ 下稳定运行。

考虑到通常 $x''_q \ll x_q, x''_d < x'_d$,近似地,稳定条件可简化表示为

$$\frac{2}{x_q} \geqslant \frac{1}{x'_d} \tag{6.4.26}$$

此式所给出的稳定条件非常苛刻。

对于有 q 轴短路绕组的电机,由式(6.4.25)可知,只要满足 $x_{q02}(x_{q12} - x_{d12}) - x_{d12}x_{q12} \leqslant 0$,近似地表示为 $x_q(x'_q - x'_d) - x'_d x'_q \leqslant 0$,即

$$\frac{1}{x_q} + \frac{1}{x'_q} \geqslant \frac{1}{x'_d} \tag{6.4.27}$$

则系统在任意负载下都能稳定运行。

由于 $x_q' < x_q$，比较式(6.4.26)和(6.4.27)可见，在转子 q 轴方向设置有短路绕组的电机比无此绕组的电机更容易满足稳定运行条件，也就是说，在隐极发电机中，通过在转子 q 轴方向设置短路绕组，能非常有效地解决该型电机整流后给反电势负载供电或多机整流并联后给负载供电时的低频功率振荡问题。

对于 12 相(四 Y 移 15°)同步整流发电机系统，当换相重迭角 $\mu > 15°$ 时，解析分析将非常复杂，此时可以通过数字仿真来研究其稳定性。为验证转子交轴稳定绕组的作用，以 8kW 隐极 12 相发电机及其负载为例，除交轴稳定绕组外，发电机的其他参数与表 6-1 基本一致，反电势负载参数为 $r_{dc} = 0.055$，$x_{dc} = 0.25$，$E_{dc} = 1.273$，设置三种不同的交轴稳定绕组参数，如表 6-14 所示。利用发电机的等效电路仿真模型，分别进行仿真对比，结果如图 6-20 所示。仿真表明，在转子上设置适当的交轴短路绕组可减小 x_q'，使其满足稳定条件。

表 6-14　12 相整流同步发电机不同 q 轴绕组参数下的稳定性分析

条件	x_q	x_q'	x_d'	是否稳定
$x_{fq} = 0.838$	0.8100	0.1062	0.0845	是
$x_{fq} = 1.5$	0.8100	0.4168	0.0845	否
无 q 轴稳定绕组	0.8100	0.8100	0.0845	否

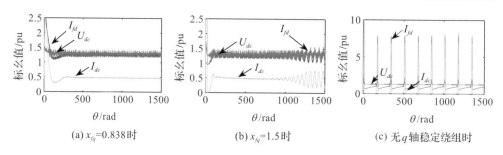

(a) x_{fq}=0.838时　　　(b) x_{fq}=1.5时　　　(c) 无 q 轴稳定绕组时

图 6-20　不同条件下，带反电势负载的仿真结果

6.4.1.3　微变稳定条件的物理解释

在发生小扰动初瞬也就是分析系统的微变稳定性时，可以不考虑发电机转速变化，由式(6.4.19)与(6.4.24)可知，系统稳定运行条件为

$$R_{dc}' > \frac{\Delta E_1}{\Delta I_1}\bigg|_{\Delta E_q' = 0}, \quad R_{dc}' > \frac{\Delta E_1}{\Delta I_1}\bigg|_{\Delta E_q' = 0, \Delta E_d' = 0}$$

换算到交流侧的直流侧，等效动态电阻为

$$R'_{dc} = \frac{\pi^2}{18}\left[\frac{3x_t}{\pi} + \left(2 - \frac{3\mu}{2\pi}\right)r_s + r_{dc}\right]$$

令

$$R'_{dc} = \left(\frac{\Delta E_1}{\Delta I_1}\right)_D$$

则稳定运行条件可表示为

$$\left(\frac{\Delta E_1}{\Delta I_1}\right)_G - \left(\frac{\Delta E_1}{\Delta I_1}\right)_D < 0 \tag{6.4.28}$$

式中,无 q 轴短路绕组时,

$$\left(\frac{\Delta E_1}{\Delta I_1}\right)_G = \frac{\Delta E_1}{\Delta I_1}\bigg|_{\Delta E'_q = 0}$$

有 q 轴短路绕组时,

$$\left(\frac{\Delta E_1}{\Delta I_1}\right)_G = \frac{\Delta E_1}{\Delta I_1}\bigg|_{\Delta E'_q = 0, \Delta E'_d = 0}$$

将式(6.4.28)代入式(6.4.11)中第一式,考虑到

$$\Delta I_{dc} \approx \frac{\pi}{2\sqrt{3}}\Delta I_1$$

略去小量 $r\Delta\mu$,则系统微变稳定的条件可表示为

$$\frac{\pi^2}{18}\frac{x'_{dc}}{\Delta I_1}\frac{\mathrm{d}\Delta I_1}{\mathrm{d}t} = \left(\frac{\Delta E_1}{\Delta I_1}\right)_G - \left(\frac{\Delta E_1}{\Delta I_1}\right)_D < 0 \tag{6.4.29}$$

式(6.4.29)揭示了系统"微变"稳定条件的物理实质。

当微小扰动引起电流增大时($\Delta I_1 > 0$),励磁电流 $\overline{i_{fd}}$ 和 $\overline{i_{fq}}$ 增大以维持磁链 ψ_{fd} 和 ψ_{fq} 不变,发电机的等效电势 E_1 有可能增高($\Delta E_1 > 0$),与此同时,直流侧等效电阻压降也增大。若发电机等效电势增量小于直流侧等效电阻压降增量(换算到交流侧),如图 6-21(a)所示,则电流将减小($\mathrm{d}\Delta I_1/\mathrm{d}t < 0$),使系统恢复到原来的平衡状态,因而系统在该平衡状态下运行稳定;反之,若发电机等效电势增量超过直流侧等效电阻压降增量(换算到交流侧),如图 6-21(b)所示,则电流将进一步增大($\mathrm{d}\Delta I_1/\mathrm{d}t > 0$),使系统远离原来的平衡状态,因而系统在该平衡状态下运行不稳定。

对于微小扰动引起电流减小的情况也可同样分析。

显然,发电机的 $(\Delta E_1/\Delta I_1)_G$ 越小或直流侧等效电阻 $(\Delta E_1/\Delta I_1)_G$ 越大,则系统的运行越容易稳定。发电机的 $(\Delta E_1/\Delta I_1)_G$ 主要取决于电抗 x'_d, x'_q 和 x_q 以及等效负载阻抗 Z_1 的数值。若 $(\Delta E_1/\Delta I_1)_G < 0$ 或 $(\Delta E_1/\Delta I_1)_G \approx 0$,则系统运行

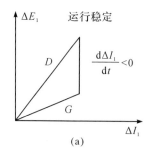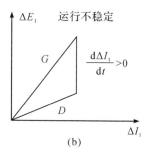

图 6-21   系统电压、电流增量相对大小

稳定。由式(6.4.21)与(6.4.25)可以看出,当 Z_1 足够大或足够小,或者 $x_{q02}-2x_{d12}$、$x_{q02}(x_{q12}-x_{d12})-x_{d12}x_{q12}$ 足够小时,就会出现这种情况。

6.4.2   负阻尼负载下发电机运行稳定性分析

6.4.2.1   系统稳定性分析的数学模型

在独立直流电力系统中,主要负载一般都是 DC-AC 逆变器、DC-DC 变流器等电力电子装置,其将直流电能变换为各类负载所需的其他类型电能。采用转速闭环反馈调节的推进负载则属于典型的恒功率负载(Constant Power Load,CPL),当直流电网电压下降时,为维持推进电机输出转速稳定(即输出转矩和功率恒定),推进变频器将增大调制比,从直流电网吸收更大的电流,进而会使直流电网的电压进

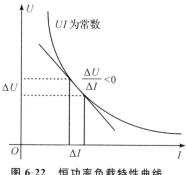

图 6-22   恒功率负载特性曲线

一步下降,对外表现出一个恒功率特性,如图 6-22 所示。

当独立直流电力系统只使用一台多相整流同步发电机组并通过推进变频器驱动推进电机时,系统出现的电压不稳定现象最有可能是由恒功率负载引起的,因此必须对多相整流同步发电机组带电力推进负载的稳定性进行分析。系统可用图 6-23 所示简化电路模型描述。

图中,多相整流同步发电机用受控电压源表示,控制信号来源于第 6.2.1 节中建立的多相整流同步发电机简化模型输出的直流电压信号,简化电路模型的建立基于以下假设。

①基于信号平均值原理,不考虑电力电子开关器件的开关暂态过程。

②多相整流同步发电机用受控电压源表示,电压为 E,并在其输出侧串联电阻 R_g,以表示整流发电带载后的电枢反应电抗压降和整流装置换向压降。

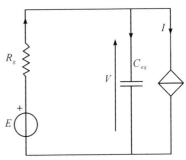

③电力推进负载用受控电流源表示,其负载电流 $I=P_c/V$,P_c 为电力推进负载(恒功率负载)的功率。这里忽略了推进系统的动态调节过程,即认为 CPL 负载控制带宽无限大,且 CPL 负载两端并联电容,此处指独立直流电力所有挂接在直流母线上的电容之和,用等效电容 C_{eq} 表示。

图 6-23　多相整流同步发电机带电力推进负载的等效电路模型

以多相整流发电机带电阻负载和恒功率负载为例,在不考虑转速变化的整流发电机单机系统简化数学模型的基础上,引入直流电流前馈控制,展开可得到其简化数学模型,分别如图 6-24 和图 6-25 所示。为便于理论分析,模型中没有考虑限幅环节的作用。设计合理的励磁装置一般不希望其工作在限幅状态,且其中限幅环节的限幅值可根据实际系统需要调整,可在满足机组安全运行的前提下适当放开,所以这里不分析限幅环节对系统静态稳定性的影响。

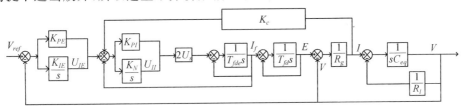

图 6-24　单机带电阻负载简化数学模型

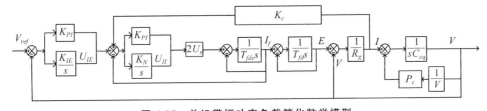

图 6-25　单机带恒功率负载简化数学模型

选取 $x_1=V,x_2=E,x_3=I_f,x_4=U_{II},x_5=U_{IE}$ 作为状态变量,根据图 6-24 和图 6-25 可分别列写系统的微分方程组如下:

243

$$\begin{cases} \dot{x}_1 = -\left(\dfrac{1}{R_g C_{eq}} + \dfrac{1}{R_l C_{eq}}\right)x_1 + \dfrac{1}{R_g C_{eq}}x_2 + 0x_3 + 0x_4 + 0x_5 \\[2mm] \dot{x}_2 = 0x_1 - \dfrac{1}{T_{fd}}x_2 + \dfrac{1}{T_{fd}}x_3 + 0x_4 + 0x_5 \\[2mm] \dot{x}_3 = -\dfrac{2U_s K_{PI} K_c + 2U_s K_{PI} K_{PE} R_g}{T_{fde} R_g}x_1 + \dfrac{2U_s K_{PI} K_c}{T_{fde} R_g}x_2 - \dfrac{2U_s K_{PI} + 1}{T_{fde}}x_3 \\[2mm] \qquad + \dfrac{2U_s}{T_{fde}}x_4 + \dfrac{2U_s K_{PI}}{T_{fde}}x_5 + \dfrac{2U_s K_{PI} K_{PE}}{T_{fde}}V_{ref} \\[2mm] \dot{x}_4 = -\dfrac{K_{II} K_c + R_g K_{II} K_{PE}}{R_g}x_1 + \dfrac{K_{II} K_c}{R_g}x_2 - K_{II}x_3 + 0x_4 + K_{II}x_5 + K_{II} K_{PE} V_{ref} \\[2mm] \dot{x}_5 = -K_{IE}x_1 + 0x_2 + 0x_3 + 0x_4 + 0x_5 + K_{IE} V_{ref} \end{cases} \tag{6.4.30}$$

$$\begin{cases} \dot{x}_1 = -\left(\dfrac{x_1}{R_g C_{eq}} + \dfrac{P_c}{C_{eq} x_1}\right) + \dfrac{1}{R_g C_{eq}}x_2 + 0x_3 + 0x_4 + 0x_5 \\[2mm] \dot{x}_2 = 0x_1 - \dfrac{1}{T_{fd}}x_2 + \dfrac{1}{T_{fd}}x_3 + 0x_4 + 0x_5 \\[2mm] \dot{x}_3 = -\dfrac{2U_s K_{PI} K_c + 2U_s K_{PI} K_{PE} R_g}{T_{fde} R_g}x_1 + \dfrac{2U_s K_{PI} K_c}{T_{fde} R_g}x_2 - \dfrac{2U_s K_{PI} + 1}{T_{fde}}x_3 \\[2mm] \qquad + \dfrac{2U_s}{T_{fde}}x_4 + \dfrac{2U_s K_{PI}}{T_{fde}}x_5 + \dfrac{2U_s K_{PI} K_{PE}}{T_{fde}}V_{ref} \\[2mm] \dot{x}_4 = -\dfrac{K_{II} K_c + R_g K_{II} K_{PE}}{R_g}x_1 + \dfrac{K_{II} K_c}{R_g}x_2 - K_{II}x_3 + 0x_4 + K_{II}x_5 + K_{II} K_{PE} V_{ref} \\[2mm] \dot{x}_5 = -K_{IE}x_1 + 0x_2 + 0x_3 + 0x_4 + 0x_5 + K_{IE} V_{ref} \end{cases} \tag{6.4.31}$$

下面将根据上述单机带电阻负载和单机带恒功率负载整流发电机系统的状态方程,分别分析带电阻负载和恒功率负载时的静态稳定性。

6.4.2.2 电阻负载下发电机的静态稳定性分析

根据式(6.4.30),可得到带电阻负载时的系统矩阵 $\boldsymbol{A}$:

$$\boldsymbol{A} = \begin{bmatrix} -\dfrac{1}{R_g C_{eq}} - \dfrac{1}{R_l C_{eq}} & \dfrac{1}{R_g C_{eq}} & 0 & 0 & 0 \\[2mm] 0 & -\dfrac{1}{T_{fd}} & \dfrac{1}{T_{fd}} & 0 & 0 \\[2mm] -\dfrac{2U_s K_{PI} K_c + 2U_s K_{PI} K_{PE} R_g}{T_{fde} R_g} & \dfrac{2U_s K_{PI} K_c}{T_{fde} R_g} & -\dfrac{2U_s K_{PI} + 1}{T_{fde}} & \dfrac{2U_s}{T_{fde}} & \dfrac{2U_s K_{PI}}{T_{fde}} \\[2mm] -\dfrac{K_{II} K_c + R_g K_{II} K_{PE}}{R_g} & \dfrac{K_{II} K_c}{R_g} & -K_{II} & 0 & K_{II} \\[2mm] -K_{IE} & 0 & 0 & 0 & 0 \end{bmatrix} \tag{6.4.32}$$

以某大容量整流发电机的标幺化参数为例进行分析,其中 $C_{eq} = 0.01, R_g = 2.313, T_{fd} = 2.70, T_{fde} = 0.23, U_s = 3.00, K_{PE} = 12.0, K_{IE} = 10.0, K_{PI} = 0.10, K_{II} =$

$1.00, R_l = 5.00, K_c = 1.00$。将上述参数代入系统矩阵 $\boldsymbol{A}$，可得系统的特征值：

$$\lambda_1 = -63.35$$
$$\lambda_2 = -1.430 + 4.133i$$
$$\lambda_3 = -1.430 - 4.133i \quad\quad (6.4.33)$$
$$\lambda_4 = -3.302$$
$$\lambda_5 = -1.044$$

可见系统所有特征值都在左半平面，因此系统稳定，不会出现电压不稳定现象。

6.4.2.3　负阻尼负载下发电机的静态稳定性分析

根据式(6.4.31)，系统明显表现出非线性。为分析其静态稳定性，根据李雅普诺夫第一法，需对其在平衡点处进行线性化。系统的平衡态方程为

$$
\begin{cases}
-\left(\dfrac{x_1}{R_g C_{eq}} + \dfrac{P_c}{C_{eq} x_1}\right) + \dfrac{1}{R_g C_{eq}} x_2 + 0 x_3 + 0 x_4 + 0 x_5 = 0 \\[2mm]
0 x_1 - \dfrac{1}{T_{fd}} x_2 + \dfrac{1}{T_{fd}} x_3 + 0 x_4 + 0 x_5 = 0 \\[2mm]
-\dfrac{2 U_s K_{PI} K_c + 2 U_s K_{PI} K_{PE} R_g}{T_{fde} R_g} x_1 + \dfrac{2 U_s K_{PI} K_c}{T_{fde} R_g} x_2 - \dfrac{2 U_s K_{PI} + 1}{T_{fde}} x_3 \\[2mm]
\quad + \dfrac{2 U_s}{T_{fde}} x_4 + \dfrac{2 U_s K_{PI}}{T_{fde}} x_5 + \dfrac{2 U_s K_{PI} K_{PE}}{T_{fde}} V_{ref} = 0 \\[2mm]
-\dfrac{K_{II} K_c + R_g K_{II} K_{PE}}{R_g} x_1 + \dfrac{K_{II} K_c}{R_g} x_2 - K_{II} x_3 + 0 x_4 + K_{II} x_5 + K_{II} K_{PE} V_{ref} = 0 \\[2mm]
-K_{IE} x_1 + 0 x_2 + 0 x_3 + 0 x_4 + 0 x_5 + K_{IE} V_{ref} = 0
\end{cases}
$$

$$(6.4.34)$$

求解可得

$$
\begin{cases}
x_1 = V_{ref} \\[2mm]
x_2 = \dfrac{R_g P_c}{V_{ref}} + V_{ref} \\[2mm]
x_3 = \dfrac{R_g P_c}{V_{ref}} + V_{ref} \\[2mm]
x_4 = \dfrac{V_{ref}}{2 U_s} + \dfrac{R_g P_c}{2 U_s V_{ref}} \\[2mm]
x_5 = \dfrac{R_g P_c - K_c P_c}{V_{ref}} + V_{ref}
\end{cases}
\quad\quad (6.4.35)
$$

将系统在平衡态处线性化，则系统矩阵为

$$\boldsymbol{A} = \left. \frac{\partial f(x)}{\partial x^{\mathrm{T}}} \right|_{x=x_e} = \begin{bmatrix} \dfrac{\partial f_1}{\partial x_1} & \dfrac{\partial f_1}{\partial x_2} & \dfrac{\partial f_1}{\partial x_3} & \dfrac{\partial f_1}{\partial x_4} & \dfrac{\partial f_1}{\partial x_5} \\[2mm] \dfrac{\partial f_2}{\partial x_1} & \dfrac{\partial f_2}{\partial x_2} & \dfrac{\partial f_2}{\partial x_3} & \dfrac{\partial f_2}{\partial x_4} & \dfrac{\partial f_2}{\partial x_5} \\[2mm] \dfrac{\partial f_3}{\partial x_1} & \dfrac{\partial f_3}{\partial x_2} & \dfrac{\partial f_3}{\partial x_3} & \dfrac{\partial f_3}{\partial x_4} & \dfrac{\partial f_3}{\partial x_5} \\[2mm] \dfrac{\partial f_4}{\partial x_1} & \dfrac{\partial f_4}{\partial x_2} & \dfrac{\partial f_4}{\partial x_3} & \dfrac{\partial f_4}{\partial x_4} & \dfrac{\partial f_4}{\partial x_5} \\[2mm] \dfrac{\partial f_5}{\partial x_1} & \dfrac{\partial f_5}{\partial x_2} & \dfrac{\partial f_5}{\partial x_3} & \dfrac{\partial f_5}{\partial x_4} & \dfrac{\partial f_5}{\partial x_5} \end{bmatrix}_{x=x_e} \tag{6.4.36}$$

即为

$$\boldsymbol{A} = \begin{bmatrix} -\dfrac{1}{R_g C_{eq}} + \dfrac{P_c}{C_{eq} V_{ref}^2} & \dfrac{1}{R_g C_{eq}} & 0 & 0 & 0 \\[4mm] 0 & -\dfrac{1}{T_{fd}} & \dfrac{1}{T_{fd}} & 0 & 0 \\[4mm] -\dfrac{2U_s K_{PI} K_c + 2U_s K_{PI} K_{PE} R_g}{T_{fde} R_g} & \dfrac{2U_s K_{PI} K_c}{T_{fde} R_g} & -\dfrac{2U_s K_{PI} + 1}{T_{fde}} & \dfrac{2U_s}{T_{fde}} & \dfrac{2U_s K_{PI}}{T_{fde}} \\[4mm] -\dfrac{K_{II} K_c + R_g K_{II} K_{PE}}{R_g} & \dfrac{K_{II} K_c}{R_g} & -K_{II} & 0 & K_{II} \\[4mm] -K_{IE} & 0 & 0 & 0 & 0 \end{bmatrix}$$

$$\tag{6.4.37}$$

同样以整流发电机标幺化参数为例进行分析,其中 $C_{eq} = 0.01$, $R_g = 2.313$, $T_{fd} = 2.70$, $T_{fde} = 0.23$, $U_s = 3.00$, $K_{PE} = 12.0$, $K_{IE} = 10.0$, $K_{PI} = 0.10$, $K_{II} = 1.00$, $P_c = 0.20$, $K_c = 1.00$, $V_{ref} = 1.00$,代入系统矩阵 $\boldsymbol{A}$,可得系统的特征值:

$$\lambda_1 = -23.92$$
$$\lambda_2 = 0.0173 + 5.905i$$
$$\lambda_3 = 0.0173 - 5.905i$$
$$\lambda_4 = -5.813$$
$$\lambda_5 = -0.8614 \tag{6.4.38}$$

有两个特征值在右半平面,因此系统的平衡态总是不稳定的。如果取消电流前馈,即令 $K_c = 0$,代入系统矩阵 $\boldsymbol{A}$,可得系统的特征值:

$$\lambda_1 = -23.90$$
$$\lambda_2 = -0.0077 + 5.872i$$

$$\lambda_3 = -0.0077 - 5.872i$$
$$\lambda_4 = -5.770$$
$$\lambda_5 = -0.8786 \tag{6.4.39}$$

可见,取消电流前馈后,系统的所有特征值都在左半平面,因此系统的平衡态总是渐近稳定的,静态时不会出现电压不稳定现象。

在实际系统中,为加快多相整流同步发电机组的动态性能,还会引入直流电压前馈环节。为进一步研究带电力推进负载的整流发电机系统中电压、电流前馈控制参数对系统静态稳定性的影响规律,可根据励磁控制系统框图,建立如图 6-26 所示的简化数学模型。

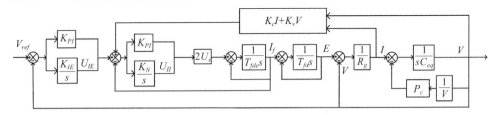

图 6-26　单机带恒功率负载(含电压和电流前馈)的简化数学模型

与上述分析方法(李雅普诺夫第一法)一致,通过设置不同的电压前馈控制参数 K_v 和电流前馈控制参数 K_c,在平衡态处进行线性化,得到系统所有特征值中实部的最大值,如图 6-27 所示。

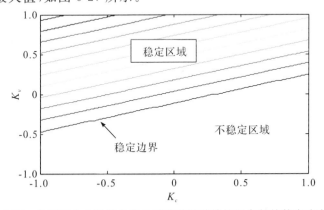

图 6-27　单机带电力推进负载的励磁装置前馈控制参数的静态稳定域

当所有特征值中实部的最大值小于 0 时,为单机带电力推进负载的静态稳定域,并可得到对应的励磁装置前馈控制参数。

可见,减小电流前馈控制参数 K_c 或增大电压前馈控制参数 K_v 有利于提高系统的静态稳定性,这为带电力推进负载或其他恒功率负载的多相整流发电机励磁控制策略及其控制参数的设计提供了理论依据。

为验证上述理论分析的正确性,根据图 6-24 和图 6-25 所示的简化数学模型,并设定相同的励磁控制参数进行数值仿真,得到的结果如图 6-28 所示。

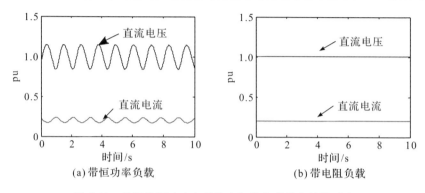

(a)带恒功率负载　　　　　　　(b)带电阻负载

图 6-28　单机带恒功率负载和电阻性负载仿真结果对比

可见,在同样的控制策略(电流前馈＋双闭环反馈的策略)和同样的控制参数下,单机带恒功率负载系统出现了振荡,带电阻负载却很稳定。当出现振荡时,机组输出的直流电压波形和直流电流波形峰谷相对,显然是恒功率负载特性引起的振荡。

现从基本物理概念分析,当整流发电机带电阻负载时,如采用电流前馈＋反馈的双闭环励磁控制策略,电流前馈直接作用于励磁机励磁电流给定值,当负载电流增加时,励磁机励磁电流迅速增加,有利于加快励磁系统响应速度。但是当整流发电机带恒功率负载时,电压高的所需负载电流反而小,由于电流前馈作用,将迅速减小励磁机励磁电流,使得电压降低,此时所需的负载电流又变大,来回往复循环,从而引起系统振荡。上述在物理概念上定性分析了恒功率负载引起系统振荡的原因,为验证分析的正确性,在现有的励磁策略下,通过减小电流前馈控制参数 K_c 直至为 0(无电流前馈),进行仿真对比验证,结果如图 6-29 所示。

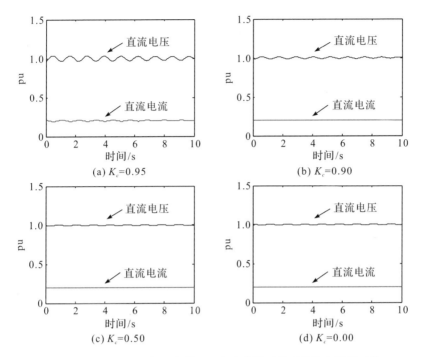

图 6-29　单机带电力推进负载不同电流前馈系数下的仿真结果对比

6.5　并联系统运行性能分析

当直流电力系统使用两台或者多台中大功率整流发电机组为带电阻负载或恒功率负载供电时,系统出现电压不稳定或者功率分配不均的现象,这最有可能是并联发电机组之间参数不一致引起的,因此必须对中大功率整流发电机组的原动机调速特性和励磁装置参数的差异进行分析。当然,由于多相整流发电机组结构复杂,涉及的参数非常多,只有考虑主要因素对系统静态性能的影响,忽略无关量和影响小的量,才可能得到可用的结论。

6.5.1　并联机组动态性能解析分析

根据并联机组静态稳定性分析结果可知,不管是带电阻负载还是恒功率负载,由于励磁装置采用 U-I 下垂控制策略,人为增加了系统稳态阻尼,且阻尼大小与机组额定功率成反比,因此,从能量的观点看,此控制策略更不容易引起系统振荡。

两台发电机组存在较大差异,由单机动态性能试验结果可知,两台机组瞬态调速率、瞬态调压率、转速恢复时间、电压恢复时间等参数都不一样,而并联系统动态性能很大程度上取决于两台机组动态过程的参数,特别是在带电阻负载突变时,系统的参数还会发生变化,反而电力推进等恒功率负载由于功率变化过程缓慢,其对系统的动态性能影响很小。因此,这里重点对机组带电阻负载且负载突变时的动态功率均分差度进行深入分析。

在 1♯、2♯ 机组并联动态运行过程中,若 2♯ 机组动态响应速度快于 1♯ 机组,则可能出现 2♯ 机组过载的问题,因此必须对此进行深入研究,以优化并联系统动态功率均分性能。

分析过程基于以下假设:根据信号平均值原理,不考虑机组的开关暂态、机械暂态,忽略线路电缆参数,假设电磁暂态过程电压跌落率已知,且并联各机组在突加各自所承担负载时的电压跌落率与单机系统中突加相同功率负载时的电压跌落率相同。

用简化电路模型表示的机组并联系统结构如图 6-30 所示。两台整流发电机分别用恒定直流电压源 E_1 和 E_2 表示,并分别串联电阻 R_{g1} 和 R_{g2},模拟实际机组动态加载瞬间输出电流突增、直流电压突然跌落的过程。串联电阻值的大小与稳态分析过程时对应于机组稳态电压的调整率类似,可分别对应于各机组的瞬态电压调整率。

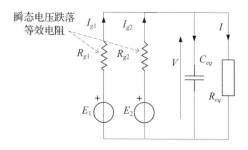

图 6-30　机组并联带电阻负载时的暂态等效电路模型

此时,该电路系统的分析过程可完全参考并联系统带电阻负载时的静态功率均分结果,且有 $E_1 = E_2 = V_0$,其中 V_0 为突加负载前直流母线电压。因此,这里主要分析对应机组瞬态调压率的 R_{g1} 和 R_{g2} 参数对动态功率均分差度的影响。此时,有

$$|\Delta P_1\%| = V_0^2 \frac{R_{eq}(R_{g2}+R_{g1})|R_{g2}P_{2N}-R_{g1}P_{1N}|}{(R_{g1}R_{g2}+R_{eq}R_{g1}+R_{eq}R_{g2})^2(P_{1N}+P_{2N})P_{1N}} \quad (6.5.1)$$

$$|\Delta P_2\%| = V_0^2 \frac{R_{eq}(R_{g2}+R_{g1})|R_{g1}P_{1N}-R_{g2}P_{2N}|}{(R_{g1}R_{g2}+R_{eq}R_{g1}+R_{eq}R_{g2})^2(P_{1N}+P_{2N})P_{2N}} \quad (6.5.2)$$

若使动态功率均分差度为 0,则在动态过程中必须满足

$$R_{g2}P_{2N}-R_{g1}P_{1N}=0 \quad (6.5.3)$$

但是在实际应用时,由于在不同负载前提下,突加同样功率电阻负载时的瞬态电压变化率不一样,故两台发电机组很难在所有工况下都满足式(6.5.3)。因此,若想提高系统的动态功率均分性能,一种合理且可行的方法就是在机组的励磁装置中引入暂态阻尼作用环节,以避免并联机组中动态响应较快的 2♯机组出现过载问题。如图 6-31 所示,这里最方便的引入位置仍然是 2♯机组励磁控制装置外环控制器的输出,对应励磁机励磁电流参考值。

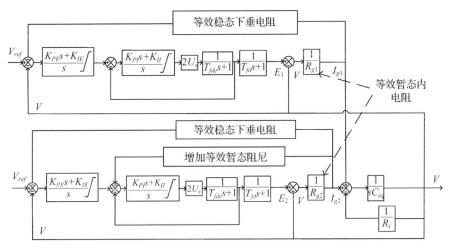

图 6-31　机组并联带电阻负载暂态数学平均值模型

需要注意的是,励磁机的励磁电流参考值增加量随输出功率增大而减小,因此,其本质是直流电流负前馈控制。实际上,要想多相整流发电机系统在全工况下的动态运行性能最优,仅仅依靠整流发电机励磁装置自身很难做到,且往往会出现相互矛盾或对立的结果。

6.5.2　并联机组动态性能仿真分析

以某大功率发电机 1♯机组和 2♯机组并联突加电阻负载为例,其动态性能

仿真分析结果如图 6-32(a)所示,可见并联机组在动态过程中,直流电压、1♯机组电流和 2♯机组电流均能维持稳定,两台机组都能稳定运行。按照功率均分差度计算公式,对分析数据进行运算处理后,得到如图 6-32(c)所示的结果。

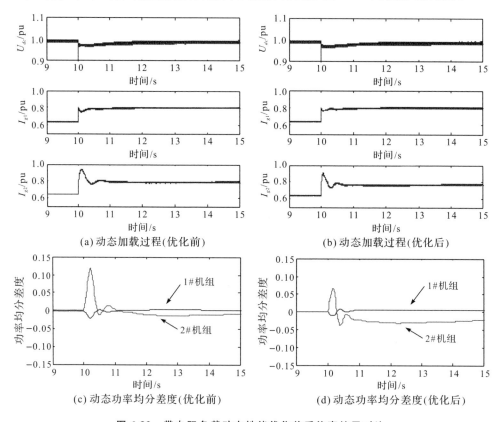

(a) 动态加载过程(优化前)   (b) 动态加载过程(优化后)

(c) 动态功率均分差度(优化前)   (d) 动态功率均分差度(优化后)

图 6-32 带电阻负载动态性能优化前后仿真结果对比

并联供电系统在高功率工况下(负载功率接近系统满功率)突加负载时,2♯机组功率均分差度最大约 10%,很可能引起 2♯机组过载。为优化系统动态性能,基于 2♯机组励磁控制系统提出一种电流负前馈优化控制策略,在突加同样功率等级的负载时,再次对并联机组进行仿真分析,结果如图 6-32(b)所示。为更好地观察 2♯机组励磁优化后的控制效果,同样通过计算得到动态功率均分差度曲线,如图 6-32(d)所示。优化后的系统在高功率工况下突加负载时,2♯机组功率均分差度最大约 5%,与优化前的 10% 相比,控制效果改善明显。

　　为验证电流负前馈控制在系统中的原理及作用,将优化前后两次仿真分析结果中的 2# 机组电流波形置于同一图中(图 6-33)。比较加与不加电流负前馈的动态过程,可见加电流负前馈能减小机组瞬态输出电流的峰值,这相当于增加了 2# 机组的等效暂态内电阻,这说明电流负前馈在暂态过程中起阻尼作用。

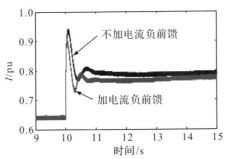

图 6-33　动态性能优化前后 2# 机组输出电流波形对比

第7章 多相整流感应发电机系统数学模型及参数

采用静止励磁装置的 $M/3$ 相双绕组感应整流发电机的定子包含两套绕组，即一套 $M(M=3,6,9,12,\cdots)$ 相整流绕组(或称功率绕组)和一套 3 相辅助励磁绕组(或称补偿绕组)，相数 M 的选择一般取决于发电机直流品质的要求。为增加整流输出直流电压的脉波数，充分抑制整流输出直流电压的谐波，功率绕组往往采用多相设计。感应发电机的多相功率绕组之间、功率绕组与辅助励磁绕组之间都存在电磁耦合关系，且电机外接设备均为电力电子装置，例如多相整流桥负载以及包含逆变环节的静止励磁装置等。本章以 12/3 相双绕组感应整流发电机为主要对象，对其数学模型建模方法与相关参数计算进行阐述。$M=3,6,9$ 等情况均可采用相同方法建立相应的数学模型[52]。

7.1 多相整流感应发电机的数学模型

7.1.1 基本假设

在对感应发电机系统空载自励建压、直流侧突然短路和小扰动稳定性等性能进行分析中，为简化分析通常采用理想电机模型，建模过程中的基本假设如下：

①忽略铁磁饱和、磁滞及涡流等影响，不计导线的集肤效应；

②转子为圆柱形，气隙均匀，忽略定、转子齿槽影响，认为定、转子具有光滑的表面；

③忽略空间谐波磁场的影响，定子 12 相功率绕组中每个 3 相绕组和辅助励磁绕组均对称，气隙磁场按正弦分布；

④将转子看成一组等效的两相正交绕组,转子每相均在气隙中产生正弦分布的磁势及磁密。

7.1.2　正方向选择

电压、电流正方向的选择:定、转子电路均按电动机惯例,流入电机的电流为正方向,电压降的正方向与电流的正方向一致。

磁链正方向的选择:正方向的定、转子的电流均产生正的磁链。

感应发电机定子绕组一般不引出中线,故正常运行时可不考虑零次分量。

各绕组相轴的相对位置如图 7-1 所示。当以 12 相绕组中 Y_1 为参考时,Y_2、Y_3 和 Y_4 依次超前 $15°$、$30°$ 和 $45°$,α 表示 3 相辅助励磁绕组超前 Y_1 绕组的电角度。转子以逆时针为旋转正方向,d_r,q_r 分别为转子 d 轴、q 轴,θ_r 为 d_r 轴与 a_1 相轴之间的夹角(电角度),且 $\theta_r = \int \omega_r dt + \theta_{r0}$,$\omega_r$ 为转子旋转电角速度,θ_{r0} 为 d_r 轴与 a_1 相轴之间的初始电角度;α_p 为 a_1 相轴的空间位置角,α_c 为 A 相轴的空间位置角,且 $\alpha_c = \alpha_p + \alpha$。

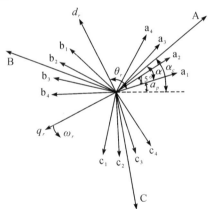

图 7-1　12/3 相双绕组感应发电机定子相轴与转子相轴的相对位置

7.1.3　a,b,c 定子静止坐标系下的基本方程

a,b,c 坐标系为相对定子静止的一类坐标,其优点在于定子各相的物理量可以直接表示,较为直观。以下给出 12/3 相双绕组感应整流发电机在 a,b,c 坐标系下的数学模型,建模过程中除作特殊说明外,均采用实在值。在此规定:下标 p 表示 12 相功率绕组单 Y 组的参数,下标 ai,bi,ci 代表功率绕组各相参

数,下标 c 表示 3 相辅助励磁绕组的参数,下标 A,B,C 代表 3 相辅助励磁绕组各相参数,下标 r 代表转子的量。

定子磁链 $\boldsymbol{\Psi}_{abc}$、相电压 $\boldsymbol{u}_{abc}$ 和电流 $\boldsymbol{i}_{abc}$ 的向量表示形式为

$$\boldsymbol{\Psi}_{abc} = \begin{bmatrix} \Psi_{a1} & \Psi_{b1} & \Psi_{c1} & \Psi_{a2} & \Psi_{b2} & \Psi_{c2} & \Psi_{a3} & \Psi_{b3} & \Psi_{c3} & \Psi_{a4} & \Psi_{b4} & \Psi_{c4} & \Psi_A \\ \Psi_B & \Psi_C & \Psi'_{dr} & \Psi'_{qr} \end{bmatrix}^{\mathrm{T}} \tag{7.1.1}$$

$$\boldsymbol{u}_{abc} = \begin{bmatrix} u_{a1} & u_{b1} & u_{c1} & u_{a2} & u_{b2} & u_{c2} & u_{a3} & u_{b3} & u_{c3} & u_{a4} & u_{b4} & u_{c4} & u_A & u_B & u_C \\ u'_{dr} & u'_{qr} \end{bmatrix}^{\mathrm{T}} \tag{7.1.2}$$

$$\boldsymbol{i}_{abc} = \begin{bmatrix} i_{a1} & i_{b1} & i_{c1} & i_{a2} & i_{b2} & i_{c2} & i_{a3} & i_{b3} & i_{c3} & i_{a4} & i_{b4} & i_{c4} & i_A & i_B & i_C & i_{dr} i_{qr} \end{bmatrix}^{\mathrm{T}} \tag{7.1.3}$$

式中,$u'_{dr} = u'_{qr} = 0$,则相应的磁链方程和电压方程为

$$\boldsymbol{\Psi}_{abc} = \boldsymbol{L}_{abc} \boldsymbol{i}_{abc} \tag{7.1.4}$$

$$\boldsymbol{u}_{abc} = \mathrm{p}\boldsymbol{\Psi}_{abc} + \boldsymbol{R}_{abc} \boldsymbol{i}_{abc} \tag{7.1.5}$$

式中,p 为对时间的微分算子,其余参数为

$$\boldsymbol{R}_{abc} = \mathrm{diag}(r_p, r_p, r_p, r_p, r_p, r_p, r_p, r_p, r_p, r_p, r_p, r_p, r_c, r_c, r_c, r'_r, r'_r) \tag{7.1.6}$$

$$\boldsymbol{L}_{abc} = \begin{bmatrix} \boldsymbol{L}_{11} & \boldsymbol{L}_{12} & \boldsymbol{L}_{13} & \boldsymbol{L}_{14} & \boldsymbol{L}_{1c} & \boldsymbol{L}'_{1r} \\ \boldsymbol{L}_{21} & \boldsymbol{L}_{22} & \boldsymbol{L}_{23} & \boldsymbol{L}_{24} & \boldsymbol{L}_{2c} & \boldsymbol{L}'_{2r} \\ \boldsymbol{L}_{31} & \boldsymbol{L}_{32} & \boldsymbol{L}_{33} & \boldsymbol{L}_{34} & \boldsymbol{L}_{3c} & \boldsymbol{L}'_{3r} \\ \boldsymbol{L}_{41} & \boldsymbol{L}_{42} & \boldsymbol{L}_{43} & \boldsymbol{L}_{44} & \boldsymbol{L}_{4c} & \boldsymbol{L}'_{4r} \\ \boldsymbol{L}_{c1} & \boldsymbol{L}_{c2} & \boldsymbol{L}_{c3} & \boldsymbol{L}_{c4} & \boldsymbol{L}_{cc} & \boldsymbol{L}'_{cr} \\ \boldsymbol{L}'_{r1} & \boldsymbol{L}'_{r2} & \boldsymbol{L}'_{r3} & \boldsymbol{L}'_{r4} & \boldsymbol{L}'_{rc} & \boldsymbol{L}'_{rr} \end{bmatrix} \tag{7.1.7}$$

式中,各电感矩阵的具体形式与等式关系如下:

$$\boldsymbol{L}_{ij} = \begin{bmatrix} L_{aiaj} & L_{aibj} & L_{aicj} \\ L_{biaj} & L_{bibj} & L_{bicj} \\ L_{ciaj} & L_{cibj} & L_{cicj} \end{bmatrix}, \quad i,j = 1,2,3,4$$

$$\boldsymbol{L}_{ic} = \begin{bmatrix} L_{aiA} & L_{aiB} & L_{aiC} \\ L_{biA} & L_{biB} & L_{biC} \\ L_{ciA} & L_{ciB} & L_{ciC} \end{bmatrix}, \quad i = 1,2,3,4$$

$$\boldsymbol{L}'_{ir} = \begin{bmatrix} L_{aidr} & L_{aiqr} \\ L_{bidr} & L_{biqr} \\ L_{cidr} & L_{ciqr} \end{bmatrix}, \quad i = 1,2,3,4$$

$$\boldsymbol{L}_{cc} = \begin{bmatrix} L_{AA} & L_{AB} & L_{AC} \\ L_{BA} & L_{BB} & L_{BC} \\ L_{CA} & L_{CB} & L_{CC} \end{bmatrix}, \quad \boldsymbol{L}'_{cr} = \begin{bmatrix} L_{Adr} & L_{Aqr} \\ L_{Bdr} & L_{Bdr} \\ L_{Bdr} & L_{Bdr} \end{bmatrix}, \quad \boldsymbol{L}'_{rr} = \begin{bmatrix} L'_{dr} & 0 \\ 0 & L'_{qr} \end{bmatrix}$$

$$\begin{cases} \boldsymbol{L}_{ij} = \boldsymbol{L}_{ji}^{\mathrm{T}}, & i,j = 1,2,3,4 \\ \boldsymbol{L}_{ic} = \boldsymbol{L}_{ci}^{\mathrm{T}}, & i = 1,2,3,4 \\ \boldsymbol{L}_{ir} = \boldsymbol{L}_{ri}^{\mathrm{T}}, & i = 1,2,3,4 \end{cases}$$

r_p 为功率绕组电阻，r_c 为辅助励磁绕组电阻（未折算到其他绕组），r'_r 为折算到 12 相功率绕组中的任一 Y 后的转子电阻。电感矩阵的具体取值为

$$L_{aiai} = L_{bibi} = L_{cici} = L_{ll} + L_{mn0}, \quad i = 1,2,3,4$$

$$\begin{cases} L_{aiaj} = L_{ajai} = L_{l(j-i)} + L_{mn0}\cos[(j-i)15°] \\ L_{bibj} = L_{bjbi} = L_{l(j-i)} + L_{mn0}\cos[(j-i)15°], & i < j, \quad i,j = 1,2,3,4 \\ L_{cicj} = L_{cjci} = L_{l(j-i)} + L_{mn0}\cos[(j-i)15°] \end{cases}$$

$$\begin{cases} L_{aibj} = L_{biaj} = L_{l(8+j-i)} + L_{mn0}\cos[120° + (j-i)15°] \\ L_{bicj} = L_{cibj} = L_{l(8+j-i)} + L_{mn0}\cos[120° + (j-i)15°], & i,j = 1,2,3,4 \\ L_{ciaj} = L_{aicj} = L_{l(8+j-i)} + L_{mn0}\cos[120° + (j-i)15°] \end{cases}$$

$$\begin{cases} L_{aiA} = L_{cll[\alpha-(i-1)15°]} + L_{Mm0}\cos[\alpha - (i-1)15°] \\ L_{biB} = L_{cll[\alpha-(i-1)15°]} + L_{Mm0}\cos[\alpha - (i-1)15°], & i = 1,2,3,4 \quad (7.1.8) \\ L_{ciC} = L_{cll[\alpha-(i-1)15°]} + L_{Mm0}\cos[\alpha - (i-1)15°] \end{cases}$$

$$L_{AA} = L_{BB} = L_{CC} = L_{cl} + L_{MM0}$$

$$\begin{cases} L_{biA} = L_{cll[\alpha-120°-(i-1)15°]} + L_{Mm0}\cos[\alpha - 120° - (i-1)15°] \\ L_{ciB} = L_{cll[\alpha-120°-(i-1)15°]} + L_{Mm0}\cos[\alpha - 120° - (i-1)15°] \\ L_{aiC} = L_{cll[\alpha-120°-(i-1)15°]} + L_{Mm0}\cos[\alpha - 120° - (i-1)15°] \\ L_{aiB} = L_{cll[\alpha-120°-(i-1)15°]} + L_{Mm0}\cos[\alpha + 120° - (i-1)15°] \\ L_{biC} = L_{cll[\alpha-120°-(i-1)15°]} + L_{Mm0}\cos[\alpha + 120° - (i-1)15°] \\ L_{ciA} = L_{cll[\alpha-120°-(i-1)15°]} + L_{Mm0}\cos[\alpha + 120° - (i-1)15°] \end{cases}, \quad i = 1,2,3,4$$

$$\begin{cases} L_{aidr} = L_m\cos[\theta_r - (i-1)15°], & L_{aiqr} = -L_m\sin[\theta_r - (i-1)15°] \\ L_{bidr} = L_m\cos[\theta_r - 120° - (i-1)15°], & L_{biqr} = -L_m\sin[\theta_r - 120° - (i-1)15°] \\ L_{cidr} = L_m\cos[\theta_r + 120° - (i-1)15°], & L_{ciqr} = -L_m\sin[\theta_r + 120° - (i-1)15°] \end{cases}$$

$$i = 1,2,3,4$$

$$L_{Adr} = L_M\cos(\theta_r - \alpha), \qquad L_{Aqr} = -L_M\sin(\theta_r - \alpha)$$
$$L_{Bdr} = L_M\cos(\theta_r - 120° - \alpha), \quad L_{Bqr} = -L_M\sin(\theta_r - 120° - \alpha)$$
$$L_{Cdr} = L_M\cos(\theta_r + 120° - \alpha), \quad L_{Cqr} = -L_M\sin(\theta_r + 120° - \alpha)$$
$$L'_{dr} = L'_{qr} = L'_{lr} + L'_{rr0}$$

式中,

L_{ll}——12 相功率绕组每相的自漏感;

L_{mn0}——12 相功率绕组每相自感或互感系数的零次分量幅值;

L_{lk}——相差 $k \times 15°$ 的 12 相功率绕组两相间的互漏感,并且有 $L_{lk} = -L_{l(12-k)}$,$k = 1,2,3,4$;

$L_{dl(\beta)}$——相差 β 角度的定子 3 相辅助励磁绕组与 12 相功率绕组每相之间的互漏感,表示辅助励磁绕组一相超前功率绕组一相的电角度;

L_{MM0}——3 相辅助励磁绕组每相自感或互感系数的零次分量幅值;

L_{Mn0}——定子 3 相辅助励磁绕组与 12 相功率绕组每相互感系数的零次分量幅值,并且有 $L_{Mn0} = \sqrt{L_{MM0}L_{mn0}}$;

L_{dl}——3 相辅助励磁绕组每相的自漏感;

L_{dcl}——3 相辅助励磁绕组两相间的互漏感;

L'_{rr0}——转子绕组折算到 12 相功率绕组任一 Y 时的每相互感系数的零次分量幅值;

L_m——定子 12 相功率绕组某相的轴线与转子绕组某相轴线重合时的该两相绕组的互感,并且 $L_m = \sqrt{L_{mn0}L'_{rr0}}$,由于已将转子绕组折算到功率绕组的任一Y 绕组上,故有 $L'_{rr0} = L_{mn0} = L_m$;

L_M——定子 3 相辅助励磁绕组某相的轴线与转子绕组某相轴线重合时的该两相绕组的互感,并且 $L_M = \sqrt{L_{MM0}L'_{rr0}} = L_{Mn0}$。

7.1.4 d,q 旋转坐标系下的基本方程

虽然感应电机具有均匀的气隙和对称的转子结构,但在 a,b,c 坐标系下仍然有许多参数为时变量,这造成了物理概念认识和模型解析分析的不便,为此需要建立更为简便、有效的电机模型。可以定义正交的 d,q 旋转坐标系,旋转方向与电机转向相同,其中 d 轴可与转子旋转坐标系的 d_r 轴或定子同步旋转坐标系中的 d_s 轴重合。在此坐标系下,电机状态方程模型中的时变参数可以消去,而全部采用非时变参数表示,大幅降低了分析难度。

　　由于双绕组感应发电机定子绕组为星形连接且中点不引出,故无须考虑零轴分量。对式(7.1.4)和(7.1.5)进行坐标变换,变换矩阵取

$$
\boldsymbol{C}_{dq}^{abc}(\theta) =
\begin{bmatrix}
\boldsymbol{C}_{11}(\theta) & & & & & \\
 & \boldsymbol{C}_{22}(\theta) & & & & \\
 & & \boldsymbol{C}_{33}(\theta) & & & \\
 & & & \boldsymbol{C}_{44}(\theta) & & \\
 & & & & \boldsymbol{C}_{AA}(\theta) & \\
 & & & & & \boldsymbol{I}
\end{bmatrix}
\tag{7.1.9}
$$

式中,$\boldsymbol{I}$ 为 2×2 的单位阵,其他参数定义如下:

$$
\boldsymbol{C}_{ii}(\theta) =
$$
$$
\frac{2}{3}
\begin{bmatrix}
\cos[\theta-(i-1)15^{\circ}] & \cos[\theta-(i-1)15^{\circ}-120^{\circ}] & \cos[\theta-(i-1)15^{\circ}+120^{\circ}] \\
-\sin[\theta-(i-1)15^{\circ}] & -\sin[\theta-(i-1)15^{\circ}-120^{\circ}] & -\sin[\theta-(i-1)15^{\circ}+120^{\circ}]
\end{bmatrix},
$$
$$
i=1,2,3,4
$$

$$
\boldsymbol{C}_{AA}(\theta) = \frac{2}{3}
\begin{bmatrix}
\cos(\theta-\alpha) & \cos(\theta-\alpha-120^{\circ}) & \cos(\theta-\alpha+120^{\circ}) \\
-\sin(\theta-\alpha) & -\sin(\theta-\alpha-120^{\circ}) & -\sin(\theta-\alpha-120^{\circ})
\end{bmatrix}
$$

对应的逆变换矩阵为

$$
\boldsymbol{C}_{abc}^{dq}(\theta) =
\begin{bmatrix}
\boldsymbol{C}_{11\_1}(\theta) & & & & & \\
 & \boldsymbol{C}_{22\_1}(\theta) & & & & \\
 & & \boldsymbol{C}_{33\_1}(\theta) & & & \\
 & & & \boldsymbol{C}_{44\_1}(\theta) & & \\
 & & & & \boldsymbol{C}_{AA\_1}(\theta) & \\
 & & & & & \boldsymbol{I}
\end{bmatrix}
\tag{7.1.10}
$$

式中,

$$
\boldsymbol{C}_{ii\_1}(\theta) =
\begin{bmatrix}
\cos[\theta-(i-1)15^{\circ}] & -\sin[\theta-(i-1)15^{\circ}] \\
\cos[\theta-(i-1)15^{\circ}-120^{\circ}] & -\sin[\theta-(i-1)15^{\circ}-120^{\circ}] \\
\cos[\theta-(i-1)15^{\circ}+120^{\circ}] & -\sin[\theta-(i-1)15^{\circ}+120^{\circ}]
\end{bmatrix},
$$
$$
i=1,2,3,4
$$

$$
\boldsymbol{C}_{AA\_1}(\theta) =
\begin{bmatrix}
\cos(\theta-\alpha) & -\sin(\theta-\alpha) \\
\cos(\theta-\alpha-120^{\circ}) & -\sin(\theta-\alpha-120^{\circ}) \\
\cos(\theta-\alpha+120^{\circ}) & -\sin(\theta-\alpha-120^{\circ})
\end{bmatrix}
$$

7.1.4.1　基于转子旋转坐标系的 d_r,q_r 模型

感应电机作为发电机运行时,转速通常为已知量,而定子电压频率随负载

大小而变化,故采用转子旋转坐标系模型更便于进行系统级仿真(图 7-1),d_r,q_r 轴旋转速度与转子转速相同,θ_r 为 d_r 轴与 a_1 相轴之间的夹角(电角度),则感应发电机磁链、电压方程为

$$\boldsymbol{\Psi}_{dq} = \boldsymbol{L}_{dq}\boldsymbol{i}_{dq} \tag{7.1.11}$$

$$\boldsymbol{u}_{dq} = \mathrm{p}\boldsymbol{\Psi}_{dq} - \omega_r\boldsymbol{A}\boldsymbol{\Psi}_{dq} + \boldsymbol{R}_{dq}\boldsymbol{i}_{dq} \tag{7.1.12}$$

式中,

$$\boldsymbol{\Psi}_{dq} = \begin{bmatrix} \Psi_{d1} & \Psi_{q1} & \Psi_{d2} & \Psi_{q2} & \Psi_{d3} & \Psi_{q3} & \Psi_{d4} & \Psi_{q4} & \Psi_{dA} & \Psi_{qA} & \Psi_{dr} & \Psi_{qr} \end{bmatrix}^{\mathrm{T}}$$

$$\boldsymbol{i}_{dq} = \begin{bmatrix} i_{d1} & i_{q1} & i_{d2} & i_{q2} & i_{d3} & i_{q3} & i_{d4} & i_{q4} & i_{dA} & i_{qA} & i_{dr} & i_{qr} \end{bmatrix}^{\mathrm{T}}$$

$$\boldsymbol{u}_{dq} = \begin{bmatrix} u_{d1} & u_{q1} & u_{d2} & u_{q2} & u_{d3} & u_{q3} & u_{d4} & u_{q4} & u_{dA} & u_{qA} & u_{dr} & u_{qr} \end{bmatrix}^{\mathrm{T}}$$

$$\boldsymbol{R}_{dq} = \mathrm{diag}(r_p, r_p, r_p, r_p, r_p, r_p, r_p, r_p, r_c, r_c, r_c, r_r', r_r')$$

$$\boldsymbol{A} = \begin{bmatrix} \boldsymbol{A}_{11} & & & & & \\ & \boldsymbol{A}_{22} & & & & \\ & & \boldsymbol{A}_{33} & & & \\ & & & \boldsymbol{A}_{44} & & \\ & & & & \boldsymbol{A}_{AA} & \\ & & & & & \boldsymbol{0} \end{bmatrix}$$

$$\boldsymbol{A}_{ii} = \begin{bmatrix} 0 & 1 \\ -1 & 0 \end{bmatrix}, \quad \boldsymbol{A}_{AA} = \begin{bmatrix} 0 & 1 \\ -1 & 0 \end{bmatrix}$$

电感矩阵 $\boldsymbol{L}_{dq}$ 可通过 a,b,c 坐标系电感矩阵变换得到:

$$\boldsymbol{L}_{dq} = \boldsymbol{C}_{dq}^{abc}(\theta)\boldsymbol{L}_{abc}\boldsymbol{C}_{abc}^{dq}(\theta)$$

$$= \begin{bmatrix} \boldsymbol{D}_{11} & \boldsymbol{D}_{12} & \boldsymbol{D}_{13} & \boldsymbol{D}_{14} & \boldsymbol{D}_{1A} & \boldsymbol{D}_{1r}' \\ \boldsymbol{D}_{21} & \boldsymbol{D}_{22} & \boldsymbol{D}_{23} & \boldsymbol{D}_{24} & \boldsymbol{D}_{1A} & \boldsymbol{D}_{2r}' \\ \boldsymbol{D}_{31} & \boldsymbol{D}_{32} & \boldsymbol{D}_{33} & \boldsymbol{D}_{34} & \boldsymbol{D}_{1A} & \boldsymbol{D}_{3r}' \\ \boldsymbol{D}_{41} & \boldsymbol{D}_{42} & \boldsymbol{D}_{43} & \boldsymbol{D}_{44} & \boldsymbol{D}_{1A} & \boldsymbol{D}_{4r}' \\ \boldsymbol{D}_{A1} & \boldsymbol{D}_{A2} & \boldsymbol{D}_{A3} & \boldsymbol{D}_{A4} & \boldsymbol{D}_{AA} & \boldsymbol{D}_{Ar}' \\ \frac{3}{2}\boldsymbol{D}_{1r}'^{\mathrm{T}} & \frac{3}{2}\boldsymbol{D}_{2r}'^{\mathrm{T}} & \frac{3}{2}\boldsymbol{D}_{3r}'^{\mathrm{T}} & \frac{3}{2}\boldsymbol{D}_{4r}'^{\mathrm{T}} & \frac{3}{2}\boldsymbol{D}_{Ar}'^{\mathrm{T}} & \boldsymbol{L}_{rr}' \end{bmatrix} \tag{7.1.13}$$

为使互电感可逆,在此令 $i_{dr} = 3/2i_{dr}'$,$i_{qr} = 3/2i_{qr}'$,$r_r = 3/2r_r'$,$\boldsymbol{D}_{ir} = 3/2\boldsymbol{D}_{ir}'$,$\boldsymbol{D}_{Ar} = 3/2\boldsymbol{D}_{Ar}'$,$\boldsymbol{D}_{rr} = 3/2\boldsymbol{L}_{rr}'$,则有

$$L_{dq} = \begin{bmatrix} D_{11} & D_{12} & D_{13} & D_{14} & D_{1A} & D_{1r} \\ D_{21} & D_{22} & D_{23} & D_{24} & D_{1A} & D_{2r} \\ D_{31} & D_{32} & D_{33} & D_{34} & D_{1A} & D_{3r} \\ D_{41} & D_{42} & D_{43} & D_{44} & D_{1A} & D_{4r} \\ D_{A1} & D_{A2} & D_{A3} & D_{A4} & D_{AA} & D_{Ar} \\ D_{1r}^{T} & D_{2r}^{T} & D_{3r}^{T} & D_{4r}^{T} & D_{Ar}^{T} & D_{rr} \end{bmatrix} \tag{7.1.14}$$

式中，

$$D_{ii} = \begin{bmatrix} L_p & 0 \\ 0 & L_p \end{bmatrix}, \quad D_{AA} = \begin{bmatrix} L_c & 0 \\ 0 & L_c \end{bmatrix}$$

$$D_{12} = D_{23} = D_{34} = \begin{bmatrix} L_{m1} & L_{dqm1} \\ -L_{dqm1} & L_{m1} \end{bmatrix}$$

$$D_{13} = D_{24} = \begin{bmatrix} L_{m2} & L_{dqm2} \\ -L_{dqm2} & L_{m2} \end{bmatrix}, \quad D_{14} = \begin{bmatrix} L_{m3} & L_{dqm3} \\ -L_{dqm3} & L_{m3} \end{bmatrix}$$

$$D_{iA} = \begin{bmatrix} L_{miA} & L_{dqmiA} \\ -L_{dqmiA} & L_{miA} \end{bmatrix}, \quad D_{ir} = \begin{bmatrix} L_{mp} & 0 \\ 0 & L_{mp} \end{bmatrix}$$

$$D_{Ar} = \begin{bmatrix} L_{mpc} & 0 \\ 0 & L_{mpc} \end{bmatrix}, \quad D_{rr} = \begin{bmatrix} L_r & 0 \\ 0 & L_r \end{bmatrix}$$

上述各式中，下标 m_1，m_2 和 m_3 分别表示 12 相绕组中相差 $15°$、$30°$和 $45°$的两 Y 的互感参数，下标 miA 表示 12 相功率绕组的 Y_i 与 3 相辅助励磁绕组之间的互感参数。

12 相功率绕组参数为

$L_p = L_{lp} + L_{mp}$ 　（$L_{lp} = L_{ll} - L_{l8}$，$L_{mp} = 1.5L_{mm0}$）

$L_{m1} = L_{lm1} + L_{mp}$ 　（$L_{lm1} = L_{l1}\cos15° + L_{l7}\cos105° + L_{l9}\cos135°$）

$L_{dqm1} = L_{l1}\sin15° - L_{l7}\sin105° + L_{l9}\sin135°$

$L_{m2} = L_{lm2} + L_{mp}$ 　（$L_{lm2} = L_{l2}\cos30° + L_{l10}\cos150° = 2L_{l2}\cos30°$）

$L_{dqm2} = L_{l2}\sin30° + L_{l10}\sin150° - L_{l6}\sin90° = -L_{l6}$

$L_{m3} = L_{lm3} + L_{mp}$ 　（$L_{lm3} = L_{l3}\cos45° + L_{l5}\cos75° + L_{l11}\cos165° = L_{lm1}$）

$L_{dqm3} = L_{l3}\sin45° - L_{l5}\sin75° + L_{l11}\sin165° = -L_{dqm1}$

3 相辅助励磁绕组参数为

$L_c = L_{lc} + L_{mc}$ 　（$L_{lc} = L_{cl} - L_{clcl}$，$L_{mc} = 1.5L_{MM0}$）

12 相功率绕组与 3 相辅助励磁绕组参数为

$L_{miA} = L_{lmiA} + L_{mpc}$

261

$$L_{lmiA} = L_{cll[\alpha-(i-1)15°]}\cos[\alpha-(i-1)15°]$$
$$+ L_{cll[\alpha-120°-(i-1)15°]}\cos[\alpha-120°-(i-1)15°]$$
$$+ L_{cll[\alpha+120°-(i-1)15°]}\cos[\alpha+120°-(i-1)15°]$$
$$L_{mpc} = 1.5L_{Mm0}$$
$$L_{dqmiA} = L_{cll[\alpha-(i-1)15°]}\sin[\alpha-(i-1)15°]$$
$$+ L_{cll[\alpha-120°-(i-1)15°]}\sin[\alpha-120°-(i-1)15°]$$
$$+ L_{cll[\alpha+120°-(i-1)15°]}\sin[\alpha+120°-(i-1)15°]$$

转子绕组参数为

$$L_r = L_{lr} + L_{rr0} \quad (L_{lr} = 1.5L'_{lr}, L_{rr0} = 1.5L'_{rr0} = 1.5L_{mn0})$$

经过以上分析,可以确定描述 12/3 相双绕组感应发电机运行状态的最小参数集合为

$\{L_{mp}, L_{lp}, L_{lm1}, L_{lm2}, L_{dqm1}, L_{dqm2}, L_{lm1A}, L_{lm2A}, L_{lm3A}, L_{lm4A}, L_{dpm1A}, L_{dpm2A},$
$L_{dpm3A}, L_{dpm4A}, L_{mc}, L_{lc}, L_{lr}, r_p, r_c, r_r\}$

7.1.4.2 基于同步旋转坐标系的 d_s, q_s 模型

除了上文提到的转子旋转坐标系外,在进行解析分析时,往往选择与定子磁场同步旋转的坐标系,即同步坐标系, d_s, q_s 分别为同步坐标系的 d 轴、q 轴,θ_s 为 d_s 轴与 a_1 相轴之间的夹角(电角度),且 $\theta_s = \int \omega_s dt + \theta_{s0}$,$\omega_s$ 为同步旋转电角速度,θ_{s0} 为 d_s 轴与 a_1 相轴之间的初始电角度。ω_s 与转子旋转角速度 ω_r 的关系可以通过电机转差率 s 确定:

$$\omega_s = \frac{\omega_r}{1-s} \tag{7.1.15}$$

同步旋转坐标系下的磁链、电压方程如下:

$$\boldsymbol{\Psi}_{dqs} = \boldsymbol{L}_{dqs}\boldsymbol{i}_{dqs} \tag{7.1.16}$$

$$\boldsymbol{u}_{dqs} = p\boldsymbol{\Psi}_{dqs} - \omega_s\boldsymbol{A}_s\boldsymbol{\Psi}_{dqs} + \boldsymbol{R}_{dqs}\boldsymbol{I}_{dqs} \tag{7.1.17}$$

式中,

$$\boldsymbol{A}_s = \begin{bmatrix} \boldsymbol{A}_{11} & & & & & \\ & \boldsymbol{A}_{22} & & & & \\ & & \boldsymbol{A}_{33} & & & \\ & & & \boldsymbol{A}_{44} & & \\ & & & & \boldsymbol{A}_{AA} & \\ & & & & & \boldsymbol{A}_{rr} \end{bmatrix}$$

$$A_{rr} = \begin{bmatrix} 0 & s \\ -s & 0 \end{bmatrix}$$

其余各量的定义均与转子旋转坐标系的定义相同,在此不再重复说明。

7.1.5 基于转子旋转坐标系的定子磁链运算方程

由于 d 轴、q 轴之间的互漏感的值很小,其对于大部分的性能分析不会造成影响,因此可以忽略互漏感,同时将 3 相辅助励磁绕组折算到 12 相功率绕组,得到如图 7-2 所示的 d,q 转子坐标系下的解耦模型。

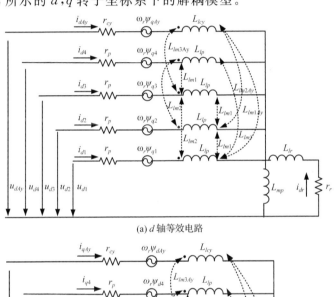

(a) d 轴等效电路

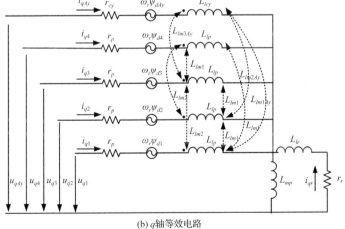

(b) q 轴等效电路

图 7-2 d 轴、q 轴等效电路

多相整流发电机及其系统的分析

3 相辅助励磁绕组折算到 12 相功率绕组时的电阻、互漏感和自漏感参数的表达式如下：

$$r_{cy} = r_c / K_{pc}^2 \tag{7.1.18}$$

$$L_{lmiAy} = L_{lmiA} / K_{pc}, \quad L_{miAy} = L_{lmiAy} + L_{mp}, \quad i = 1,2,3,4 \tag{7.1.19}$$

$$L_{lcy} = L_{lc} / K_{pc}^2, \quad L_{cy} = L_{lcy} + L_{mp} \tag{7.1.20}$$

式中，$K_{pc} = W_c K_{cdp1} / (W_p K_{pdp1})$ 为 3 相辅助励磁绕组与 12 相功率绕组中单 Y 绕组的有效匝数比，W_p 和 K_{pdp1} 分别为功率绕组匝数和基波绕组系数，W_c 和 K_{cdp1} 分别为辅助励磁绕组匝数和基波绕组系数。

基于转子旋转坐标系的磁链和电压方程，消去转子量，可得到定子磁链方程的运算形式：

$$\begin{bmatrix} \Psi_{d1} \\ \Psi_{d2} \\ \Psi_{d3} \\ \Psi_{d4} \\ \Psi_{dAy} \end{bmatrix} = \begin{bmatrix} L_{py}(\mathrm{p}) & L_{m1y}(\mathrm{p}) & L_{m2y}(\mathrm{p}) & L_{m1y}(\mathrm{p}) & L_{m1A}(\mathrm{p}) \\ L_{m1y}(\mathrm{p}) & L_{py}(\mathrm{p}) & L_{m1y}(\mathrm{p}) & L_{m2y}(\mathrm{p}) & L_{m2A}(\mathrm{p}) \\ L_{m2y}(\mathrm{p}) & L_{m1y}(\mathrm{p}) & L_{py}(\mathrm{p}) & L_{m1y}(\mathrm{p}) & L_{m3A}(\mathrm{p}) \\ L_{m1y}(\mathrm{p}) & L_{m2y}(\mathrm{p}) & L_{m1y}(\mathrm{p}) & L_{py}(\mathrm{p}) & L_{m4A}(\mathrm{p}) \\ L_{m1A}(\mathrm{p}) & L_{m2A}(\mathrm{p}) & L_{m3A}(\mathrm{p}) & L_{m4A}(\mathrm{p}) & L_{cy}(\mathrm{p}) \end{bmatrix} \begin{bmatrix} i_{d1} \\ i_{d2} \\ i_{d3} \\ i_{d4} \\ i_{dAy} \end{bmatrix} \tag{7.1.21}$$

$$\begin{bmatrix} \Psi_{q1} \\ \Psi_{q2} \\ \Psi_{q3} \\ \Psi_{q4} \\ \Psi_{qAy} \end{bmatrix} = \begin{bmatrix} L_{py}(\mathrm{p}) & L_{m1y}(\mathrm{p}) & L_{m2y}(\mathrm{p}) & L_{m1y}(\mathrm{p}) & L_{m1A}(\mathrm{p}) \\ L_{m1y}(\mathrm{p}) & L_{py}(\mathrm{p}) & L_{m1y}(\mathrm{p}) & L_{m2y}(\mathrm{p}) & L_{m2A}(\mathrm{p}) \\ L_{m2y}(\mathrm{p}) & L_{m1y}(\mathrm{p}) & L_{py}(\mathrm{p}) & L_{m1y}(\mathrm{p}) & L_{m3A}(\mathrm{p}) \\ L_{m1y}(\mathrm{p}) & L_{m2y}(\mathrm{p}) & L_{m1y}(\mathrm{p}) & L_{py}(\mathrm{p}) & L_{m4A}(\mathrm{p}) \\ L_{m1A}(\mathrm{p}) & L_{m2A}(\mathrm{p}) & L_{m3A}(\mathrm{p}) & L_{m4A}(\mathrm{p}) & L_{cy}(\mathrm{p}) \end{bmatrix} \begin{bmatrix} i_{q1} \\ i_{q2} \\ i_{q3} \\ i_{q4} \\ i_{qAy} \end{bmatrix} \tag{7.1.22}$$

式中，

$$L_{py}(\mathrm{p}) = L_p - \frac{\mathrm{p}L_{mp}^2}{\mathrm{p}L_r + r_r}, \quad L_{cy}(\mathrm{p}) = L_{cy} - \frac{\mathrm{p}L_{mp}^2}{\mathrm{p}L_r + r_r}$$

$$L_{m1y}(\mathrm{p}) = L_{m1} - \frac{\mathrm{p}L_{mp}^2}{\mathrm{p}L_r + r_r}, \quad L_{m2y}(\mathrm{p}) = L_{m2} - \frac{\mathrm{p}L_{mp}^2}{\mathrm{p}L_r + r_r}$$

$$L_{m1A}(\mathrm{p}) = L_{m1Ay} - \frac{\mathrm{p}L_{mp}^2}{\mathrm{p}L_r + r_r}, \quad L_{m2A}(\mathrm{p}) = L_{m2Ay} - \frac{\mathrm{p}L_{mp}^2}{\mathrm{p}L_r + r_r}$$

$$L_{m3A}(\mathrm{p}) = L_{m3Ay} - \frac{\mathrm{p}L_{mp}^2}{\mathrm{p}L_r + r_r}, \quad L_{m4A}(\mathrm{p}) = L_{m4Ay} - \frac{\mathrm{p}L_{mp}^2}{\mathrm{p}L_r + r_r}$$

由式(7.1.21)与(7.1.22)可知，当功率绕组对称运行时，其 4Y 的电抗运算式与单 Y 电抗和单 Y 互电抗的运算式之间的关系为

$$L_{pp}(\mathrm{p}) = L_{py}(\mathrm{p}) + 2L_{m1y}(\mathrm{p}) + L_{m2y}(\mathrm{p}) \tag{7.1.23}$$

7.1.6　输出功率与电磁转矩方程

7.1.6.1　输出功率方程

取同步旋转坐标系,电机输出功率方程为

$$
\begin{aligned}
P_{\text{out}} =& -\sum_{i=1}^{4}\big[(u_{ai}i_{ai} + u_{bi}i_{bi} + u_{ci}i_{ci}) - (u_A i_A + u_B i_B + u_C i_C)\big] \\
=& -\frac{3}{2}\Big[\sum_{i=1}^{4}(i_{di}\,\mathrm{p}\Psi_{di} + i_{qi}\,\mathrm{p}\Psi_{qi}) + i_{dA}\,\mathrm{p}\Psi_{dA} + i_{qA}\,\mathrm{p}\Psi_{qA}\Big] \\
& -\frac{3}{2}\Big[\sum_{i=1}^{4}(i_{qi}\Psi_{di} + i_{qi}\Psi_{qi}) + i_q\mathrm{p}\Psi_{dA} - i_{dA}\,\mathrm{p}\Psi_{qA}\Big] \\
& -\frac{3}{2}\Big[\sum_{i=1}^{4}(i_{qi}^2 + i_{di}^2)r_p + (i_{qA}^2 + i_{dA}^2)r_c\Big]
\end{aligned}
\tag{7.1.24}
$$

7.1.6.2　电磁转矩方程

取同步旋转坐标系,p 为电机极对数,p 为对时间的微分算子,电机电磁转矩方程为

$$
T_{\text{em}} = -\frac{3}{2}\frac{\omega_s}{\omega_r}p\Big[\sum_{i=1}^{4}(i_{qi}\Psi_{di} + i_{di}\Psi_{qi}) + i_q\mathrm{p}\Psi_{dA} - i_{dA}\,\mathrm{p}\Psi_{qA}\Big]
\tag{7.1.25}
$$

7.1.7　转子运动方程

定义 T_{mec} 为输入机械转矩,此转矩由原动机提供,J 为转子整体轴系的转动惯量,p 为电机极对数,ω_r 为转子角频率,则转子运动方程为

$$
T_{\text{mec}} - T_{\text{em}} = \frac{J}{p}\frac{\mathrm{d}\omega_r}{\mathrm{d}t}
\tag{7.1.26}
$$

7.2　多相整流感应发电机励磁控制原理及建模

通过调节多相整流感应发电机辅助励磁绕组无功电流,可以对发电机直流输出电压进行控制,但其本质还是通过调节发电机气隙磁场的大小来实现的,与传统 3 相交流(感应或同步)发电机励磁控制原理一致。因此,可以充分借鉴和继承传统 3 相交流发电机的励磁方式,紧密结合发电机本体多套多相绕组结构与带整流负载的特殊性,对多相整流发电机励磁系统进行优化设计。本节将主要介绍多相整流感应发电机辅助励磁控制原理及其建模方法。

7.2.1　励磁方式

未优化设计的传统 3 相感应发电机通常具有较低的功率因数和效率,且一般带线性负载运行,故仅限于风力、小水力发电方面的应用。在船舶直流电力系统中,感应发电机带整流负载需要的无功补偿容量较小。为满足船舶电力系统的自励建压要求,通常需在交流侧并接自励电容。

研究表明[52],当感应电机接整流桥负载且在交流侧并接自励电容时,利用自励电容上电流可突变而电压不能突变的特性,可加速整流桥换相过程,显著改善整流负载基波电流滞后于基波电压的感性负载特性。与带线性负载的感应发电机相比,多相整流感应发电机不仅具有较高的功率因数和效率,且只需要较小的无功励磁补偿容量。因此,多相感应发电机采用定子交流励磁方式。

7.2.2　励磁主电路

多相整流感应发电机在定子上布置有一套 3 相辅助励磁绕组(或称励磁绕组),接有静止自动励磁调节器(SAVR),SAVR 主电路结构为 3 相全桥电路,直流侧为电容,交流侧接有滤波电感。SAVR 根据设定的发电机直流输出电压,提供相应的无功功率以补偿因负载和转速变化而引起的电压变化。

SAVR 的功能类似于无功功率发生器(SVG),在主电路设计、控制算法和电路参数计算方面基本一样。考虑到 SAVR 需具备较高的载波比和动态响应以确保良好的供电品质,其开关频率较高。因此,对于低压和小电流的场合,使用传统的二电平变换器作为励磁装置的主电路拓扑结构(图 7-3);对于中高压和大电流的场合,使用级联多电平方式(图 7-4)。

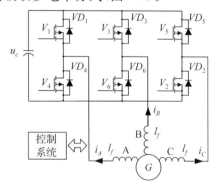

图 7-3　静止自动励磁调节器二电平变换器主电路拓扑结构

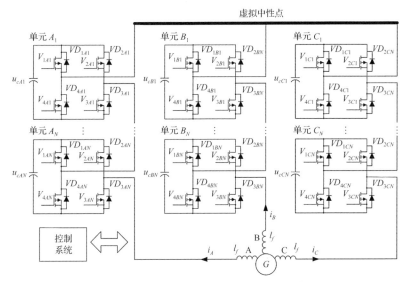

图 7-4　静止自动励磁调节器级联多电平变换器主电路拓扑结构

7.2.3　励磁控制算法

　　为了实现 SAVR 向 3 相辅助励磁绕组注入无功电流的功能,必须对 SAVR 直流侧的电容电压进行控制。当控制 SAVR 向感应发电机输出一个给定的无功电流时,SAVR 直流电容电压必须高于某一个值,以匹配辅助励磁绕组端电压,否则,SAVR 无法输出给定的无功电流。实际系统会根据发电机系统的设计结果,选取一个与所需提供的无功电流相关的合适的电容电压参考值作为控制目标。

　　以二级 H 桥多电平变换器为例,如果辅助励磁绕组端口电压幅值 U_{sm} 已确定,需要补偿的无功电流幅值 I_{sm} 和滤波电抗器参数 L_c 已知,选择一个合适的调制比 A_1,则直流侧电容电压的参考值可使用下式计算:

$$u_{cref} = \frac{\omega L_c I_{sm} + U_{sm}}{2A_1} \tag{7.2.1}$$

多相整流感应发电机 SAVR 的控制目标有两个:

①调节 SAVR 无功功率,实现感应发电机 12 相整流桥输出电压的控制;

②调节 SAVR 有功功率,实现感应发电机 SAVR 直流侧电容电压的控制。

　　多相整流感应发电机 SAVR 采用绝缘栅双极型晶体管(IGBT)构成的 3 相全桥结构的基本控制原理如图 7-5 所示。

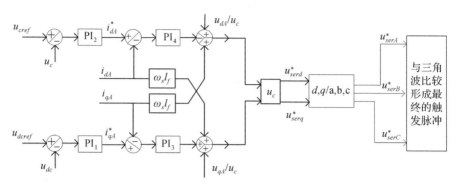

图 7-5　励磁调节器控制原理

图中,

u_c,u_{cref} 分别为 SAVR 直流侧电容电压实际值和参考值;

u_{dc},u_{dcref} 分别为 12 相功率绕组整流桥输出电压实际值和参考值;

i_{dA},i_{qA} 分别为 3 相辅助励磁绕组的有功电流和无功电流;

u_{dA},u_{qA} 分别为 3 相辅助励磁绕组 d 轴、q 轴电压;

u_{serd}^*,u_{serq}^* 分别为 SAVR 端口 d 轴、q 轴电压参考值;

$u_{serA}^*,u_{serB}^*,u_{serC}^*$ 分别为 SAVR 端口 A、B、C 相电压参考值;

k_{Pi},k_{Ii} 分别为第 i 个 PI 调节器的比例系数和积分系数,$k_{Pi}\geqslant0,k_{Ii}\geqslant0,i=1,$ 2,3,4。

具体的控制原理详述如下。

①采用了基于定子电压定向的控制策略,通过检测辅助励磁绕组电压来获取相应的相位信息,如下式所示:

$$\begin{bmatrix}\cos\theta_A\\\cos\theta_B\\\cos\theta_C\end{bmatrix}=\frac{1}{U_{mc}}\begin{bmatrix}u_A\\u_B\\u_C\end{bmatrix} \tag{7.2.2}$$

$$\begin{bmatrix}\sin\theta_A\\\sin\theta_B\\\sin\theta_C\end{bmatrix}=\frac{1}{\sqrt{3}}\begin{bmatrix}0&1&-1\\-1.5&-0.5&0.5\\1.5&-0.5&0.5\end{bmatrix}\begin{bmatrix}\cos\theta_A\\\cos\theta_B\\\cos\theta_C\end{bmatrix} \tag{7.2.3}$$

式中,

$$U_{mc}=\sqrt{\frac{2}{3}(u_A^2+u_B^2+u_C^2)}$$

$$\theta_B = \theta_A - 120°$$

$$\theta_C = \theta_A + 120°$$

②通过电压相位信息,可以分解出辅助励磁绕组的 q 轴无功电流、d 轴有功电流和相应的 d 轴、q 轴电压,如下式所示:

$$\begin{bmatrix} i_{dA} \\ i_{qA} \end{bmatrix} = \frac{2}{3} \begin{bmatrix} \cos\theta_A & \cos\theta_B & \cos\theta_C \\ -\sin\theta_A & -\sin\theta_B & -\sin\theta_C \end{bmatrix} \begin{bmatrix} i_A \\ i_B \\ i_C \end{bmatrix} \tag{7.2.4}$$

$$\begin{bmatrix} u_{dA} \\ u_{qA} \end{bmatrix} = \frac{2}{3} \begin{bmatrix} \cos\theta_A & \cos\theta_B & \cos\theta_C \\ -\sin\theta_A & -\sin\theta_B & -\sin\theta_C \end{bmatrix} \begin{bmatrix} u_A \\ u_B \\ u_C \end{bmatrix} \tag{7.2.5}$$

③根据功率绕组整流桥输出电压与设定值来调节励磁调节器的输出无功电流参考值 i_{qA}^*,根据励磁调节器直流侧电压(电容电压)与设定值来调节励磁调节器的输出有功电流参考值 i_{dA}^*,如下式所示:

$$i_{qA}^* = -\left(k_{P1} + k_{I1} \frac{1}{s} \right)(u_{dcref} - u_{dc}) \tag{7.2.6}$$

$$i_{dA}^* = -\left(k_{P2} + k_{I2} \frac{1}{s} \right)(u_{cref} - u_c) \tag{7.2.7}$$

式中,k_{P1},k_{I1} 为整流桥直流侧电压的 PI 调节器参数,k_{P2},k_{I2} 为励磁调节器直流侧电压的 PI 调节器参数。

④将辅助励磁绕组的无功电流和有功电流参考值与各自的实际电流进行比较并经二级 PI 调节后,再与辅助励磁绕组的 d 轴、q 轴电压进行比较,得到 SAVR 端口的 d 轴、q 轴输出电压参考值 u_{serd}^* 和 u_{serq}^*,将 SAVR 端口的 d 轴、q 轴输出电压参考值变换到 a,b,c 坐标系下 SAVR 端口参考电压,并与三角波载波进行比较形成相应的触发脉冲,如下式所示:

$$u_{serd}^* = \left(k_{P4} + k_{I4} \frac{1}{s} \right)(i_{dA}^* - i_{dA})u_c + u_{dA} - \omega_s l_f i_{qA} \tag{7.2.8}$$

$$u_{serq}^* = \left(k_{P3} + k_{I3} \frac{1}{s} \right)(i_{qA}^* - i_{qA})u_c + u_{qA} + \omega_s l_f i_{dA} \tag{7.2.9}$$

$$\begin{bmatrix} u_{serA}^* \\ u_{serB}^* \\ u_{serC}^* \end{bmatrix} = \begin{bmatrix} \cos\theta_A & -\sin\theta_A \\ \cos\theta_B & -\sin\theta_B \\ \cos\theta_C & -\sin\theta_C \end{bmatrix} \begin{bmatrix} u_{serd}^* \\ u_{serq}^* \end{bmatrix} \tag{7.2.10}$$

7.3　多相整流感应发电机的参数计算

为确定多相整流感应发电机的数学模型,需要对功率绕组、辅助励磁绕组以及转子鼠笼绕组的电阻、自漏感与互漏感等参数进行定量计算。

首先考虑定子侧参数,针对定子绕组采用多相化、功率绕组与辅助励磁绕组并存的结构,双绕组感应整流发电机电感参数的计算量与复杂程度要明显大于传统发电机,因此定子各套绕组的自漏感与互漏感的计算为参数计算中的重点。

其次,考虑转子侧参数。在转速较低场合,感应发电机可采用叠片鼠笼式绕组,其参数计算方法与一般感应电机相同。而当感应发电机应用于高速场合时,为保证转子强度,转子铁心往往由导磁合金钢整体加工而成,再开槽放入鼠笼绕组。由于实心转子铁心既能导磁,还能导电,则转子磁路与电路融为一体,计算转子电阻、电抗等参数时需要考虑铁心部分的导电性,这使电机转子的参数提取变得十分复杂。目前仅能通过基于有限元数值计算的场路耦合方法对转子铁心部分的导电性进行较为充分的考虑,但场路耦合计算的复杂程度又远远大于感应发电机系统数学模型的确定。实际上,转子的建模和参数计算主要影响辅助励磁绕组的电流分析。当不以辅助励磁绕组电流作为主要研究对象时,为简化分析,可基于转子铁心不导电模型并按常规方式进行参数计算,这对于 SAVR 动静态性能分析等方面均无影响,因此本节在转子参数计算部分,主要给出不考虑转子铁心导电性情况的转子参数计算过程,暂不涉及考虑转子铁心导电情况下的转子参数。

7.3.1　定子电阻

感应发电机的功率绕组、辅助励磁绕组的直流电阻的计算为常规方法,在此仅进行简述。

在忽略导线集肤效应的前提下,定子侧直流电阻的通用计算公式为

$$r_s = \rho \frac{l}{S} \tag{7.3.1}$$

式中,l 为线匝总长度,S 为线匝截面积,ρ 为与工作温度有关的导体材料电阻率。

实际工作温度 t 下的导体材料电阻率 ρ 的计算公式为

$$\rho = \rho_{t_0}[1 + \alpha(t - t_0)] \tag{7.3.2}$$

式中，ρ_{t0} 为基准温度 t_0 下的导体材料电阻率，α 为导体材料的电阻温度系数。

为降低感应发电机定子绕组电阻和减少绕组损耗与发热，绕组一般采用铜材等低电阻率金属材料，以纯铜（紫铜）为例，其在基准温度 15℃ 下的电阻率为 $1.75 \times 10^{-8}\,\Omega \cdot \mathrm{m}$，铜的温度系数约为 $3.9 \times 10^{-3}\,℃^{-1}$。

7.3.2　转子电阻

在不考虑转子铁心导电性的情况下，鼠笼式转子的等效电路如图 7-6 所示。r_{rb} 为转子导条电阻，r_{re0} 为未折算至导条的导条间转子端环实际电阻，r_{re} 为折算至导条的导条间转子端环电阻。

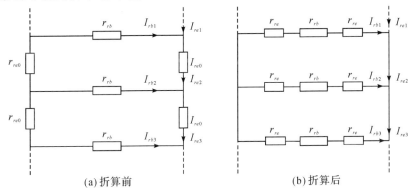

(a) 折算前　　　　　　　　　　　(b) 折算后

图 7-6　鼠笼式转子等效电路

根据感应电机原理，导条内部交流电频率一般远低于定子绕组，因此转子电阻计算中可以忽略导条与端环的集肤效应，转子导条电阻 r_{rb} 为

$$r_{rb} = \rho_{rb}\frac{l_{rb}}{A_{rb}} \tag{7.3.3}$$

式中，ρ_{rb} 为导条在工作温度下的电阻率，l_{rb} 为导条直线段长度，A_{rb} 为导条截面积，导条截面积可根据转子槽形具体计算，在此不再详述。

两根相邻导条之间的转子端环实际电阻 r_{re0} 为

$$r_{re0} = \frac{\pi\rho_{re}}{2Z_2}\frac{(D_{o\_re} + D_{i\_re})}{h_{re}w_{re}} \tag{7.3.4}$$

式中，ρ_{re} 为端环在工作温度下的电阻率，D_{o_re} 为端环外径，D_{i_re} 为端环内径，h_{re} 和 w_{re} 分别为端环高和宽，且 $h_{re} = (D_{o\_re} - D_{i\_re})/2$，如图 7-7 所示。

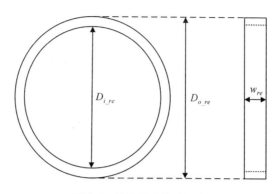

图 7-7 转子端环尺寸示意

根据导条、端环电流的相位关系,利用损耗等效原则,可将单边端环电阻折算至导条,如图 7-6(b)所示,折算后的端环等效电阻 r_{re} 为[25]

$$r_{re} = r_{re0} \frac{1}{\left[2\sin(p\pi/Z_2)\right]^2} \qquad (7.3.5)$$

则转子电阻 r_r 的计算值为

$$r_r = r_{rb} + 2r_{re} \qquad (7.3.6)$$

根据感应电机绕组折算原理,为便于表示分析,可将转子电阻折算到定子功率绕组,折算关系为

$$r_r' = \frac{M}{Z_2}\left(\frac{W_p K_{dp1}}{1/2}\right)^2 r_r \qquad (7.3.7)$$

7.3.3 定子漏感

定子绕组漏感主要由槽部(含齿顶)、谐波和端部漏感三部分组成,因感应电机气隙较小,故在定子漏抗参数计算时通常不考虑齿顶漏感,即

$$L_s = L_{s(s)} + L_{s(h)} + L_{s(e)} \qquad (7.3.8)$$

式中,下标 (s) 表示槽漏感, (h) 表示谐波漏感, (e) 表示端部漏感。

7.3.3.1 定子槽漏感

参考第 4.3.2.1 节的同步电机定子槽漏抗的计算过程,实际定子槽漏感为槽比漏磁导 $\lambda_{s(s)}$ 与漏感参数 L_{s0} 的乘积:

$$L_{s(s)} = L_{s0}\lambda_{s(s)} \qquad (7.3.9)$$

针对双绕组感应发电机,槽内同时存在功率绕组和辅助励磁绕组,一般功率绕组分两层布置在靠近槽口位置,辅助励磁绕组分两层布置在靠近槽底位置。计算辅助励磁绕组定子槽比漏磁导时,需要对处于同槽的功率绕组和辅助励磁绕组的自、互漏磁导进行完整考虑与计算,此外,感应发电机定子槽形的选择较为多样。本节首先给出了矩形平底槽的槽比漏磁导近似计算公式,其次针对较为复杂的梨形圆底槽,基于分层计算的思路[32],给出了定子槽比漏磁导通用化的计算过程。

(1)矩形平底槽的槽比漏磁导

具有四层绕组的矩形平底槽结构如图 7-8 所示。

图 7-8　具有四层导体的矩形平底槽

参考第 4.3.2.1 节的槽漏抗计算过程,首先计算 M 相功率绕组的上层自比漏磁导,分为两部分:$h_{s0}+h_{s1}$ 高度范围内的槽自比漏磁导 λ_{1200};h_{s2} 高度范围内的槽自比漏磁导 λ_{1201}。相应表达式为

$$\lambda_{1200} = \frac{h_{s0}}{b_{s0}} + \frac{2h_{s01}}{b_{s0}+b_{s1}} \tag{7.3.10}$$

$$\lambda_{1201} = \frac{h_{s2}}{3b_{s1}} \tag{7.3.11}$$

则 M 相功率绕组的上层比漏磁导 λ_{120} 的表达式为

$$\lambda_{120} = \lambda_{1200} + \lambda_{1201} \tag{7.3.12}$$

其次计算 M 相功率绕组的下层自比漏磁导,分为两部分:$h_{s0}+h_{s1}+h_{s2}$ 高度范围内的槽自比漏磁导 λ_{1210};h_{s3} 高度范围内的槽自比漏磁导 λ_{1211}。相应表达式为

$$\lambda_{1210} = \lambda_{1200} + \frac{h_{s2}}{b_{s1}} \tag{7.3.13}$$

$$\lambda_{1211} = \frac{h_{s3}}{3b_{s1}} \tag{7.3.14}$$

则 M 相功率绕组的下层比漏磁导 λ_{121} 的表达式为

$$\lambda_{121} = \lambda_{1210} + \lambda_{1211} \tag{7.3.15}$$

进一步计算 M 相功率绕组的上层与下层的互比漏磁导,分为两部分: $h_{s0} + h_{s1}$ 高度范围内的槽互比漏磁导 λ_{1220} ; h_{s2} 高度范围内的槽互比漏磁导 λ_{1221} 。相应表达式为

$$\lambda_{1220} = \lambda_{1200} \tag{7.3.16}$$

$$\lambda_{1221} = \frac{h_{s2}}{2b_{s1}} \tag{7.3.17}$$

则 M 相功率绕组的上层与下层互比漏磁导 λ_{122} 的表达式为

$$\lambda_{122} = \lambda_{1220} + \lambda_{1221} \tag{7.3.18}$$

在槽比漏磁导 λ_{120} , λ_{121} , λ_{122} 的结果基础上,根据式(7.3.9)所示槽漏抗与比漏磁导关系,以及图 7-8 所示的槽内绕组分布情况,计算 M 相功率绕组的槽漏感。

对于 3 相辅助励磁绕组的槽比漏磁导及 M 相功率绕组与 3 相辅助励磁绕组之间的槽比漏磁导而言,其求解方法与上述 M 相功率绕组的求解方法相似,在此不再重复说明。

(2)圆底梨形槽的槽比漏磁导

除上文给出的矩形槽,圆底梨形槽也是感应电机的常用槽形,具有四层绕组的圆底梨形槽结构如图 7-9 所示。该槽形的定子槽宽从上到下不断变化,因此不能直接采用矩形槽的槽漏感计算公式。

1—槽口空隙

2~3—功率绕组区域

4~5—补偿绕组区域

图 7-9　具有四层绕组的圆底梨形槽

采用分层思路计算圆底梨形槽的槽比漏磁导,首先对各绕组区域以及空隙区域编号,槽口空隙区域 1 内无绕组(即无电流),近槽口绕组区域 2～3 为功率绕组,近槽底绕组区域 4～5 为辅助励磁绕组。采用分层计算的思路,将上述各区域沿槽高方向分为 N_1,N_2,N_3,N_4,N_5 个等高的子层。在分层数较大的情况下,可以认为各子层近似于矩形,第 k 区域第 m 子层的高度为 h_{km},宽度为 b_{km}。

各子层在高度方向上磁场强度相等,且等于该子层中位线处的磁场强度。认为电流在各层绕组均匀分布,则第 k 区域第 m 子层中由磁力线包围的电流与该区域总电流之比等于穿过第 m 子层中央的磁力线包围的第 k 区域部分面积 S_{km} 与第 k 区域的总面积 S_k 之比。进一步考虑槽内磁场,第 k 区域第 m 子层中磁通所交链的第 k 区域部分匝数与该区域总匝数的比例也为 S_{km}/S_k,其中 S_{km} 与 S_k 的表达式如下:

$$\begin{cases} S_{km} = \sum_{j=1}^{m-1} b_{kj} h_{kj} + \dfrac{1}{2} b_{km} h_{km} \\ S_k = \sum_{j=1}^{N_k} b_{kj} h_{kj} \end{cases}$$

第 k 区域第 m 子层中,由第 i 区域电流激发产生的磁场强度 H_i^{km} 为

$$H_i^{km} = \begin{cases} 0, & k > i \\ \dfrac{S_{im}}{S_i} W_i I_i, & k = i \\ W_i I_i, & k < i \end{cases} \tag{7.3.19}$$

式中,W_i 为第 i 区域的绕组匝数,I_i 为第 i 区域的绕组电流。进一步可知第 k 区域第 m 子层中的总磁通 Φ_i^{km} 为

$$\Phi_i^{km} = \mu_0 H_i^{km} l_{ef} h_{km} \tag{7.3.20}$$

第 k 区域第 m 子层中的磁通 Φ_i^{km} 与第 j 区域线圈相互交链的磁链 Ψ_{ji}^{km} 为

$$\Psi_{ji}^{km} = \begin{cases} 0, & k > j \\ \dfrac{S_{jm}}{S_j} W_j \varphi_i^{km}, & k = j \\ W_j \varphi_i^{km}, & k < j \end{cases} \tag{7.3.21}$$

槽漏感即磁链与产生磁链的电流的比值,利用式(7.3.19)～(7.3.21)可以建立总磁链与电流之间的定量关系,进而得到槽漏比磁导的计算值,其中第 i 区域的槽自比磁导表达式为

$$\lambda_{ii} = \sum_{m=1}^{N_i} \left(\frac{S_{im}}{S_i} \right)^2 \frac{h_{im}}{b_{im}} + \sum_{k=i+1}^{5} \sum_{m=1}^{N_k} \frac{h_{km}}{b_{km}} \tag{7.3.22}$$

第 i 区域与第 j 区域$(i > j)$的槽互比磁导表达式为

$$\lambda_{ji} = \sum_{m=1}^{N_j} \frac{S_{jm}}{S_j} \frac{h_{jm}}{b_{jm}} + \sum_{k=j+1}^{5} \sum_{m=1}^{N_k} \frac{h_{km}}{b_{km}} \qquad (7.3.23)$$

进一步利用功率绕组与辅助励磁绕组的分布形式,将各槽的槽比漏磁导加和,即可得到最终的槽比漏磁导结果。

7.3.3.2 定子谐波漏感

感应发电机定子绕组的谐波漏感计算可参考第 4.3.2.2 节的同步电机定子谐波漏抗的计算过程。本节以 12/3 相双绕组整流感应发电机为例,阐述辅助励磁绕组、功率绕组谐波自漏抗与谐波互漏抗的计算方法。

(1)3 相辅助励磁绕组谐波自漏感

3 相辅助励磁绕组合成磁势中含有 $6k \pm 1$ 次谐波磁势,则 3 相辅助励磁绕组谐波自漏感为

$$L_{L(h)} = \frac{2M_c}{\pi^2} \frac{W_c^2 \mu_0 \tau l_{ef}}{p \delta_{ef}} \sum_{v \neq 1} \left(\frac{K_{cdpv}}{v} \right)^2 \qquad (7.3.24)$$

式中,M_c 为辅助励磁绕组总相数,$v = 6k \pm 1$,K_{cdpv} 为 3 相辅助励磁绕组 v 次谐波绕组系数。

(2)12 相功率绕组谐波自漏感

如图 7-1 所示,12 相功率绕组分为 4Y,每个 Y 互移 15°电角度。根据绕组磁势分析理论,12 相绕组合成磁势中只含有 $24k \pm 1$ 次谐波磁势,则 12 相功率绕组谐波自漏感为

$$L_{ll(h)} = \frac{2M_p}{\pi^2} \frac{W_p^2 \mu_0 \tau l_{ef}}{p \delta_{ef}} \sum_{v \neq 1} \left(\frac{K_{pdpv}}{v} \right)^2 \qquad (7.3.25)$$

式中,M_p 为功率绕组总相数,$v = 24k \pm 1$,K_{pdpv} 为 12 相功率绕组 v 次谐波绕组系数。

(3)任意两相之间的谐波互漏感

如图 7-1 所示,3 相辅助励磁绕组中 A 相与 12 相功率绕组的 Y_1 中的 a_1 夹角为 α,则两者之间的谐波互漏抗为

$$L_{Aa_1(h)} = \frac{4}{\pi^2} \frac{W_c W_p \mu_0 \tau l_{ef}}{p \delta_{ef}} \sum_{v \neq 1} \left[\frac{K_{cdpv} K_{pdpv}}{v} \cos(v\alpha) \right] \qquad (7.3.26)$$

以此类推,B、C 相与 a_1 之间的谐波互漏抗为

$$\begin{cases} L_{Ba_1(h)} = \dfrac{4}{\pi^2} \dfrac{W_c W_p \mu_0 \tau l_{ef}}{p \delta_{ef}} \sum_{v \neq 1} \dfrac{K_{cdpv} K_{pdpv}}{v} \cos[v(\alpha + 120°)] \\[4mm] L_{Ca_1(h)} = \dfrac{4}{\pi^2} \dfrac{W_c W_p \mu_0 \tau l_{ef}}{p \delta_{ef}} \sum_{v \neq 1} \dfrac{K_{cdpv} K_{pdpv}}{v} \cos[v(\alpha - 120°)] \end{cases} \tag{7.3.27}$$

根据功率绕组的位置分布,3 相辅助励磁绕组与整个 Y_1 的谐波互漏抗为

$$L_{Ly1(h)} = L_{Aa_1(h)} \cos\alpha + L_{Ba_1(h)} \cos(\alpha + 120°) + L_{Ca_1(h)} \cos(\alpha - 120°) \tag{7.3.28}$$

根据式(7.3.26)～(7.3.28)的结论,可以得到 3 相辅助励磁绕组与 12 相功率绕组其他 Y 的谐波漏抗,则两者总谐波漏抗为

$$L_{Ll(h)} = L_{Ly1(h)} + L_{Ly2(h)} + L_{Ly3(h)} + L_{Ly4(h)} \tag{7.3.29}$$

7.3.3.3　定子端部漏感

本小节基于 Biot-Savart 定理对定子绕组端部漏感进行计算[25,34],利用定子端部镜像模型得到各绕组端部漏感计算矩阵,包括功率绕组内部端部漏感矩阵 $\boldsymbol{M}_{pp(e)}$,辅助励磁绕组内部端部漏感矩阵 $\boldsymbol{M}_{cc(e)}$,以及辅助励磁绕组与功率绕组间的端部互漏抗矩阵 $\boldsymbol{M}_{cp(e)}$。上述漏抗矩阵的具体计算过程可参考第 4.3.2.3 节。

对定子绕组按槽标号,设 1 号线圈流过的基波电流为 1,则 j 号线圈中的基波电流为

$$i_1^j = \cos\left[(j-1)p\frac{2\pi}{Z_1}\right] \tag{7.3.30}$$

针对感应发电机,辅助励磁绕组各端部漏感为

$$L_{cL(e)} = \frac{1}{a_c^2} \sum_{j=1}^{Z_1} \sum_{k=1}^{Z_1} i_1^j i_1^k M_{cck(e)}^j \tag{7.3.31}$$

功率绕组各相端部漏感为

$$L_{ll(e)} = \frac{1}{a_p^2} \sum_{j=1}^{Z_1} \sum_{k=1}^{Z_1} i_1^j i_1^k M_{ppk(e)}^j \tag{7.3.32}$$

辅助励磁绕组与功率绕组各相端部漏感为

$$L_{cLl(e)} = \frac{1}{a_c a_p} \sum_{j=1}^{Z_1} \sum_{k=1}^{Z_1} i_1^j i_1^k M_{cpk(e)}^j \tag{7.3.33}$$

式中,a_p,a_c 为功率绕组和辅助励磁绕组并联支路数。

7.3.4　转子漏感

感应发电机的鼠笼绕组结构与同步电机有很大不同,因此其转子漏感计算

也有其特殊性。鼠笼式转子的漏抗的主要组成与定子相同,为槽部、谐波和端部三部分漏感之和:

$$L_r = L_{r(s)} + L_{r(h)} + L_{r(e)} \tag{7.3.34}$$

式中,下标(s)表示槽漏感参数,(h)表示谐波漏感参数,(e)表示端部漏感参数。

7.3.4.1 转子槽漏感

与定子槽漏感计算过程类似,将转子槽漏感表示为转子漏感系数与比漏磁导的乘积,计算过程中将转子鼠笼结构等效为相数$M = Z_2$且每相匝数为0.5的绕组。转子漏感系数K_{lr}为

$$K_{lr} = \frac{\mu_0 l_{ef}}{4} \tag{7.3.35}$$

假设转子槽电流总有效值为I,认为导体内电流均匀分布,忽略铁心磁阻,槽内磁力线与槽底平行,则在距离槽底高度为h处,通过高度$\mathrm{d}h$与轴向长度l_{ef}组成的截面积的磁通为

$$\mathrm{d}\varPhi(h) = \frac{I}{\mu_0} \frac{S(h)}{S_{all}} \frac{l_{ef}}{w(h)} \mathrm{d}h \tag{7.3.36}$$

式中,$S(h)$为槽高h以下的槽面积,$w(h)$为槽高h处的槽宽,S_{all}为槽的总面积。

磁通$\varPhi(h)$与电流$IS(h)/S_{all}$相链,则对应磁链为

$$\mathrm{d}\varPsi(h) = \frac{I}{\mu_0} \frac{S(h)^2}{S_{all}^2} \frac{l_{ef}}{w(h)} \mathrm{d}h \tag{7.3.37}$$

槽高h_a以下槽面积的总磁链$\varPsi$为

$$\varPsi = \frac{I}{\mu_0} \frac{l_{ef}}{S_{all}^2} \int_0^{h_a} \frac{S(h)^2}{w(h)} \mathrm{d}h \tag{7.3.38}$$

为简化计算,采用分层近似等效的思路求解转子槽漏抗[53]。以图7-10所示的梯形转子槽为例,将转子槽高度方向等分为N层,在分层数较多的情况下,每一层都可视为一个矩形,则可将式(7.3.38)离散化表示为

$$\varPsi = \frac{I^2 l_{ef}}{\mu_0 S_{all}^2} \sum_{i=1}^{N} \frac{S_i^2 h_i}{w_i} \tag{7.3.39}$$

式中,h_i为转子槽分层中第i层的高度,w_i为第i层槽宽度,S_i为第i层中线及以下的槽面积,即

$$S_i = \sum_{j=1}^{i-1} s_j + \frac{s_i}{2} \tag{7.3.40}$$

式中,s_j为转子槽分层中第j层的面积。

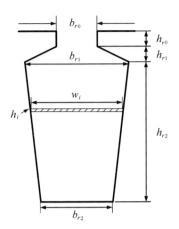

图 7-10　梯形转子槽示意

根据磁链可知,转子槽比磁导的表达式为

$$\lambda_{r(s)} = \frac{1}{S_{all}^2} \sum_{i=1}^{N} \frac{S_i^2 h_i}{w_i} \tag{7.3.41}$$

转子漏感为

$$L_{r(s)} = K_{lr} \lambda_{r(s)} \tag{7.3.42}$$

以上是计算槽比漏磁导的通用数值计算方法,对于一些形状较为规则的槽形,也可以直接写出积分表达式。对于图 7-10 所示的转子槽,其槽比漏磁导为

$$\lambda_{r(s)} = \frac{h_{r0}}{b_{r0}} + \frac{h_{r1}}{b_{r1} - b_{r0}} \ln \frac{b_{r1}}{b_{r0}}$$

$$+ \frac{1}{[(b_{r1} + b_{r2}) h_{r2}/2]^2} \int_0^{h_R} \frac{\left[\left(b_{r2} + b_{r2} + \dfrac{b_{r1} - b_{r2}}{h_{r2}} h \right) \dfrac{h}{2} \right]^2}{b_{r2} + \dfrac{b_{r1} - b_{r2}}{h_{r2}} h} \mathrm{d}h \tag{7.3.43}$$

7.3.4.2　转子谐波漏感

转子谐波漏感与定子谐波漏抗计算过程相似,其表达式为

$$L_{r(h)} = \frac{Z_2}{\pi^2} \frac{\mu_0 \tau l_{ef}}{2 p \delta_{ef}} \sum_{\mu \neq 1} \left(\frac{1}{\mu} \right)^2 \tag{7.3.44}$$

式中,$\mu = k(Z_2/p) \pm 1$。

7.3.4.3　转子端部漏感

鼠笼式转子的端部一般为整体式端环,忽略端环上的集肤效应,假设其电流均匀分布,将端环截面等效为面积相同的圆形,则等效半径 R_{re} 为

$$R_{re} = \sqrt{\frac{(D_{o\_re} - D_{i\_re})h_{re}}{2\pi}} \qquad (7.3.45)$$

每段端环长度 t_{re} 为

$$t_{re} = \frac{\pi(D_{o\_re} + D_{i\_re})}{2Z_2} \qquad (7.3.46)$$

根据文献[54],在满足 $t_{re} \gg R_{re}$ 的情况下,可按端环段无限长来计算转子端部漏抗,计算公式如下:

$$L_{r(e)} = \frac{1}{2} \times 0.5046 \left(\frac{\Delta l}{1.13} + \frac{D_R}{2P} \right) \frac{\pi^2 P \mu_0}{Z_2} \qquad (7.3.47)$$

式中,Δl 为鼠笼式转子导条在端部伸出的长度,D_R 为端环平均直径,则有

$$D_R = \frac{(D_{o\_re} + D_{i\_re})}{2} \qquad (7.3.48)$$

若 R_{re} 与 t_{re} 相差并不大,则式(7.3.47)的结论并不成立,按端环段为有限长来计算其漏抗,建立图 7-11 所示的端部漏抗等效计算模型。

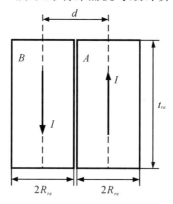

图 7-11　转子端部漏抗等效计算模型

定义参数 $\varepsilon = R_{re}/t_{re}$,考虑 A、B 两段转子端部的漏感,计算过程如下。

①端环段 A 在其外部到无穷大的区域与自身交链的漏感 L_{ra1} 为

$$L_{ra1} = \frac{\mu_0}{2\pi} t_{re} \left[\ln \left(\frac{1}{\varepsilon} + \sqrt{1 + \frac{1}{\varepsilon^2}} \right) + \varepsilon - \sqrt{1 + \varepsilon^2} \right] \qquad (7.3.49)$$

②端环段 A 在其内部区域与自身交链的漏感 L_{ra2} 为

$$L_{ra2} = \frac{\mu_0}{2\pi} t_{re} \left[-\frac{\varepsilon}{5} + \left(\frac{1}{5} + \frac{1}{15\varepsilon^2} - \frac{2}{15\varepsilon^4} \right) \sqrt{1 + \varepsilon^2} + \frac{2}{15\varepsilon^4} \right] \qquad (7.3.50)$$

③端环段 B 对端环段 A 外部交链的互漏感 L_{ra3} 为

$$L_{ra3} = -\frac{\mu_0}{2\pi} t_{re} \left[\ln\left(\frac{1}{\varepsilon} + \sqrt{1 + \frac{1}{\varepsilon^2}}\right) + 3\varepsilon - \sqrt{1 + 9\varepsilon^2} \right] \qquad (7.3.51)$$

④端环段 B 对端环段 A 内部交链的互漏感 L_{ra4}，可根据图 7-12 所示模型进行计算，其中阴影部分面积 S 为

$$S = \alpha x^2 - x\cos\alpha \times x\sin\alpha + R_{re}^2\theta - R_{re}\cos\theta \times R_{re}\sin\theta$$
$$= x^2\left(\alpha - \frac{\sin2\alpha}{2}\right) + R_{re}^2\left(\theta - \frac{\sin2\theta}{2}\right) \qquad (7.3.52)$$

式中，夹角 α、θ 的角度为

$$\begin{cases} \alpha = \cos^{-1}\frac{1}{4}\left(\frac{x}{R_{re}} + \frac{3R_{re}}{x}\right) \\ \theta = \cos^{-1}\frac{1}{4}\left(5 - \frac{x^2}{R_{re}^2}\right) \end{cases}$$

互漏感 L_{ra4} 为

$$L_{ra4} = -\frac{\mu_0}{2\pi^2} \int_{R_{re}}^{3R_{re}} \left[\frac{\sqrt{t_{re}^2 + x^2}}{x} - 1\right] \frac{S}{R_{re}^2} \mathrm{d}x \qquad (7.3.53)$$

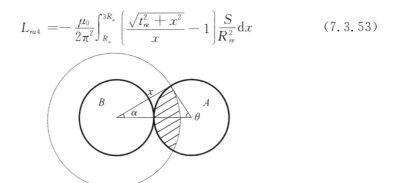

图 7-12　端环段 B 与端环段 A 内部交链示意

相邻导条间端环的实际漏感为上述四部分漏感之和，为便于计算，进一步将端环漏感折算到导条直线段，其与转子端环电阻折算关系相同[式(7.3.5)]，则双边端环折算至直线段的转子端部漏抗为

$$L_{r(e)} = (L_{ra1} + L_{ra2} + L_{ra3} + L_{ra4}) \frac{2}{[2\sin(p\pi/Z_2)]^2} \qquad (7.3.54)$$

7.3.4.4　转子漏感向定子侧折算

为便于分析电机运行性能，根据感应电机绕组折算原理，可将转子漏感折算到定子 12 相绕组，折算关系为

$$L_r' = \frac{M_p}{Z_2}\left(\frac{W_p K_{pdp1}}{1/2}\right)^2 L_r \qquad (7.3.55)$$

7.3.5 多相感应电机参数计算样例

以某型 12/3 相双绕组感应整流发电机原理样机为参数计算的样例,其电磁结构如图 3-5 所示。12/3 相双绕组感应整流发电机原理样机的主要性能和电磁尺寸如表 7-1 所示,定子绕组参数如表 7-2 所示。

表 7-1　主要性能和电磁尺寸

参数	值	参数	值
额定输出功率	18.4kW	额定转速	1500r/min
极对数	2	功率绕组空载额定相电压	94V
定子内径	250mm	定子外径	350mm
转子外径	248.8mm	转子轴孔径	80mm
气隙长度	0.6mm	铁心轴向长度	150mm

表 7-2　定子绕组参数

参数	12 相功率绕组	3 相辅助励磁绕组
匝数	36	72
短距系数	5/6	5/6
每极每相槽数	1	4
槽内位置	顶层	底层

定子结构中,定子槽数为 48,定子槽形如图 7-9 所示,定子槽具体尺寸如表 7-3 所示。

表 7-3　定子槽尺寸　　　　　　　　　　　　　　　(单位:mm)

参数	值	参数	值
定子槽口宽 b_{s0}	3.2	定子槽肩底部宽 b_{s1}	8.8
定子槽口高 h_{s0}	0.8	定子槽肩高 h_{s1}	1.2
定子槽中部梯形高 h_{s2}	13	定子槽圆底半径 r_1	5.25

转子结构中,转子槽数为 44,转子槽形如图 7-10 所示,转子槽及端环尺寸如表 7-4 所示。

表 7-4　转子槽及端环尺寸　　　　　　　　　　（单位:mm）

参数	值	参数	值
转子槽口宽 b_{r0}	1	转子槽肩底部宽 b_{r1}	7.2
转子槽底宽 b_{r2}	5	转子槽口高 h_{r0}	1.13
转子槽肩高 h_{r1}	1.67	转子槽主体高 h_{r2}	15.2
转子端环外径 D_{o_re}	248.8	转子端环内径 D_{o_ie}	80
端环宽度 w_{re}	4		

（1）定子电阻

双绕组感应发电机的定子上布置有两套绕组,分别为功率绕组与辅助励磁绕组。两类绕组的电阻参数计算过程如下。

1）功率绕组电阻

功率线圈平均线匝长 $l_{pW}=0.891$m,定子功率绕组采用的铜材在 90℃ 下的电阻率为 $0.02276\Omega\text{mm}^2/\text{m}$,功率绕组采用直径为 1mm 的圆导线,共 4 匝并绕,则功率绕组电阻 r_p 为

$$r_p = 0.02276 \times \frac{36 \times 0.891}{4\pi \times (1/2)^2} = 0.2324\Omega \tag{7.3.56}$$

2）辅助励磁绕组电阻

辅助励磁绕组材料和端部结构与功率绕组相同,则辅助励磁绕组平均匝长 $l_{cW}=0.891$m,90℃ 下的导线材料电阻率为 $0.02276\Omega\text{mm}^2/\text{m}$,辅助励磁绕组采用直径为 0.95mm 的圆导线,共 2 匝并绕,则辅助励磁绕组电阻 r_c 为

$$r_c = 0.02276 \times \frac{72 \times 0.891}{2\pi \times (0.95/2)^2} = 1.030\Omega \tag{7.3.57}$$

（2）转子电阻

转子导条与定子导线采用相同的铜材,则 90℃ 下的导线材料电阻率为 $0.02276\Omega\text{mm}^2/\text{m}$,首先计算导条直线段电阻 r_{rb},根据转子槽形计算导条截面积 A_{rb},有

$$A_{rb} = 0.995 \times \left[\frac{1}{2}(1+7.2) \times 1.67 + \frac{1}{2}(5+7.2) \times 15.2 \right]$$
$$= 0.995 \times 99.57 = 99.07\text{mm}^2 \tag{7.3.58}$$

则导条直线段电阻 r_{rb} 为

$$r_{rb} = 0.02276 \times \frac{0.15}{99.07} = 3.446 \times 10^{-5}\Omega \tag{7.3.59}$$

根据转子端环尺寸,两根相邻导条之间的转子端环实际电阻 r_{re0} 为

$$r_{re0} = \frac{\pi \times 0.02276}{2 \times 44} \times \frac{(248.8+80)}{4 \times 84.4} \times 10^{-3} = 7.914 \times 10^{-7}\,\Omega \quad (7.3.60)$$

将单边端环电阻折算至导条的等效电阻 r_{re} 为

$$r_{re} = \frac{r_{re0}}{[2\sin(p\pi/Z_2)]^2} = 9.768 \times 10^{-6}\,\Omega \quad (7.3.61)$$

则转子实际电阻 r_r 的计算值为

$$r_r = (3.446 + 2 \times 0.9768) \times 10^{-5} = 5.400 \times 10^{-5}\,\Omega \quad (7.3.62)$$

将转子电阻折算到定子 12 相功率绕组,折算后的转子电阻值 r_r' 为

$$r_r' = \frac{4 \times 12}{44} \times (36 \times 0.963)^2 \times 5.400 \times 10^{-5} = 0.0708\,\Omega \quad (7.3.63)$$

(3)定子漏感

首先考虑槽漏感,根据第 7.3.3.1 节给出的公式,感应发电机定子槽内四层绕组之间的槽比漏磁导如表 7-5 所示。

样机功率绕组与辅助励磁绕组的空间位置关系如图 7-13 所示。根据表 7-5 所示的槽比漏磁导结果,结合两类绕组在定子内部的连接关系,可以计算各相槽漏感。由于槽漏感数值较多,此处给出部分典型值计算结果,如表 7-6 所示。

表 7-5　槽比漏磁导计算值

λ_{11}	λ_{21}	λ_{31}	λ_{41}	λ_{22}	λ_{32}	λ_{42}	λ_{33}	λ_{43}	λ_{44}
2.186	2.025	1.642	0.9629	1.999	1.642	0.9629	1.538	0.9629	0.8393

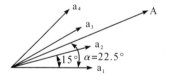

图 7-13　功率绕组($a_1 \sim a_4$)与辅助励磁绕组(A)轴线位置关系

表 7-6　各相槽漏感计算值　　　　　　　　　　　(单位:10^{-3}H)

$L_{AA(s)}$	$L_{AB(s)}$	$L_{b3b3(s)}$	$L_{a1b3(s)}$	$L_{c1b3(s)}$	$L_{Ab1(s)}$	$L_{Ab3(s)}$	$L_{Aa3(s)}$
0.3793	−0.0618	0.1452	−0.0588	0	0	−0.0294	0.1297

其次考虑谐波漏感,根据第 7.3.3.2 节给出的公式,参考图 7-13 所示的绕组位置关系,可得到各相谐波漏感的计算值。由于谐波漏感数值较多,此处给出部分典型值计算结果,如表 7-7 所示。

表 7-7　各相谐波漏感计算值　　　　　　　　　　（单位：10^{-3} H）

$L_{AA(h)}$	$L_{AB(h)}$	$L_{b3b3(h)}$	$L_{a1b3(h)}$	$L_{a2b3(h)}$	$L_{c1b3(h)}$	$L_{Ab3(h)}$
1.732	1.286	1.327	-0.2017	0.5984	0	0.8342

最后考虑端部漏感,根据第 7.3.3.3 节给出的公式,参考图 7-13 所示的绕组位置关系以及样机线圈端部尺寸,可得到各相端部漏感的计算值。由于端部漏感数值较多,此处给出部分典型值计算结果,如表 7-8 所示。

表 7-8　各相端部漏感计算值　　　　　　　　　　（单位：10^{-3} H）

$L_{AA(e)}$	$L_{AB(e)}$	$L_{b3b3(e)}$	$L_{a1b3(e)}$	$L_{b1b3(e)}$	$L_{c1b3(e)}$	$L_{Ab3(e)}$
0.3071	-0.1260	-0.1055	-0.0737	0.0737	0	-0.0756

（4）转子漏感

1）槽漏感

根据所示转子槽尺寸以及式（7.3.43）,转子槽部比漏磁导为

$$\lambda_{r(s)} = \frac{h_{r0}}{b_{r0}} + \frac{h_{r1}}{b_{r1}-b_{r0}}\ln\frac{b_{r1}}{b_{r0}} + \frac{1}{\left[(b_{r1}+b_{r2})h_{r2}/2\right]^2}$$

$$\int_0^{h_{r2}}\frac{\left[\left(b_{r2}+b_{r2}+\dfrac{b_{r1}-b_{r2}}{h_{r2}}h\right)\dfrac{h}{2}\right]^2}{b_{r2}+\dfrac{b_{r1}-b_{r2}}{h_{r2}}h}\mathrm{d}h = 2.174 \quad (7.3.64)$$

转子槽漏感 $L_{r(s)}$ 为比漏磁导与漏感基数的乘积,即

$$L_{r(s)} = \mu_0 l_{ef}\lambda_{r(s)} = 4\pi\times10^{-7}\times0.1512\times2.174$$
$$= 4.131\times10^{-7}\,\mathrm{H} \qquad\qquad (7.3.65)$$

2）谐波漏感

转子谐波磁通次数 $\mu=kZ_2\pm1,k=1,2,3,\cdots$。谐波漏感计算中可以忽略影响较小的高次谐波,此处令 k 在 $[1,20]$ 范围内取值,根据式（7.3.44）的结论,可得转子谐波漏感为

$$L_{r(h)} = \frac{Z_2}{\pi^2}\frac{\mu_0\tau l_{ef}}{2p\delta_{ef}}\sum_{\mu\neq1}\left(\frac{1}{\mu}\right)^2 = 3.957\times10^{-7}\,\mathrm{H} \qquad (7.3.66)$$

3）端部漏感

根据图 7-12 给出的转子端环尺寸,端环等效半径 $R_{re}=10.34$mm,每段端环长度 $t_{re}=11.74$mm。由于 R_{re} 与 t_{re} 相差并不大,必须考虑端环段为有限长来计算其漏感。

根据第 7.3.4.3 节给出的转子端部漏感计算过程,利用图 7-11 和图 7-12 给出的计算模型可知 $\varepsilon = R_{re}/t_{re} = 0.8806$,各部分转子漏抗的计算结果如下:

$$\begin{cases} L_{ra1} = 1.223 \times 10^{-9}\,\mathrm{H} \\ L_{ra2} = 3.075 \times 10^{-10}\,\mathrm{H} \\ L_{ra3} = -4.38 \times 10^{-10}\,\mathrm{H} \\ L_{ra4} = -2.283 \times 10^{-10}\,\mathrm{H} \end{cases} \tag{7.3.67}$$

则折算至直线段的转子端部漏感 $L_{r(e)}$ 为

$$L_{r(e)} = (L_{ra1} + L_{ra2} + L_{ra3} + L_{ra4}) \frac{2}{[2\sin(p\pi/Z_2)]^2} = 2.133 \times 10^{-8}\,\mathrm{H} \tag{7.3.68}$$

4)转子漏感向定子 12 相功率绕组的折算

根据式(7.3.55),将转子漏感折算到定子 12 相功率绕组,折算后的转子漏感值为

$$L_r' = \frac{M_p}{Z_2}\left(\frac{W_p K_{pdp1}}{1/2}\right)^2 (L_{r(s)} + L_{r(h)} + L_{r(e)}) = 1.032 \times 10^{-3}\,\mathrm{H} \tag{7.3.69}$$

第8章　多相整流感应发电机系统运行性能分析

本章在双绕组感应发电机系统数学模型及参数的基础上,对该类电机系统的运行性能进行分析,主要包括感应发电机的空载特性、负载特性、静态稳定性以及动态特性。针对空载特性,首先介绍了感应发电机的空载自励建压过程以及自励电容计算方法,针对双绕组感应发电机特有的空载电压5或7次谐波谐振问题,从磁势分析入手,揭示了多套多相绕组间谐波耦合特性引发空载电压谐振的具体机理;针对负载运行,对多相整流发电机整流桥并接自励电容情况下的负载特性进行解析,指出了在相关参数匹配情况下该类负载对外呈容性的特性,并在此基础上提出了基于分布磁路法与等效电路相结合的系统稳态性能分析方法;针对多相感应发电机系统的静态稳定性,建立了适合于双绕组发电机系统单机运行稳定性分析的解析模型,重点分析了发电机系统小扰动下的固有静态稳定性和励磁控制对系统静态稳定性的影响;最后对感应发电机短路与突加、突卸负载情况下的动态特性进行分析,阐述了动态过程中发电机内部的电磁耦合关系,给出了最大短路电流等动态性能的计算方法[52]。

8.1　空载特性分析

发电机独立运行的前提条件是建立空载电压,12/3相双绕组感应发电机功率绕组接有自励电容,并利用剩磁实现空载自励,自励电容的大小直接决定了空载电压的幅值,因此感应发电机空载特性分析的首要任务是计算自励电容的容值。同时,12/3相双绕组感应发电机采用多相多套设计,同时布置有功率绕组和辅助励磁绕组,两类绕组不仅基波磁场存在相互作用,两者的谐波磁场也存在较强的耦合特性。例如辅助励磁绕组5或7次等特定谐波电流会导致发电机 12 相绕组出现不对称,严重影响感应发电机的电压品质[55-56]。为解决该类问题,必须对多套多相绕组的谐波耦合原理以及影响进行详细分析。

8.1.1 空载自励电容的计算

针对空载自励电容计算问题,当所建立的空载电压处于磁路的饱和区域且磁路的磁滞效应可以忽略时,传统 3 相感应电机分析中已有较为成熟的自励电容计算方法[57-59],但这些方法并不能直接用于多相感应发电机,仍需要对其进行适当简化,才能实现分析过程。

当 12/3 相双绕组感应发电机运行于空载且 SAVR 不工作时,由于 12 相绕组对称,则有

$$i_{d1} = i_{d2} = i_{d3} = i_{d4}, \quad i_{q1} = i_{q2} = i_{q3} = i_{q4} \tag{8.1.1}$$

根据式(8.1.1),12 相功率绕组的等效漏感为 $4L'_{lp} = L_{lp} + 2L_{lm1} + L_{lm2}$,相应的激磁电感和转子回路参数均指折算到 12 相绕组的综合参数,同时不考虑辅助励磁绕组与负载的影响,此时可以参考传统感应电机分析方法建立 T 形等效电路模型,如图 8-1 所示。

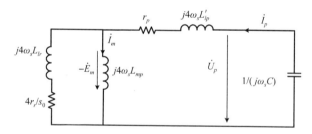

图 8-1 双绕组感应发电机空载(SAVR 不工作)时的等效电路

至此,可按照普通 3 相感应电动机的分析方法,根据激磁电势 E_m 与激磁电流 I_m 的空载特性关系推导出 12 相绕组的激磁磁链 Ψ_m 与激磁电感 $4L_{mp}$ 的关系,如图 8-2 所示。根据第 2.3 节的介绍,感应发电机通过绕组与自励电容之间的自激振荡完成空载自励,自激条件为图 8-1 所示的等效电路节点导纳之和为 0,则有:

$$Y = \frac{1}{j4\omega_s L_{lr} + \dfrac{4r_r}{s_0}} + \frac{1}{j4\omega_s L_{mp}} + \frac{1}{r_p + j4\omega_s L'_{lp} + \dfrac{1}{j\omega_s C}} \tag{8.1.2}$$

式中,s_0 为空载转差率。

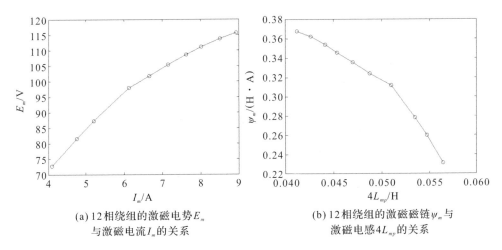

(a) 12 相绕组的激磁电势 E_m
与激磁电流 I_m 的关系

(b) 12 相绕组的激磁磁链 ψ_m 与
激磁电感 $4L_{mp}$ 的关系

图 8-2 典型磁路饱和特性

为不失一般性,设 $\dot{U}_p = U_{pm} \angle \theta°$,根据图 8-1,绕组电压与内电势的关系为

$$U_{pm} = \left| \frac{-\dot{E}_m}{j\omega_s C r_p - 4\omega_s^2 L'_{lp} C + 1} \right| \tag{8.1.3}$$

空载时,整流桥直流侧电压为

$$U_{dc0} = \left(\frac{\pi}{2M_p} \right)^{-1} \int_{-\frac{\pi}{2M_p}}^{\frac{\pi}{2M_p}} \sqrt{3} U_{pm} \cos\theta \mathrm{d}\theta = \sqrt{3} U_{pm} \frac{2M_p}{\pi} \sin\left(\frac{\pi}{2M_p} \right) \tag{8.1.4}$$

即

$$U_{pm} = \frac{U_{dc0}}{\sqrt{3}} \frac{\pi}{2M_p} \frac{1}{\sin\left(\dfrac{\pi}{2M_p} \right)} \tag{8.1.5}$$

式中,U_{dc0} 为空载时整流桥直流侧电压平均值,U_{pm} 为空载时功率绕组相电压幅值,M_p 为功率绕组的相数。

自励电容计算过程如下。

① 设定发电机的转速、整流桥直流侧电压值 U_{dcref}、整流桥直流电压设定误差 ΔU_{error} 和自励电容值 C,根据式(8.1.2),将 ω_s 和 L_{mp} 作为变量进行求解。

② 根据图 8-2 得到 Ψ_m 与 $4L_{mp}$ 的关系以及空载磁链 Ψ_{m0},据此得到 $|\dot{E}_m| = 4\omega_s \Psi_{m0}$,并根据式(8.1.3)得到相应的 U_{pm},进而根据式(8.1.4)得到相应的整流桥直流侧电压值 U_{dc0}。

③ 将 U_{dc0} 与设定值 U_{dcref} 相比,如果 $U_{dc0} - U_{dcref} > \Delta U_{error}$(或 $U_{dc0} - U_{dcref} >$

ΔU_{error}），则减小 C（或增大 C）并返回到步骤①，直至 $|U_{dcref} - U_{dc0}| < \Delta U_{error}$。

针对一型 12/3 相双绕组感应发电机样机（具体参数见第 8.1.2.5 节），自励电容的试验值与计算值对比如表 8-1 所示。试验数据与计算值的一致性证明所提出的空载自励电容计算方法的正确性。

表 8-1　空载自励电容试验值与计算值对比

空载设定直流电压 U_{dcref}/V	试验电容值/μF	计算电容值/μF	电容计算误差/%
227	64	62.62	−2.16
258	70	68.21	−2.56

8.1.2　多套多相绕组的谐波耦合特性对电压品质的影响

传统 3 相感应电机设计中，为充分抑制定子绕组的 5 或 7 次等谐波磁势，绕组设计中一般选用短距分布绕组，而采用多套多相绕组可以消除 5 或 7 次等谐波磁势，不需要再采用短距分布绕组来抑制谐波。因此多套多相电机绕组设计中一般尽可能选择整距集中绕组，以提高绕组磁势的利用率，优化电机性能。

针对 12/3 相双绕组感应发电机，其绕组分布如图 8-3 所示，其功率绕组为 12 相半对称绕组，功率绕组自身的谐波磁势较小，可以考虑设计为集中整距绕组，但定子中还存在有 3 相辅助励磁绕组，功率绕组与辅助励磁绕组之间的谐波磁场相互耦合，可能影响发电机的正常工作。

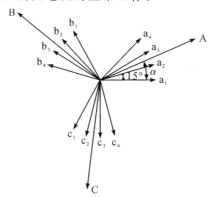

图 8-3　12/3 相整流感应发电机的绕组分布

研究表明[55]，当 12 相功率绕组采用集中整距绕组布置、接上 12 相自励电容并按正常方式起动机组建立空载电压(SAVR 不工作)时,不但没有建立起预期的基波电压,而且发生了 5 或 7 次谐波谐振现象,基波电压完全被抑制,此时功率绕组波形如图 8-4 所示(以 b_1 相为例)。

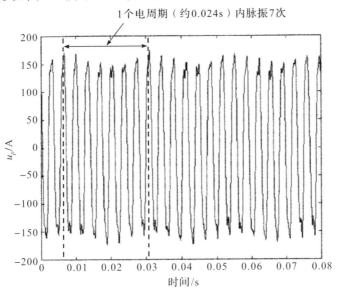

图 8-4　功率绕组空载电压的 7 次谐波谐振

另外,文献[56]指出,当励磁调节器投入运行并进行空载电压整定时,如果励磁调节器输出的电流波形畸变率较高,会导致功率绕组 12 相整流桥输出电压波形由正常的 24 脉波变为 6 脉波,即 12 相绕组的电压存在非对称分量,如图 8-5 所示,从而大大降低多相整流桥的供电品质,难以满足负载的供电需求,这一现象在空载和轻载时比较明显,且随负载的增大而减小。

按照电机学中的基波旋转磁势概念,12 相定子绕组中对称的 5 或 7 次谐波电流不会产生基波旋转磁场,更不会建立相应的基波电势,显然基于基波概念的电机模型已经无法解释低次谐波谐振现象。同样,3 相定子绕组中对称的 5 或 7 次谐波电流形成的旋转磁场不会导致其他 3 相绕组电压的不对称,3 相电机的磁势理论已经无法正确反映多相电机中绕组间的磁场耦合关系。因此,必须从电机单相绕组的磁势分析入手,推广得到多相绕组的合成磁势,从而进一步阐明多相电机绕组间的磁场耦合关系。

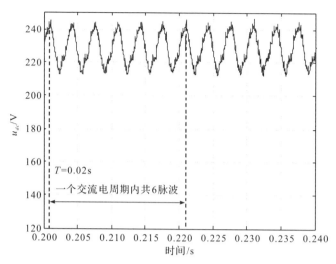

图 8-5　辅助励磁绕组存在一定谐波电流时的功率绕组整流桥直流侧空载波形

8.1.2.1　12 相功率绕组的磁势分析

感应发电机的 12 相功率绕组为半对称,属于 $180°/M$ 相带绕组。假定对称的 12 相功率绕组电流表达式如下:

$$\begin{cases} i_{ak} = \sum_{\substack{u=6i\pm1 \\ i\geqslant0,u>0}}^{\infty} I_{pu}\sin\left[u\left(\omega_s t - \frac{\pi}{12}(k-1)\right) + \varphi_{pu}\right] \\[2mm] i_{bk} = \sum_{\substack{u=6i\pm1 \\ i\geqslant0,u>0}}^{\infty} I_{pu}\sin\left[u\left(\omega_s t - \frac{2\pi}{3} - \frac{\pi}{12}(k-1)\right) + \varphi_{pu}\right] \\[2mm] i_{ck} = \sum_{\substack{u=6i\pm1 \\ i\geqslant0,u>0}}^{\infty} I_{pu}\sin\left[u\left(\omega_s t - \frac{4\pi}{3} - \frac{\pi}{12}(k-1)\right) + \varphi_{pu}\right] \end{cases} \tag{8.1.6}$$

式中,ω_s 为定子基波电流频率,I_{pu} 和 φ_{pu} 分别为 12 相功率绕组第 u 次谐波电流的幅值和相位,$k=1,2,3,4$。

根据第 2.4.3.3 节给出的 $180°/M$ 相带绕组电流与磁势的关系,12 相功率绕组的合成磁势为

$$F_p = \frac{12}{\pi}\frac{W_p I_{p1}}{p}\left[k_{dp1}\sin(\omega_s t + \varphi_{p1} - \alpha_p) + \sum_{\substack{v=24i\pm1 \\ v>1,i>0}}^{\infty} \frac{k_{dpv}}{v}\sin(\omega_s t + \varphi_{p1} \mp v\alpha_p)\right]$$

$$+ \sum_{\substack{u=6j\pm1 \\ u>1,j>0}}^{\infty} \frac{12}{\pi}\frac{W_p I_{pu}}{p}\left\{\sum_{\substack{z=24k\pm u \\ z>0,k\neq0}}^{\infty} \frac{k_{dpz}}{z}\sin(u\omega_s t + \varphi_{pu} \mp z\alpha_p) + \frac{k_{dpu}}{u}\sin[u(\omega_s t - \alpha_p) + \varphi_{pu}]\right\}$$

$$\tag{8.1.7}$$

式中,W_p 为功率绕组匝数,k_{dpv} 为功率绕组 v 次空间谐波磁场的绕组系数,α_p 为 a_1 相绕组的空间位置角。

由式(8.1.7)可知,12 相功率绕组的时间基波电流不仅产生基波旋转磁势,如式(8.1.7)中第 1 项的前一部分,而且也产生了高次的空间谐波磁势,如式(8.1.7)中第 1 项的后一部分。这些高次空间谐波磁势相对于转子本身具有较高的转差频率,主要产生损耗。式(8.1.7)中第 2 项的前一部分可分为两种情况:对于 $u=6j\pm1u\neq24j\pm1(u>1,j>0)$ 的时间谐波电流,不存在 $z=1$,故不会产生基波旋转磁势,仅产生空间谐波磁势;对于 $u=24j\pm1(u\geqslant1,j\geqslant0)$ 的时间谐波电流,存在 $z=1$,故会同时产生基波旋转磁势和空间谐波磁势。

除此以外,$u>1$ 的时间谐波电流形成的磁场与基波电流形成的磁场的一个重要差异在于:只有时间谐波电流会产生同次的空间谐波磁势,如式(8.1.7)中第 2 项的后一部分。这些空间谐波磁场与基波电流形成的基波磁场具有相同的旋转速度。对于低次谐波而言($1<u<23$),其旋转速度与主磁场相同,仅存在极对数的差异,故在转子上感应出的也为低频交流分量,该分量同样会产生机电能量转换的作用。从这一点讲,这些谐波所起作用与时间基波电流产生的基波磁场作用是相同的,在感应发电机空载起励过程中可能导致谐波振荡现象。谐波振荡的具体原理分析如下。

转子中的 5(或 7)次谐波剩磁将在定子绕组中感应 5 次负序(或 7 次正序)时间谐波电势和电流,5(或 7)次时间谐波电流将产生一系列磁势。对于 12 相定子绕组而言,根据式(8.1.7),时间谐波电流仅产生磁场空间谐波,且同次空间谐波磁势的幅值是其产生的所有空间谐波中最大的。例如,5 次时间谐波电流产生的 5 次空间谐波磁场是其产生的空间谐波中最大的。同次的空间谐波磁场在定子绕组中感应出相应的谐波电势,并通过电容进一步增大了 5 次负序(7 次正序)时间谐波电流,从而形成了正反馈过程,如图 8-6 所示。对于 3 相定子绕组而言,时间谐波电流同时产生基波和空间谐波磁场,且基波磁势的幅值是其产生的磁势中最大的,基波磁势在转子上感应高频分量,不具备自激正反馈过程,而产生的同次空间谐波在转子上感应一低频分量,故也存在正反馈过程。

以上分析表明,3 绕组和 12 绕组均存在低次谐波谐振的可能,但由于 3 相电机往往采用分布短距形式,对于谐波磁场具有较强的削弱作用,即 3 相电机的参数与电容往往难以满足谐波谐振的条件,故在 3 相电机中一般不会出现低次谐波谐振的现象;而在 12 相电机中,由于相数多,在某些特殊场合有时需要采用集中整距布置,一旦电机参数与电容满足一定的条件,将出现 5(或 7)次谐波先于基波谐振产生较高的谐波电压的情况。

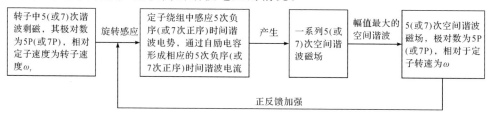

图 8-6　12 相感应发电机自激起励时由 5 或 7 次谐波剩磁引起的电磁关系

8.1.2.2　3 相辅助励磁绕组的磁势分析

假定对称的 3 相辅助励磁绕组电流表达式如下:

$$\begin{cases} i_A = \sum_{u=6i\mp1}^{\infty} i_{Au} = \sum_{u=6i\mp1}^{\infty} I_{cum}\sin(u\omega_s t + \varphi_{cu}) \\[2mm] i_B = \sum_{u=6i\mp1}^{\infty} i_{Bu} = \sum_{u=6i\mp1}^{\infty} I_{cum}\sin\left[u\left(\omega_s t - \frac{2\pi}{3}\right) + \varphi_{cu}\right] \\[2mm] i_C = \sum_{u=6i\mp1}^{\infty} i_{Cu} = \sum_{u=6i\mp1}^{\infty} I_{cum}\sin\left[u\left(\omega_s t - \frac{4\pi}{3}\right) + \varphi_{cu}\right] \end{cases} \tag{8.1.8}$$

式中,i_{Au},i_{Bu},i_{Cu} 为 3 相辅助励磁绕组的第 u 次电流,I_{cum},φ_{cu} 为辅助励磁绕组第 u 次谐波电流幅值和相位。

与前面的推导相似,3 相辅助励磁绕组的磁势如下:

$$F_C = \frac{3}{\pi}\frac{W_c I_{c1}}{p}\left[k_{cdp1}\sin(\omega_s t + \varphi_{c1} - \alpha_c) + \sum_{\substack{v=6k\pm1 \\ i\geqslant0,v>0}}\frac{k_{cdpv}}{v}\sin(\omega_s t + \varphi_{c1} \mp v\alpha_c)\right]$$
$$+ \sum_{\substack{u=6j\pm1 \\ j>0,u>0}}^{\infty}\frac{3}{\pi}\frac{WI_{cu}}{p}\left\{k_{cdp1}\sin(u\omega_s t + \varphi_{cu} \mp \alpha_c) + \sum_{\substack{z=6k\pm1 \\ z>0,k\geqslant0}}^{\infty}\frac{k_{cdpz}}{z}\sin[u\omega_s t + \varphi_{cu} \pm (6j-u)z\alpha_c]\right\}$$

$$\tag{8.1.9}$$

式中,k_{cdpv} 为辅助励磁绕组 v 次空间谐波磁场的绕组系数,α_c 为 A 相绕组的空间位置角,且 $\alpha_c = \alpha_p + \alpha$。

为起到抑制谐波的作用,辅助励磁绕组多采用分布短距布置,故可忽略基波和谐波电流产生的空间谐波磁势,即

$$F_C = \frac{3}{\pi}\frac{W_c I_{c1}}{p}k_{cdp1}\sin(\omega_s t + \varphi_{c1} - \alpha_c) + \sum_{\substack{u=6j\pm1 \\ j>0,u>0}}^{\infty}\frac{3}{\pi}\frac{WI_{cu}}{p}k_{cdp1}\sin(u\omega_s t + \varphi_{cu} \mp \alpha_c)$$

$$\tag{8.1.10}$$

由式(8.1.10)可看出,当 $\mu>1$ 时,μ 次谐波电流产生的基波旋转磁势为

$$f_u = \frac{3}{\pi}\frac{WI_{cu}}{p}k_{cdp1}\sin(u\omega_s t + \varphi_{cu} \mp \alpha_c) \tag{8.1.11}$$

u 次谐波电流产生的基波旋转磁场在 12 相功率绕组上感应的谐波电势将具有如下形式:

$$\begin{cases} e_{ai,u} = E_{uan}\sin\left[u\omega_s t \pm \frac{\pi}{12}(i-1)+\varphi_u\right] \\ e_{bi,u} = E_{uan}\sin\left\{u\omega_s t \pm \left[\frac{\pi}{12}(i-1)+\frac{2\pi}{3}\right]+\varphi_u\right\} \\ e_{ci,u} = E_{uan}\sin\left\{u\omega_s t \pm \left[\frac{\pi}{12}(i-1)+\frac{4\pi}{3}\right]+\varphi_u\right\} \end{cases} \tag{8.1.12}$$

式中,当 $u=1,5,11,17,\cdots$ 时相应的 $\pm$ 处取负号;当 $u=7,13,19,\cdots$ 时相应的 $\pm$ 处取正号;$i=1,2,3,4$,E_{uan} 和 φ_u 分别表示辅助励磁绕组旋转磁势 f_u 通过定、转子的相互作用后最终在功率绕组上感应电势的幅值和相位。

辅助励磁绕组产生的谐波磁场作用在功率绕组上,可能引起功率绕组输出的不对称,具体原理分析如下。

对于单个 Y 绕组而言,式(8.1.12)所示的电势在 $u=1,5,11,17\cdots$ 时,对应一组正序基波磁势、电势分量,在 $u=7,13,19,\cdots$ 时,对应一组负序基波磁势、电势分量,显然这些基波磁势、电势与单个 3 相绕组上 u 次谐波电流产生的基波磁势、电势同序,这也说明在 3/3 相双绕组感应发电机系统中,辅助励磁绕组的谐波电流不会引起功率绕组的不对称运行。

对于 4 个互移 15°的 Y 绕组构成的 12 相功率绕组而言,式(8.1.7)第 2 项可知,当 $u=24j\pm1(u\geqslant1,j\geqslant0)$ 时,u 次时间谐波电流会产生如式(8.1.12)所示的基波电势;当 $u=6j\pm1$ 且 $u\neq24j\pm1(u>1,j>0)$ 时,u 次时间谐波电流不会产生如式(8.1.12)所示的基波电势,反过来说,当 $u=6j\pm1$ 且 $u\neq24j\pm1$ $(u>1,j>0)$ 时,如式(8.1.12)所示的电势将导致功率绕组电势的非对称运行。

由式(8.1.7)第 2 项和式(8.1.9)第 2 项可看出,12 相功率绕组中 u 次谐波电流所产生的磁场种类均包括在 3 相辅助励磁绕组中的 u 次谐波电流所产生的磁场种类中(幅值和相位差异除外),即 12 相功率绕组 u 次谐波电流所产生的基波磁场或空间谐波磁场,将与 3 相辅助励磁绕组上的 u 次谐波电流所产生的基波磁场或某些空间谐波磁场具有同序的特性。因此,功率绕组 u 次谐波电流所产生的基波磁场或空间谐波磁场不会导致 3 相辅助励磁绕组不对称运行。

根据以上分析,可以得出以下结论:辅助励磁绕组次数为 $u=6j\pm1$ 且

$u \neq 24j \pm 1(u>1, j>0)$ 的谐波电流产生的基波磁场造成功率绕组的 12 相整流桥的非对称运行。通过观察式(8.1.7)和(8.1.9)可知,在绕组对称布置的前提下,正是两套绕组相数上的不同,使得不同相数的绕组产生的磁势存在差异,通常相数多的绕组产生的磁势种类均包括于相数少的绕组产生的磁势种类中,这也是相数少的绕组产生的某些磁势(这些磁势种类是相数多的绕组不能产生的)会导致相数多的绕组产生不对称运行现象的真正原因,而相数多的绕组产生的磁势不会导致相数少的绕组产生不对称运行。

8.1.2.3　12/3 相双绕组感应发电机的等效电路模型

根据上述功率绕组与辅助励磁绕组的磁势分析结果,12 相功率绕组不对称运行主要是由 3 相辅助励磁绕组时间谐波电流产生的基波磁场引起的,因此在功率绕组不对称问题的分析中,可以忽略空间谐波的影响,并采用等效电路的分析方法来进行定量计算。

为简化分析,可以近似忽略 d,q 间的互漏感,即

$$L_{dqm1} = L_{dqm2} = L_{dqm1A} = L_{dqm2A} = L_{dqm3A} = L_{dqm4A} = 0 \qquad (8.1.13)$$

根据前面的分析可知,辅助励磁绕组谐波电流产生的基波磁场与功率绕组中单个 Y 绕组自身 n 次谐波电流产生的基波磁势同序,这样可以通过将 12 相功率绕组等效为一个 3 绕组来进行两套绕组的谐波耦合分析。

将 12 相功率绕组等效为一个 3 相绕组时,通常近似认为

$$i_{d1} = i_{d2} = i_{d3} = i_{d4}, \quad i_{q1} = i_{q2} = i_{q3} = i_{q4} \qquad (8.1.14)$$

在此基础上,根据 12/3 相双绕组感应整流发电机的系统组成与电磁关系,对电机模型的简化进行如下假设:

①转子漏抗、电阻参数折算到 12 相功率绕组,折算关系见第 7.3 节;

②根据整流桥负载特性,将 12 相整流桥与负载统一等效为交流侧负载阻抗 Z_L。

在上述假设下,12/3 相双绕组感应整流发电机的等效电路如图 8-7 所示。n 为谐波次数,$n=1$ 为基波情况,$\dot{U}'_{cn}$ 为折算后的辅助励磁绕组 n 次励磁电压,$\dot{I}'_{cn}$ 为折算后的辅助励磁绕组 n 次励磁电流,C 为自励电容容值,ω_s 为定子角频率,$-\dot{E}_{pn}$ 为功率绕组 n 次电势,L_{mp} 为 12 相功率绕组的激磁电感。将 12 相功率绕组等效为一个等效 3 绕组,功率绕组等效漏感 L'_{lp} 为

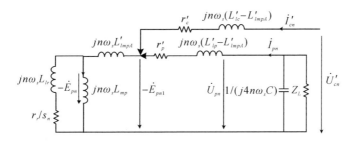

图 8-7 辅助励磁绕组折算到等效 3 相功率绕组时的 T 形等效电路

$$L'_{lp} = \frac{1}{4}(L_{lp} + 2L_{lm1} + L_{lm2}) \tag{8.1.15}$$

等效电阻 r'_p 为

$$r'_p = \frac{1}{4}r_p \tag{8.1.16}$$

3 相辅助励磁绕组与等效 3 相功率绕组的等效互漏感 L'_{lmpA} 为

$$L'_{lmpA} = \frac{1}{4}(L_{lm1A} + L_{lm2A} + L_{lm3A} + L_{lm4A})/K_{pc} \tag{8.1.17}$$

式中,$K_{pc} = W_c K_{cdp1}/(W_p K_{pdp1})$ 为 3 相辅助励磁绕组与 12 相功率绕组中单 Y 绕组的有效匝数比,W_p 和 K_{pdp1} 分别为功率绕组匝数和基波绕组系数,W_c 和 K_{cdp1} 分别为辅助励磁绕组匝数和基波绕组系数。

3 相辅助励磁绕组折算到等效 3 相功率绕组后的等效自漏抗 L'_{lc} 为

$$L'_{lc} = L_{lcy} = \frac{L_{lc}}{K_{pc}^2} \tag{8.1.18}$$

n 次谐波电流产生的基波磁势转差率 s_n 为

$$s_n = \frac{n\omega_s - \omega_r}{n\omega_s} \tag{8.1.19}$$

图 8-7 所示的等效电路充分体现了功率绕组与辅助励磁绕组的电磁关系,同时模型中考虑了不同次数谐波的影响,不仅可对感应发电机基波空载、负载特性进行定量分析,同时也可对功率绕组与辅助励磁绕组谐波耦合特性进行分析。

8.1.2.4 两套绕组谐波磁场共同作用的影响

按图 8-7 所示等效电路,在已知 $\dot{I}'_{cn}$,$\dot{U}'_{cn}$(谐波源的特性)和功率绕组负载 Z_L 的情况下,即可求得所产生的 $\dot{U}_{pn}$:

$$\dot{U}_{pm} = \frac{-\dot{I}'_{cn}[r'_c + jn\omega_s(L'_{lc} - L'_{lmpA})] + \dot{U}'_{cn}}{r'_p + jn\omega_s(L'_{lp} - L'_{lmpA}) + Z_L \mathbin{/\mkern-5mu/} \left(\dfrac{1}{j4n\omega_sC}\right)} Z_L \mathbin{/\mkern-5mu/} \left(\frac{1}{j4n\omega_sC}\right)$$

$$= \{-\dot{I}'_{cn}[r'_p + jn\omega_s(L'_{lc} - L'_{lmpA})] + \dot{U}'_{cn}\}K_L \qquad (8.1.20)$$

式中，

$$K_L = \frac{Z_L \mathbin{/\mkern-5mu/} \left(\dfrac{1}{j4n\omega_sC}\right)}{r'_p + jn\omega_s(L'_{lp} - L'_{lmpA}) + Z_L \mathbin{/\mkern-5mu/} \left(\dfrac{1}{j4n\omega_sC}\right)}$$

根据式(8.1.20)可知,当谐波源不变(即 $\dot{I}'_{cn}$,$\dot{U}'_{cn}$ 不变)时,有以下规律。

①当发电机空载运行时,$|Z_L|$ 趋于无穷大,如果 12 相功率绕组不接电容,$|K_L|=1$。如果接有电容,在谐波次数较小时,

$$\frac{1}{4n\omega_sC} > n\omega_s(L'_{lp} - L'_{lmpA})$$

则 $|K_L|>1$。在谐波次数较大时,

$$\frac{1}{4n\omega_sC} < n\omega_s(L'_{lp} - L'_{lmpA})$$

则 $|K_L|<1$,且随 n 的增大而减小,由于 12 相功率绕组及 3 相辅助励磁绕组均采用短距分布布置方式,高次谐波含量通常较小,故可忽略 $n>25$ 次谐波电流形成的基波旋转磁场对 12 相功率绕组的影响。根据第 8.1.2.2 节的结论,当 $n \leqslant 25$ 时,仅有 5,7,11,13,17 和 19 次谐波电流会造成 12 相功率绕组的不对称运行,同时考虑到实际情况中,具有较大幅值的 $\dot{U}_{pm}$ 多集中在 5 或 7 次谐波,此时由于

$$\frac{1}{4n\omega_sC} > n\omega_s(L'_{lp} - L'_{lmpA})$$

$|K_L|>1$,因此 12 相功率绕组所接电容对辅助励磁绕组产生的 5 或 7 次等低次谐波电势有放大的作用。

②随着负载的增加,$|K_L|$ 将呈现减小的趋势,故 3 相辅助励磁绕组的谐波对 12 相功率绕组的影响将随之减小,这与实际情况相符:在辅助励磁绕组谐波含量一定的情况下,其对功率绕组造成的不对称程度随负载的增加而减小。

通过以上分析可知,要减小辅助励磁绕组谐波电流形成的基波旋转磁场对功率绕组的不利影响。对励磁调节器而言,必须减小其注入的 5 或 7 次等低次谐波的含量;而从电机设计的角度,应适当提高功率绕组的等效漏感 $(L'_{lp} - L'_{lmpA})$ 或增

大自励电容,从而在低次谐波时,通过减小 $|K_L|$ 起到抑制谐波的作用。

8.1.2.5　试验验证

为验证分析方法的正确性,采用图 8-8 所示的 12/3 相原理样机试验框图,12/3 相原理样机参数如下。

12 相功率绕组直流侧额定参数:$P_{dcN}=18.4\mathrm{kW}$,$U_{dcN}=230\mathrm{V}$,$I_{dcN}=80\mathrm{A}$

3 相辅助励磁绕组额定参数:$U_{acN}=311\mathrm{V}$,$I_{acN}=8\mathrm{A}$

额定转速:1500r/min

基本结构尺寸:

极对数	2
定子槽数	48
转子槽数	44
定子外径	350mm
转子外径	248.8mm
定子铁心长度	150mm
气隙	0.6mm

外接电路参数:

交流自励电容	$12\times64\mu\mathrm{F}$(△ 形接法)
相间电抗器	3.6mH
励磁调节器滤波电感	$3\times3\mathrm{mH}$
励磁装置直流侧电容	$1650\mu\mathrm{F}/900\mathrm{V}$

主要参数:

f_n	50Hz
r_p	0.153Ω
r_r	0.0177Ω
r_c	0.067Ω
x_{lp}	0.2524Ω
x_{lm1}	-0.0291Ω
x_{lm2}	0.1738Ω
x_{lpp}	0.368Ω
x_{lc}	-0.0291Ω
$x_{lmA}=x_{lm1A}=x_{lm2A}=x_{lm3A}=x_{lm4A}$	0.1735Ω

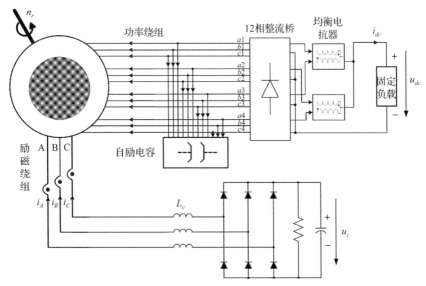

图 8-8 12/3 相原理样机模拟试验框图

在辅助励磁绕组侧接有一整流桥负载用于模拟励磁调节器产生的谐波源，12 相功率绕组接有自励电容以空载建压，12 相整流桥直流侧接一固定负载 550Ω（远大于额定负载电阻）以便于电压检测。

试验表明，空载时 12 相功率绕组交流侧 5 次谐波电压较 7 次谐波电压大许多，5 次谐波电压的大小基本反映了整流桥直流侧 6 次谐波的大小。采用等效电路的分析结果与试验结果对比如表 8-2 所示。

表 8-2 空载时功率绕组感应的 5 或 7 次谐波等效电路分析与试验对比

谐波次数 n	辅助励磁绕组 5 或 7 次谐波			功率绕组相谐波电压 U_{pm}/V		
	U'_{cn}/V	$-I'_{cn}/\text{A}$	$\angle -\dot{U}'_{cn}\dot{I}'_{cn}/°$	计算结果/V	实测结果/V	相对误差
5	7.856	0.5217	202.4	3.938	3.73	5.6%
7	1.394	0.3103	125	0.729	0.76	−4.1%

注：$\angle -\dot{U}'_{cn}\dot{I}'_{cn}$ 表示 $\dot{U}'_{cn}$ 超前 $-\dot{I}'_{cn}$ 的角度。

8.2 负载特性分析

12/3 相双绕组感应发电机采用整流桥与直流负载相连，同时整流桥交流侧并接有自励电容，其负载特性分析中不仅要考虑整流桥自身非线性的影响，同时还要兼顾整流桥与自励电容、发电机本体参数的耦合特性。为分析感应发电机整流桥负载特性,可以采用基于时步法的二维场路耦合模型,此模型能对包括整流桥在内的电机外电路进行完整建模,精度较高,但计算往往比较费时,且物理意义不清晰,难以认识到规律性。

本节采用解析分析方法对 12/3 相感应电机的负载特性进行研究。首先建立考虑整流桥负载的等效电路模型;其次分析交流侧并接自励电容的 3 相整流桥负载特性,得到整流桥负载情况下发电机端电压、电流的表达形式;最后基于感应发电机的等效电路模型与负载特性,给出辅助励磁绕组电流等变量的计算方法。

8.2.1　带有整流桥负载的等效电路模型

对于带有整流桥这类强非线性负载的发电机系统,负载特性与电机参数密切相关[60],为便于电机负载特性的解析分析,首先推导出感应发电机整流系统的等效电路模型。为简化分析过程,从带有整流桥负载的 3 相感应发电机系统入手分析(图 8-9)。

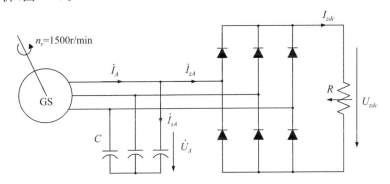

图 8-9　带有整流桥负载的 3 相感应发电机系统

3 相感应电机在同步旋转坐标中的方程为

$$\begin{cases} u_d = \mathrm{p}\varPsi_d - \omega_s\varPsi_q + r_s i_d \\ u_q = \mathrm{p}\varPsi_q + \omega_s\varPsi_d + r_s i_q \end{cases} \tag{8.2.1}$$

$$\begin{cases} 0 = \mathrm{p}\varPsi_{dr} - s\omega_s\varPsi_{qr} + R_{dr} i_{dr} \\ 0 = \mathrm{p}\varPsi_{qr} + s\omega_s\varPsi_{dr} + R_{qr} i_{qr} \end{cases} \tag{8.2.2}$$

$$\begin{cases} \Psi_d = L_s i_d + L_m i_{dr} \\ \Psi_q = L_s i_q + L_m i_{qr} \end{cases} \tag{8.2.3}$$

$$\begin{cases} \Psi_{dr} = L_m i_d + L_r i_{dr} \\ \Psi_{qr} = L_m i_q + L_r i_{qr} \end{cases} \tag{8.2.4}$$

式中,p 为对时间的微分算子。定义

$$E_q = L_m i_{dr}, \quad E_q' = \frac{L_m}{L_r}\Psi_{dr}, \quad E_d = -L_m i_{qr}, \quad E_d' = -\frac{L_m}{L_r}\Psi_{qr} \tag{8.2.5}$$

将式(8.2.5)代入式(8.2.3),可得

$$\begin{cases} \Psi_d = L_s i_d + [E_q' - (L_s - L_s')i_d] = E_q' + L_s' i_d \\ \Psi_q = L_s i_q + L_m i_{qr} = L_s i_q - [E_d' - (L_s' - L_s)i_q] = -E_d' + L_s' i_q \end{cases} \tag{8.2.6}$$

式中,$L_s' = L_s - L_m^2/L_r$。

转子回路对高次谐波电流的感抗比电阻大得多,因此可以忽略转子回路对高次谐波的电阻,即认为转子回路的磁链中不存在高频分量。由于鼠笼绕组的时间常数非常小,转子回路中的低频分量很快衰减,因此,在稳态和似稳态分析中可以忽略转子回路中的变压器势。根据这一原则,将式(8.2.1)改写为

$$\begin{cases} u_d = p\Psi_d - \omega_s \Psi_q + r_s i_d = p(E_q' + L_s' i_d) - \omega_s(-E_d' + L_s' i_q) + r_s i_d \\ \quad \approx pL_s' i_d + \omega_s E_d' - \omega_s L_s' i_q + r_s i_d \\ u_q = p\Psi_q + \omega_s \Psi_d + r_s i_q = p(-E_d' + L_s' i_q) + \omega_s(E_q' + L_s' i_d) + r_s i_q \\ \quad \approx pL_s' i_q + \omega_s E_q' + \omega_s L_s' i_d + r_s i_q \end{cases} \tag{8.2.7}$$

根据 a, b, c 坐标系与 d, q, s 坐标系分量间的关系,有

$$pi_d = p\left[\frac{2}{3}i_a\cos\theta + \frac{2}{3}i_b\cos\left(\theta - \frac{2}{3}\pi\right) + \frac{2}{3}i_c\cos\left(\theta + \frac{2}{3}\pi\right)\right]$$

$$= \frac{2}{3}\left[(pi_a)\cos\theta + (pi_b)\cos\left(\theta - \frac{2}{3}\pi\right) + (pi_c)\cos\left(\theta + \frac{2}{3}\pi\right)\right] + \omega_s i_q \tag{8.2.8}$$

$$pi_q = -p\left[\frac{2}{3}i_a\sin\theta + \frac{2}{3}i_b\sin\left(\theta - \frac{2}{3}\pi\right) + \frac{2}{3}i_c\sin\left(\theta + \frac{2}{3}\pi\right)\right]$$

$$= -\frac{2}{3}\left[(pi_a)\sin\theta + (pi_b)\sin\left(\theta - \frac{2}{3}\pi\right) + (pi_c)\sin\left(\theta + \frac{2}{3}\pi\right)\right] - \omega_s i_d$$

综合式(8.2.7)与(8.2.8),可得

$$u_a = u_d\cos\theta - u_q\sin\theta$$

$$= (pL_s' i_d + \omega_s E_d' - \omega_s L_s' i_q + r_s i_d)\cos\theta$$

$$\quad - (pL_s' i_q + \omega_s E_q' + \omega_s L_s' i_d + r_s i_q)\sin\theta$$

$$= \omega_s E_d'\cos\theta - \omega_s E_q'\sin\theta + pL_s' i_a + r_s i_a \tag{8.2.9}$$

根据 u_a 可以类似地推导 u_b 和 u_c 的表达式,则可得发电机端电压方程为

$$\begin{cases} u_a = - E_1 \sin(\theta + \delta) + pL_s' i_a + r_s i_a \\ u_b = - E_1 \sin\left(\theta + \delta - \dfrac{2}{3}\pi\right) + pL_s' i_b + r_s i_b \\ u_c = - E_1 \sin\left(\theta + \delta + \dfrac{2}{3}\pi\right) + pL_s' i_c + r_s i_c \end{cases} \tag{8.2.10}$$

式中,

$$\delta = \arctan(- E_d'/E_q')$$
$$E_1 = \omega_s \sqrt{(E_d')^2 + (E_q')^2}$$

根据式(8.2.10),可以将发电机表示为正弦电压源与阻抗相串联的形式,其等效电路如图 8-10 所示。

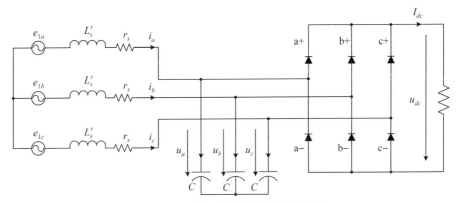

图 8-10　感应发电机整流系统等效电路

取 $\theta + \delta + \pi = \omega_s t + \varphi$,则图 8-10 中正弦电压源 e_{1a}, e_{1b}, e_{1c} 为

$$\begin{cases} e_{1a} = E_1 \sin(\omega_s t + \varphi) \\ e_{1b} = E_1 \sin\left(\omega_s t + \varphi - \dfrac{2}{3}\pi\right) \\ e_{1c} = E_1 \sin\left(\omega_s t + \varphi + \dfrac{2}{3}\pi\right) \end{cases} \tag{8.2.11}$$

8.2.2　交流侧并接自励电容的 3 相整流桥负载特性解析分析

整流桥负载是一种典型的非线性负载。为实现整流桥负载特性的解析分析,传统整流同步发电机分析中通常将多个并联支路中的电感等效为一个合成电感[31,54,61-63],从而使发电机(或将发电机与交流感性负载)等效为正弦电压源

串接阻抗的形式。在考虑换相过程时,通常忽略定子绕组电阻的影响,并采用开关函数的方法进行分析。开关函数法的应用前提在于二极管导通时刻是确定的[61,64]。

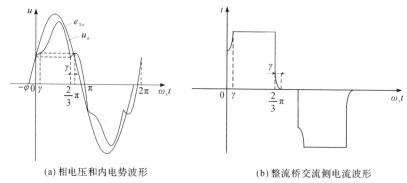

(a) 相电压和内电势波形　　　　　　　　(b) 整流桥交流侧电流波形

图 8-11　电源电压、绕组电压和整流桥交流侧电流波形

在感应发电机系统中,整流桥的交流侧并接有自励电容,因此即使采用近似方法(忽略交流侧电阻)进行简化,也无法将该系统的交流侧模型等效为一阶系统,简化后的交流侧模型至少为二阶系统。考虑到整流桥负载的非线性,二极管导通时刻难以通过简单解析方法确定,因此,传统基于开关函数的方法无法应用于感应发电机系统的整流桥特性分析。

本节重点介绍交流侧接有电容的整流桥负载特性分析方法,为简化分析过程,作以下假设:

①整流桥交流侧为一理想的正弦等效电压源串接一电感 L,忽略定子电阻的影响,即图 8-10 中 $L = L'_s$, $r_s = 0$;

②整流桥直流侧电流为理想直流,因 $i_{dc} = I_{dc} + i_{dcr}$,$I_{dc}$ 为直流分量,i_{dcr} 为高频分量,因 i_{dcr} 较小,忽略 i_{dcr} 不会造成功率绕组电流的求解出现较大误差。

设理想正弦电压源可用式(8.2.10)表示,则内电势、相电压、整流桥交流侧电流波形如图 8-11(d)和(b)所示,图中 φ 为导通起始角,γ 为换相重叠角。

8.2.2.1　不考虑换相重叠角的分析

如图 8-11 所示,在不考虑换相重叠角(即 $\gamma = 0$)时,二极管的导通顺序为

$$a^+ c^- \rightarrow b^+ c^- \rightarrow b^+ a^- \rightarrow c^+ a^- \rightarrow c^+ b^- \rightarrow a^+ b^- \mapsto$$

以 a 相为例,进行半个交流周期的电路分析。

①相位 $[0, 2\pi/3]$ 区间,a 相导通。根据此时的电路结构列写电路方程如下:

$$\begin{cases} u_a = e_{1a} - L \dfrac{\mathrm{d}i_{la}}{\mathrm{d}t} \\ i_{la} = C \dfrac{\mathrm{d}u_a}{\mathrm{d}t} + I_d \end{cases} \qquad (8.2.12)$$

由式(8.2.12)可得

$$LC \frac{\mathrm{d}^2 u_a}{\mathrm{d}t^2} + u_a = e_{1a} \qquad (8.2.13)$$

方程(8.2.13)的通解为

$$u_a = A_1 \sin(\omega_0 t + B_1) + \frac{E_1}{1 - \omega^2 LC} \sin(\omega_s t + \varphi) \qquad (8.2.14)$$

式中，A_1，B_1 为待定系数。

②相位$[2\pi/3, \pi]$区间，a 相不导通。根据相应的电路结构列写电路方程如下：

$$\begin{cases} u_a = e_{1a} - L \dfrac{\mathrm{d}i_{la}}{\mathrm{d}t} \\ i_{la} = C \dfrac{\mathrm{d}u_a}{\mathrm{d}t} \end{cases} \qquad (8.2.15)$$

由式(8.2.15)可得与式(8.2.13)相似的方程，该方程的通解为

$$u_a = A_2 \sin(\omega_0 t + B_2) + \frac{E_1}{1 - \omega^2 LC} \sin(\omega_s t + \varphi) \qquad (8.2.16)$$

式中，A_2，B_2 为待定系数。

由于自励电容的存在，根据二极管导通或关断点前后相电压不能突变而电流可以突变的原则以及周期性的特点，可得

$$\begin{cases} u_a(0)_+ = u_a\left(\dfrac{2}{3}\pi\right)_- & \text{(3 相整流桥间隔 } T/3 \text{ 导通} \\ & \text{或关断的周期性)} \\ u_a\left(\dfrac{2}{3}\pi\right)_+ = u_a\left(\dfrac{2}{3}\pi\right)_- & \text{(关断前后时刻相电压不能} \\ & \text{突变的特性)} \\ u_a(0)_+ = -u_a(\pi)_- & \text{(相电压的半周期的奇对称性)} \\ C \dfrac{\mathrm{d}u_a\left(\dfrac{2}{3}\pi\right)_-}{\mathrm{d}t} = C \dfrac{\mathrm{d}u_a\left(\dfrac{2}{3}\pi\right)_+}{\mathrm{d}t} - I_d & \text{(关断前后的电流突变特性)} \\ C \dfrac{\mathrm{d}u_a(\pi)_-}{\mathrm{d}t} = -C \dfrac{\mathrm{d}u_a(0)_+}{\mathrm{d}t} - I_d & \text{(关断前后的电流突变特性和} \\ & \text{半周期的奇对称性)} \end{cases} \qquad (8.2.17)$$

式中，"＋"表示导通或关断点后的时刻，"－"表示导通或关断点前的时刻。

由式(8.2.17)可知,5 个方程对应五个未知数 A_1,B_1,A_2,B_2,φ。
令

$$k = \frac{\omega_0}{\omega_s}, \quad \lambda = \frac{E_1}{1 - \omega_s^2 LC}, \quad \varphi = \frac{\pi}{3}k, \quad k_1 = \frac{\sin\left(\frac{k}{3}\pi\right)}{\cos\left(\frac{k}{6}\pi\right)} = 2\sin\left(\frac{k}{6}\pi\right)$$

式中,

$$\omega_0 = \frac{1}{\sqrt{LC}}$$

将式(8.2.17)代入式(8.2.13)和(8.2.15),联立求解,可得

$$\begin{bmatrix} -\sin(3\varphi) & \cos(3\varphi) & 0 & 1 \\ \cos\left(\frac{5}{2}\varphi\right) & \sin\left(\frac{5}{2}\varphi\right) & k_1\sin\varphi & -k_1\cos\varphi \\ \cos(2\varphi) & \sin(2\varphi) & -\cos(2\varphi) & -\sin(2\varphi) \\ -\sin(2\varphi) & \cos(2\varphi) & \sin(2\varphi) & -\cos(2\varphi) \end{bmatrix} \begin{bmatrix} A_1\sin B_1 \\ A_1\cos B_1 \\ A_2\sin B_2 \\ A_2\cos B_2 \end{bmatrix} = \begin{bmatrix} -\dfrac{I_d}{\omega_0 C} \\ 0 \\ 0 \\ \dfrac{I_d}{\omega_0 C} \end{bmatrix}$$

$$(8.2.18)$$

$$\cos\left(\varphi + \frac{\pi}{3}\right) = \frac{-\cos\left(\frac{k\pi}{6}\right)}{\lambda\cos\left(\frac{\pi}{6}\right)}\left[\cos\left(\frac{5k\pi}{6}\right)A_2\sin B_2 + \sin\left(\frac{5k\pi}{6}\right)A_2\cos B_2\right] \quad (8.2.19)$$

根据式(8.2.18)和(8.2.19),可得

$$\begin{bmatrix} A_1 \\ B_1 \\ A_2 \\ B_2 \end{bmatrix} = \begin{bmatrix} \dfrac{I_d}{\omega_0 C}\dfrac{1}{2\cos\varphi - 1} \\ \pi - \varphi \\ -\dfrac{2I_d}{\omega_0 C}\dfrac{\sin\dfrac{\varphi}{2}}{2\cos\varphi - 1} \\ \dfrac{\pi}{2} - \dfrac{5\varphi}{2} \end{bmatrix} \quad (8.2.20)$$

$$\varphi = \arccos\left(\frac{2}{\sqrt{3}\lambda}\frac{I_d}{\omega_0 C}\frac{\sin\varphi}{2\cos\varphi - 1}\right) - \frac{\pi}{3} \quad (8.2.21)$$

将式(8.2.20)和(8.2.21)代入式(8.2.16),即可求得相应的 u_a,结合傅里叶分解,可求得端电压基波 u_{a1} 的表达式为

$$u_{a1} = a_1\cos\omega_s t + b_1\sin\omega_s t = U_1\sin(\omega_s t + \theta_1) \quad (8.2.22)$$

式中，

$$U_1 = \sqrt{a_1^2 + b_1^2}$$

$$\theta_1 = \arctan\left(\frac{a_1}{b_1}\right)$$

$$a_1 = \frac{2}{T}\int_0^T u_a \cos(\omega_s t)\,\mathrm{d}t = a_{11} I_d + \lambda\sin\alpha$$

$$b_1 = \frac{2}{T}\int_0^T u_a \sin(\omega_s t)\,\mathrm{d}t = b_{11} I_d + \lambda\cos\alpha$$

$$a_{11} = \frac{-3k}{k^2-1}\frac{1}{\omega_0 C\pi}$$

$$b_{11} = \frac{k}{k^2-1}\frac{\sqrt{3}}{\omega_0 C\pi}$$

根据图 8-11(b)可知整流桥交流侧基波电压与基波电流的相位差为

$$\Delta\theta = \theta_1 - \frac{\pi}{6} = \arctan\left(\frac{a_{11} I_d + \lambda\sin\alpha}{b_{11} I_d + \lambda\cos\alpha}\right) - \frac{\pi}{6} \tag{8.2.23}$$

由式(8.2.23)得

$$\sin\left(\varphi - \frac{\pi}{6}\right) = -\frac{2}{\sqrt{3}\,\lambda}\frac{I_d}{\omega_0 C}\frac{\sin\varphi}{2\cos\varphi - 1} \tag{8.2.24}$$

综合式(8.2.23)和(8.2.24)，得

$$\tan(\Delta\theta) = \frac{a_{11} I_d \cos\dfrac{\pi}{6} - b_{11} I_d \sin\dfrac{\pi}{6} + \lambda\sin\left(\varphi - \dfrac{\pi}{6}\right)}{b_{11} I_d \cos\dfrac{\pi}{6} + a_{11} I_d \sin\dfrac{\pi}{6} + \lambda\cos\left(\varphi - \dfrac{\pi}{6}\right)}$$

$$= \frac{-\dfrac{I_d}{\omega_0 C}\left[\dfrac{2\sqrt{3}\,k}{\pi(k^2-1)} + \dfrac{2\sin\varphi}{\sqrt{3}\,(2\cos\varphi - 1)}\right]}{\lambda\cos\left(\varphi - \dfrac{\pi}{6}\right)} \tag{8.2.25}$$

根据式(8.2.25)，可得下列结论。

①根据本系统的设计特点，$1/(\omega_s C)$ 与激磁电抗统一量级，其标幺值通常大于 2，而 $\omega_s L$ 为瞬变电抗，其标幺值通常小于 0.2，故有

$$k = \sqrt{\frac{1}{\omega_s^2 LC}} \geqslant 3$$

②当 $3 \leqslant k < 5$ 时，

$$\frac{2\sin\varphi}{\sqrt{3}(2\cos\varphi-1)} \gtreqless 0, \quad \frac{2\sqrt{3}\,k}{\pi(k^2-1)} > 0, \quad \cos\left(\varphi-\frac{\pi}{6}\right) > 0$$

所以

$$\tan(\Delta\theta) < 0$$

此时整流桥等效基波阻抗将呈容性，且在不考虑换相重叠角的范围内，随负载的增大，容性增强。

③当 $k > 5$ 时，

$$\frac{2\sqrt{3}\,k}{\pi(k^2-1)} + \frac{2\sin\varphi}{\sqrt{3}(2\cos\varphi-1)}$$

可能大于零，也可能小于零，即负载特性可能为容性，也可能为感性。

显然当 $k=5$ 时，式(8.2.25)不能成立，此时需从式(8.2.18)和(8.2.19)入手重新进行推导。经分析可知，当 $k=5$ 时，整流桥等效基波阻抗将呈阻性。

8.2.2.2 考虑换相重叠角的分析

感应发电机交流侧为带有自励电容的整流桥负载，虽然在大部分的负载工况下不需要考虑换相过程，但是随着负载的增加，自励电容的电流突变能力将无法完成电流瞬间换相，此时必须考虑换相过程的影响，下面将详细讨论考虑换相重叠角时的负载特性。

现设定换相过程中自励电容电流突变所能提供的临界电流为 I_{dl}。当负载电流大于 I_{dl} 时，电容的电流突变能力将无法完成电流瞬间换相过程，而由于交流电感的存在，则将存在无法忽略的换相时间段；当负载电流小于 I_{dl} 时，电容的电流突变能力将在瞬间完成换相过程，可不考虑由于电感存在而产生的换相时间段。

仍以半个交流周期的电路分析为例，如图 8-11 所示，考虑换相重叠角(即 $\gamma > 0$ 时)，二极管的导通顺序为

$$a^+c^+b^- \quad\rightarrow\quad (a^+b^-\rightarrow a^+b^-c^-\rightarrow a^+c^-) \quad\rightarrow\quad a^+b^+c^- \quad\rightarrow\quad b^+c^-$$

$$0\sim\gamma \qquad\qquad \gamma\sim\frac{2}{3}\pi \qquad\qquad \frac{2}{3}\pi\sim\frac{2}{3}\pi+\gamma \qquad \frac{2}{3}\pi+\gamma\sim\pi$$

①相位 $[0,\gamma]$ 区间。列写电路回路方程：

$$\begin{cases} u_a = e_{1a} - L\dfrac{\mathrm{d}i_{la}}{\mathrm{d}t} \\[2mm] i_{la} - C\dfrac{\mathrm{d}u_a}{\mathrm{d}t} + i_{lc} - C\dfrac{\mathrm{d}u_c}{\mathrm{d}t} = I_d \\[2mm] u_c = e_{1c} - L\dfrac{\mathrm{d}i_{lc}}{\mathrm{d}t} \end{cases} \qquad (8.2.26)$$

由式(8.2.26)可得

$$\frac{\mathrm{d}^2 u_a}{\mathrm{d}t^2} + \frac{1}{LC}u_a = -\frac{E_1}{2LC}\sin\left(\omega_s t + \varphi - \frac{2}{3}\pi\right) \qquad (8.2.27)$$

方程(8.2.27)的通解为

$$u_a = A_1'\sin(\omega_0 t + B_1') - \frac{E_1}{2(1-\omega^2 LC)}\sin\left(\omega_s t + \varphi - \frac{2}{3}\pi\right) \quad (8.2.28)$$

式中,A_1',B_1'为待定系数。

②相位$[\gamma,2\pi/3]$区间。列写电路回路方程:

$$\begin{cases} u_a = e_{1a} - L\dfrac{\mathrm{d}i_{la}}{\mathrm{d}t} \\[2mm] i_{la} = C\dfrac{\mathrm{d}u_a}{\mathrm{d}t} + I_d \end{cases} \qquad (8.2.29)$$

由式(8.2.29)可得

$$LC\frac{\mathrm{d}^2 u_a}{\mathrm{d}t^2} + u_a = e_{1a} \qquad (8.2.30)$$

方程(8.2.30)的通解为

$$u_a = A_2'\sin(\omega_0 t + B_2') + \frac{E_1}{1-\omega^2 LC}\sin(\omega_s t + \varphi) \qquad (8.2.31)$$

式中,A_2',B_2'为待定系数。

③相位$[2\pi/3,2\pi/3+\gamma]$区间。列写电路回路方程:

$$\begin{cases} u_a = e_{1a} - L\dfrac{\mathrm{d}i_{la}}{\mathrm{d}t} \\[2mm] i_{la} - C\dfrac{\mathrm{d}u_a}{\mathrm{d}t} + i_{lb} - C\dfrac{\mathrm{d}u_b}{\mathrm{d}t} = I_d \\[2mm] u_b = e_{1b} - L\dfrac{\mathrm{d}i_{lb}}{\mathrm{d}t} \end{cases} \qquad (8.2.32)$$

由式(8.2.32)可得

$$\frac{\mathrm{d}^2 u_a}{\mathrm{d}t^2} + \frac{1}{LC}u_a = -\frac{E_1}{2LC}\sin\left(\omega_s t + \varphi + \frac{2}{3}\pi\right) \qquad (8.2.33)$$

309

方程(8.2.33)的通解为

$$u_a = A_3' \sin(\omega_0 t + B_3') - \frac{E_1}{2(1 - \omega^2 LC)} \sin\left(\omega_s t + \varphi + \frac{2}{3}\pi\right) \quad (8.2.34)$$

式中，A_3'，B_3' 为待定系数。

④相位 $[2\pi/3 + \gamma, \pi]$ 区间。列写电路回路方程：

$$\begin{cases} u_a = e_{1a} - L\dfrac{\mathrm{d}i_{la}}{\mathrm{d}t} \\ i_{la} = C\dfrac{\mathrm{d}u_a}{\mathrm{d}t} \end{cases} \quad (8.2.35)$$

由式(8.2.35)可得

$$LC\frac{\mathrm{d}^2 u_a}{\mathrm{d}t^2} + u_a = e_{1a} \quad (8.2.36)$$

方程(8.2.36)的通解为

$$u_a = A_4' \sin(\omega_0 t + B_4') + \frac{E_1}{1 - \omega^2 LC} \sin(\omega_s t + \varphi) \quad (8.2.37)$$

式中，A_4'，B_4' 为待定系数。

考虑到 3 相整流桥间隔 $2\pi/3$ 导通或关断的周期性，以及 $[0, \beta]$ 区间及 $[2\pi/3, 2\pi/3 + \beta]$ 区间完全相等的原则，有

$$A_3' = A_1' \quad (8.2.38)$$

$$B_3' = B_1' - \frac{\dfrac{2\pi}{3}\omega_0}{\omega_s} \quad (8.2.39)$$

将式(8.2.38)和(8.2.39)代入式(8.2.34)，存在 A_1'，B_1'，A_2'，B_2'，A_4'，B_4'，φ，γ，I_{dl1}（表示开始导通时刻的电流突变量）和 I_{dl2}（表示开始关断时刻的电流突变量）10 个变量，因此需列写 10 个方程。

根据方程(8.2.28)、(8.2.31)、(8.2.34)、(8.2.37)以及导通、关断点前后相电压不能突变而电流可以突变的原则，并考虑换相过程中的周期性等条件，列写以下方程组：

$$\begin{cases}
u(\gamma)_- = u(\gamma)_+ & \text{(由于电容的存在,相电压不能突变)} \\[2mm]
u\left(\dfrac{2}{3}\pi\right)_- = u\left(\dfrac{2}{3}\pi\right)_+ & \text{(由于电容的存在,相电压不能突变)} \\[2mm]
u\left(\dfrac{2}{3}\pi+\gamma\right)_- = u\left(\dfrac{2}{3}\pi+\gamma\right)_+ & \text{(由于电容的存在,相电压不能突变)} \\[2mm]
u(0)_+ = -u(\pi)_- & \text{(半周期的奇对称性)} \\[2mm]
-C\dfrac{\mathrm{d}u(\pi)}{\mathrm{d}t} - C\dfrac{\mathrm{d}u(0)_+}{\mathrm{d}t} = I_{dl1} & \text{(半周期的奇对称性和换相瞬间电流的跳变特性)} \\[2mm]
C\dfrac{\mathrm{d}u\left(\dfrac{2}{3}\pi\right)_-}{\mathrm{d}t} - C\dfrac{\mathrm{d}u\left(\dfrac{2}{3}\pi\right)_+}{\mathrm{d}t} = -I_{dl2} & \text{(换相瞬间电流的跳变特性)} \\[2mm]
\displaystyle\int_0^\gamma \dfrac{1}{L}(e_a - u_a)\mathrm{d}\theta - C\left(\dfrac{\mathrm{d}u(\gamma)_-}{\mathrm{d}t} - \dfrac{\mathrm{d}u(0)_+}{\mathrm{d}t}\right) \\[2mm]
\qquad = I_d - I_{dl1} & \text{(换相过程结束特性)} \\[2mm]
\displaystyle\int_{\frac{2}{3}\pi}^{\frac{2}{3}\pi+\gamma} \dfrac{1}{L}(e_a - u_a)\mathrm{d}\theta \\[2mm]
\quad -C\left(\dfrac{\mathrm{d}u\left(\dfrac{2}{3}\pi+\gamma\right)_-}{\mathrm{d}t} - \dfrac{\mathrm{d}u\left(\dfrac{2}{3}\pi\right)_+}{\mathrm{d}t}\right) = -(I_d - I_{dl2}) & \text{(换相过程结束特性)} \\[2mm]
C\dfrac{\mathrm{d}u(\gamma)_-}{\mathrm{d}t} = C\dfrac{\mathrm{d}u(\gamma)_+}{\mathrm{d}t} & \text{(换相过程结束时的电流连续特性)} \\[2mm]
C\dfrac{\mathrm{d}u\left(\dfrac{2\pi}{3}+\gamma\right)_-}{\mathrm{d}t} = C\dfrac{\mathrm{d}u\left(\dfrac{2\pi}{3}+\gamma\right)_+}{\mathrm{d}t} & \text{(换相过程结束时的电流连续特性)}
\end{cases}$$

$$\text{(8.2.40)}$$

求解方程组(8.2.40)后,根据式(8.2.28)、(8.2.31)、(8.2.34)、(8.2.37),即可求得考虑换相重叠角时的电压波形 u_a,再根据电压波形与电流的关系,即可求得相应的电流波形。

同时需要指出的是,上述分析中并没有提到何时需要考虑换相过程,事实上,只有在完成方程组(8.2.40)的求解后,比较 I_{dl} 与 I_d 的大小,才能确定是否需要考虑换相过程。当 $I_{dl} > I_d$ 时,不需要考虑换相过程;当 $I_{dl} < I_d$ 时,需要考虑换相过程。

8.2.2.3 试验验证

针对一型 3/3 相双绕组感应发电机原理样机,进行不同负载下的试验,通过解析分析结果与试验结果的对比,验证了 3 相整流桥负载特性分析方法的有效性。

3/3 相原理样机参数如下。

3 相功率绕组直流侧额定参数:$U_{dcN} = 510\text{V}$,$I_{dcN} = 7.8\text{A}$。

3 相功率绕组交流侧额定参数:$U_N = 220\text{V}$,$I_N = 9.8\text{A}$。

3 相辅助励磁绕组额定参数:$U_{acN} = 380\text{V}$,$I_{acN} = 5\text{A}$。

主要参数:$P = 2$,$f_n = 50\text{Hz}$,$r_p = 0.655\Omega$,$r_r = 0.655\Omega$,$x_{lp} = x_{ls} = x_{lr} = 1.414\Omega$,$x_{lps} = 0.032\Omega$。

自励电容采用 Y 形接法,$n = 1500\text{r/min}$,$C = 100\mu\text{F}$,$U_{dc} = 510\text{V}$。不同负载的试验与解析分析结果如表 8-3 和图 8-12 至图 8-14 所示。

表 8-3　当 $n = 1500\text{r/min}$,$C = 100\mu\text{F}$,$u_{dc} = 510\text{V}$ 时,不同负载试验与解析分析结果对比

i_{dc}/A	U_p			U_{p1}		
	试验值/V	解析值/V	相对误差/%	试验值/V	解析值/V	相对误差/%
0.7874	217.5	218.4	0.39	217.2	218.4	0.53
1.550	217.6	218.4	0.38	217.3	218.4	0.51
3.080	217.8	218.7	0.41	217.4	218.6	0.53
4.614	218.8	219.2	0.14	218.4	218.9	0.26
6.168	219.5	219.8	0.14	218.9	219.4	0.25
7.713	220.5	220.7	0.08	219.7	220.1	0.19

i_{dc}/A	I_p			I_{p1}		
	试验值/A	解析值/A	相对误差/%	试验值/A	解析值/A	相对误差/%
0.7874	6.945	6.818	−1.83	6.883	6.817	−0.96
1.550	7.041	6.916	−1.78	6.983	6.912	−1.01
3.080	7.413	7.306	−1.45	7.349	7.292	−0.77
4.614	8.033	7.922	−1.37	7.950	7.894	−0.70
6.168	8.821	8.729	−1.04	8.710	8.683	−0.32
7.713	9.734	9.669	−0.68	9.591	9.602	0.12

i_{dc}/A	$\angle - U_{p1} I_{p1}$					
	试验值/°	解析值/°	相对误差/%			
0.7874	−84.56	−84.83	0.33			
1.550	−79.68	−79.94	0.32			
3.080	−70.70	−70.80	0.14			
4.614	−62.96	−62.97	0.02			
6.168	−56.53	−56.56	0.05			
7.713	−51.44	−51.59	0.27			

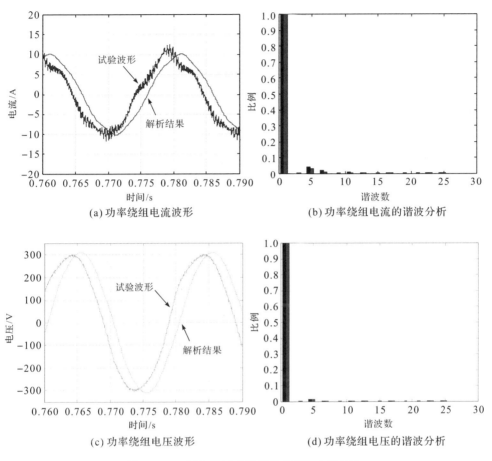

(a) 功率绕组电流波形　　　　　(b) 功率绕组电流的谐波分析

(c) 功率绕组电压波形　　　　　(d) 功率绕组电压的谐波分析

图 8-12　20%负载时功率绕组电流和电压对比

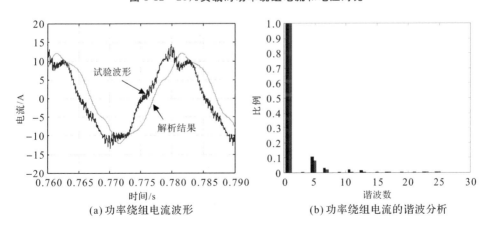

(a) 功率绕组电流波形　　　　　(b) 功率绕组电流的谐波分析

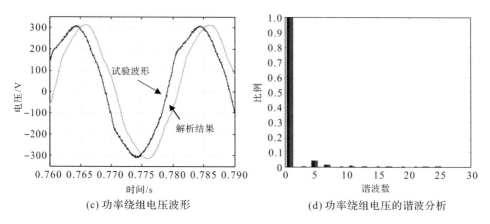

(c) 功率绕组电压波形   (d) 功率绕组电压的谐波分析

图 8-13 60%负载时功率绕组电流和电压对比

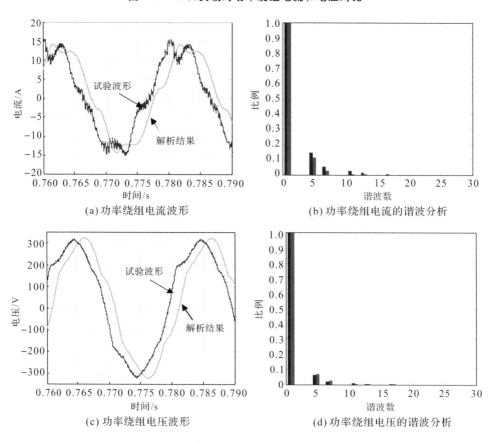

(a) 功率绕组电流波形   (b) 功率绕组电流的谐波分析

(c) 功率绕组电压波形   (d) 功率绕组电压的谐波分析

图 8-14 100%负载时功率绕组电流和电压对比

表 8-3 中试验结果与解析结果表明两者吻合较好,功率绕组电压、电流及其基波幅值、相位的误差均小于 2%。图 8-12 至图 8-14 三种负载情况下的波形及谐波含量的对比表明,功率绕组电压、电流的解析分析结果与试验结果基本一致,但在电流谐波含量上存在一些出入,功率绕组电流试验波形中的高频分量含量要较解析结果大一些,而解析结果相对较为光滑。存在这些差别的原因在于解析分析中对整流桥作了理想化的开关处理,同时未能考虑辅助励磁绕组谐波电流和齿谐波的影响。

据此,建立带有 3 相整流负载的感应发电机等效电路模型,相关结论与分析方法同样适用于带有多相整流负载的感应发电机的建模,不同之处在于后者的解析分析更为复杂,可借助电路仿真软件进行。

8.2.3　多相整流感应发电系统稳态性能计算

多相整流感应发电机的稳态性能计算是其分析与优化设计的重要基础,一般要求在发电机转速与负载已知的情况下,计算确定功率绕组与辅助励磁绕组的电压、电流与功率因数等参数。另一方面,多相整流感应发电机不仅布置了多套绕组,并且要考虑自励电容、整流桥负载以及励磁调节装置的影响,其稳态性能分析较一般交流发电机复杂得多。

等效电路是双绕组感应发电机的稳态性能计算的主要工具,根据图 8-7 所示的等效电路模型,忽略高次谐波,仅考虑基波情况下的等效电路模型如图 8-15 所示。$\dot{U}'_{c1}$ 为折算后的辅助励磁绕组基波励磁电压,$\dot{I}'_{c1}$ 为折算后的辅助励磁绕组基波励磁电流,ω_s 为定子角频率,$-\dot{E}_{p1}$ 为功率绕组基波电动势,L_{mp} 为 12 相功率绕组的激磁电感。为将相数不同的功率绕组与励磁绕组统一到同一等效电路中,在此把 12 相功率绕组等效为一个 3 相绕组,并将转子漏抗、电阻参数折算到 12 相功率绕组,折算关系可参考式(8.1.15)~(8.1.17)。

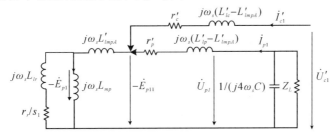

图 8-15　仅考虑基波情况下的感应发电机等效电路模型

双绕组感应发电机的主要漏抗参数计算可参考第 7 章,等效电路建模过程中还需确定交流侧负载阻抗 Z_L 与激磁电感 L_{mp},这两个参数涉及多相整流感应发电机系统中两类主要的非线性环节,因此,也是多相整流感应发电机系统分析的重点与难点。负载阻抗 Z_L 由整流桥负载特性决定,由于整流桥交流侧存在自励电容,负载特性计算必须考虑整流桥与自励电容、发电机本体参数的耦合特性,传统同步发电机带整流桥负载特性分析方法不再适用;激磁电感 L_{mp} 需要通过磁路计算确定,磁路计算中必须精确考虑铁心饱和的影响。本节首先利用第 8.2.2 节的负载特性分析方法,对交流侧并接自励电容的整流桥负载特性进行定量计算,得到整流桥负载的等效阻抗;其次采用分布磁路法进行磁路计算,得到充分考虑铁心饱和影响的激磁电感参数;最后根据励磁控制的调节原理,励磁绕组以无功功率为主的特点,基于双绕组发电机的等效电路模型,采用两层迭代计算,得到发电机的稳态性能参数。

(1)负载阻抗 Z_L

在整流桥直流侧电压 U_{dc} 和电流 I_{dc} 已知的情况下,忽略高次谐波,认为整流桥交流侧仅有基波分量,则 12 相整流桥交流侧的基波相电压有效值 U_{p1} 为

$$U_{p1} = \frac{1}{24\sqrt{6}} \frac{\pi U_{dc}}{\sin(\pi/24)} \tag{8.2.41}$$

不计整流桥自身损耗,则整流桥直流侧与交流侧的有功功率相等,根据这一关系,可知交流侧电流有效值 I_{p1} 为

$$I_{p1} = \frac{U_{dc} I_{dc}}{U_{p1}} \cos\Delta\theta \tag{8.2.42}$$

式中,$\Delta\theta$ 为交流侧基波电压与基波电流的相位差。

第 8.2.2 节给出了 3 相整流桥交流侧基波电压与基波电流相位差的计算方法。针对 12/3 相双绕组感应发电机,12 相整流桥由 4 组 3 相整流桥构成,各组 3 相整流桥直流输出端通过并联均衡电抗器,则交流侧的稳态分析中可以忽略各组整流桥之间的耦合,将 12 相整流桥分解为 4 个独立 3 相整流桥单元来进行分析,此时 $\Delta\theta$ 的计算方法与 3 相整流桥情况下的相同,具体方法可参考第 8.2.2 节,在此不再重复。

整流桥负载的等效阻抗 Z_L 为

$$Z_L = \frac{U_{p1}}{I_{p1}} \angle(-\Delta\theta) \tag{8.2.43}$$

（2）激磁电感 L_{mp}

激磁电感为电机绕组感应电势与励磁电流的关系，需要通过磁路计算确定。电机铁心材料饱和非线性是影响磁路计算精度的主要因素。根据第 3 章的介绍，分布磁路法可以充分考虑铁心饱和的影响，同时具有较好的精度与较快的计算速度，因此采用分布磁路法进行感应发电机激磁电感计算。

分布磁路法通过径向分区与周向分块得到铁心磁路的分布式模型。在分布式模型的基础上，根据激磁电流 I_m 计算合成磁势，并以该合成磁势为依据，通过气隙迭代计算，得到沿圆周各节点的气隙磁通密度。在分布磁路法的迭代过程中，铁心内部的磁场强度与磁压降计算以实际铁心材料的 BH 曲线为依据，因此分布磁路可以有效考虑铁心不同位置的饱和程度差异，据此得到充分考虑铁心饱和影响的激磁电感参数。

根据分布磁路法得到的气隙磁密波形，经傅里叶分解求出基波气隙磁密 $B_{\delta 1}$，则基波感应电势 E_1 为

$$E_1 = \frac{2K_{Nm}K_{dp1}\omega_s W}{\pi}\sum_{i=1}^{N}B_{\delta 1}(i)\frac{\tau}{N} \tag{8.2.44}$$

式中，τ 为电机极距，N 为分布磁路法模型的周向节点数，激磁电感 L_{mp} 的计算值为

$$L_{mp} = \frac{E_1}{\omega_s I_m} = \frac{2K_{Nm}K_{dp}W}{\pi I_m}\sum_{i=1}^{N}B_{\delta 1}(i)\frac{\tau}{N} \tag{8.2.45}$$

（3）稳态性能迭代计算

当双绕组感应发电机带载运行时，为保持发电机输出的直流电压稳定，需要励磁调节装置提供纯无功功率，则稳态情况下励磁绕组的端口输入功率中仅存在无功分量，励磁绕组电压、电流满足电压领先电流的角度为 $-90°$ 的条件，若将励磁绕组端口等效为阻抗 Z_{c1}，则此阻抗应为纯容性，该阻抗相角 $\theta_{Z1}=-90°$。

根据上述负载与辅助励磁绕组支路的等效方法，感应发电机系统的基波简化等效电路如图 8-16 所示。

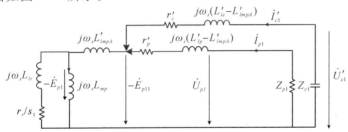

图 8-16　负载与励磁绕组支路等效后的基波简化等效电路

在负载特性及电机内部参数已知的情况下,基于等效电路模型确定稳态性能计算的原则如下:

①端电压有效值 U_{p1} 与工况设定值相同;

②励磁绕组端口的等效阻抗的相角 $\theta_{Z_{1}} = -90°$;

③各支路阻抗满足等效电路节点导纳之和为 0。

$$Y = \frac{1}{j\omega_s L_{mp} \;//\; (r_r/s_1 + j\omega_s L_{ir}) + j\omega_s L'_{impA}} + \frac{1}{r_{pz} + j\omega_s (L'_{ip} - L'_{impA}) + Z_{p1}}$$

$$+ \frac{1}{r'_c + j\omega(L'_{ic} - L'_{impA}) + Z_c 1}$$

$$= 0 \tag{8.2.46}$$

根据上述原则,可以对等效电路中的励磁绕组电流和转差率等稳态性能指标进行迭代计算。鉴于电机磁路的非线性特点,计算过程共分两层迭代,外层为转差率 s_1 迭代,内层为基于分布磁路法的磁路计算迭代。

1)内层磁路迭代

在内层迭代中,认为转差率 s 已知,为确保发电机端电压满足需求值,可根据负载特性求得节点电势设定值 E_{p11_0} 并将其作为磁路迭代目标:

$$E_{p11\_0} = | \dot{I}_{p1}[r_{pz} + j\omega(L'_{ic} - L'_{impA})] - \dot{U}_{p1} | \tag{8.2.47}$$

设定激磁电流相量 $\dot{I}_{p1}$ 的相位为 0,即 $\dot{I}_{p1} = I_m < 0$,若激磁电流 I_m 与激磁电感 L_{mp} 为已知,可得到节点电势计算值 E_{p11}:

$$E_{p11} = \left| \left(\dot{I} \frac{j\omega_s L_{mp}}{r_r/s_1 + j\omega_s L_{ir}} + \dot{I} \right) j\omega_s L'_{impA} - \dot{E}_{p1} \right| \tag{8.2.48}$$

内层迭代的收敛条件为参数 E_{p11} 与设定值 E_{p11_0} 的误差小于允许值 ε_E,即

$$| E_{p11} - E_{p11\_0} | < \varepsilon_E \tag{8.2.49}$$

若不满足上述收敛条件,则对 I_m 进行修正,公式为

$$I'_m = I_m \left(1 + k_1 \frac{E_{p11\_0} - E_{p11}}{E_{p11\_0}} \right) \tag{8.2.50}$$

式中,k_1 为迭代经验系数,可根据迭代速度进行选择。

2)外层磁路迭代

在内层迭代的基础上,外层迭代通过调整转差率 s_1,使励磁绕组端口的等效阻抗的相角 $\theta_{Z_{1}} = -90°$,从而满足励磁调节装置提供纯无功功率的原则。

根据式(8.2.6),在转差率为 s 时,计算对应的辅助励磁绕组供电等效阻抗 Z_{c1}:

$$Z_{c1} = -r'_c - j\omega_s(L'_i c - L'_i mpA)$$
$$+ \left[\frac{1}{j\omega_s L_{mp} \mathbin{/\!/} (r_r/s_1 + j\omega_s L_{ir}) + j\omega_s L'_{impA}} + \frac{1}{r_{pz} + j\omega_s(L'_{ip} - L'_{impA}) + Z_{p1}}\right]^{-1}$$

$$(8.2.51)$$

外层迭代的收敛条件为等效阻抗 Z_{c1} 的相角 θ_{Zc1} 与 $-90°$ 的误差小于允许值 ε_θ,即

$$|\theta_{Zc1} + 90°| < \varepsilon_\theta \tag{8.2.52}$$

若不满足上述收敛条件,则对 s_1 进行修正,公式为

$$s'_1 = s_1 + \Delta s \frac{\theta_{Zc1} + 90°}{90°} \tag{8.2.53}$$

式中,Δs 为迭代经验系数,可根据迭代速度进行选择。

综上所述,双绕组感应发电机的稳态性能迭代的总体流程如图 8-17 所示。

针对一型 12/3 相双绕组感应发电机样机(具体参数见第 8.1.2.5 节),参考第 6.2.2 节方法得到具体负载特性计算结果,并在此基础上根据本节所述方法进行稳态性能计算,结果如表 8-4 所示。试验数据与计算值误差不超过 5%,证明了基于等效电路模型的稳态性能计算方法的正确性。

表 8-4　当 $n = 1500\text{r/min}, C = 64\mu\text{F}, u_{dc} = 240\text{V}$ 时,不同负载下的稳态性能计算结果

i_{dc}/A	U_{p1}			I_{p1}		
	试验值/V	解析值/V	相对误差/%	试验值/A	解析值/A	相对误差/%
22.8	99.99	99.59	−0.40	7.10	7.11	0.14
42.8	100.4	100.5	0.04	10.13	9.99	−1.38
61.8	100.7	101.3	0.58	13.23	13.23	0.00
82	101.1	101.6	0.50	16.96	16.70	−1.53
i_{dc}/A	$\angle -U_{p1} I_{p1}$			I_{c1}		
	试验值/°	解析值/°	相对误差/%	试验值/A	解析值/A	相对误差/%
22.8	−51.97	−52.57	1.15	1.80	1.79	−0.56
42.8	−34.56	−35.62	3.07	2.92	2.78	−4.79
61.8	−26.50	−26.85	1.32	4.35	4.28	−1.61
82	−21.13	−21.43	1.42	6.70	6.68	−0.30

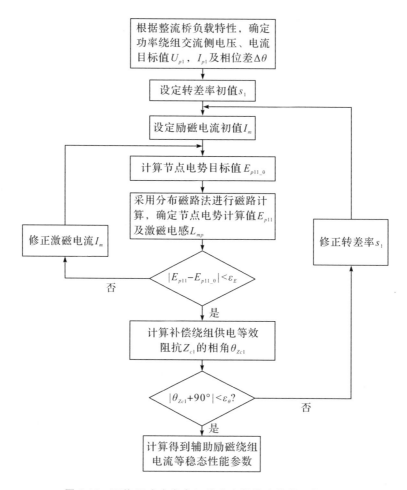

图 8-17 双绕组感应发电机的稳态性能迭代的总体流程

8.3 静态稳定性分析

自 20 世纪末以来,大量针对同步发电机整流系统运行稳定性的研究成果[31,54,61-64]为该类系统的稳定性分析奠定了坚实的理论基础。研究表明,在转子参数对称的情况下,整流发电机不会发生低频功率振荡,即在感应发电机系统中不存在类似于同步整流系统的固有低频功率振荡。带整流负载的双绕组感应发电机作为 21 世纪初提出的一种新型分布式发电系统[17,65-66],其运行稳定性是评价该系统性能的一个重要指标。

　　本节根据双绕组感应发电机的运行原理,首先建立静态稳定性的解析分析模型,并在此基础上,分别研究双绕组感应发电机的固有静态稳定性和考虑励磁控制器影响的稳定性,本节将以 3/3 相双绕组感应发电机为例分析该系统的运行稳定性,在一定条件下也可推广到 $M/3$ 相($M=6,9,12$)双绕组感应发电机系统。

8.3.1　双绕组感应发电机的静态稳定性分析模型

8.3.1.1　3/3 相双绕组感应发电机的等效电路模型

3/3 相双绕组感应发电机在同步旋转坐标系下的数学模型为

$$\begin{cases} u_d = \mathrm{p}\Psi_d - \omega_s\Psi_q + r_s i_d \\ u_q = \mathrm{p}\Psi_q + \omega_s\Psi_d + r_s i_q \end{cases} \tag{8.3.1}$$

$$\begin{cases} u_{dA} = \mathrm{p}\Psi_{dA} - \omega_s\Psi_{qA} + r_s i_{dA} \\ u_{qA} = \mathrm{p}\Psi_{qA} + \omega_s\Psi_{dA} + r_s i_{qA} \end{cases} \tag{8.3.2}$$

$$\begin{cases} 0 = \mathrm{p}\Psi_{dr} - s\omega_s\Psi_{qr} + R_{dr} i_{dr} \\ 0 = \mathrm{p}\Psi_{qr} + s\omega_s\Psi_{dr} + R_{qr} i_{qr} \end{cases} \tag{8.3.3}$$

$$\begin{cases} \Psi_d = L_p i_d + L_{px} i_{dA} + L_m i_{dr} \\ \Psi_q = L_p i_q + L_{px} i_{qA} + L_m i_{qr} \end{cases} \tag{8.3.4}$$

$$\begin{cases} \Psi_{dA} = L_{px} i_d + L_c i_{dA} + L_m i_{dr} \\ \Psi_{qA} = L_{px} i_q + L_c i_{qA} + L_m i_{qr} \end{cases} \tag{8.3.5}$$

$$\begin{cases} \Psi_{dr} = L_m i_d + L_m i_{dA} + L_r i_{dr} \\ \Psi_{qr} = L_m i_q + L_m i_{qA} + L_r i_{qr} \end{cases} \tag{8.3.6}$$

式中,s 为转差率,p 为对时间的微分算子,$L_p=L_{lp}+L_m$,$L_c=L_{lc}+L_m$,$L_r=L_{lr}+L_m$,$L_{px}=L_{lpc}+L_m$。定义

$$E_q = L_m i_{dr}, \quad E_q' = \frac{L_m}{L_r}\Psi_{dr}, \quad E_d = -L_m i_{qr}, \quad E_d' = -\frac{L_m}{L_r}\Psi_{qr} \tag{8.3.7}$$

（1）定子电压方程

类似式(8.2.1)~(8.2.7)的推导过程,功率绕组电压方程为

$$\begin{cases} u_d \approx \omega_s E_d' - \omega_s L_p' i_q - \omega_s L_{px}' i_{qA} + r_p i_d \\ u_q \approx \omega_s E_q' + \omega_s L_p' i_d + \omega_s L_{px}' i_{dA} + r_p i_q \end{cases} \tag{8.3.8}$$

式中,$L_{px}'=L_{lpc}+L_{lr}L_m/L_r$,$L_p'=L_{lp}+L_{lr}L_m/L_r$。类似地,辅助励磁绕组电压方

程为

$$\begin{cases} u_{dA} \approx \omega_s E'_d - \omega_s L'_{pc} i_q - \omega_s L'_c i_{qA} + r_c i_{dA} \\ u_{qA} \approx \omega_s E'_q + \omega_s L'_{pc} i_d + \omega_s L'_c i_{dA} + r_c i_{qA} \end{cases} \tag{8.3.9}$$

式中，$L'_c = L_{lc} + L_{lr} L_m / L_r$。

(2)转子绕组暂态电压方程

定义参数 $T'_0 = (L_{lr} + l_m)/r_r$，根据式(8.3.3)与(8.3.6)，可得

$$\begin{cases} T'_0 p E'_d = s\omega_s T'_0 E'_q - [E'_d - (L'_p - L_p)i_q - (L'_{pc} - L_{pc})i_{qA}] \\ T'_0 p E'_q = -s\omega_s T'_0 E'_d - [E'_q + (L'_p - L_p)i_d + (L'_{pc} - L_{pc})i_{dA}] \end{cases} \tag{8.3.10}$$

综合式(8.3.8)~(8.3.10)，可得

$$\begin{cases} \dot{U}_p = \omega_s \dot{E}' + j\omega_s L'_{pc} \dot{I}_c + (r_p + j\omega_s L'_p) \dot{I}_p \\ \dot{U}_c = \omega_s \dot{E}' + j\omega_s L'_{pc} \dot{I}_p + (r_c + j\omega_s L'_c) \dot{I}_c \\ p\dot{E}' = -j\omega_s s \dot{E}' - \dfrac{1}{T'_0} [\dot{E}' + j(L'_p - L_p) \dot{I}_p + j(L'_c - L_c) \dot{I}_c] \end{cases} \tag{8.3.11}$$

$$\dot{U}_p = u_d + ju_q, \quad \dot{E}' = E'_d + jE'_q, \quad \dot{I}_p = i_d + ji_q, \quad \dot{I}_c = i_{dA} + ji_{qA}$$

(3)转子运动方程

转子运动方程为

$$H \frac{\mathrm{d}s}{\mathrm{d}t} = P_{em} - P_m \tag{8.3.12}$$

式中，P_m 为输入机械功率，P_{em} 为电磁功率，参数 H 为

$$H = J \frac{(1-s)\omega_s^2}{p^2} \tag{8.3.13}$$

针对 3 相电机，电磁功率 P_{em} 为

$$P_{em} = -\frac{3}{2} \mathrm{Re}[\omega_s \dot{E}' (\dot{I}_p + \dot{I}_c)^*] \tag{8.3.14}$$

式(8.3.11)~(8.3.14)构成了双绕组感应发电机的等效电路模型。

8.3.1.2 双绕组感应发电机的线性化数学模型

在系统扰动较小的情况下，可以通过建立工作点附近的线性化模型来进行静态稳定性分析。

由于感应电机定、转子结构的严格对称，感应发电机系统不存在类似于同步整流系统的低频功率振荡，此时可将自励电容及整流桥负载等效为一阻抗形式 Z_L，如图 8-18 所示，即

$$\dot{U}_p = -Z_L \dot{I}_p \qquad (8.3.15)$$

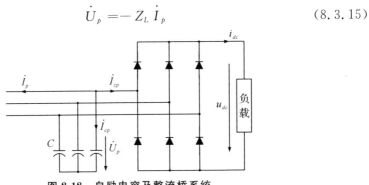

图 8-18　自励电容及整流桥系统

根据 SAVR 的工作原理,在系统小扰动分析中,可将其等效为一电压源,并将连接在电机和 SAVR 之间的滤波电抗器的电感 L_f 和电阻 r_f 折合到辅助励磁绕组的漏感和电阻中,折算关系为

$$\begin{cases} L_{cf} = L_c + L_f \\ L_{lcf} = L_{lc} + L_f \\ L'_{lcf} = L'_c + L_f \\ r_{cf} = r_c + r_f \end{cases} \qquad (8.3.16)$$

由式(8.3.11)与(8.3.16)可得相应的等效电路,如图 8-19 所示。根据等效原则,可将图 8-19(a)等价为图 8-19(b)所示电路,图中,

$$\dot{U}_{eq} = \frac{Z_L + r_p + j\omega_s(L'_p - L'_{pc})}{Z_L + r_p + j\omega_s(L'_p - L'_{pc}) + r_{cf} + j\omega_s(L'_{cf} - L'_{pc})} \dot{U}_c \quad (8.3.17)$$

$$Z_{eq} = [Z_L + r_p + j\omega_s(L'_p - L'_{pc})] \,/\!/\, [r_{cf} + j\omega_s(L'_{cf} - L'_{pc})] \quad (8.3.18)$$

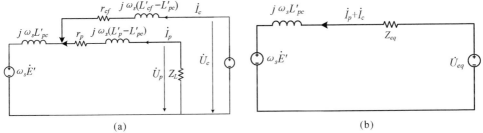

(a)	(b)

图 8-19　双绕组感应发电机等效电路

由于在正常工作范围内,均存在

$$|Z_L + r_p + j\omega_s(L'_p - L'_{pc})| \gg |r_{cf} + j\omega_s(L'_{cf} - L'_{pc})|$$

故式(8.3.18)可简化为

$$Z_{eq} \approx r_{cf} + j\omega_s(L'_{cf} - L'_{pc}) \tag{8.3.19}$$

则有

$$\dot{U}_{eq} = \omega_s \dot{E}' + (r_{cf} + j\omega_s L'_{cf}) \dot{I}_s \tag{8.3.20}$$

$$\mathrm{p}\dot{E}' = -j\omega_{s}\dot{E}' - \frac{1}{T'_0}[\dot{E}' + j(L'_{cf} - L_{cf})\dot{I}_s] \tag{8.3.21}$$

$$P_e = \frac{3}{2}\mathrm{Re}(\omega_s \dot{E}' \dot{I}^*_s) \tag{8.3.22}$$

式中,

$$\dot{I}_s = \dot{I}_p + \dot{I}_c$$

在系统出现小扰动的情况下,不考虑控制系统对 SAVR 输出电压的作用,即假定 U'_c 和 ω_s 均保持不变,据此对系统方程(8.3.21)进行工作点附近的线性化处理,则在 d,q 坐标系下的表达式为

$$\begin{cases} \dfrac{\mathrm{d}\Delta E'_d}{\mathrm{d}t} = -\alpha_1 \Delta E'_d + (\omega_{s0}s_{10} + \beta_1)\Delta E'_q + \omega_{s0}E'_{q0}\Delta s \\ \dfrac{\mathrm{d}\Delta E'_q}{\mathrm{d}t} = -(\omega_{s0}s_{10} + \beta_1)\Delta E'_d - \alpha_1 \Delta E'_q - \omega_{s0}E'_{d0}\Delta s \end{cases} \tag{8.3.23}$$

式中,ω_{s0} 为 ω_s 的稳态值,s_{10} 为 s_1 的稳态值,E'_{q0},E'_{d0} 分别为 E'_q,E'_d 的稳态值,定义实数参数 α_1,β_1 满足

$$\begin{cases} \alpha_1 = \dfrac{1}{T'_0}\left[1 - \dfrac{\omega^2_{s0}L'_{cf}(L'_{cf} - L_{cf})}{r^2_{cf} + (\omega_{s0}L'_{cf})^2}\right] \\ \beta_1 = -\dfrac{\omega_{s0}r_{cf}(L'_{cf} - L_{cf})}{T'_0[r^2_{cf} + (\omega_{s0}L'_{cf})^2]} \end{cases} \tag{8.3.24}$$

同时忽略二阶小量,得到式(8.3.22)在工作点附近的线性化表达式:

$$\Delta P_e \approx -\frac{3}{2}\omega_{s0}(C_e \Delta E'_d + D_e \Delta E'_q) \tag{8.3.25}$$

式中,

$$C_e = -G + \mathrm{Re}(\dot{I}_{s0})$$

$$D_e = -B + \mathrm{Im}(\dot{I}_{s0})$$

$$G + jB = \frac{\dot{E}'_0}{r_{cf} - j\omega_{s0}L'_{cf}}$$

根据式(8.3.12)给出的转子运动方程,可得

$$H \frac{\mathrm{d}\Delta s}{\mathrm{d}t} = \Delta P_e - \Delta P_m = -\frac{3}{2}\omega_{s0}C_e\Delta E'_d - \frac{3}{2}\omega_{s0}D_e\Delta E'_q - \Delta P_m \quad (8.3.26)$$

同理,综合式(8.3.25)和(8.3.26)可得

$$\frac{\mathrm{d}\Delta s}{\mathrm{d}t} = -\frac{1.5\omega_{s0}C_e}{H}\Delta E'_d - \frac{1.5\omega_{s0}D_e}{H}\Delta E'_q - \frac{1}{H}\Delta P_m \quad (8.3.27)$$

式(8.3.23)和(8.3.27)构成了分析双绕组感应发电机系统微变稳定性的线性化数学模型。

8.3.2　双绕组感应发电机的固有静态稳定性分析

8.3.2.1　小扰动稳定性分析

为了进行工作点附近的小扰动分析,需要首先求解稳态工作点。双绕组感应发电机的稳态 T 形等效电路如图 8-20 所示。

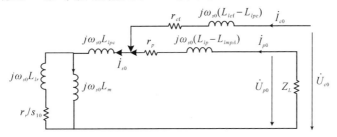

图 8-20　双绕组感应发电机 T 形等效电路

根据式(8.3.19)可得如图 8-21(a)所示的 T 形等效简化模型,再经进一步简化,可得图 8-21(b)所示的 Γ 形等效电路(图中 $\sigma_1 = 1 + L_{lcf}/L_m$)。

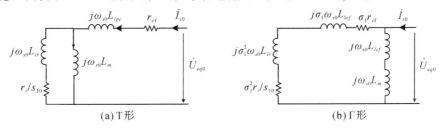

(a) T 形　　　　　　　　　　　　　(b) Γ 形

图 8-21　双绕组感应发电机简化等效电路

令

$$\dot{U}_{eq0} = U_{10}\angle 0° \quad (8.3.28)$$

$U_{10} > 0$,该假设不影响分析结果,则有

$$\dot{I}_{s0} = \frac{\dot{U}_{eq0}}{j\omega_{s0}L_{cf}} + \frac{\dot{U}_{eq0}}{\alpha_2 + j\beta_2} = \frac{U_{10}\alpha_2}{\alpha_2^2 + \beta_2^2} - jU_{10}\left(\frac{1}{\omega_{s0}L_{cf}} + \frac{\beta_2}{\alpha_2^2 + \beta_2^2}\right) \qquad (8.3.29)$$

式中，$\alpha_2 = \sigma_1 r_{cf} + \sigma_1^2 r_r/s_{10}$，$\beta_2 = \sigma_1 \omega_{s0}L_{kf}\sigma_1^2\omega_{s0}L_{lr}$，$\dot{U}_{eq0}$ 为 $\dot{U}_{eq}$ 的稳态值。

由式(8.3.20)可得

$$\omega_{s0}\dot{E}_0' = \dot{U}_{eq0} - (r_{cf} + j\omega_{s0}L_{cf}')\dot{I}_{s0}$$

$$= U_{10}\left(1 - \frac{L_{cf}'}{L_{cf}}\right) - \frac{\omega_{s0}L_{cf}'\beta_2 U_{10}}{\alpha_2^2 + \beta_2^2} - j\frac{\omega_{s0}L_{cf}'\alpha_2 U_{10}}{\alpha_2^2 + \beta_2^2} \qquad (8.3.30)$$

由式(8.3.25)可得

$$C_e + jD_e = \frac{-\omega_{s0}\dot{E}_0'}{r_{cf} - j\omega_{s0}L_{cf}'} + \dot{I}_{s0} \qquad (8.3.31)$$

忽略辅助励磁绕组等效电阻，将式(8.3.29)和(8.3.30)代入式(8.3.31)，有

$$C_e + jD_e = \frac{\omega_{s0}\dot{E}_0'}{j\omega_{s0}L_{cf}'} + \dot{I}_{s0} = -j\frac{U_{10}}{\omega_{s0}L_{cf}'} \qquad (8.3.32)$$

即

$$C_e = 0, \quad D_e = -\frac{U_{10}}{\omega_{s0}L_{cf}'} \qquad (8.3.33)$$

同样忽略辅助励磁绕组等效电阻，有

$$\alpha_1 + j\beta_1 \approx \frac{1}{T_0'}\left(1 - \frac{L_{cf}' - L_{cf}}{L_{cf}'}\right) = \frac{1}{T_0'}\frac{L_{cf}}{L_{cf}'} \qquad (8.3.34)$$

即

$$\alpha_1 = \frac{1}{T_0'}\frac{L_{cf}}{L_{cf}'}, \quad \beta_1 = 0 \qquad (8.3.35)$$

根据式(8.3.33)和(8.3.35)，即可实现双绕组感应发电机线性化模型的初始化。在此基础上，综合式(8.3.23)和(8.3.27)，可得双绕组感应发电机系统的状态方程：

$$\frac{d}{dt}\begin{bmatrix}\Delta E_d' \\ \Delta E_q' \\ \Delta s\end{bmatrix} = \begin{bmatrix} -\alpha_1 & (\omega_{s0}s_{10} + \beta_1) & \omega_{s0}E_{q0}' \\ -(\omega_{s0}s_{10} + \beta_1) & -\alpha_1 & -\omega_{s0}E_{d0}' \\ -\dfrac{3}{2}\omega_{s0}C_e & -\dfrac{3}{2}\omega_{s0}D_e & 0 \\ \hline H & H \end{bmatrix}\begin{bmatrix}\Delta E_d' \\ \Delta E_q' \\ \Delta s\end{bmatrix} + \frac{1}{H}\begin{bmatrix}0 \\ 0 \\ \Delta P_m\end{bmatrix}$$

$$(8.3.36)$$

式(8.3.36)的特征方程为

$$a_0 p^3 + a_1 p^2 + a_2 p + a_3 = 0 \tag{8.3.37}$$

式中，

$$
\begin{cases}
a_0 = 1 \\
a_1 = 2\alpha_1 \\
a_2 = \alpha_1^2 + (\omega_{s0} s_{10} + \beta_1)^2 - \dfrac{\dfrac{3}{2}\omega_{s0}^2 E_{d0}' D_e}{H} + \dfrac{\dfrac{3}{2}\omega_{s0}^2 E_{q0}' C_e}{H} \\
a_3 = \dfrac{\dfrac{3}{2}\omega_{s0}^2}{H} \{ \alpha_1 (C_e E_{q0}' - D_e E_{d0}') - [C_e (\omega_{s0} s_{10} + \beta_1) E_{d0}' + D_e (\omega_{s0} s_{10} + \beta_1) E_q'] \}
\end{cases}
$$

根据 Routh-Hurwitz 准则，本系统稳定的充分必要条件即式(8.3.37)满足以下条件：

$$
\begin{cases}
a_1 > 0 \\
a_1 a_2 - a_3 a_0 > 0 \\
a_3 (a_1 a_2 - a_3 a_0) > 0
\end{cases}
\tag{8.3.38}
$$

即

$$
\begin{cases}
a_1 > 0 \\
a_3 > 0 \\
a_1 a_2 - a_3 a_0 > 0
\end{cases}
\tag{8.3.39}
$$

由于

$$a_1 = 2\alpha = \frac{2}{T_0'} \frac{L_{cf}}{L_{cf}'} > 0 \tag{8.3.40}$$

显然式(8.3.39)第 1 行不等式成立。

$$
a_3 = \frac{\dfrac{3}{2}\omega_{s0}^2}{H} \{ \alpha_1 (C_e E_{q0}' - D_e E_{d0}') - [C_e (\omega_{s0} s_{10} + \beta_1) E_{d0}' + D_e (\omega_{s0} s_{10} + \beta_1) E_{q0}'] \}
$$

$$
= \frac{\dfrac{3}{2} U_{10}^2}{H T_0' (\alpha_2^2 + \beta_2^2) L_{cf}'} \left(\frac{L_{cf}}{L_{cf}'} - 1 \right) \left[\left(\frac{\sigma_1^2 r_r}{s_{10}} \right)^2 - \omega_{s0}^2 (\sigma_1 L_{lcf} + \sigma_1^2 L_{lr})^2 \right] \tag{8.3.41}
$$

显然，要使 $a_3 > 0$，只需

$$\left(\frac{\sigma_1^2 r_r}{s_{10}} \right)^2 > \omega_{s0}^2 (\sigma_1 L_{lcf} + \sigma_1^2 L_{lr})^2 \tag{8.3.42}$$

根据感应电机运行于发电状态时的 $s_{10} < 0$，则当

$$s_{10} > s_m \tag{8.3.43}$$

时，式(8.3.39)第2行不等式成立（s_m 为临界转差率）。式中，

$$s_m = \frac{-\sigma_1 r_r}{\omega_{s0} L_{lcf} + \sigma_1 \omega_{s0} L_{lr}}$$

根据系统特征方程(8.3.37)，有

$$a_1 a_2 = \frac{2}{T_0'} \frac{L_{cf}}{L_{cf}'} \left\{ \frac{1}{T_0'} \left(\frac{L_{cf}}{L_{cf}'} \right)^2 + (\omega_{s0} s_{10})^2 + \frac{\frac{3}{2} U_{10}^2}{H L_{cf}'} \left[\left(1 - \frac{L_{cf}'}{L_{cf}} \right) - \frac{\omega_{s0} L_{cf}' \beta_2}{\alpha_2^2 + \beta_2^2} \right] \right\} \qquad (8.3.44)$$

$$a_0 a_3 = \frac{\frac{3}{2} U_{10}^2}{H T_0' (\alpha_1^2 + \beta_1^2) L_{cf}'} \left(\frac{L_{cf}}{L_{cf}'} - 1 \right) \left[\left(\frac{\sigma_1^2 r_r}{s_{10}} \right)^2 - \omega_{s0}^2 (\sigma_1 L_{lcf} + \sigma_1^2 L_{lr})^2 \right]$$

$$= \frac{\frac{3}{2} U_{10}^2}{H T_0' L_{cf}'} \left(\frac{L_{cf}}{L_{cf}'} - 1 \right) \frac{\alpha_2^2 - \beta_2^2}{\alpha_2^2 + \beta_2^2} \qquad (8.3.45)$$

因为

$$\frac{1}{T_0'} \left(\frac{L_{cf}}{L_{cf}'} \right)^2 + (\omega_{s0} s_{10})^2 > 0 \qquad (8.3.46)$$

所以

$$a_1 a_2 > \frac{3 U_{10}^2}{H T_0' L_{cf}'} \left[\left(\frac{L_{cf}}{L_{cf}'} - 1 \right) - \frac{\omega_{s0} L_{cf} \beta_2}{\alpha_2^2 + \beta_2^2} \right]$$

$$= a_0 a_3 + \frac{\frac{3}{2} U_{10}^2}{H T_0' L_{cf}'} \left[\left(\frac{L_{cf}}{L_{cf}'} - 1 \right) \frac{\alpha_2^2 + 3\beta_2^2}{\alpha_2^2 + \beta_2^2} - \frac{2\omega_{s0} L_{cf} \beta_2}{\alpha_2^2 + \beta_2^2} \right] \qquad (8.3.47)$$

故式(8.3.47)中，

$$\left(\frac{L_{cf}}{L_{cf}'} - 1 \right) \frac{\alpha_2^2 + 3\beta_2^2}{\alpha_2^2 + \beta_2^2} - \frac{2\omega_{s0} L_{cf} \beta_2}{\alpha_2^2 + \beta_2^2} \geqslant \frac{1}{\alpha_2^2 + \beta_2^2} \left[\left(\frac{L_{cf}}{L_{cf}'} - 1 \right) 2\sqrt{3} \mid \alpha_2 \mid \beta_2 - 2\omega_{s0} L_{cf} \beta_2 \right]$$

$$= \frac{2\beta_2}{\alpha_2^2 + \beta_2^2} \left[\sqrt{3} \left(\frac{L_{cf}}{L_{cf}'} - 1 \right) \alpha_2 - \omega_{s0} L_{cf} \right] \qquad (8.3.48)$$

当式(8.3.39)第2行不等式成立时，需满足式(8.3.43)，此时将有

$$\mid \alpha_2 \mid = \left| \sigma_1^2 \frac{r_r}{s_{10}} \right| > \sigma_1^2 r_r \frac{\omega_{s0} L_{lcf} + \sigma_1 \omega_{s0} L_{lr}}{\sigma_1 r_r}$$

$$= \sigma_1 \omega_{s0} L_{lcf} + \sigma_1^2 \omega_{s0} L_{lr} > \omega_{s0} L_{lcf} + \omega_{s0} L_{lr} > \omega_{s0} L_{cf}' \qquad (8.3.49)$$

于是式(8.3.48)满足

$$\frac{2\beta_2}{\alpha_2^2 + \beta_2^2} \left[\sqrt{3} \left(\frac{L_{cf}}{L_{cf}'} - 1 \right) \alpha_2 - \omega_{s0} L_{cf} \right] > \frac{2\beta_2}{\alpha_2^2 + \beta_2^2} \left[\sqrt{3} \left(\frac{L_{cf}}{L_{cf}'} - 1 \right) \omega_{s0} L_{cf}' - \omega_{s0} L_{cf} \right]$$

$$= \frac{2\beta_2 \omega_{s0}}{\alpha_2^2 + \beta_2^2} \left[(\sqrt{3} - 1) L_{cf} - \sqrt{3} L_{cf}' \right] \qquad (8.3.50)$$

显然对于正常工作的电机 $L_{cf} \gg L'_{cf}$，故

$$\frac{2\beta_2 \omega_{s0}}{\alpha_2^2 + \beta_2^2}\left[(\sqrt{3}-1)L_{cf} - \sqrt{3}L'_{cf}\right] > 0 \qquad (8.3.51)$$

恒成立,则综合式(8.3.47)~(8.3.50)可知,式(8.3.39)第 3 行不等式恒成立。

综上所述,只需满足式(8.3.43),系统的转差率大于临界转差率时,系统即可维持稳定运行。式(8.3.43)与图 8-21(a)所示的等效电路具有最大电磁转矩时所对应的转差率完全相同,揭示了本系统的"微变"稳定条件与系统稳定运行区域一致的物理实质。

显然式(8.3.43)仅与转子、激磁电感和辅助励磁绕组的参数相关,而与功率绕组的参数没有明显关系,这是因为该结论是在式(8.3.19)成立这一前提下得到的。对于正常设计的电机,不计滤波电感时,式(8.3.19)基本成立,这就要求所接滤波电感不能太大,否则会影响式(8.3.43)成立。对于实际工程应用,为兼顾滤波效果和压降,滤波电感的大小与辅助励磁绕组的漏感值相当,即使考虑滤波电感,式(8.3.19)仍将基本成立。

在上述分析过程中,将 SAVR 当作理想电压源处理,隐含着 SAVR 可以提供满足正常负载范围内输出电压恒定所需的无功电流这一条件。因此,基于该条件的稳定判据不仅揭示了系统的最大稳定区域,同时也表明 SAVR 无法进一步扩大双绕组感应发电机系统的稳定区域,系统的最大稳定区域由电机自身固有的稳定区域决定。

8.3.2.2　试验验证

为检验判据的有效性,需要进行试验验证。由于临界转差频率的绝对值通常是额定负载时转差频率的几倍,此时输出的电功率较额定输出功率大许多,为保证试验安全性,需降压后试验,试验系统基于 3/3 相双绕组感应发电机原理样机(样机参数详见第 8.2.2.3 节),试验原理如图 8-22 所示。

为了模拟实际运行工况和保证负载的连续可调性,本试验系统采用了蓄电池负载,直流侧蓄电池的初始电压为 101V 左右,逐渐增大负载,并人工调节原动机的转速,使其保持在 1500r/min,励磁调节器直流电压设定在 140V,试验结果如表 8-5 和图 8-23 所示。

表 8-5　临界转差率和最大输出电功率的理论与试验结果对比

参数	理论值	试验值	相对误差
临界转差频率	-15.85%	-14.42%	9.92%
最大输出电功率	2.24kW	2.05kW	9.2%

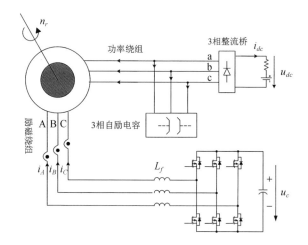

图 8-22 双绕组感应发电机运行稳定性试验原理

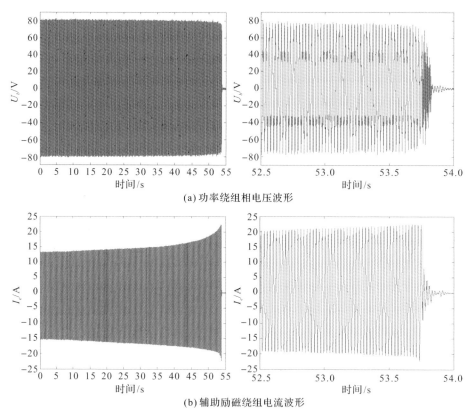

(a) 功率绕组相电压波形

(b) 辅助励磁绕组电流波形

图 8-23 双绕组感应发电机稳定性试验波形

如图 8-23 所示,当发电机达到临界转差频率时,功率绕组电压逐渐衰减,辅助励磁绕组电流在 SAVR 的调节作用下逐渐增大,但最终功率绕组电压完全坍塌时,励磁装置由于无励磁电源而使 SAVR 输出电流趋近于零。该试验波形反映了当发电机的转差率达到临界转差率时,系统将失稳。表 8-5 中理论分析与试验结果的一致性表明了本节的理论分析方法和稳定判据的正确性。

8.3.3　励磁控制对双绕组感应发电机静态稳定性的影响

上一节重点进行了发电机系统固有静态稳定性的分析,对整个系统的运行稳定性而言,还需要考虑励磁控制的影响。因此,本节将主要分析励磁控制参数对系统运行稳定性的影响。

由于本系统包含大量的非线性元件,比如交流侧带有电容的整流桥负载和励磁装置,进行大信号稳定性分析将十分困难,而采用数值仿真法进行系统的稳定性分析往往难以得到全面和规律性认识。

为此,可通过适当的假设对发电机系统模型进行简化,并建立系统的小信号模型,得到控制系统的传递函数,在此基础上进行控制系统运行稳定性的分析。

励磁系统的控制原理如图 8-24 所示,该控制系统采用了多级控制结构,电压外环和电流内环均采用了常规的 PI 调节器,PI 参数均为正值。

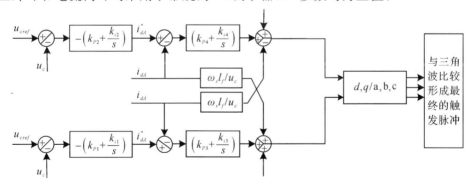

图 8-24　励磁调节器控制原理

在进行简化之前,有必要针对整流电压 u_{dc}、电容电压 u_c、无功电流 i_{qA}、有功电流 i_{dA} 的关系作一个说明。

稳态运行时,根据电机方程和 SAVR 的工作特点,在忽略两套绕组互漏抗、辅助励磁绕组漏抗及电阻的条件下,定子电压定向将与激磁电势定向完全等价,此时有功电流 i_{dA} 不会影响到电机激磁电势的大小,进而也不会影响到 u_{dc} 的大小。从这一角度来讲,辅助励磁绕组电压与激磁电势的相位差和互漏抗的大小决定了有功电流 i_{dA} 与 u_{dc} 的耦合程度。考虑到互漏抗很小,且有功电流 i_{dA} 一般为一个小量,该量对辅助励磁绕组电压与激磁电势的相位几乎无影响,故可认为 i_{dA} 与 u_{dc} 近似解耦,即 u_{dc} 主要由 i_{qA} 决定。

同样,根据 SAVR 的工作原理,流入 SAVR 的有功功率主要由 $-u_{dA}i_{dA}$ 决定,这也意味着 $-u_{dA}i_{dA}$ 决定了电容电压 u_c 的高低。当 u_{dA} 一定时,i_{dA} 的大小决定 u_c 的大小,虽然 u_{dA} 的大小与 i_{qA} 是相关的,但稳态或似稳态时,u_{dA} 相对变化小,故可近似认为 u_c 主要由 i_{dA} 决定。

以上分析表明,从理论上来说,SAVR 两个电压环的控制在稳态时也不完全解耦,但可以认为近似解耦,并根据图 8-24,通过引入前馈量实现无功电流 i_{qA} 和有功电流 i_{dA} 的静态解耦控制。因此,在分析励磁控制对系统稳定性的影响时,可分别对两个通道的传递函数进行分析。

为简化分析过程,可作以下假设:

①进行 d 通道传递函数分析时,忽略整流电压环的调节作用,无功电流参考值 i_{qA}^* 直接给定,忽略功率绕组的影响,仅考虑辅助励磁绕组的暂态过程,将发电机模型等效为一阶简化模型(图 8-25);

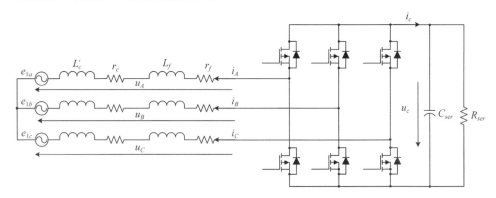

图 8-25　发电机系统的简化模型

②进行 q 通道传递函数分析时,忽略电容电压环的调节作用,电容电压为常数(相当于直流电容接直流电源时的情形),有功电流参考值 i_{dA}^* 设为零,忽略转子变压器电势和功率绕组定子变压器电势,仅考虑辅助励磁绕组的暂态过程,可得用于分析 q 通道传递函数发电机系统的简化模型。

8.3.3.1　励磁调节装置的数学模型

根据文献[67-69]，3 相励磁调节器平均模型如式(8.3.52)和(8.3.53)所示，电压和电流的正方向如图 8-25 所示。

$$\boldsymbol{V}_\Delta = -3L_f \frac{\mathrm{d}\boldsymbol{i}_\Delta}{\mathrm{d}t} + \boldsymbol{d}_\Delta u_c \tag{8.3.52}$$

$$C_{ser} \frac{\mathrm{d}u_c}{\mathrm{d}t} + i_c = -\boldsymbol{d}_\Delta^{\mathrm{T}} \boldsymbol{i}_\Delta \tag{8.3.53}$$

式中，

$$\boldsymbol{V}_\Delta = \left[(u_A - u_B)(u_B - u_C)(u_C - u_A)\right]^{\mathrm{T}}$$
$$\boldsymbol{i}_\Delta = \left[(i_A - i_B)(i_B - i_C)(i_C - i_A)\right]^{\mathrm{T}}$$
$$\boldsymbol{d}_\Delta = \left[(d_A - d_B)(d_B - d_C)(d_C - d_A)\right]^{\mathrm{T}}$$

d_A，d_B 和 d_C 分别表示 3 相逆变桥经开关状态平均后的占空比。

利用 Park 变换将 a,b,c 方程转换到 d_s,q_s 坐标系，得到

$$\begin{bmatrix} u_{dA} \\ u_{qA} \end{bmatrix} = \omega_s L_f \begin{bmatrix} 0 & 1 \\ -1 & 0 \end{bmatrix} \begin{bmatrix} i_{dA} \\ i_{qA} \end{bmatrix} - \frac{\mathrm{d}}{\mathrm{d}t} \begin{bmatrix} i_{dA} \\ i_{qA} \end{bmatrix} L_f - \begin{bmatrix} i_{dA} \\ i_{qA} \end{bmatrix} r_f + \begin{bmatrix} d_{dA} \\ d_{qA} \end{bmatrix} u_c \tag{8.3.54}$$

$$C_{ser} \frac{\mathrm{d}u_c}{\mathrm{d}t} + \frac{u_c}{R_{ser}} = -\frac{3}{2} d_{dA} i_{dA} - \frac{3}{2} d_{qA} i_{qA} \tag{8.3.55}$$

式中，d_{dA}，d_{qA} 分别表示 d_s，q_s 坐标系下的逆变桥经开关状态平均后的占空比。

8.3.3.2　电容电压环对系统稳定性的影响

(1)发电机的简化数学模型

根据前面的假设和图 8-25，可得发电机的一阶模型：

$$\begin{bmatrix} u_{dA} \\ u_{qA} \end{bmatrix} = \omega_s L_c' \begin{bmatrix} 0 & -1 \\ 1 & 0 \end{bmatrix} \begin{bmatrix} i_{dA} \\ i_{qA} \end{bmatrix} + \frac{\mathrm{d}}{\mathrm{d}t} \begin{bmatrix} i_{dA} \\ i_{qA} \end{bmatrix} L_c' + \begin{bmatrix} i_{dA} \\ i_{qA} \end{bmatrix} r_c + \begin{bmatrix} \omega_s E_d' \\ \omega_s E_q' \end{bmatrix} \tag{8.3.56}$$

根据式(8.3.54)和(8.3.56)，可得发电机系统的简化等效模型如图 8-26 所示。

(2)稳态工作点的求解

稳态量的符号表示法：原变量为小写字母的稳态量改为大写字母，下标保持不变；原变量为大写字母或希腊字母的稳态量在下标后加"0"以示区别。

用上述符号表示法处理式(8.3.56)，设 ω_{s0}，U_{dA}，U_{qA}，I_{qA} 和 U_c 为已知量，则有

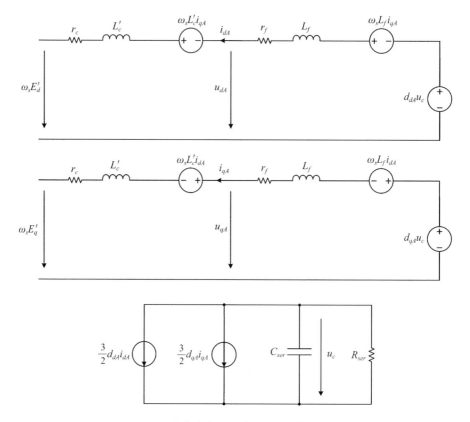

图 8-26 感应发电机系统的 d_s，q_s 等效模型

$$\begin{cases} \omega_{s0} E_{d0}' + r_c I_{dA} - \omega_{s0} L_c' I_{qA} = U_{dA} \\ U_{dA} + r_f I_{dA} - \omega_{s0} L_f I_{qA} = D_{dA} U_c \\ \omega_{s0} E_{q0}' + r_c I_{qA} + \omega_{s0} L_c' I_{dA} = U_{qA} \\ r_f I_{qA} + \omega_{s0} L_f I_{dA} = D_{qA} U_c \\ \dfrac{3}{2} D_{dA} I_{dA} + \dfrac{3}{2} D_{qA} I_{qA} + \dfrac{U_c}{R_{ser}} = 0 \end{cases} \qquad (8.3.57)$$

求解方程组(8.3.57)，即可得到相应的稳态工作点。

（3）系统的小信号模型

在稳态工作点附近对等效模型进行线性化，可得相应的小信号模型，如下式和图 8-27 所示(在进行励磁系统稳定性的分析中，可以近似认为内电势的变化量为零，同时忽略频率的变化)。

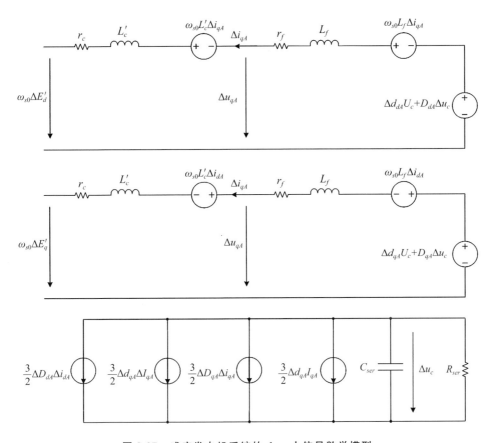

图 8-27　感应发电机系统的 d, q_s 小信号数学模型

$$\begin{bmatrix} r_{cf} + sL'_{cf} & -\omega_{s0} L'_{cf} & -D_{dA} \\ \omega_{s0} L'_{cf} & r_{cf} + sL'_{cf} & -D_{qA} \\ \dfrac{3}{2} D_{dA} & \dfrac{3}{2} D_{qA} & \dfrac{1}{R_{ser}} + C_{ser}s \end{bmatrix} \begin{bmatrix} \Delta i_{dA} \\ \Delta i_{qA} \\ \Delta u_c \end{bmatrix}$$

$$= \begin{bmatrix} U_c \\ 0 \\ -\dfrac{3}{2} I_{dA} \end{bmatrix} \Delta d_{dA} + \begin{bmatrix} 0 \\ U_c \\ -\dfrac{3}{2} I_{qA} \end{bmatrix} \Delta d_{qA} + \begin{bmatrix} \omega_{s0} \Delta E'_d \\ \omega_{s0} \Delta E'_q \\ 0 \end{bmatrix} \quad (8.3.58)$$

根据式(8.3.58)，可得 $\dfrac{\Delta i_{dA}}{\Delta d_{dA}}$，$\dfrac{\Delta i_{dA}}{\Delta d_{qA}}$，$\dfrac{\Delta i_{qA}}{\Delta d_{dA}}$，$\dfrac{\Delta i_{qA}}{\Delta d_{qA}}$，$\dfrac{\Delta u_c}{\Delta d_{dA}}$ 和 $\dfrac{\Delta u_c}{\Delta d_{qA}}$ 的传递函数：

$$\begin{cases} \dfrac{\Delta i_{dA}}{\Delta d_{dA}} = \dfrac{U_c\left[(r_{cf}+sL_{cf}')\left(\dfrac{1}{R_{ser}}+C_{ser}s\right)+\dfrac{3}{2}D_{qA}^2\right]-\dfrac{3}{2}I_{dA}\left[\omega_{s0}L_{cf}D_{qA}+(r_{cf}+sL_{cf}')D_{dA}\right]}{M_1} \\[4mm] \dfrac{\Delta i_{qA}}{\Delta d_{dA}} = \dfrac{U_c\left[-\omega_{s0}L_{cf}'\left(\dfrac{1}{R_{ser}}+C_{ser}s\right)-\dfrac{3}{2}D_{dA}D_{qA}\right]-\dfrac{3}{2}I_{dA}\left[D_{qA}(r_{cf}+sL_{cf}')-D_{dA}\omega_{s0}L_{cf}'\right]}{M_1} \\[4mm] \dfrac{\Delta u_c}{\Delta d_{dA}} = \dfrac{U_c\left[\dfrac{3}{2}D_{qA}\omega_{s0}L_{cf}'-\dfrac{3}{2}D_{dA}(r_{cf}+sL_{cf}')\right]-\dfrac{3}{2}I_{dA}\left[(r_{cf}+sL_{cf}')+(\omega_{s0}L_{cf}')^2\right]}{M_1} \\[4mm] \dfrac{\Delta i_{dA}}{\Delta d_{qA}} = \dfrac{U_c\left[\omega_{s0}L_{cf}'\left(\dfrac{1}{R_{ser}}+sC_{ser}\right)-\dfrac{3}{2}D_{dA}D_{qA}\right]-\dfrac{3}{2}I_{qA}\left[\omega_{s0}L_{cf}'D_{qA}+\dfrac{3}{2}I_{qA}D_{qA}(r_{cf}+sL_{cf}')\right]}{M_1} \\[4mm] \dfrac{\Delta i_{qA}}{\Delta d_{qA}} = \dfrac{U_c\left[(r_{cf}+sL_{cf}')\left(\dfrac{1}{R_{ser}}+sC_{ser}\right)+\dfrac{3}{2}D_{dA}^2\right]-\dfrac{3}{2}I_{qA}\left[D_{qA}(r_{cf}+sL_{cf}')-\omega_{s0}L_{cf}'D_{dA}\right]}{M_1} \\[4mm] \dfrac{\Delta u_c}{\Delta d_{qA}} = \dfrac{U_c\left[-\dfrac{3}{2}D_{qA}(r_{cf}+sL_{cf}')-\dfrac{3}{2}D_{dA}\omega_{s0}L_{cf}'\right]-\dfrac{3}{2}I_{qA}\left[(r_{cf}+sL_{cf}')^2+(\omega_{s0}L_{cf}')^2\right]}{M_1} \end{cases}$$

$$(8.3.59)$$

式中，

$$M_1 = \left[(r_{cf}+sL_{cf}')^2+(\omega_{s0}L_{cf}')^2\right]\left(\frac{1}{R_{ser}}+sC_{ser}\right)+\frac{3}{2}(D_{dA}^2+D_{qA}^2)(r_{cf}+sL_{cf}')$$

根据图 8-24 所示 d 轴电流的控制原理和图 8-26 可得

$$(i_{dA}^*-i_{dA})\left(k_{P4}+\frac{k_{I4}}{s}\right)+\frac{u_{dA}}{u_c}-\frac{\omega_s L_f i_{qA}}{u_c} = \frac{1}{u_c}\left(u_{dA}+r_f i_{dA}+L_f\frac{\mathrm{d}i_{dA}}{\mathrm{d}t}-\omega_s L_f i_{qA}\right)$$

$$(8.3.60)$$

由式(8.3.60)可得

$$\frac{i_{dA}}{i_{dA}^*} = \frac{1}{1+\dfrac{s(r_f+sL_f)}{u_c(k_{I4}+sk_{P4})}} \qquad (8.3.61)$$

为提高控制系统的动态响应能力，通常有 $k_{P4}=\alpha_d L_f$，$k_{I4}=\alpha_d r_f$ 且 $\alpha_d>0$，则式(8.3.61)变为

$$\frac{i_{dA}}{i_{dA}^*} = \frac{1}{1+\dfrac{s}{u_c\alpha_d}} \qquad (8.3.62)$$

由此可得出 d 轴电流环相应的小信号传递函数为

$$\frac{\Delta i_{dA}}{\Delta i_{dA}^*} = \frac{1}{1 + \dfrac{s}{U_c \alpha_d}}$$

(8.3.63)

同理，q 轴电流环的传递函数为

$$\frac{\Delta i_{qA}}{\Delta i_{qA}^*} = \frac{1}{1 + \dfrac{s}{U_c \alpha_d}}$$

(8.3.64)

式中，$\alpha_q > 0$。

d 轴和 q 轴电流的闭环传递函数为典型的一阶系统，显然 d 轴和 q 轴的电流环将始终稳定运行，该系统的时间常数 $1/(U_c \alpha_d)$ 和 $1/(U_c \alpha_q)$ 的取值将根据系统的动态性能指标要求进行设计，一般说来，这两个电流内环的参数选为一致，且电流内环的调节速度通常要大于电压外环。

（4）电容电压环的传递函数及稳定性分析

根据励磁系统的控制原理（图 8-24）并结合式（8.3.59）和（8.3.63），可得 d 通道的开环传递函数为

$$GH_{\Delta uc} = -\left(k_{P2} + \frac{k_{I2}}{s}\right)\left(\frac{\Delta u_c}{\Delta d_{dA}} \Big/ \frac{\Delta i_{dA}}{\Delta d_{dA}}\right)\frac{\Delta i_{dA}}{\Delta i_{dA}^*}$$

$$= -\frac{sk_{P2} + k_{I2}}{s} \frac{1}{1 + \dfrac{s}{u_c \alpha_d}} \frac{U_c\left[\dfrac{3}{2}D_{qA}\omega_{s0}L_{cf}' - \dfrac{3}{2}D_{dA}(r_{cf} + sL_{cf}')\right] - \dfrac{3}{2}I_{dA}\left[(r_{cf} + sL_{cf}')^2 + (\omega_{s0}L_{cf}')^2\right]}{as^2 + bs + c}$$

(8.3.65)

式中，

$$\begin{cases} a = U_c L_{cf}' C_{ser} > 0 \\[2mm] b = U_c r_{cf} C_{ser} + \dfrac{U_c}{R_{ser}}L_{cf}' - \dfrac{3}{2}I_{dA}D_{dA}L_{cf}' \\[2mm] c = \dfrac{U_c}{R_{ser}}r_{cf} + \dfrac{3}{2}U_c D_{qA}^2 - \dfrac{3}{2}\omega_{s0}L_{cf}'D_{qA}I_{dA} - \dfrac{3}{2}D_{dA}I_{dA}r_{cf} \end{cases}$$

传递函数 $GH_{\Delta uc}$ 为 I 型系统，其极点包括 $s = -U_c \alpha_d < 0$ 和由方程 $as^2 + bs + c = 0$ 决定的两个极点，故只需分析方程 $as^2 + bs + c = 0$ 是否存在正实部根，即可判断 $GH_{\Delta uc}$ 的稳定性。

1）忽略电阻 r_{cf} 的作用

根据物理概念，稳态时有功电流必然要流向励磁调节器，即 $I_{dA} < 0$，同时由式（8.3.57）可知 D_{qA} 和 I_{dA} 同号，故 $D_{qA} < 0$。

根据式（8.3.57），有 $D_{dA}I_{dA} + D_{qA}I_{qA} < 0$，该式在 I_{qA} 为正或负值时均成立，

故必有 $D_{dA} \geqslant 0$，于是有

$$b = \frac{U_c}{R_{ser}} L'_{cf} - \frac{3}{2} I_{dA} D_{dA} L'_{cf} \tag{8.3.66}$$

$$c = \frac{3}{2} U_c D_{qA}^2 - \frac{3}{2} \omega_{s0} L'_{cf} D_{qA} I_{dA} = \frac{3}{2} D_{qA} (U_c D_{qA} - \omega_{s0} L'_{cf} I_{dA})$$

$$= -\frac{3}{2} \omega_{s0} L'_c D_{qA} I_{dA} < 0 \tag{8.3.67}$$

显然传递函数 $GH_{\Delta uc}$ 存在正实部的极点，即系统在开环时是不稳定系统。

2）考虑电阻 r_{cf} 的作用

上述没有考虑电阻是一种十分理想的情况，下面将分析考虑电阻 r_s 时传递函数 $GH_{\Delta uc}$ 的特性。

一般地，$r_f \ll r_c$，可忽略滤波电感的电阻 r_f，则有

$$c = \frac{U_c}{R_{ser}} r_{cf} - \frac{3}{2} D_{dA} I_{dA} r_{cf} + \frac{3}{2} D_{qA} (U_c D_{qA} - \omega_{s0} L'_{cf} I_{dA})$$

$$= \frac{U_c}{R_{ser}} r_{cf} - \frac{3}{2} D_{dA} I_{dA} r_{cf} + \frac{3}{2} D_{qA} (r_f I_{qA} - \omega_{s0} L_f I_{dA})$$

$$\approx \frac{U_c}{R_{ser} r_c} - \frac{3}{2} D_{dA} I_{dA} r_c - \frac{3}{2} D_{qA} I_{dA} \omega_{s0} L_f \tag{8.3.68}$$

由第 1）部分的分析可知 $I_{dA} < 0$ 和 $-\frac{3}{2} D_{dA} I_{dA} r_c > 0$，下面分两种情形进行讨论：

①当 $D_{qA} \geqslant 0$ 时，显然 $c > 0$；

②当 $D_{qA} < 0$ 时，由式（8.3.57）可得

$$\frac{-D_{qA}}{D_{dA}} = \frac{-(r_f I_{qA} + \omega_{s0} L_f I_{dA})}{U_{dA} + r_f I_{dA} - \omega_{s0} L_f I_{qA}} \approx \frac{-\omega_{s0} L_f I_{dA}}{U_{dA} - \omega_{s0} L_f I_{qA}} \tag{8.3.69}$$

通常，滤波电抗的标幺值不超过 0.15，I_{dA} 代表有功电流，其典型值（标幺值）约为 0.02，故

$$\frac{-\omega_{s0} L_f I_{dA}}{U_{dA} - \omega_{s0} L_f I_{qA}} \leqslant \frac{0.15 \times 0.02}{1 - 0.15} < 0.00353 \tag{8.3.70}$$

即

$$\frac{-\omega_{s0} L_f D_{qA}}{D_{dA}} < 0.00353 \times 0.15 < 0.00053 \tag{8.3.71}$$

对常规电机而言，辅助励磁绕组电阻标幺值均可满足 $r_c > -\omega_{s0} L_f D_{qA} / D_{dA}$，即 $c > 0$，由 1）知 $b > 0$，故方程 $as^2 + bs + c = 0$ 没有正实部根。

　　对于正常设计的发电机和励磁调节器,在负载范围内均可以满足该条件,因此,开环传递函数 $GH_{\Delta uc}$ 是稳定的。根据对数频率稳定判据,电容电压的闭环传递函数稳定的充分必要条件是:开环传递函数的相频曲线在截止频率范围内,穿越 $(2k+1)\pi$ 线 $(k=0,\pm 1,\cdots)$ 的次数为零。现以 3/3 相原理样机为例进行说明,详细的分析结果如图 8-28 和图 8-29 所示。

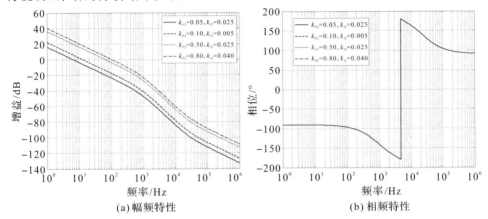

(a) 幅频特性　　　　　　　　　　　(b) 相频特性

图 8-28　额定负载、不同电容电压控制参数时 d 通道传递函数的 Bode 图 $(\alpha_d = 10)$

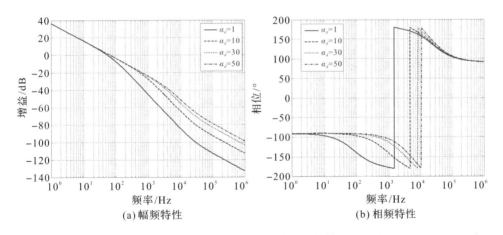

(a) 幅频特性　　　　　　　　　　　(b) 相频特性

图 8-29　额定负载、不同电流环控制参数时 d 通道传递函数的 Bode 图 $(k_{P2}=0.5,k_{I2}=0.2)$

　　由图 8-28 和图 8-29 可知,在增益大于 0dB 频段内,相频曲线穿越 $(2k+1)\pi$ 线 $(k=0,\pm 1,\cdots)$ 的次数为零,故设计的控制参数均可以满足闭环系统稳定的要求。

　　图 8-28 所示曲线表明,当电流环参数和电压环比例积分系数之比不变时,

系统的相角裕度和幅值裕度均随电压环比例系数的增加而减小,但穿越频率随电压环系数的增加而增大,有利于提高动态调节时间。图 8-29 所示曲线表明,当电压环比例积分系数不变时,系统的幅值裕度基本不变,相角裕度将随电流环系数的增加而增加,但当电流环系数增加到一定程度后(图 8-29 中当 $\alpha_d > 10$ 时),相位裕度将保持基本不变,同样,穿越频率将随电流环系数的增加而增加。

8.3.3.3 整流电压环对系统稳定性的影响

(1)发电机的简化数学模型

根据前面的假设,忽略转子变压器电势和功率绕组定子变压器电势,发电机系统的等效电路模型如图 8-19(a)所示,图中,

$$\dot{U}_c = U_c(d_{dA} + jd_{qA}) \tag{8.3.72}$$

转子回路方程和整流桥交直流侧电压关系如下:

$$0 = -j\omega_s s_1 \dot{E}' - \frac{1}{T_0'}[\dot{E}' + j(L_{cf}' - L_{cf}) \dot{I}_s] \tag{8.3.73}$$

$$u_{dc} = k_{dc\varphi} | Z_L \dot{I}_p | \tag{8.3.74}$$

式中,$Z_L = R_L + jX_L$,R_L 和 X_L 分别为功率绕组等效负载电阻和等效负载感抗,$k_{dc\varphi}$ 为整流桥输出电压与交流基波相电压幅值的比例。

(2)稳态工作点的求解

稳态量的符号表示法:原变量为小写字母的稳态量改为大写字母,下标保持不变;原变量为大写字母或希腊字母的稳态量在下标后加"0"以示区别。

基于上述符号表示法,根据图 8-19(a)所示等效电路以及整流桥交直流侧电压关系,列写电路方程:

$$\begin{cases} \omega_{s0}\dot{E}_0' + j\omega_{s0}L_{pc}' \dot{I}_{p0} + (r_{cf} + j\omega_{s0}L_{cf}') \dot{I}_{c0} = U_c(D_{dA} + jD_{qA}) \\ \omega_{s0}\dot{E}_0' + j\omega_s L_{pc}' \dot{I}_{p0} + (r_c + j\omega_{s0}L_c') \dot{I}_{c0} = U_{dA} + jU_{qA} \\ \omega_{s0}\dot{E}_0' + j\omega_{s0}L_{pc}' \dot{I}_{c0} + (r_p + j\omega_s L_p') \dot{I}_{p0} + Z_L \dot{I}_{p0} = 0 \\ U_{dc} = k_{dc\varphi} | Z_L \dot{I}_{p0} | \end{cases} \tag{8.3.75}$$

式中,

$$\dot{I}_{c0} = I_{dA} + jI_{qA}$$

方程组(8.3.75)中,功率绕组的等效负载阻抗 Z_L、整流桥直流电压 U_{dc}、电压系数 $k_{dc\varphi}$、定子电压频率 ω_{s0}、辅助励磁绕组电流 $\dot{I}_{c0}$ 均可根据第 8.2.3 节的分

析方法求取(假定 $I_{dA}=0$),同时根据励磁调节器的工作原理,有 $U_{qA}=0$,且 U_c 已知,据此可通过求解方程组(8.3.75)得到系统的稳态值。

(3)系统的小信号模型

根据图 8-19(a)所示等效电路及转子回路电路方程,可得发电机系统的小信号数学模型:

$$\left[(r_{cf}+sL_{cf}')+j\omega_{s0}L_{cf}'\right]\Delta\dot{I}_c+j\omega_{s0}L_{pc}'\Delta\dot{I}_p=U_c\Delta\dot{d}-\omega_{s0}\Delta\dot{E}' \quad (8.3.76)$$

$$-\left(j\omega_{s0}s_{10}+\frac{1}{T_0'}\right)\Delta\dot{E}'-\frac{j}{T_0'}(L_{cf}'-L_{cf})\Delta\dot{I}_s=0 \quad (8.3.77)$$

$$\left[r_p+j\omega_{s0}(L_p'-L_{pc}')+Z_L\right]\Delta\dot{I}_p+\omega_{s0}\Delta\dot{E}'+j\omega_{s0}L_{pc}'\Delta\dot{I}_s=0 \quad (8.3.78)$$

$$\Delta\dot{I}_s=\Delta\dot{I}_p+\Delta\dot{I}_c \quad (8.3.79)$$

综合式(8.3.78)和(8.3.79)可得

$$\Delta\dot{I}_s=\frac{-\omega_{s0}\Delta\dot{E}'-j\omega_{s0}L_{pc}'\Delta\dot{I}_c}{Z_p}+\Delta\dot{I}_c \quad (8.3.80)$$

式中,$Z_p=R_p+jX_p$,$R_p=r_p+R_L$,$X_p=\omega_{s0}L_p'+X_L$。

将式(8.3.80)代入式(8.3.78),有

$$\Delta\dot{I}_c=(\alpha_3+j\beta_3)\Delta\dot{E}'=-\frac{j\omega_{s0}s_{10}+\dfrac{1}{T_0'}-\dfrac{j}{T_0'}(L_{cf}'-L_{cf})\dfrac{\omega_{s0}}{Z_p}}{\dfrac{j}{T_0'}(L_{cf}'-L_{cf})\left(\dfrac{-j\omega_{s0}L_{pc}'}{Z_p}+1\right)}\Delta\dot{E}' \quad (8.3.81)$$

式中,α_3 和 β_3 均为实数。

同理可得

$$\Delta\dot{I}_p=(\alpha_4+j\beta_4)\Delta\dot{E}'=\frac{-\omega_{s0}-j\omega_{s0}L_{pc}'(\alpha_3+j\beta_3)}{Z_p}\Delta\dot{E}' \quad (8.3.82)$$

式中,α_4 和 β_4 均为实数。

将式(8.3.81)和(8.3.82)代入式(8.3.76),可得

$$\begin{bmatrix}(r_{cf}+sL_{cf}')\alpha_3-\omega_{s0}L_{cf}'(\beta_3+\beta_4)+\omega_{s0} & -\omega_{s0}L_{cf}'(\alpha_3+\alpha_4)-(r_{cf}+sL_{cf}')\beta_3 \\ \omega_{s0}L_{cf}'(\alpha_3+\alpha_4)+(r_{cf}+sL_{cf}')\beta_3 & (r_{cf}+sL_{cf}')\alpha_3-\omega_{s0}L_{cf}'(\beta_3+\beta_4)+\omega_{s0}\end{bmatrix}$$

$$\times\begin{bmatrix}\Delta\dot{E}_d' \\ \Delta\dot{E}_q'\end{bmatrix}=U_c\begin{bmatrix}\Delta d_{dA} \\ \Delta d_{qA}\end{bmatrix} \quad (8.3.83)$$

由式(8.3.83)可得

$$\begin{cases} \dfrac{\Delta E_d'}{\Delta d_{dA}} = \dfrac{U_c[(r_{cf}+sL_{cf}')\alpha_3 - \omega_{s0}L_{cf}'(\beta_3+\beta_4)+\omega_{s0}]}{M_2} \\[4mm] \dfrac{\Delta E_d'}{\Delta d_{qA}} = \dfrac{U_c[\omega_{s0}L_{cf}'(\alpha_3+\alpha_4)+(r_{cf}+sL_{cf}')\beta_3]}{M_2} \\[4mm] \dfrac{\Delta E_q'}{\Delta d_{dA}} = \dfrac{-U_c[\omega_{s0}L_{cf}'(\alpha_3+\alpha_4)+(r_{cf}+sL_{cf}')\beta_3]}{M_2} \\[4mm] \dfrac{\Delta E_q'}{\Delta d_{qA}} = \dfrac{U_c[(r_{cf}+sL_{cf}')\alpha_3 - \omega_{s0}L_{cf}'(\beta_3+\beta_4)+\omega_{s0}]}{M_2} \end{cases} \tag{8.3.84}$$

式中，

$$M_2 = \{[(r_{cf}+sL_{cf}')\alpha_3 - \omega_{s0}L_{cf}'(\beta_3+\beta_4)+\omega_{s0}]^2 + [\omega_{s0}L_{cf}'(\alpha_3+\alpha_4)$$
$$+ (r_{cf}+sL_{cf}')\beta_3]^2\}$$

由式(8.3.81)和(8.3.84)可得

$$\begin{cases} \dfrac{\Delta i_{dA}}{\Delta d_{dA}} = \alpha_3\dfrac{\Delta E_d'}{\Delta d_{dA}} - \beta_3\dfrac{\Delta E_q'}{\Delta d_{dA}} \\[4mm] \dfrac{\Delta i_{dA}}{\Delta d_{qA}} = \alpha_3\dfrac{\Delta E_d'}{\Delta d_{qA}} - \beta_3\dfrac{\Delta E_q'}{\Delta d_{qA}} \\[4mm] \dfrac{\Delta i_{qA}}{\Delta d_{dA}} = \beta_3\dfrac{\Delta E_d'}{\Delta d_{dA}} + \alpha_3\dfrac{\Delta E_q'}{\Delta d_{dA}} \\[4mm] \dfrac{\Delta i_{qA}}{\Delta d_{qA}} = \beta_3\dfrac{\Delta E_d'}{\Delta d_{qA}} + \alpha_3\dfrac{\Delta E_q'}{\Delta d_{qA}} \end{cases} \tag{8.3.85}$$

至此得到 $\dfrac{\Delta E_d'}{\Delta d_{dA}}, \dfrac{\Delta E_d'}{\Delta d_{qA}}, \dfrac{\Delta E_q'}{\Delta d_{dA}}, \dfrac{\Delta E_q'}{\Delta d_{qA}}, \dfrac{\Delta i_{dA}}{\Delta d_{dA}}, \dfrac{\Delta i_{dA}}{\Delta d_{qA}}, \dfrac{\Delta i_{qA}}{\Delta d_{dA}}, \dfrac{\Delta i_{qA}}{\Delta d_{qA}}$ 的传递函数。

对式(8.3.74)进行稳态工作点附近的线性化，可得

$$\Delta u_{dc} = k_{cd\varphi} \mid Z_L \mid \frac{I_d\Delta i_d + I_q\Delta i_q}{\sqrt{I_d^2+i_q^2}} \tag{8.3.86}$$

根据式(8.3.78)，有

$$\dot{\Delta I}_p = \Delta i_d + j\Delta i_q \tag{8.3.87}$$

式中，

$$\Delta i_d = \frac{1}{R_p^2+X_p^2}(-\omega_{s0}R_p\Delta E_d' - \omega_{s0}X_p\Delta E_q' - \omega_{s0}X_pL_{pc}'\Delta i_{dA} + \omega_{s0}R_pL_{pc}'\Delta i_{qA})$$

$$\Delta i_q = \frac{1}{R_p^2+X_p^2}(\omega_{s0}X_p\Delta E_d' - \omega_{s0}R_p\Delta E_q' - \omega_{s0}L_{pc}'R_p\Delta i_{dA} - \omega_{s0}L_{pc}'X_p\Delta i_{qA})$$

综合式(8.3.85)和(8.3.86)，有

$$\frac{\Delta u_{dc}}{\Delta d_{qA}} = k_{dc\varphi}\ \frac{|Z_L|}{\sqrt{I_d^2 + i_q^2}}\ \frac{1}{R_p^2 + X_p^2}\Big[\big(\omega_{s0}X_pI_q - \omega_{s0}R_pI_d\big)\ \frac{\Delta E_d'}{\Delta d_{qA}}$$

$$-\big(\omega_{s0}X_pI_d + \omega_{s0}R_pI_q\big)\ \frac{\Delta E_q'}{\Delta d_{qA}} - \big(\omega_{s0}L_{pc}'X_pI_d + \omega_{s0}L_{pc}'R_pI_q\big)\ \frac{\Delta i_{dA}}{\Delta d_{qA}}$$

$$+\big(\omega_{s0}L_{pc}'R_pI_d - \omega_{s0}L_{pc}'X_pI_q\big)\ \frac{\Delta i_{qA}}{\Delta d_{qA}}\Big] \tag{8.3.88}$$

（4）整流电压环的传递函数及稳定性分析

综合式（8.3.64）、（8.3.85）和（8.3.88），可得 q 通道的开环传递函数：

$$GH_{\Delta udc} = -\Big(k_{P1} + \frac{k_{I1}}{s}\Big)\Big(\frac{\Delta u_{dc}}{\Delta d_{qA}}\Big/\frac{\Delta i_{qA}}{\Delta d_{qA}}\Big)\frac{\Delta i_{qA}}{\Delta i_{qA}^*} \tag{8.3.89}$$

由式（8.3.89）可知传递函数 $GH_{\Delta udc}$ 为 I 型系统，其极点包括 $s = -U_c\alpha_q < 0$ 和传递函数 $\Delta i_{qA}/\Delta d_{qA}$ 的零点，即对应方程（8.3.90）的解。

$$U_c\big[\omega_{s0}L_{cf}'(\alpha_3 + \alpha_4) + (r_{cf} + sL_{cf}')\beta_3\big]\beta_3 + U_c\big[(r_{cf} + sL_{cf}')\alpha_3$$
$$-\omega_{s0}L_{cf}'(\beta_3 + \beta_4) + \omega_{s0}\big]\alpha_3 = 0 \tag{8.3.90}$$

经推导，方程（8.3.90）的解为

$$s = \frac{\omega_{s0}L_{cf}'(\alpha_3\beta_4 - \beta_3\alpha_4) - \omega_{s0}\alpha_3}{(\alpha_3^2 + \beta_3^2)L_{cf}'} - \frac{r_{cf}}{L_{cf}'} \tag{8.3.91}$$

现以 3/3 相原理样机为例进行说明，详细结果如图 8-30 和图 8-31 所示。

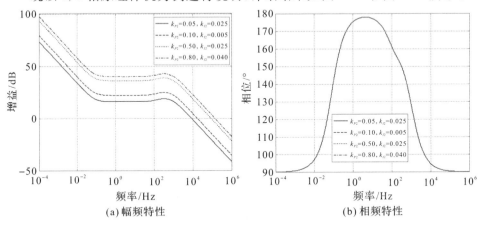

(a) 幅频特性　　　　　　　　　　　　(b) 相频特性

图 8-30　额定负载、不同电容电压控制参数时 q 通道传递函数的 Bode 图（$\alpha_q = 10$）

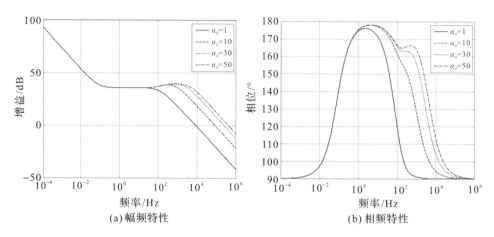

图 8-31　额定负载、不同电流环控制参数时 q 通道传递函数的 Bode 图 $(k_{p1}=0.5,k_{I1}=0.25)$

额定负载时，由式(8.3.90)知传递函数 $GH_{\triangle udc}$ 存在一个正实数极点，同时由图 8-30 和图 8-31 可知，由于 $GH_{\triangle udc}$ 是 I 型系统，在增益大于 0dB 频段内，相频曲线与 $(2k+1)\pi$ 线 $(k=0,\pm1,\cdots)$ 存在一个交点，$f=0$ 处为半次正穿越，根据对数稳定判据可知，设计的控制参数均可以满足闭环系统稳定的要求。

该系统的稳态试验结果表明，该系统在电机固有稳定区域内均可以稳定运行。事实上，实际系统中即使采用本节认为可以稳定运行的控制参数(特别是稳定裕度较小的控制参数)，仍存在过压或过流等所致保护装置动作，从而导致系统失稳的可能，这也说明实际系统可以稳定运行的控制参数区间将小于理论分析值，但理论分析值仍可作为其控制参数设计的重要依据。

以上分析虽然以 3/3 相双绕组感应发电机为例，但对于 $M/3$ 相双绕组感应电动机 $(M=6,9,12,\cdots)$，通常只需将 M 相整流绕组等效为一个 3 相绕组并折算到 3 相辅助励磁绕组，即可采用本章提出的方法进行分析，具体的等效方法与第 8.1.2.3 节将 12 相功率绕组等效为 3 相绕组的方法类似。

8.4　动态特性分析

8.4.1　短路工况的分析

在实际应用中，双绕组感应发电机发生短路的事故不可避免。由于采用集成化设计,双绕组感应发电机交流绕组均未引出,仅引出直流母线,因此该发电机的外部短路主要集中在直流侧短路。发生短路时,电机绕组及系统引线电缆都将承受十几倍额定电流的冲击,电机绕组及系统引线也将承受巨大的电动力、热应力和温升,这将严重危及各部件的安全性,同时出于发电机开关、熔断器等保护装置选择和设计的考虑,需要针对直流侧短路进行分析。

在分析交流绕组带载运行的双绕组同步发电机直流侧突然短路时,需要考虑交流绕组对整流系统的影响[70]。对于双绕组感应发电机,12/3 相双绕组感应发电机中作为辅助励磁绕组的 3 相绕组接有 PWM 3 相全桥型的自动励磁调节器(SAVR),SAVR 的直流侧仅并联直流电容,采用了基于定子电压定向的控制策略。当 12 相功率绕组整流桥直流侧发生突然短路时,由于无法检测到定子电压,控制系统将不能正常工作。虽然短路前励磁调节器直流侧电容储备了一定的能量,但与发电机短路时所释放的能量无法相比,SAVR 装置本身还有软、硬件保护,且开关暂态过程远快于电磁暂态过程,故在短路发生时,IGBT 均处于关断状态,即认为 3 相辅助励磁绕组在短路时相当于开路。这一点不同于双绕组同步发电机整流桥直流侧突然短路。

经过以上定性分析,可以认为,在 12/3 相双绕组感应发电机整流桥直流侧短路时,仅需考虑 12 相功率绕组的作用即可。

8.4.1.1　12 相整流桥直流侧短路时的发电机模型

由于 12 相整流发电机各 Y 绕组均无中点引出,故仅需考虑 d,q 分量。

基于转子坐标系的 12/3 相双绕组感应发电机 d,q 模型如下:

$$\boldsymbol{\Psi}_{dq} = \boldsymbol{L}_{dq}\boldsymbol{i}_{dq} \tag{8.4.1}$$

$$\boldsymbol{u}_{dq} = \mathrm{p}\boldsymbol{\Psi}_{dq} - \boldsymbol{\omega}_r\boldsymbol{A}\boldsymbol{\Psi}_{dq} + \boldsymbol{R}_{dq}\boldsymbol{i}_{dq} \tag{8.4.2}$$

式中,p 为对时间的微分算子,ω_r 为转子角频率。上述模型中 12 相功率绕组中不同 Y 绕组的 d,q 之间不解耦,但这种互感抗属于互漏抗性质,其数值很小,故可以忽略其影响,同时考虑到 4 套 3 相整流绕组结构完全对称,则存在

$$\begin{cases} u_{d1} = u_{d2} = u_{d3} = u_{d4} \\ u_{q1} = u_{q2} = u_{q3} = u_{q4} \end{cases} \tag{8.4.3}$$

$$\begin{cases} \Psi_{d1} = \Psi_{d2} = \Psi_{d3} = \Psi_{d4} \\ \Psi_{q1} = \Psi_{q2} = \Psi_{q3} = \Psi_{q4} \end{cases} \tag{8.4.4}$$

$$\begin{cases} i_{d1} = i_{d2} = i_{d3} = i_{d4} \\ i_{q1} = i_{q2} = i_{q3} = i_{q4} \end{cases} \tag{8.4.5}$$

$$L_{pp} = L_{llp} + 4L_{mp} \tag{8.4.6}$$

式中，12 相功率绕组综合漏抗 $L_{llp} = L_{lp} + 2L_{lm1} + L_{lm2}$。

经过对式(8.4.3)～(8.4.6)的简化，发电机模型如下($i=1,2,3,4$)：

$$\begin{cases} \Psi_{di} = L_{pp}i_{di} + L_{mp}i_{dr} \\ \Psi_{qi} = L_{pp}i_{qi} + L_{mp}i_{qr} \end{cases} \tag{8.4.7}$$

$$\begin{cases} \Psi_{dr} = L_{mp}\sum_{i=1}^{4}i_{di} + L_r i_{dr} \\ \Psi_{qr} = L_{mp}\sum_{i=1}^{4}i_{qi} + L_r i_{qr} \end{cases} \tag{8.4.8}$$

$$\begin{cases} u_{di} = \mathrm{p}\Psi_{di} - \omega_r\Psi_{qi} + r_p i_{di} \\ u_{qi} = \mathrm{p}\Psi_{qi} + \omega_r\Psi_{di} + r_p i_{qi} \end{cases} \tag{8.4.9}$$

$$\begin{cases} 0 = \mathrm{p}\Psi_{dr} + r_r i_{dr} \\ 0 = \mathrm{p}\Psi_{qr} + r_r i_{qr} \end{cases} \tag{8.4.10}$$

将定子磁链方程中的转子电流消去，由式(8.4.7)、(8.4.8)和(8.4.10)得

$$\begin{cases} \Psi_{di} = L_{pp}(\mathrm{p})i_{di} \\ \Psi_{qi} = L_{pp}(\mathrm{p})i_{qi} \end{cases} \tag{8.4.11}$$

式中，

$$L_{pp}(p) = L_{pp} - \frac{\mathrm{p}4L_{mp}^2}{\mathrm{p}L_r + r_r}$$

在进行 3 相感应电机的突然短路分析时，采用 1，2，0 坐标系较为方便[63]，为此，将上述的 d，q 方程转换至 1，2 坐标系，如下式所示：

$$\begin{cases} u_{1i} = \mathrm{p}\Psi_{1i} + r_e i_{1i} \\ u_{2i} = \mathrm{p}\Psi_{2i} + r_e i_{2i} \end{cases} \tag{8.4.12}$$

$$\begin{cases} \Psi_{1i} = L_{pp}(\mathrm{p} - j\omega_r)i_{1i} \\ \Psi_{2i} = L_{pp}(\mathrm{p} + j\omega_r)i_{2i} \end{cases} \tag{8.4.13}$$

对于 12 相发电机，取定子 a_1 相绕组轴线作为定子绕组的参考轴，如图 7-1 所示。

12 相功率绕组交流侧各相电压的初始值可表示为

$$
\begin{cases}
u_{ai0} = U_m \cos\left[\omega_s t + \varphi - (i-1)\dfrac{\pi}{12}\right] \\[2mm]
u_{bi0} = U_m \cos\left[\omega_s t + \varphi - (i-1)\dfrac{\pi}{12} - \dfrac{2\pi}{3}\right] \\[2mm]
u_{ci0} = U_m \cos\left[\omega_s t + \varphi - (i-1)\dfrac{\pi}{12} + \dfrac{2\pi}{3}\right]
\end{cases}
\tag{8.4.14}
$$

式中，U_m 为电压幅值，φ 为 u_{ai0} 的初始相位。

将 a,b,c 坐标系转换到 $1,2$ 坐标系，可得

$$
\begin{cases}
u_{1pi0} = \dfrac{U_m}{2}\mathrm{e}^{j\left[\omega_s t - (i-1)\frac{\pi}{12}\right]} \\[3mm]
u_{2pi0} = \dfrac{U_m}{2}\mathrm{e}^{-j\left[\omega_s t - (i-1)\frac{\pi}{12}\right]}
\end{cases}
\tag{8.4.15}
$$

式中，u_{1pi0}，u_{2pi0} 为 $1,2$ 坐标系下的相电压初始值。

尽管整流桥交流侧接有自励电容，但仍可以证明，12 相整流系统直流侧突然短路等效于其交流侧突然 12 相对称短路[70]。所以可得到电压方程：

$$
\begin{cases}
\mathrm{p}\boldsymbol{\Psi}_{1i}' + r_e i_{1i}' = -\dfrac{U_m}{2}\mathrm{e}^{j\left[\omega_s t - (i-1)\frac{\pi}{12}\right]}\mathbf{1} \\[3mm]
\mathrm{p}\boldsymbol{\Psi}_{2i}' + r_e i_{2i}' = -\dfrac{U_m}{2}\mathrm{e}^{-j\left[\omega_s t - (i-1)\frac{\pi}{12}\right]}\mathbf{1}
\end{cases}
\tag{8.4.16}
$$

当 12 相功率绕组交流对称短路时，电容电流将突变至一较大值，但通常而言，交流电容的损耗角 δ 满足 $\tan\delta < 0.002$，即 $\omega_s R_c C < 0.002$（R_c 为每个电容的等效串联电阻），故电容支路的时间常数 $R_c C < 0.002 T_s/(2\pi)$，显然该时间常数远小于工作周期，电容支路产生的短路电流很快衰减，因而可以忽略电容短路电流对短路过程的影响。

由于 $1,2$ 分量互为共轭，故只需对其中一个进行求解即可，将磁链方程式(8.4.11)代入电压方程式(8.4.16)进行求解，得

$$
\begin{aligned}
i_{1i}' = {} & -\frac{U_m}{2_s L'}\frac{j(\omega_s - \omega_r) + \dfrac{1}{T_2}}{\left(-\dfrac{1}{T_m} + j\omega_1 - j\omega_s\right)\left(-\dfrac{1}{T_s} + j\omega_2 - j\omega_s\right)}\mathrm{e}^{j\left[\omega_s t - (i-1)\frac{\pi}{12} + \varphi\right]} \\[4mm]
& -\frac{U_m}{2L'}\frac{-\dfrac{1}{T_m} + \dfrac{1}{T_2} - j\omega_2}{\left[-\dfrac{1}{T_m} + \dfrac{1}{T_s} + j(\omega_1 - \omega_2)\right]\left[-\dfrac{1}{T_m} + j(\omega_1 - \omega_s)\right]}\mathrm{e}^{-\frac{\omega_s t}{T_m} + j\left[\omega_1 t - (i-1)\frac{\pi}{12} + \varphi\right]}
\end{aligned}
$$

多相整流发电机及其系统的分析

$$-\frac{U_m}{2L'}\frac{-\dfrac{1}{T_s}+\dfrac{1}{T_2}-j\omega_1}{\left[-\dfrac{1}{T_s}+\dfrac{1}{T_m}+j(\omega_2-\omega_1)\right]\left[-\dfrac{1}{T_s}+j(\omega_2-\omega_s)\right]}e^{-\frac{\omega_s t}{T_m}+j\left[\omega_s t-(i-1)\frac{\pi}{12}+\varphi\right]}$$

(8.4.17)

将 1,2 分量转换到 a,b,c 坐标系,可得

$i'_{ai}=i'_{1i}+i'_{2i}$

$$=-\frac{U_m}{L'}\sqrt{\frac{(\omega_s-\omega_r)^2+\dfrac{1}{T_2^2}}{\left[\dfrac{1}{T_m^2}+(\omega_2-1)^2\right]\left[\dfrac{1}{T_s^2}+(\omega_1-\omega_s)^2\right]}}\cos\left[\omega_s t-(i-1)\frac{\pi}{12}+\varphi+\varphi_a\right]$$

$$+a_{10}e^{-\frac{t}{T_m}}\cos\left[\omega_1 t-(i-1)\frac{\pi}{12}+\varphi-\varphi_\beta\right]$$

$$+a_{20}e^{-\frac{t}{T_s}}\cos\left[\omega_2 t-(i-1)\frac{\pi}{12}+\varphi-\varphi_r\right]$$

(8.4.18)

式中,

$$a_{10}=-\frac{U_m}{L'}\sqrt{\frac{\left(\dfrac{1}{T_2}-\dfrac{1}{T_s}\right)^2+\omega_2^2}{\left[\left(\dfrac{1}{T_m}-\dfrac{1}{T_s}\right)^2+(\omega_1-\omega_2)^2\right]\left[\dfrac{1}{T_m^2}+(\omega_1-\omega_s)^2\right]}}$$

$$a_{20}=-\frac{U_m}{L'}\sqrt{\frac{\left(\dfrac{1}{T_2}-\dfrac{1}{T_s}\right)^2+\omega_1^2}{\left[\left(\dfrac{1}{T_m}-\dfrac{1}{T_s}\right)^2+(\omega_2-\omega_1)^2\right]\left[\dfrac{1}{T_s^2}+(\omega_2-\omega_s)^2\right]}}$$

$$T_1=\frac{L_{pp}}{r_p}$$

$$T_2=\frac{L_r}{r_r}$$

$$\tau=1-\frac{4l_{mp}^2}{L_{pp}L_r}$$

$$L'=\tau L_{pp}$$

$$\sqrt{\frac{4(1-\tau)}{\tau^2 T_1 T_2}+\left(\frac{1}{\tau T_2}-\frac{1}{\tau T_1}-j\omega_r\right)^2}=\frac{1}{\tau T_0}-j\omega_0,\quad \omega_0>0$$

$$\frac{1}{T_m}=\frac{1}{2\tau}\left(\frac{1}{T_1}+\frac{1}{T_2}-\frac{1}{T_0}\right)$$

348

$$\frac{1}{T_s} = \frac{1}{2\tau}\left(\frac{1}{T_1} + \frac{1}{T_2} + \frac{1}{T_0}\right)$$

$$\omega_1 = \frac{1}{2}(\omega_r - \omega_0)$$

$$\omega_2 = \frac{1}{2}(\omega_r + \omega_0)$$

$$\varphi_a = \arctan\left\{\frac{(\omega_s - \omega_r)\left[\frac{1}{T_r T_m} - (\omega_1 - \omega_s)(\omega_2 - \omega_s)\right] + \frac{1}{T_2}\left[\frac{1}{T_m}(\omega_2 - \omega_s) + \frac{1}{T_s}(\omega_1 - \omega_s)\right]}{\frac{1}{T_2}\left[\frac{1}{T_r T_m} - (\omega_1 - \omega_s)(\omega_2 - \omega_s)\right] - (\omega_s - \omega_r)\left[\frac{1}{T_m}(\omega_2 - \omega_s) + \frac{1}{T_s}(\omega_1 - \omega_s)\right]}\right\}$$

$$\varphi_\beta = \arctan\left\{\frac{\omega_2\left[-\frac{1}{T_m}\left(\frac{1}{T_s} - \frac{1}{T_m}\right) - (\omega_1 - \omega_2)(\omega_1 - \omega_s)\right] + \left(\frac{1}{T_2} - \frac{1}{T_m}\right)\left[-\frac{1}{T_m}(\omega_1 - \omega_2) + \left(\frac{1}{T_s} - \frac{1}{T_m}\right)(\omega_1 - \omega_s)\right]}{\left(\frac{1}{T_2} - \frac{1}{T_m}\right)\left[-\frac{1}{T_m}\left(\frac{1}{T_s} - \frac{1}{T_m}\right) - (\omega_1 - \omega_2)(\omega_1 - \omega_s)\right] - \omega_2\left[-\frac{1}{T_m}(\omega_1 - \omega_2) + \left(\frac{1}{T_s} - \frac{1}{T_m}\right)(\omega_1 - \omega_s)\right]}\right\}$$

$$\varphi_r = \arctan\left\{\frac{\omega_1\left[-\frac{1}{T_s}\left(\frac{1}{T_m} - \frac{1}{T_s}\right) - (\omega_2 - \omega_1)(\omega_2 - \omega_s)\right] + \left(\frac{1}{T_2} - \frac{1}{T_s}\right)\left[-\frac{1}{T_s}(\omega_2 - \omega_1) + \left(\frac{1}{T_m} - \frac{1}{T_s}\right)(\omega_2 - \omega_s)\right]}{\left(\frac{1}{T_2} - \frac{1}{T_s}\right)\left[-\frac{1}{T_s}\left(\frac{1}{T_m} - \frac{1}{T_s}\right) - (\omega_2 - \omega_1)(\omega_2 - \omega_s)\right] - \omega_1\left[-\frac{1}{T_s}(\omega_2 - \omega_1) + \left(\frac{1}{T_m} - \frac{1}{T_s}\right)(\omega_2 - \omega_s)\right]}\right\}$$

原来的电压为

$$u_{1i0} = \frac{U_m}{2}e^{j\left[\omega_s t + \varphi - (i-1)\frac{\pi}{12}\right]} \tag{8.4.19}$$

在感应电机中产生一个稳态分量电流[63]，而突然加上去的电压为

$$-u_{1i0} = -\frac{U_m}{2}e^{-j\left[\omega_s t + \varphi - (i-1)\frac{\pi}{12}\right]} \tag{8.4.20}$$

在电机中产生一个稳态分量电流和两个自由分量电流，这两个稳态分量电流将彼此抵消，这一点与 3 相感应电机短路的特性相同，故短路电流为

$$i_{ai} = a_{10}e^{-\frac{t}{T_s}}\cos\left[\omega_1 t - (i-1)\frac{\pi}{12} + \varphi - \varphi_\beta\right]$$

$$+ a_{20}e^{-\frac{t}{T_s}}\cos\left[\omega_2 t - (i-1)\frac{\pi}{12} + \varphi - \varphi_r\right] \tag{8.4.21}$$

将上式中的 φ 分别用 $\varphi - 2\pi/3$ 和 $\varphi + 2\pi/3$ 替换，就可得到 i_{bi} 和 i_{ci}。

12 相整流直流侧短路电流最大值等于其交流侧短路电流最大值的 3.814 ~3.831 倍，即

$$i_{dc\max} = (3.814 \sim 3.831)i_{\varphi\max} \tag{8.4.22}$$

转子对称的 3 相隐极同步机在发生 3 相突然短路时，定子电流中除产生基波分量外，还会产生直流非周期分量，而式(8.4.21)表明感应电机发生对称短路时，会产生两个相对于转子具有相同的旋转速度但方向相反的自由分量。对感应电机而言，当在 12 相定子绕组上突加与原来定子电压大小相等、方向相反的电压时，定子绕组中将要产生相应的基波电流，该基波电流将会引起定子绕

组和转子绕组中的磁链突变。但是为了保持气隙磁链瞬间不变,定子绕组及转子绕组内就分别产生频率为 ω_1 的准直流电流。由于转子转速并不等于同步旋转速度,定子绕组的准直流分量在转子绕组中产生了频率为 ω_2 的准基频电流,而转子绕组中的准直流分量在定子绕组中产生了频率为 ω_2 的电流。显然只有当 $\omega_0 = \omega_r$ 时,定子绕组才会只产生直流分量(除基频分量外)。而当 $\omega_0 < \omega_r$ 时,必将会在定子绕组中产生频率分别为 ω_1 和 ω_2 的两个自由分量(除基频分量外)。由于这两个分量所产生的磁场均与定、转子交链,故其衰减时间常数均与定、转子参数相关,这一点与同步发电机短路不同。另外,与同步发电机短路电流表达式的差异在于:两个自由分量的频率除了与转子速度相关,还与电机本身参数相关,因此有必要对 T_0 和 ω_0 进行详细讨论。

8.4.1.2 关于 T_0 和 ω_0 的分析

(1) $T_1 = T_2$ 的情况

$$\sqrt{\frac{4(1-\tau)}{\tau^2 T_1 T_2} + \left(\frac{1}{\tau T} - \frac{1}{\tau T_1} - j\omega_r\right)^2} = \sqrt{\frac{4(1-\tau)}{\tau^2 T_1 T_2} - \omega_r^2} \qquad (8.4.23)$$

① 当 $\dfrac{4(1-\tau)}{\tau^2 T_1 T_2} - \omega_r^2 > 0$ 时,$T_0 = 1 \left/ \left(\tau \sqrt{\dfrac{4(1-\tau)}{\tau^2 T_1 T_2} - \omega_r^2}\right)\right.$,$\omega_0 = 0$。

② 当 $\dfrac{4(1-\tau)}{\tau^2 T_1 T_2} - \omega_r^2 = 0$ 时,$T_0 = \infty$,$\omega_0 = 0$。

③ 当 $\dfrac{4(1-\tau)}{\tau^2 T_1 T_2} - \omega_r^2 < 0$ 时,$T_0 = 0$,$\omega_0 = \sqrt{\omega_r^2 - \dfrac{4(1-\tau)}{\tau^2 T_1 T_2}}$,当 T_1 和 T_2 比较大时,即 $1/\tau T_1$ 和 $1/\tau T_2$ 接近于零时,此时有 $T_0 = 0$,$\omega_0 \approx \omega_r$。

其中能满足①和②的情况多为小功率等级的电机。

(2) $T_1 \neq T_2$ 的情况

$$\sqrt{\frac{4(1-\tau)}{\tau^2 T_1 T_2} + \left(\frac{1}{\tau T_2} - \frac{1}{\tau T_1} - j\omega_r\right)^2} = \frac{1}{\tau T_0} - j\omega_0 \qquad (8.4.24)$$

由式(8.4.24)得(这里不妨假设 $\omega_0 > 0$,该假设对后文分析无影响)

$$\omega_0 = \sqrt{\frac{-b_0 \tau^2 + \sqrt{b_0^2 \tau^4 + 4a_0^2 \tau^2}}{2\tau^2}} = f(\tau, T_1, T_2, \omega_r) \qquad (8.4.25)$$

$$T_0 = \frac{\omega_0}{a_0} \qquad (8.4.26)$$

式中,

$$b_0 = \frac{4(1-\tau)}{\tau^2 T_1 T_2} + \left(\frac{1}{\tau T_2} - \frac{1}{\tau T_1}\right)^2 - \omega_r^2$$

$$a_0 = \omega_r\left(\frac{1}{T_2} - \frac{1}{T_1}\right)$$

注:当 T_1 和 T_2 比较大时,即 $1/\tau T_1$ 和 $1/\tau T_2$ 接近于零时,$T_0 = \infty$,$\omega_0 = \omega_r$。

对于实际的感应发电机,通常有 $T_1 \neq T_2$,故可按式(8.4.25)和(8.4.26)求解 T_0 和 ω_0;而当 $T_1 = T_2$ 时,将分别按上述讨论的几种情况具体分析。

8.4.1.3　短路电流最大值及其到达时刻的分析

对于容量较大的感应发电机,当 $T_1 \neq T_2$ 时,由于定、转子电阻标幺值通常较小且远小于各自自感抗的标幺值,即 $\omega_s T_1 = \omega_s l_{pp}/r_p \gg 1$ 和 $\omega_s T_2 = \omega_s l_r/r_r \gg 1$,则有

$$\sqrt{\frac{4(1-\tau)}{\tau^2 T_1 T_2} + \left(\frac{1}{\tau T_2} - \frac{1}{\tau T_1} - j\omega_r\right)^2} = \omega_r\sqrt{\frac{4(1-\tau)}{\tau^2 \omega_r T_1 \omega_r T_2} + \left(\frac{1}{\tau\omega_r T_2} - \frac{1}{\tau\omega_r T_1} - j\right)^2}$$

$$\approx -j\omega_r \qquad (8.4.27)$$

即 $1/T_0' \approx 0$,$\omega_0 \approx \omega_r$。

同时可得 $\omega_1 \approx 0$,$\omega_2 \approx \omega_r$,$1/T_m - 1/T_s \approx 0$,于是交流侧短路电流为

$$i_{ai} = a_{10}\mathrm{e}^{-\frac{t}{T_m}}\cos\left[\varphi - (i-1)\frac{\pi}{12} - \varphi_\beta\right] + a_{20}\mathrm{e}^{-\frac{t}{T_s}}\cos\left[\omega_r t + \varphi - (i-1)\frac{\pi}{12} - \varphi_r\right]$$

与同步电机短路分析相类似,此时短路电流峰值到达时刻可不考虑衰减的影响而近似获得。

(1)φ_β 与 φ_r 的分析

1)φ_β 的求解

$$\tan\varphi_\beta \approx \frac{\omega_r[-\omega_r\omega_s] + \left(\frac{1}{T_2} - \frac{1}{T_m}\right)\left[-\frac{1}{T_m}(-\omega_r)\right]}{\left(\frac{1}{T_2} - \frac{1}{T_m}\right)[-(-\omega_r)(-\omega_s)] - \omega_r\left[-\frac{1}{T_m}(-\omega_r)\right]}$$

$$\approx \frac{-\omega_r^2\omega_s + \frac{\omega_r}{T_m}\left(\frac{1}{T_2} - \frac{1}{T_m}\right)}{-\omega_r\omega_s\left(\frac{1}{T_2} - \frac{1}{T_m}\right) - \frac{\omega_r^2}{T_m}} \approx \frac{-\omega_r^2\omega_s - \frac{\omega_r}{T_m^2}}{\frac{\omega_r\omega_s}{T_m} - \frac{\omega_r^2}{T_m}} = \frac{\omega_r\omega_s T_m + \frac{1}{T_m}}{\omega_r - \omega_s} \qquad (8.4.29)$$

采用标幺值表示时,对于感应发电机,从空载到满载,$\omega_r/(\omega_r - \omega_s) \gg 1$,且 $\omega_s T_m > 1$,即有 $(\omega_r\omega_s T_m + 1/T_m)/(\omega_r - \omega_s) \gg 1$,根据 φ_β 的象限,有 $\varphi_\beta \approx \pi + \pi/2$,显然 φ_β 会随着 T_1 和 T_2 的增加,更进一步趋近于 $3\pi/2$。

多相整流发电机及其系统的分析

2) φ_r 的求解

$$\tan\varphi_r = \frac{\omega_1\left[-\frac{1}{T_s}\left(\frac{1}{T_m}-\frac{1}{T_s}\right)-(\omega_2-\omega_1)(\omega_2-\omega_s)\right]+\left(\frac{1}{T_2}-\frac{1}{T_s}\right)\left[-\frac{1}{T_s}(\omega_2-\omega_1)+\left(\frac{1}{T_m}-\frac{1}{T_s}\right)(\omega_2-\omega_s)\right]}{\left(\frac{1}{T_2}-\frac{1}{T_s}\right)\left[-\frac{1}{T_s}\left(\frac{1}{T_m}-\frac{1}{T_s}\right)-(\omega_2-\omega_1)(\omega_2-\omega_s)\right]-\omega_1\left[-\frac{1}{T_s}(\omega_2-\omega_1)+\left(\frac{1}{T_m}-\frac{1}{T_s}\right)(\omega_2-\omega_s)\right]}$$

$$\approx \frac{\omega_r\frac{1}{T_s}\left(\frac{1}{T_s}-\frac{1}{T_2}\right)}{\omega_r(\omega_r-\omega_s)\left(\frac{1}{T_s}-\frac{1}{T_2}\right)}=\frac{\omega_s\frac{1}{\omega_sT_s}}{(\omega_r-\omega_s)}$$

由于感应发电机转子电阻较小，即使考虑额定负载下的短路，$(\omega_r-\omega_s)/\omega_s$ 也仅与 $4r_r$ 的标幺值相当；而 $1/T_m=1/2\tau(1/T_1+1/T_2-1/T_0)$，$1/T_s=1/2\tau(1/T_1+1/T_2+1/T_0)$ 要较 $1/T_1$ 和 $1/T_2$ 大许多。

由

$$\tau T_1 = \frac{L_{pp}}{r_p}\left(1-\frac{4L_{mp}^2}{L_{pp}L_r}\right)=\frac{L'}{r_p} \tag{8.4.31}$$

$$\tau T_2 = \frac{L_r}{r_r}\left(1-\frac{4L_{mp}^2}{L_{pp}L_r}\right)=\frac{L_r'}{r_r}\approx\frac{L'}{4r_r} \tag{8.4.32}$$

得

$$\frac{1}{T_s} \approx \frac{r_p+4r_r}{2l'} \tag{8.4.33}$$

故有

$$\tan\varphi_r \approx \frac{\omega_s\frac{1}{\omega_sT_s}}{(\omega_r-1)}\approx\frac{\omega_s\frac{r_p+4r_r}{2\omega_sl'}}{(\omega_r-\omega_s)}=\frac{r_p+4r_r}{-2s\omega_sL'} \tag{8.4.34}$$

采用标幺值表示，有

$$\tan\varphi_r \approx \frac{r_p^*+4r_r^*}{-2s^*\omega_s^*x^{*'}}>\frac{\frac{1}{4}r_p^*+r_r^*}{2\omega_s^*x^{*'}r_r^*}=\tan\varphi_{rc} \tag{8.4.35}$$

在空载或轻载时，$\varphi_r\approx\pi/2$。随着负载的增加，φ_r 逐渐减小至 φ_{rc}，如果 $\tan\varphi_{rc}$ 为一较大的值，则从空载到满载时短路电流最大值的到达时刻均不会明显改变。

当 $\varphi=\varphi_\beta-\pi$ 即 $\varphi=\pi/2$，且 $\omega_r t=\pi/2+\varphi_r$ 时，i_{ai} 取得最大值，其到达时刻将随着负载的增加从 π/ω_r 时刻递减，且由以上分析可知，峰值的到达时刻将小于 $T/2$，这里 T 为交流电压的周期。

(2) a_{10} 与 a_{20} 的分析

$$a_{10} \approx -\frac{U_m}{L'}\sqrt{\frac{\frac{1}{T_m^2}+\omega_r^2}{\omega_r^2\left(\frac{1}{T_m^2}+\omega_s^2\right)}}\approx-\frac{U_m}{L'}\sqrt{\frac{1}{\omega_r^2}}\approx-\frac{U_m}{\omega_sL'} \tag{8.4.36}$$

$$a_{20} \approx -\frac{U_m}{L'} \sqrt{\frac{\frac{1}{T_s^2} + \omega_r^2}{\omega_r^2 \left(\frac{1}{T_s^2} + \omega_s^2\right)}} \approx -\frac{U_m}{L'} \sqrt{\frac{1}{\omega_r^2}} \approx -\frac{U_m}{\omega_s L'} \qquad (8.4.37)$$

由以上分析可知,对于大容量感应发电机,$a_{10} = a_{20} \approx -U_m/(\omega_s L')$。

综上所述,当不考虑衰减时,最大电流值约为 $2U_m/(\omega_s l')$,这一结论与多相整流同步发电机直流侧突然短路时的最大电流表达式十分相似;当考虑衰减时,空载时的直流侧短路电流最大值的简化式为

$$i_{dc\max} = (3.814 \sim 3.831) i_{\varphi\max} = (3.814 \sim 3.831) i_{a1} \mid_{\varphi = \frac{\pi}{4}, t = \pi}$$

$$= (3.814 \sim 3.831) \frac{U_m}{x'} (\mathrm{e}^{-T/2T_m} + \mathrm{e}^{-T/2T_r}) \qquad (8.4.38)$$

现以 MW 级感应发电机工程样机为例,通过精确的解析分析,可得额定转速和 0.9519 额定交流电压(对应空载直流电压 1000V)时的短路电流最大值及最大值到达时刻与负载大小的关系,如图 8-32 所示(各物理量均采用标幺值)。

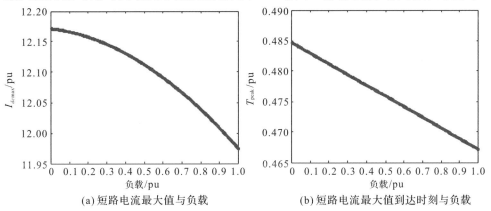

(a) 短路电流最大值与负载　　　　(b) 短路电流最大值到达时刻与负载

图 8-32　短路电流最大值及其到达时刻与负载的关系

MW 级工程样机参数如下:

直流输出电压:$0.8 U_{dcN} \sim 1.2 U_{dcN}$;

直流脉动系数:$\leqslant 1\%$;

定子槽数:96;

转子槽数:88;

气隙:3.45mm;

主要参数(标幺值):$r_p = 0.0342$,$r_r = 0.0005$,$r_c = 0.067 \Omega$,$x_{lm1} = 0.0021$,$x_{lm2} = 0.0182 \Omega$,$x_{lpp} = 0.0548$。

由图 8-32 可以看出,在不考虑磁路饱和的影响下,短路电流的最大值随负载的变化较小,故短路电流最大值的分析可以空载时的短路电流为基准;短路电流最大值的到达时刻在空载时接近半个交流周期,且随负载的增加而逐渐减小,这一点与前面得出的结论也相符。

进一步分析感应发电机功率等级较小的情况,其短路电流的峰值及其到达时刻受诸多因素影响,如需准确地求得最大电流及其到达时刻,需将式(8.4.22)分别对 t,φ 求得偏导后联立求解得到。

8.4.1.4 试验与仿真验证

(1)12/3 相原理样机试验、仿真及解析结果对比分析

12/3 相原理样机功率样机(详细参数见第 8.1.2.5 节)试验、仿真与解析结果对比如表 8-6 所示,其中短路电流的试验波形如图 8-33 所示。

表 8-6　$n=1500\text{r/min},U_{dc}=182\text{V}$ 空载时的直流侧最大短路电流及其到达时刻

项目	$i_{dc\max}$/A	$i_{dc\max}$ 相对误差/%	T_{peak}/ms	T_{peak} 相对误差/%
试验值	754	0	7.1	0
解析值	707	−6.2	8.45	19.0
仿真值	695	−7.82	8.40	16.7

注:T_{peak} 表示直流最大短路电流 $i_{dc\max}$ 的到达时刻。

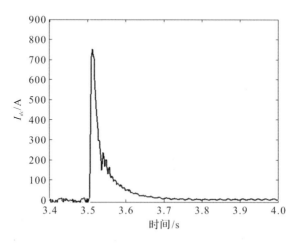

图 8-33　$n=1500\text{r/min},U_{dc}=182\text{V}$ 空载时直流侧突然短路电流试验波形

(2)MW 级感应发电机样机试验与解析结果对比

通过 12/3 相原理样机的试验、仿真及解析结果的对比可以证明仿真数据

及解析结果的正确性。为验证第 6.4.1.3 节中对大容量感应发电机所得出的结论,现以 MW 级感应发电机样机为例进行说明(详细参数见第 8.4.1.3 节),如表 8-7 所示。

表 8-7　大容量工程样机在额定转速、0.383 额定电压空载时的
最大短路电流及其到达时刻

项目	$i_{dc\max}$/pu	$i_{dc\max}$相对误差/%	$T_{dc\max}$/pu	$T_{dc\max}$相对误差/%
试验值	27.44	0	3.28	0
解析表达式准确解	25.69	-6.38	3.05	-7.0
解析表达式简化解	25.84	-5.83	3.14	-4.3

8.4.2　突加、突卸负载工况的分析

本节采用数值仿真方法,对多相感应发电机进行突加、突卸工况下的动态性能分析。在第 5 章多相感应电机数学模型建立方法及参数计算结果的基础之上,建立包括感应发电机本体、励磁控制系统、整流桥负载在内的多相感应发电机系统数值仿真模型。多相整流感应发电机的动态仿真模型如图 8-34 所示。该模型中主要包括多相整流感应发电机子模型、励磁控制系统子模型和负载子模型,各子模型之间的接口关系如表 8-8 所示。

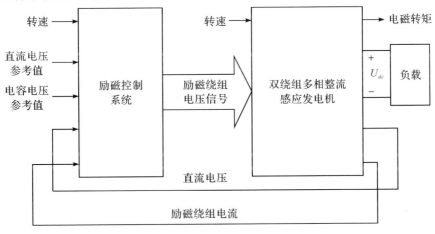

图 8-34　多相整流感应发电机的动态仿真模型

多相整流发电机及其系统的分析

表 8-8　多相整流感应发电机的动态仿真模型接口关系

仿真模型	输入接口	输出接口
多相整流感应发电机	机组转速 励磁绕组电压信号	直流输出正负极电气接口 励磁绕组电流信号 电磁转矩信号
励磁控制系统	励磁绕组电流信号 机组转速 直流电压参考值 直流电压反馈值 电容电压参考值	励磁绕组电压信号
原动机及其调速系统	发电机电磁功率 机组转速参考值	机组转速
负载模型	直流正负极电气接口	—

　　在仿真计算的基础上,以一型 12/3 相感应发电机为例(具体参数见第 8.1.2.5 节),开展空载突加、突卸 50% 额定负载试验验证,结果如图 8-35 和图 8-36 所示。电机直流电压仿真结果与试验结果较为接近,从而验证了仿真模型的正确性。

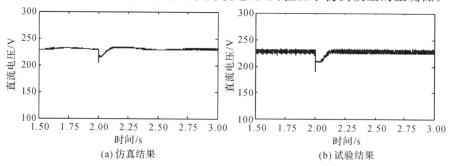

(a) 仿真结果　　　　　　　　　(b) 试验结果

图 8-35　突加 50% 负载直流电压波形

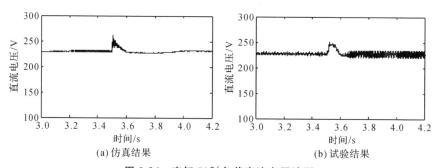

(a) 仿真结果　　　　　　　　　(b) 试验结果

图 8-36　突卸 50% 负载直流电压波形

参考文献

[1]戴吾三.科学史上的直流电与交流电之战[J].科学,2014,66(6):44-48.

[2]李海峰.基于 MMC 的柔性直流电网协调控制策略研究[D].北京:华北电力大学,2017.

[3]Marquardt R. Stromrichterschaltungen Mit Verteilten Energiespeichern: Germany DE10103031A1[P].2001.

[4]马伟明.舰船动力发展的方向——综合电力系统[J].海军工程大学学报,2002,14(6):1-5,9.

[5]马伟明.电力电子在舰船电力系统中的典型应用[J].电工技术学报,2011,26(5):1-7.

[6]马伟明.舰船电气化与信息化复合发展之思考[J].海军工程大学学报,2010,22(5):1-4.

[7]Electric-Drive Propulsion for U. S. Navy Ships: Background and Issues for Congress. July 31,2000.

[8]付立军,刘鲁锋,王刚,马凡,叶志浩,纪锋,刘路辉.我国舰船中压直流综合电力系统研究进展[J].中国舰船研究,2016,11(1):72-79.

[9]马伟明,王东,程思为,陈俊全.高性能电机系统的共性基础科学问题与技术发展前沿[J].中国电机工程学报,2016,36(8):2025-2035.

[10]王凤翔.高速电机的设计特点及相关技术研究[J].沈阳工业大学学报,2006,28(3):258-264.

[11]王令蓉,马伟明,刘德志.十二相同步发电机整流系统的数字仿真(Ⅰ)——数学模型[J].海军工程学院学报,1995(3):1-11.

[12]马伟明,刘德志,王令蓉.十二相同步发电机整流系统的数字仿真(Ⅱ)——仿真和试验结果[J].海军工程学院学报,1995(4):1-8.

[13]马伟明,胡安,袁立军.十二相同步发电机整流系统直流侧突然短路的研究[J].中国电机工程学报,1999,19(3):31-36.

[14]马伟明.交直流电力集成技术[J].中国工程科学,2002,4(12):53-59.

[15]李义翔,王祥珩,王善铭,苏鹏声,马伟明.交直流同时供电同步发电机的建模[J].电工技术学报,1999,14(5):5-8,30.

[16]孙俊忠,马伟明,宋振海.双绕组交直流发电机直流侧突然短路分析[J].中国电机工程学报,2005,25(11):95-100.

[17]王东,马伟明,李玉梅,肖飞.带有静止励磁调节器的双绕组感应发电机的研究[J].中国电机工程学报,2003,23(7):145-150.

[18]王东,马伟明,刘德志,付立军,肖飞,张波涛.12/3相双绕组感应发电机直流侧突然短路电流分析[J].中国电机工程学报,2005,25(15):133-139.

[19]肖飞,张波涛,马伟明,王东.一种双绕组感应发电机及其励磁控制[J].电力系统自动化,2003,27(18):26-29.

[20]付立军,马伟明,刘德志,王东,张波涛,肖飞.12/3相感应发电机的数值仿真与试验[J].电工技术学报,2005,20(6):6-10.

[21]张波涛,马伟明,肖飞,付立军,王东.12/3相双绕组感应发电机励磁系统的控制方法和动态特性的研究[J].中国电机工程学报,2005,25(12):143-148.

[22]马伟明,胡安,刘德志,张盖凡,王东,肖飞,赵治华,张波涛,付立军.多相整流/三相辅助励磁控制的高速感应发电机:CN200410055584.9[P].2004.

[23]许实章.交流电机的绕组理论[M].北京:机械工业出版社,1985.

[24]Dajaku G,Gerling D. Low Costs and High Efficiency Asynchronous Machine with Stator Cage Winding[C]. 2014IEEE International Electric Vehicle Conference (IEVC),2014:1-6.

[25]陈世坤.电机设计[M].北京:机械工业出版社,2000.

[26]中华人民共和国第一机械工业部.电工专业指导性技术文件——汽轮发电机电磁计算公式:DZ 28-63-1963[S].1963.

[27]王东,吴新振,马伟明,郭云珺,陈俊全.非正弦供电十五相感应电机磁路计算方法[J].中国电机工程学报,2009,29(12):58-64.

[28]上海电器科学研究所.中小型三相异步电动机电磁设计程序[M].上海:上海电器科学研究所,1967.

[29]Zhang G,Ma W. Transient Analysis of Synchronous Machines[M]. Wuhan:Hubei Science and Technology Press,2001.

[30]魏锟.相控整流高速永磁发电机系统的研究[D].武汉:海军工程大学,2014.

[31]马伟明.具有交轴稳定绕组的十二相同步发电机及其整流系统的研究[D].北京:清华大学,1995.

[32]吴新振.带整流负载双绕组多相高速异步发电机系统的研究[D].北京:清华大学,2006.

[33]吴新振,王祥珩.12/3相双绕组异步发电机定子槽漏感的计算[J].中国电机工程学报,2007,27(12):46-51.

[34]吴新振,王祥珩.12/3相双绕组异步发电机定子端部漏感的计算[J].中国电机工程

学报,2007,27(24):80-84.

[35]郭云珺.舰船综合电力系统大容量多相电机的研究[D].武汉:海军工程大学,2011.

[36]黄守道,邓建国,罗德荣.电机瞬态过程分析的 MATLAB 建模与仿真[M].北京:电子工业出版社,2013.

[37]黄国治,傅丰礼.中小旋转电机设计手册[M].北京:中国电力出版社,2007.

[38]曾学明,徐龙祥,刘正埙.电磁轴承三电平 PWM 功率放大器研究[J].电力电子技术,2002,36(3):13-15.

[39]IEEE Power Engineering Society. Standard Definitions for Excitation Systems for Synchronous Machines: IEEE Standard 421.1-2007[S]. 2007.

[40]胡寿松.自动控制原理[M].5 版.北京:科学出版社,2007.

[41]刘取.电力系统稳定性及发电机励磁控制[M].北京:中国电力出版社,2007.

[42]国防科学技术工业委员会.舰船汽轮发电机组及控制系统通用规范:GJB 3270-1998[S].1998.

[43]陈珩.同步发电机运行基本理论与计算机算法[M].北京:水力电力出版社,1992.

[44]国防科学技术工业委员会.舰船用柴油发电机组及控制系统通用规范:GJB 1988-1994[S].1994.

[45]钱正林,陈辉,高海波.基于 Saber 的发电柴油机调速系统建模与仿真[J].船海工程,2007,36(6):138-140.

[46]国防科学技术工业委员会.舰船燃气轮机通用规范:GJB 730A-1997[S].1997.

[47]赵士杭.燃气轮机结构[M].5 版.北京:清华大学出版社,1983.

[48]Auinger H, Nagel G. Vom Transienten Betriebsverhalten Herrührende Schwingungen Bei Einem über Gleichrichter Belasteten Synchrongenerator[R]. Siemens,1980.

[49]Yamamoto H, Yanai G, Sasao K, Ootani K. AC Generator and DC Motor for Electric Propulsion of the Icebreaker 'Shirase'[J]. Fuji Electric Journal,1983,56(2):114-119.

[50]Ma W. Experimental Study of a Diode-Bridge-Loaded Twelve-Phase Synchronous Generator for Ship Propulsion[C]. IMECE. Shanghai,1994.

[51]Muramoto H. Electrical Propulsion Simulation of the Icebreaker 'Shirase'[J]. Fuji Electric Journal,1983,56(2):140-144.

[52]王东.多相整流感应发电机系统的研究[D].武汉:海军工程大学,2007.

[53]吴新振.异步电机笼型转子槽漏抗的计算[J].青岛大学学报(工程技术版),1998,13(2):52-56.

[54]高景德,王祥珩,李发海.交流电机及其系统的分析[M].北京:清华大学出版社,2005.

[55]顾伟峰,马伟明,王东,肖飞,张波涛.12/3 相双绕组异步发电机自激起励时谐波谐振问题研究[J].中国电机工程学报,2004,24(6):167-171.

[56]顾伟峰.双绕组异步发电机自励时低次谐波谐振问题研究[M].武汉:海军工程大学,2004.

[57]Malik N H，Haque S E. Steady State Analysis and Performance of an Isolated Self-Excited Induction Generator[J]. IEEE Transactions on Energy Conversion,1986,1(3):134-140.

[58]Rajakaruna S，Bonert R. A Technique for The Steady-State Analysis of a Self-Excited Induction Generator with Variable Speed[J]. IEEE Transactions on Energy Conversion,1993,8(4):757-761.

[59]Alolah A L，Alkanhal M A. Optimization-Based Steady State Analysis of Three Phase Self-Excited Induction Generator[J]. IEEE Transactions on Energy Conversion,2000,15(1):61-65.

[60]Kuo S C，Wang L. Analysis of Isolated Self-Excited Induction Generator Feeding a Rectifier Load[J]. IEEE Proceedings on Generation,Transmission and Distribution,2002,149(1):90-97.

[61]张晓锋.同步发电机整流系统的运行稳定性研究[D].北京:清华大学,1995.

[62]倪以信,陈寿孙,张宝霖.动态电力系统的理论和分析[M].北京:清华大学出版社,2002.

[63]高景德.交流电机过渡历程及运行方式的分析[M].北京:科学出版社,1963.

[64]杨青.交直流混合独立供电系统运行稳定性研究[D].武汉:海军工程大学,2003.

[65]Ma W，Wang D，Xiao F，Zhang B，Liu D，Hu A，Fu L. A High Speed Induction Generator Based on Power Integration Techniques[C]//Fortieth IAS Annual Meeting, Oct 2005:2272-2279.

[66]Wang D，Ma W，Xiao F，Zhang B，Liu D，Hu A. A Novel Stand-Alone Dual Stator-Winding Induction Generator with Static Excitation Regulation[J]. IEEE Transactions on Energy Conversion,2005,20(4):826-835.

[67]Silva H，Dushan B，Carlos C. Small-Signal Modeling and Control of Three-Phase PWM Converters[C]. IEEE Industry Applications Society Annual Meeting，Denver，USA,1994:1143-1150.

[68]Abdel-Rahim N M，Quaicoe J E. Analysis and Design of a Multiple Feedback Loop Control Strategy for Single-Phase Voltage-Source UPS Inverters[J]. IEEE Transactions on Power Electronics,1996,11(4):532-541.

[69]Sirisukprasert S. The Modeling and Control a Cascaded-Multilevel Converter-Based STATCOM[D]. Blacksburg Virginia：Virginia Polytechnic Institute and State University,2004.

[70]孙俊忠.双绕组发电机突然短路研究[D].武汉:海军工程大学,2002.

符号索引

(一)英文字母索引

变量	含义	首次出现位置
$\boldsymbol{A}$	系统矩阵	第 6 章
A_{coil}	线圈的安导波	第 2 章
A_{j1}	定子铁心轭部磁通经过的截面积	第 3 章
A_{j2}	转子轭部的截面积	第 3 章
A_s	导体产生的安导波	第 2 章
$A_{t0.2}$	距转子齿根 0.2 齿高处每极齿计算截面积	第 3 章
$A_{t1/3}$	距定子齿顶 1/3 齿高处每极齿计算截面积	第 3 章
$A_{t0.7}$	距转子齿根 0.7 齿高处每极齿计算截面积	第 3 章
A_{t1}	齿距范围内的定子齿部计算截面积	第 3 章
A_{t2}	转子每极齿计算截面积	第 3 章
a	单相绕组并联支路数	第 2 章
a_r	励磁绕组并联支路数	第 4 章
$\boldsymbol{B}$	相绕组与各槽线圈边间的关联矩阵	第 4 章
B	磁通密度	第 3 章
B_δ	气隙磁通密度最大值	第 3 章
$B_{\delta 1}$	气隙磁密基波幅值	第 3 章
$B_{\delta av}$	气隙磁密平均值	第 3 章
B_{j1}	定子轭部最大磁密	第 3 章
B'_{j1}	隐极同步发电机定子铁心轭中计算磁通密度	第 3 章
B_{j2}	转子轭部磁通密度	第 3 章

变量	含义	首次出现位置
$B_{t0.2}$	距转子齿根 0.2 齿高处齿磁通密度	第 3 章
$B_{t1/3}$	距定子齿顶 1/3 齿高处磁通密度	第 3 章
$B'_{t1/3}$	距定子齿顶 1/3 齿高处视在磁通密度	第 3 章
$B_{t0.7}$	距转子齿根 0.7 齿高处齿磁通密度	第 3 章
B_{t1}	定子齿部磁通密度	第 3 章
B_{t2}	转子齿部磁通密度	第 3 章
b_0	槽口宽度	第 3 章
b_{n2}	转子槽宽	第 3 章
b'_{n2}	转子大齿上通风槽宽	第 3 章
$b_{t1/3}$	定子 1/3 齿高处齿宽	第 3 章
b_{t1}	定子齿宽	第 3 章
b_{t2}	转子齿宽	第 3 章
b_v	径向通风道轴向长度	第 3 章
b'_v	因一个径向通风道而损失的轴向计算长度	第 3 章
$\boldsymbol{C}$	相绕组与各槽线圈间的关联矩阵	第 4 章
$\boldsymbol{C}_{\alpha\beta0}^{abc}(\theta)$	a,b,c 与 $\alpha,\beta,0$ 坐标变换矩阵	第 4 章
$\boldsymbol{C}_{\alpha\beta0}^{dq0}(\theta)$	$d,q,0$ 与 $\alpha,\beta,0$ 坐标变换矩阵	第 4 章
$\boldsymbol{C}_{abc}^{\alpha\beta0}(\theta)$	a,b,c 与 $\alpha,\beta,0$ 坐标逆变换矩阵	第 4 章
$\boldsymbol{C}_{abc}^{dq0}(\theta)$	Park 逆变换矩阵	第 4 章
$\boldsymbol{C}_{dq}^{abc}$	a,b,c 坐标系到 $d,q,0$ 坐标系的变换矩阵	第 6 章
$\boldsymbol{C}_{dq0}^{\alpha\beta0}(\theta)$	$d,q,0$ 与 $\alpha,\beta,0$ 坐标逆变换矩阵	第 4 章
$\boldsymbol{C}_{dq0}^{abc}(\theta)$	Park 变换矩阵	第 4 章
C	自励电容值	第 2 章
C_1	滤波电容值	第 5 章
C_{j1}	定子轭部磁压降校正系数	第 3 章
C_S	槽号相位图中的列号	第 2 章
D	每极每相槽数的分母	第 2 章
D	励磁调节电路中开关管 PWM 驱动脉冲信号的占空比	第 6 章
$D_{0.2}$	距转子齿根 0.2 齿高处直径	第 3 章
$D_{0.7}$	距转子齿根 0.7 齿高处直径	第 3 章
D_2	转子外径	第 3 章
D_a	定子外径	第 3 章

变量	含义	首次出现位置
D_{jav1}	定子轭平均直径	第 3 章
D_{pm}	驱动脉冲信号占空比	第 5 章
D_{t2}	转子齿根处直径	第 3 章
E	定子绕组感应电势	第 3 章
E_1	定子绕组基波感应电势	第 3 章
E_1,E_q',E_d'	发电机等效电压源电势幅值	第 6 章
E_{dc}	直流侧反电势	第 6 章
E_d,E_{fd}	发电机空载电势	第 6 章
E_m	感应发电机相绕组激磁电势	第 8 章
$-E_{pn}$	功率绕组 n 次电势	第 8 章
E_{1a},E_{1b},E_{1c}	3 相绕组感应电势	第 6 章
F	磁势	第 3 章
F_0	每极磁势	第 3 章
F_2	转子励磁磁势	第 3 章
F_δ	气隙磁压降	第 3 章
F_Σ	总磁压降	第 3 章
F_C	3 相辅助励磁的合成磁势	第 8 章
F_{coil}	线圈产生的空间磁势	第 2 章
$F_{coil,k}$	第 k 个线圈产生的空间磁势	第 2 章
F_{j1}	定子轭部磁压降	第 3 章
F_{j2}	转子轭部磁压降	第 3 章
F_k	第 k 段磁压降	第 3 章
F_P	功率绕组的合成磁势	第 8 章
F_{phase}	单相绕组产生的空间磁势	第 2 章
$F_{phase,j\sim k,v}^u$	第 j 套第 k 相绕组 u 次谐波电流产生的 v 次空间谐波磁势（适用于小相带）	第 2 章
$F_{phase,k,v}^u$	第 k 个相绕组 u 次谐波电流产生的 v 次空间谐波磁势（适用于大相带）	第 2 章
F_s	导体产生的空间磁势	第 2 章
$F_{t0.2}$	距转子齿根 0.2 齿高处齿部磁压降	第 3 章
$F_{t0.7}$	距转子齿根 0.7 齿高处齿部磁压降	第 3 章
F_{t1}	定子齿部磁压降	第 3 章

变量	含义	首次出现位置
F_{t2}	转子齿部磁压降	第3章
F_v^u	各相绕组 u 次谐波电流产生的 v 次空间谐波合成磁势	第2章
$F_{u,v}^+$	各相绕组 u 次谐波电流产生的 v 次空间谐波合成磁势中正转分量的幅值	第2章
$F_{u,v}^-$	各相绕组 u 次谐波电流产生的 v 次空间谐波合成磁势中逆转分量的幅值	第2章
$\overline{f}$	定子电枢绕组电流产生的磁动势	第6章
f_1	电基频	第3章
G	M 和 D 的最大公约数	第2章
$G(p)$	运算电导	第6章
$\boldsymbol{H}$	磁场强度矢量	第3章
H	磁场强度	第3章
H_δ	磁极中心线处气隙磁场强度	第3章
H_{j1}	定子轭部最大磁密 B_{j1} 对应的磁场强度	第3章
H_{j1}'	计算磁通密度 B_{j1}' 对应的磁场强度	第3章
H_{j2}	转子轭部磁密 B_{j2} 对应的磁场强度	第3章
H_{jav1}	定子轭部等效磁场强度	第3章
$H_{t0.2}$	转子齿部密度 $B_{t0.2}$ 对应的齿部磁场强度	第3章
$H_{t1/3}$	定子齿部磁密 $B_{t1/3}$ 对应的磁场强度	第3章
$H_{t0.7}$	转子齿部磁密 $B_{t0.7}$ 对应的齿部磁场强度	第3章
H_{t1}	定子齿部磁密 B_{t1} 对应的磁场强度	第3章
H_{t2}	转子齿部磁密 B_{t2} 对应的磁场强度	第3章
h_{j1}	定子轭部高度	第3章
h_{j1}'	定子轭部计算高度	第3章
h_{j2}	转子轭部高度	第3章
h_s	定子槽深	第3章
h_r	转子槽深	第3章
h_{t1}	定子齿高	第3章
h_{t2}	转子齿高	第3章
$\boldsymbol{I}_{abc}$	相电流向量（a,b,c 坐标系）	第7章
$\boldsymbol{i}_{\alpha\beta0}$	$\alpha,\beta,0$ 正交坐标系下电流向量	第4章
$\boldsymbol{i}_{abc}$	a,b,c 定子坐标系下相电流向量	第4章

变量	含义	首次出现位置
i_{dq}	d,q 坐标系下电流向量	第 7 章
i_{dq0}	$d,q,0$ 坐标系下电流向量	第 4 章
I_b	定子电流基值	第 4 章
$\dot{I}'_{cn}$	折算后的辅助励磁绕组 n 次励磁电流相量	第 8 章
I_{dc}	直流电流低频分量(含直流分量)	第 6 章
I_{f0}	同步发电机空载励磁电流	第 4 章
I_{fd0}	空载额定电压时的励磁电流	第 4 章
I_{fdb}	励磁电流基值	第 4 章
$I_{fde\max}$	外环控制器输出电流上限值	第 5 章
$I_{fde\min}$	外环控制器输出电流下限值	第 5 章
$I_{fq\delta}$	q 轴稳定绕组电流基值	第 4 章
$I_{kd\delta}$	d 轴阻尼绕组电流基值	第 4 章
$I_{kq\delta}$	q 轴阻尼绕组电流基值	第 4 章
I_m	感应电机激磁电流有效值	第 4 章
$I_{N\Phi}$	定子额定相电流	第 4 章
I_{p1}	功率绕组基波电流有效值	第 8 章
I_{pu}	功率绕组第 u 次谐波电流幅值	第 8 章
$\dot{I}_{pn}$	整流桥交流侧 n 次电流相量	第 8 章
i	相绕组电流	第 2 章
$i_{aj},i_{\beta j},i_{0j}$	$\alpha,\beta,0$ 系统系下定子电流	第 6 章
$i_{\varphi\max}$	交流电流最大峰值	第 6 章
i_a,i_b,i_c	定子 3 相绕组电流	第 6 章
$i_{a1\max}$	电流最大值	第 6 章
i_{ai},i_{bi},i_{ci}	空载相电流($i=1,2,3,4$)	第 6 章
i_c	导体电流	第 2 章
i_d	定子 d 轴电流	第 6 章
$\bar{i}_d,\bar{i}_q$	定子 d 轴、q 轴电流的直流分量	第 6 章
$\tilde{i}_d,\tilde{i}_q,\tilde{i}_{fd},\tilde{i}_{fq},\tilde{i}_{kd},\tilde{i}_{kq}$	相应电流中的非周期分量	第 6 章
i_{dA},i_{qA}	励磁调节器模型中励磁绕组有功和无功电流实际值	第 7 章
i_{dA}^*,i_{qA}^*	励磁调节器模型中励磁绕组有功和无功电流参考值	第 7 章
i_{dc}	整流桥直流电流	第 6 章
i_{dcp}	直流短路电流峰值	第 6 章

变量	含义	首次出现位置
i_{dcr}	直流电流高频交流分量	第 6 章
i_{dj}	定子第 j 套 3 相绕组的 d 轴电流	第 6 章
i_{fd}	转子 d 轴励磁绕组电流	第 6 章
i_{fq}	转子 q 轴短路绕组电流	第 6 章
$i_{j\sim k}^{u}$	第 j 套第 k 相绕组流过的 u 次谐波电流（适用于小相带）	第 2 章
i_{k}^{u}	第 k 个相绕组流过的 u 次谐波电流（适用于大相带）	第 2 章
i_{kd}	转子 d 轴阻尼绕组电流	第 6 章
i_{kq}	转子 q 轴阻尼绕组电流	第 6 章
$i_{\alpha}, i_{\beta}, i_{\kappa}$	整流发电机定子绕组 3 相电流	第 6 章
i_{p}	整流桥交流侧相电流峰值	第 6 章
i_{q}	定子 q 轴电流	第 6 章
i_{qi}	定子第 i 套 3 相绕组的 q 轴电流	第 6 章
J	转子惯量	第 5 章
j	套绕组序号	第 2 章
K_1	柴油机燃油做功放大系数	第 5 章
K_3	供油系统比例增益	第 5 章
K_c	电流前馈控制参数	第 6 章
K_{DT}	调速器微分增益	第 5 章
K_{DT3}	3％误差带外调速器微分增益	第 5 章
K_{d1}	基波分布系数	第 3 章
K_{dp1}	基波绕组系数	第 3 章
K_{dpv}	v 次谐波绕组系数	第 4 章
K_{dv}	v 次谐波分布系数	第 2 章
K_{dv}^{+}	正槽号线圈电流产生的 v 次空间谐波磁势的分布系数	第 2 章
K_{dv}^{-}	负槽号线圈电流产生的 v 次空间谐波磁势的分布系数	第 2 章
K_E	励磁机的放大倍数	第 5 章
K_{Fe1}	定子铁心叠压系数	第 3 章
K_f'	励磁绕组参数折算至定子侧标幺值的折算系数	第 4 章
K_{IE}	直流电压外环积分增益	第 5 章
K_{II}	励磁机励磁电流内环积分增益	第 5 章
K_{IT}	调速器积分增益	第 5 章
K_{IT3}	3％误差带内调速器积分增益	第 5 章

变量	含义	首次出现位置
K_k	由于短距对槽口比漏磁导引入的节距漏抗系数	第 4 章
K_M	主发电机的放大倍数	第 5 章
K_{Nm1}	气隙磁场波形系数	第 3 章
K_{p1}	基波短距系数	第 2 章
K_{pc}	补偿绕组与功率绕组中单 Y 绕组的有效匝数比	第 7 章
K_{PE}	直流电压外环比例增益	第 5 章
K_{PI}	励磁机励磁电流内环比例增益	第 5 章
K_{PT}	调速器比例增益	第 5 章
K_{PT3}	3% 误差带内调速器比例增益	第 5 章
K_{pv}	v 次谐波的短距系数	第 2 章
K_s	齿部饱和系数	第 3 章
K_{sk}	斜槽系数	第 3 章
K_{slot1}	定子槽系数,又称为磁分路系数	第 3 章
$K_{slot1/3}$	定子 1/3 齿高处的槽系数	第 3 章
K_{spdv}	v 次空间谐波磁势的绕组系数	第 2 章
K_{st0}	预取的饱和系数	第 3 章
K_{sv}	v 次空间谐波磁势的槽口系数	第 2 章
K_T	功率前馈系数	第 5 章
K_v	电压前馈控制参数	第 6 章
K_{u2}	转子绕组系数	第 4 章
K_δ	气隙系数	第 3 章
k	套内相绕组序号	第 2 章
k_{Pi}, k_{Ii}	励磁调节器模型中第 i 个 PI 调节器的比例系数、积分系数	第 7 章
$K_{u,v}^+$	各相绕组 u 次谐波电流产生的 v 次空间谐波合成磁势的正转系数	第 2 章
$K_{u,v}^-$	各相绕组 u 次谐波电流产生的 v 次空间谐波合成磁势的逆转系数	第 2 章
$\boldsymbol{L}_{abc}$	a,b,c 坐标系下的电感矩阵	第 4 章
$\boldsymbol{L}_{dq0}$	$d,q,0$ 坐标系下的电感矩阵	第 4 章
L	磁路长度	第 3 章
L_{0m1}	相差 15° 的两 Y 绕组零轴间互感	第 4 章

变量	含义	首次出现位置
L_{0m2}	相差 30°的两 Y 绕组零轴间互感	第 4 章
L_{0m3}	相差 45°的两 Y 绕组零轴间互感	第 4 章
L_{0y}	单 Y 绕组零轴电感	第 4 章
$L_{\delta0}$	定子相绕组自感和互感系数的零次谐波分量幅值	第 4 章
$L_{\delta2}$	定子相绕组自感和互感系数的二次谐波分量幅值	第 4 章
$L_{ad\varphi}$	定子相绕组轴线和转子 d 轴重合时的相绕组电枢反应电感	第 4 章
L_{ady}	单 Y 绕组的 d 轴电枢反应电感	第 4 章
L_{afd}	定子相绕组与转子励磁绕组在轴线重合时的互感	第 4 章
L_{afq}	定子相绕组与转子 q 轴稳定绕组在轴线重合时的互感	第 4 章
L_{akd}	定子相绕组与转子 d 轴阻尼绕组在轴线重合时的互感	第 4 章
L_{akq}	定子相绕组与转子 q 轴阻尼绕组在轴线重合时的互感	第 4 章
$L_{aq\varphi}$	定子相绕组轴线和转子 q 轴重合时的相绕组电枢反应电感	第 4 章
L_{aqy}	单 Y 绕组的 q 轴电枢反应电感	第 4 章
L_c	d,q 坐标系下辅助励磁绕组自感	第 7 章
L_d	辅助励磁绕组每相自漏感	第 7 章
L_{dcl}	辅助励磁绕组两相间互漏感	第 7 章
$L_{dl(\beta)}$	相差 β 角度的定子辅助励磁绕组与相功率绕组相间互漏感	第 7 章
L_d	永磁副励磁机 d 轴同步电感	第 5 章
L_{dc}	整流桥直流侧电感	第 6 章
L_{dm1}	相差 15°的两 Y 绕组 d 轴间互感	第 4 章
L_{dm2}	相差 30°的两 Y 绕组 d 轴间互感	第 4 章
L_{dm3}	相差 45°的两 Y 绕组 d 轴间互感	第 4 章
L_{dqm1}	相差 15°的两 Y 绕组 d 轴和 q 轴间互感	第 4 章
L_{dqm2}	相差 30°的两 Y 绕组 d 轴和 q 轴间互感	第 4 章
L_{dqm3}	相差 45°的两 Y 绕组 d 轴和 q 轴间互感	第 4 章
L_{dy}	单 Y 绕组 d 轴同步电感	第 4 章
L_{j1}	定子轭部磁路计算长度	第 3 章
L_{j2}	转子轭部磁路计算长度	第 3 章

变量	含义	首次出现位置
L'_{lc}	3 相辅助励磁绕组折算到等效 3 相功率绕组后的等效自漏抗	第 8 章
L_{lk}	相差 $k \times 15°$ 的功率绕组两相间的互漏感	第 7 章
L_{ll}	功率绕组每相的自漏感	第 7 章
L'_{lmpA}	3 相辅助励磁绕组与等效 3 相功率绕组的等效互漏感	第 8 章
L'_{lp}	功率绕组的等效漏感	第 8 章
L_M	定子辅助励磁绕组某相的轴线与转子绕组某相轴线重合时的该两相绕组的互感	第 7 章
L_{MM0}	定子辅助励磁绕组每相自感或互感系数的零次分量幅值	第 7 章
L_{Mm0}	定子辅助励磁绕组与功率绕组每相互感系数的零次分量幅值	第 7 章
L_m	定子功率绕组某相的轴线与转子绕组某相轴线重合时的该两相绕组的互感	第 7 章
L_{m1}, L_{m2}, L_{m3}	相差 $15°$、$30°$、$45°$ 两 Y 绕组之间的 d 轴互感参数	第 7 章
$L_{dqm1}, L_{dqm2}, L_{dqm3}$	相差 $15°$、$30°$、$45°$ 两 Y 绕组之间的 d, q 轴互感参数	第 7 章
L_{miA}	功率绕组 Y_i 与辅助励磁绕组之间的 d 轴互感参数	第 7 章
L_{dqmiA}	功率绕组 Y_i 与辅助励磁绕组之间的 d, q 轴互感参数	第 7 章
L_{mn0}	功率绕组每相自感或互感系数的零次分量幅值	第 7 章
L_{mp}	单 Y 绕组的基波激磁电感	第 8 章
L_p	d, q 坐标系下的功率绕组自感	第 7 章
L_q	永磁副励磁机 q 轴同步电感	第 5 章
L_{qn1}	相差 $15°$ 的两 Y 绕组 q 轴间互同步电感	第 4 章
L_{qn2}	相差 $30°$ 的两 Y 绕组 q 轴间互同步电感	第 4 章
L_{qn3}	相差 $45°$ 的两 Y 绕组 q 轴间互同步电感	第 4 章
L_{qy}	单 Y 绕组 q 轴同步电感	第 4 章
L_r	d, q 坐标系下转子绕组自感	第 7 章
L_{rz}	转子总漏感	第 7 章
L'_{rr0}	转子绕组折算到功率绕组任一 Y 时的每相互感系数的零次分量幅值	第 7 章
$L_{r(e)}$	转子端部漏感	第 7 章
$L_{r(h)}$	转子谐波漏感	第 7 章

变量	含义	首次出现位置
$L_{r(s)}$	转子槽漏感	第 7 章
L_s	定子总漏感	第 7 章
L_{s0}	定子漏感系数	第 4 章
$L_{s(e)}$	每相绕组端部漏感	第 4 章
$L_{s(e)}$	定子端部漏感	第 7 章
$L_{s(h)}$	每相绕组谐波漏感	第 4 章
$L_{s(h)}$	定子谐波漏感	第 7 章
L_{sm1}	相差 15° 的两 Y 绕组互漏感	第 4 章
L_{sm2}	相差 30° 的两 Y 绕组互漏感	第 4 章
L_{sm3}	相差 45° 的两 Y 绕组互漏感	第 4 章
L_{sk}	相差 $k \times 15°$ 的定子两绕组间的互漏感	第 4 章
L_{ss}	定子各相绕组自漏感	第 4 章
$L_{s(s)}$	每相绕组槽漏感	第 4 章
$L_{s(s)}$	定子槽漏感	第 7 章
L_{sy}	单 Y 绕组的漏电感	第 4 章
L_t	齿部磁路计算长度	第 3 章
$L_{t0.2}$	距转子齿根 0.2 齿高处的齿部磁路计算长度	第 3 章
$L_{t0.7}$	距转子齿根 0.7 齿高处的齿部磁路计算长度	第 3 章
L_{t1}	定子齿部磁路的计算长度	第 3 章
l_2	转子铁心本体长度	第 3 章
l_{ef}	电枢轴向计算长度	第 3 章
l_{fe1}	考虑径向通风道以及铁心叠压系数后的定子铁心净长度	第 3 章
l_{fe2}	考虑径向通风道以及铁心叠压系数后的转子铁心净长度	第 3 章
l_{j1}	定子轭部轴向长度（不包括径向通风道）	第 3 章
l_t	铁心总长度	第 3 章
l_{t1}'	定子铁心长度（不包括径向通风道）	第 3 章
T_x	总转矩	第 6 章
M	多相电机的总相数	第 2 章
$M_\sim$	交变转矩	第 6 章
$M_{\sim 0}$	空载交变转矩	第 6 章

变量	含义	首次出现位置
M_{av}	平均转矩	第6章
$\boldsymbol{M}_{cc(e)}$	辅助励磁绕组端部自漏感矩阵	第7章
$\boldsymbol{M}_{cp(e)}$	辅助励磁绕组与功率绕组的端部互漏感矩阵	第7章
$\boldsymbol{M}_{pp(e)}$	功率绕组端部自漏感矩阵	第7章
$\boldsymbol{M}_{s(e)}$	定子绕组端部漏感矩阵	第4章
$\boldsymbol{M}_{s(h)}$	定子绕组谐波漏感矩阵	第4章
$\boldsymbol{M}_{s(s)}$	定子绕组槽漏感矩阵	第4章
M_c	辅助励磁绕组相数	第8章
M_{max}	内环控制器输出上限值	第5章
M_{min}	内环控制器输出下限值	第5章
M_p	功率绕组相数	第8章
m	每套绕组相数	第2章
N	每极每相槽数的分子	第2章
N	分布磁路模型中半个极距内沿周向的均匀分块数	第3章
N_0	大齿对应的节点数	第3章
N_1	小齿齿距对应的节点数	第3章
N_2	转子槽对应的节点数	第3章
N_c	导体根数	第2章
N_s	每相绕组串联总匝数	第2章
N_v	径向通风道数	第3章
n	绕组套数	第2章
n_2'	每个大齿上的通风槽数	第3章
P_b	功率基值	第4章
P_{em}	电磁功率	第8章
P_{iN}	并联系统中第i台发电机的额定功率	第6章
$|\Delta P_i\%|$	并联系统中第i台发电机的动态功率均分差度	第6章
P_m	输入机械功率	第8章
P_{out}	输出功率	第4章
p	电机极对数	第2章
p_0	每个单元电机包含的极对数	第2章
p_e	永磁副励磁机极对数	第5章
p	对时间求导的微分算子	第4章

变量	含义	首次出现位置
Q	槽号相位图的列数	第 2 章
Q_{maxq}	汽门开度最大位置	第 5 章
Q_{maxd}	柴油机最大供油流量	第 5 章
Q_{maxt}	燃气轮机最大燃气流量	第 5 章
Q_{minq}	汽门开度最小位置	第 5 章
Q_{mind}	柴油机最小供油流量	第 5 章
Q_{mint}	燃气轮机最小燃油流量	第 5 章
q	每极每相槽数	第 2 章
q_2	每极励磁绕组线圈数	第 3 章
$\boldsymbol{R}_{abc}$	a,b,c 坐标系下的电阻矩阵	第 4 章
$\boldsymbol{R}_{dq0}$	$d,q,0$ 坐标系下的电阻矩阵	第 4 章
R_{g1},R_{g2}	发电机组并联系统中发电机简化模型的内阻	第 6 章
R_{eq}	直流侧等效负载电阻	第 6 章
R_{ond}	二极管导通电阻	第 5 章
R_{oni}	IGBT 导通电阻	第 5 章
R	永磁副励磁机电枢绕组电阻	第 5 章
r_{21}	梨形槽槽底圆弧半径	第 3 章
r_{dc}	直流侧电阻	第 6 章
r_{ef}	励磁机励磁绕组电阻	第 5 章
r_{es}	励磁机电枢绕组电阻	第 5 章
r_{fd}	转子励磁绕组电阻	第 4 章
r_{fq}	q 轴稳定绕组电阻	第 4 章
r_{kd}	d 轴阻尼绕组电阻	第 4 章
r_{kq}	q 轴阻尼绕组电阻	第 4 章
r'_p	功率绕组等效电阻	第 8 章
r_r,r'_r	转子电阻实际值、折算值	第 7 章
r_s	定子绕组电阻	第 4 章
S	槽号	第 2 章
S_2	单元电机槽号相位图第 2 列的正槽号	第 2 章
S_3	单元电机槽号相位图第 3 列的正槽号	第 2 章
S_a,S_b,S_c	开关函数	第 6 章
S_j	j 号线圈端部中层面的弧面积	第 4 章

变量	含义	首次出现位置
s	转差率	第 2 章
s_n	n 次谐波转差率	第 8 章
T_1	柴油机运动部件惯性时间常数	第 5 章
T_2	燃气所具有的热能惯性时间常数	第 5 章
T_3	柴油机缸内工作的纯延迟时间	第 5 章
T_4	供油系统延时时间常数	第 5 章
T_a	d 轴定子电枢绕组时间常数	第 6 章
T_b	时间基值	第 4 章
T_d'	d 轴瞬变时间常数	第 6 章
T_d''	d 轴超瞬变时间常数	第 6 章
T_{d0}'	定子电枢绕组开路、d 轴阻尼绕组开路时励磁绕组的时间常数	第 6 章
T_{d0}''	定子电枢绕组开路、励磁绕组短路时 d 轴阻尼绕组的时间常数	第 6 章
T_E	励磁机时间常数	第 5 章
T_{em}	电机电磁转矩	第 2 章
T_{eq}	系统的等效时间常数	第 5 章
T_M	主发电机时间常数	第 5 章
T_{mec}	输入机械转矩	第 4 章
$T_{mecloss}$	机械损耗对应的转矩	第 4 章
T_P	燃气轮机气动延时时间常数	第 5 章
T_q	燃油系统延时时间常数	第 5 章
T_{q0}''	定子电枢绕组开路、q 轴短路绕组短路时 q 轴阻尼绕组的时间常数	第 6 章
T_T	汽轮机缸等效时间常数	第 5 章
Tx	总转矩	第 6 章
t	齿距	第 3 章
t_1	定子齿距	第 3 章
t_2	转子齿距	第 3 章
$\boldsymbol{U}_{abc}$	相电压向量（a,b,c 坐标系）	第 7 章
$\boldsymbol{U}_{dq}$	相电压向量（d,q 坐标系）	第 7 章
U	负载相电压峰值	第 6 章

变量	含义	首次出现位置
U_0	空载相电压峰值	第 6 章
U_b	电压基值	第 4 章
$\dot{U}'_{cn}$	折算后的辅助励磁绕组 n 次励磁电压相量	第 8 章
U_{dc0}	整流桥直流侧空载电压平均值	第 8 章
U_{dcref}	直流侧电压设定值	第 8 章
U_{fd0}	空载额定励磁电压	第 4 章
$U_{fd\delta}$	励磁电压基值	第 4 章
$U_{N\Phi}$	定子额定相电压	第 4 章
U_{p1}	功率绕组基波电压有效值	第 8 章
U_{pm}	功率绕组空载相电压幅值	第 8 章
$\dot{U}_{pn}$	功率绕组 n 次谐波电压相量	第 8 章
U_s	励磁电源电压	第 5 章
$\boldsymbol{u}_{\alpha\beta0}$	$\alpha,\beta,0$ 坐标系下相电压向量	第 4 章
$\boldsymbol{u}_{dq0}$	$d,q,0$ 坐标系下相电压向量	第 4 章
u	时间谐波次数	第 2 章
$u_{\alpha j},u_{\beta j},u_{0j}$	$\alpha,\beta,0$ 坐标系下定子电枢绕组电压	第 6 章
u_a,u_b,u_c	定子 3 相绕组相电压	第 6 章
u_{a0i},u_{b0i},u_{c0i}	空载各相电压($i=1,2,3,4$)	第 6 章
u_{ai},u_{bi},u_{ci}	负载时整流桥交流侧各相电压	第 6 章
$u_{ajbj},u_{bjcj},u_{ajcj}$	定子电枢绕组线电压	第 6 章
u_c,u_{cref}	励磁调节器模型中 SAVR 直流侧电容电压实际值和参考值	第 7 章
u_d	定子 d 轴电压	第 6 章
u_{dA},u_{qA}	励磁调节器模型中励磁绕组 d,q 轴电压	第 7 章
u_{dc}	直流母线电压	第 6 章
u_{dc},u_{dcref}	励磁调节器模型中功率绕组整流桥输出电压实际值和参考值	第 7 章
Δu_{dc}	电压扰动量	第 6 章
$u_{fd},\Delta u_{fd}$	励磁绕组电压	第 6 章
u_q	定子 q 轴电压	第 6 章
V_0	突加负载前直流母线电压	第 6 章
v	空间谐波磁势的次数	第 2 章

变量	含义	首次出现位置
$v_{\max}$	燃气轮机最大燃油升速率	第 5 章
v_p	电机空间磁势极对数	第 2 章
v_{p0}	单元电机空间磁势极对数	第 2 章
N_s	定子绕组每相串联匝数	第 3 章
N_f	同步发电机每极励磁线圈串联匝数	第 3 章
W_c	线圈匝数	第 4 章
W_{s2}	励磁绕组每槽有效导体数	第 4 章
w	单元电机个数	第 2 章
$\boldsymbol{X}_{dq0}$	$d,q,0$ 坐标系下电抗矩阵	第 4 章
X_a	隐极同步发电机电枢反应电抗	第 4 章
X_r^*	折算至定子侧的转子总漏抗标幺值	第 4 章
$X_{r(e)}^*$	折算至定子侧的转子端部漏抗标幺值	第 4 章
$X_{r(s)}^*$	折算至定子侧的转子槽漏抗标幺值	第 4 章
X_s	定子漏抗	第 4 章
$X_{s(e)}$	定子端部漏抗	第 4 章
$X_{s(h)}$	定子谐波漏抗	第 4 章
$X_{s(k)}$	定子齿顶漏抗	第 4 章
$X_{s(s)}$	定子槽漏抗	第 4 章
x	相邻槽号在槽号相位图中距离的小格数	第 2 章
$x_{a1a1}(p)$, $x_{a1\beta1}(p)$, $x_{a1a2}(p)$	$\alpha,\beta,0$ 系统中的运算电抗	第 6 章
x_{ad}	d 轴电枢反应电抗	第 6 章
x_{aq}	q 轴电枢反应电抗	第 6 章
x_d	d 轴同步电抗	第 6 章
x_d''	d 轴超瞬变电抗	第 6 章
$x_{dy}(p)$, $x_{qy}(p)$, $x_{dm}(p)$, $x_{qm}(p)$	定子绕组运算电抗	第 6 章
x_{fdkd}	d 轴励磁绕组与 d 轴阻尼绕组之间的互电抗	第 6 章
x_{fds}	d 轴励磁绕组漏抗	第 6 章
x_{fqkq}	q 轴短路绕组与 q 轴阻尼绕组之间的互电抗	第 6 章
x_{fqs}	q 轴短路绕组漏抗	第 6 章
x_i	系统状态变量	第 6 章

变量	含义	首次出现位置
x_{kds}	d 轴阻尼绕组漏抗	第 6 章
x_{kqs}	q 轴阻尼绕组漏抗	第 6 章
x_q	q 轴同步电抗	第 6 章
x_q''	q 轴超瞬变电抗	第 6 章
x_s	定子绕组漏抗	第 6 章
x_t	换相电抗	第 6 章
Y	星形联接方式	第 4 章
y_1	定子绕组短距比	第 4 章
z	电机定子槽数	第 2 章
Z_2	转子实槽数	第 3 章
Z_2'	转子槽分度数	第 3 章
Z_b	定子阻抗基值	第 4 章
Z_{c1}	辅助励磁绕组供电的等效阻抗	第 8 章
Z_L	12 相整流桥与负载等效阻抗	第 8 章
Z_{p1}	交流侧等效基波负载电抗	第 8 章
z_0	单元电机槽数	第 2 章

(二)希腊字母索引

变量	含义	首次出现位置
α	辅助励磁绕组滞后功率绕组的电角度	第 7 章
α_p'	计算极弧系数	第 3 章
α_s	励磁绕组槽口与纵轴的夹角	第 3 章
β	气隙系数表达式里的中间变量	第 4 章
γ	整流桥换相重叠角	第 8 章
γ_2	转子实槽数与转子槽分度数的比值	第 3 章
ΔS	单元电机槽号相位图中相邻列正槽号的槽号差	第 2 章
$\Delta \theta$	大相带绕组相间基波电角度差	第 2 章
$\Delta \theta_1$	小相带绕组各套绕组间基波电角度差	第 2 章
$\Delta \theta_2$	小相带绕组同一套绕组相间基波电角度差	第 2 章
δ	气隙长度	第 3 章
δ	端电压落后空载电势的相角,即功率角	第 6 章

变量	含义	首次出现位置
δ_{ef}	有效气隙长度	第 4 章
δ_{st}	稳态调速率	第 5 章
ε	分布磁路法迭代过程中事先给定的精度	第 3 章
ζ	隐极同步发电机定子轭部磁密校正系数	第 3 章
θ	空间电角度	第 2 章
θ_0	单元电机槽号相位图上相邻列正槽号对应的基波电角度差	第 2 章
θ_0	初始位置角（电角度）	第 5 章
θ_C	电容线与坐标横轴的夹角	第 2 章
θ_{p1}	基波电压电流之间的相位差	第 8 章
θ_s	单元电机的槽距角	第 2 章
θ_t	槽口弧度（电气）	第 2 章
θ_y	绕组节距所占弧度（电气）	第 2 章
Λ_s	转子槽漏磁导	第 3 章
λ	定子比漏磁导参数	第 8 章
λ_i	系统特征值	第 6 章
λ_m	主磁路的比磁导	第 4 章
$\lambda_{s(k)}$	齿顶漏磁场的比漏磁导	第 4 章
$\lambda_{s(s)}$	槽比漏磁导	第 4 章
λ_t	机组转子旋转摩擦系数	第 5 章
μ	磁导率	第 3 章
μ	换相重叠角	第 6 章
μ_0	真空磁导率	第 3 章
μ_r	相对磁导率	第 3 章
τ	电机极距	第 3 章
Φ	每极磁通	第 3 章
Φ_2	转子磁通	第 3 章
Φ_k	转子端部漏磁通	第 3 章
Φ_s	转子槽漏磁通	第 3 章
Φ_{t1}	齿距范围内的气隙磁通	第 3 章
φ	整流桥导通起始角	第 8 章
φ_{pu}	功率绕组的第 u 次谐波电流相位	第 8 章

变量	含义	首次出现位置
$\boldsymbol{\Psi}_{\alpha\beta0}$	$\alpha,\beta,0$ 坐标系下的磁链向量	第 4 章
$\boldsymbol{\Psi}_{abc}$	a,b,c 坐标系下的磁链向量	第 4 章
$\boldsymbol{\Psi}_{dq}$	定子磁链矢量（d,q 坐标系）	第 7 章
$\boldsymbol{\Psi}_{dq0}$	$d,q,0$ 坐标系下的磁链向量	第 4 章
$\psi_{\alpha j},\psi_{\beta j},\psi_{0j}$	$\alpha,\beta,0$ 坐标系下定子电枢绕组磁链	第 6 章
ψ_d	定子 d 轴磁链	第 6 章
ψ_{dj}	定子 d 轴磁链（第 j 套绕组）	第 6 章
ψ_f	永磁体磁链	第 5 章
ψ_{fd}	转子 d 轴励磁绕组磁链	第 6 章
ψ_{fq}	转子 q 轴短路绕组磁链	第 6 章
ψ_{kd}	转子 d 轴阻尼绕组磁链	第 6 章
ψ_{kq}	转子 q 轴阻尼绕组磁链	第 6 章
ψ_m	激磁磁链	第 8 章
ψ_q	定子 q 轴磁链	第 6 章
ψ_{qj}	定子 q 轴磁链（第 j 套绕组）	第 6 章
Ω	转子机械角频率	第 4 章
Ω_b	机械角速度基值	第 4 章
ω	发电机组转子角频率标幺值	第 5 章
ω_b	电角速度基值	第 4 章
ω_{eN}	励磁机额定电角频率	第 5 章
ω_r	转子旋转角频率	第 2 章
ω_s	电机定子角频率	第 2 章

附赠程序

随书二维码提供了多套多相交流绕组分析的 MATLAB 软件界面,只需在界面中填写极槽数、相带类型等独立参数,即可得到绕组分相所需的各种参数、槽矢量图、绕组矢量图、槽号相位图、磁势波形分布与频谱。软件界面中的变量定义、数学逻辑与第 2 章正文内容完全一致,以便读者加强对该章内容的理解。

图书在版编目(CIP)数据

多相整流发电机及其系统的分析 / 马伟明，王东
著. —杭州：浙江大学出版社，2020.8(2024.8 重印)
ISBN 978-7-308-18963-7

Ⅰ.①多… Ⅱ.①马… ②王… Ⅲ.①同步发电机—
研究 Ⅳ.①TM341

中国版本图书馆 CIP 数据核字(2019)第 026105 号

多相整流发电机及其系统的分析

马伟明　王　东　著

丛书统筹	国家自然科学基金委员会科学传播与成果转化中心
	唐隆华　张志旻　齐昆鹏
策划编辑	徐有智　许佳颖
责任编辑	金佩雯
责任校对	李　琰
封面设计	程　晨
出版发行	浙江大学出版社
	(杭州市天目山路 148 号　邮政编码 310007)
	(网址：http://www.zjupress.com)
排　　版	杭州星云光电图文制作有限公司
印　　刷	浙江海虹彩色印务有限公司
开　　本	710mm×1000mm　1/16
印　　张	25
字　　数	422 千
版 印 次	2020 年 8 月第 1 版　2024 年 8 月第 4 次印刷
书　　号	ISBN 978-7-308-18963-7
定　　价	128.00 元